普通高等教育“十三五”规划教材
电子信息科学与工程类专业规划教材

现代通信网基础

周先军　周　浩　吴丹雯　编著

電子工業出版社
Publishing House of Electronics Industry
北京 · BEIJING

内 容 简 介

本书从实用性和系统性出发，较全面地介绍现代通信网的基本原理。全书共 9 章，主要内容包括：绪论、网络拓扑设计、端到端的传输、通信网的时延分析、多址技术、交换技术、流量控制和拥塞控制、支撑网、通信网络安全。本书提供电子课件、习题参考答案、教学指南等配套教学资料。

本书可供普通高等学校通信工程、电子信息工程、网络工程、信息工程、电子信息科学等专业的本科生作为专业基础课或选修课的教材使用，也可供相关专业的硕士研究生、工程技术人员作为参考书使用。

图书在版编目（CIP）数据

现代通信网基础 / 周先军，周浩，吴丹雯编著. —北京：电子工业出版社，2020.7

ISBN 978-7-121-37432-6

Ⅰ. ①现… Ⅱ. ①周… ②周… ③吴… Ⅲ. ①通信网－高等学校－教材 Ⅳ. ①TN915

中国版本图书馆 CIP 数据核字（2019）第 207484 号

责任编辑：王晓庆
印　　刷：北京虎彩文化传播有限公司
装　　订：北京虎彩文化传播有限公司
出版发行：电子工业出版社
　　　　　北京市海淀区万寿路 173 信箱　　邮编：100036
开　　本：787×1 092　1/16　印张：15.75　字数：403 千字
版　　次：2020 年 7 月第 1 版
印　　次：2024 年 1 月第 6 次印刷
定　　价：55.00 元

凡所购买电子工业出版社图书有缺损问题，请向购买书店调换。若书店售缺，请与本社发行部联系，联系及邮购电话：（010）88254888，88258888。

质量投诉请发邮件至 zlts@phei.com.cn，盗版侵权举报请发邮件至 dbqq@phei.com.cn。

本书咨询联系方式：（010　88254113，wangxq@phei.com.cn。

前　　言

近年来，通信网在传统的电话交换网、分组交换网、互联网的基础上得到了飞速发展，出现了多种新型的网络和技术，例如，宽带综合业务数字网（B-ISDN）、物联网、千兆以太网、智能电网、第 5 代移动通信（IMT-2020）等，目前正在向下一代互联网、全光网络、第 6 代移动通信等方向发展。

尽管这些网络在形式上千差万别，但其基本原理都是相同的，本书的主要目的是讨论这些网络的共性原理。希望通过本书的学习，读者能够理解当今各种新型通信网的设计原理和依据，同时为设计与构思其他新型网络打下理论基础。

本书源于现代通信网基础课程的教学实践，凝聚了一线任课教师多年的教学经验与教学成果，注重将通信网的最新发展适当地引入教学，保持了教学内容的先进性。本书有如下特色。

- 较全面地介绍现代通信网的原理，先总体概述，后分别描述模块。概述部分从软件和硬件两个方面介绍通信网，后续章节聚焦单一主题，层次清楚，概念清晰。
- 通信网通常包含较多的应用数学分支，包括图论关联拓扑设计及网络优化、随机过程关联通信业务数据的产生或到达、排队论中时延的分析，本书中的数学即学即用、衔接紧凑，同时淡化烦琐推导，着重结论分析。
- 通信网的运行离不开信令网、同步网及电信管理网等的支撑，而网络安全也是通信网的重要保证，因此本书包含相关内容。

本书共有 9 章。第 1 章概述现代通信网的基本概念和构成、协议体系、性能指标与分类；第 2 章以图论为基础，讨论网络拓扑设计；第 3 章详细讨论数据链路层、网络层和传输层的端到端传输，包括组帧、差错检测、自动请求重发、协议的初始化、差错控制和流量控制等；第 4 章在随机过程的基础上，分析通信业务数据产生和到达的统计特性，以排队论为基础，分别描述由单个排队系统和多个排队系统组成的排队网络的时延；第 5 章分析多个用户共享信道的多址技术，重点研究多址的时延、通过量和稳定性特征及改进方法；第 6 章研究交换技术，对常用的路由算法、最短路由算法进行分析，并介绍软件定义网络；第 7 章对流量控制和拥塞控制进行分析，并描述实际系统中的流量和拥塞控制算法；第 8 章介绍支撑网，研究 No.7 信令网、同步网及电信管理网的工作原理，以及我国目前在支撑网方面的发展状况；第 9 章初步探讨通信网络安全。

本书在广泛参考素材的基础上，根据当前通信网的最新发展动态，结合作者科研和教学经验编撰而成。本书简明扼要、通俗易懂，具有很强的专业性、技术性和实用性。每章后都附有丰富的习题，供读者课后练习，以巩固所学知识。本书可供普通高等学校通信工程、电子信息工程、网络工程、信息工程、电子信息科学等专业的本科生作为专业基础课或选修课的教材使用，也可供相关专业的硕士研究生、工程技术人员作为参考书使用。

教学中，可以根据教学对象和学时等具体情况对书中的内容进行删减或组合，也可以进行适当扩展，参考学时为 32～64 学时。为适应教学模式、教学方法和手段的改革，本书提供电子课件、习题参考答案、教学指南等配套教学资料，请登录华信教育资源网（http://www.hxedu.com.cn）注册下载。

本书第 1、2、8、9 章由周先军编写，第 3、4、7 章由周浩编写，第 5、6 章由吴丹雯编写，全书由周先军统稿。湖北工业大学电气与电子工程学院通信工程系的常春老师对本书的完善给予了宝贵的意见，另外，特别感谢湖北工业大学教务处和电气与电子工程学院领导的支持及帮助。本书的编写参考了大量近年来出版的相关技术资料，吸取了许多专家和同仁的宝贵经验，在此向他们深表谢意。

由于水平有限，书中难免有缺点和错误，敬请读者批评指正(作者邮箱 xjzhou@hbut.edu.cn)。

周先军

2020 年 7 月于武汉

目　　录

第1章　绪　　论

通信原理展示了任意两个节点（终端或用户）之间通过一个给定的信道进行信息传输的过程，信源编码实现了通信的数字化，信道编码提高了信道的可靠性，调制增强了通信适应信道的有效性。这样，通信原理让我们明白了通信传输的工作原理，而实际通信以通信网为基础。

1.1　通信网的基本概念

现实生活中，如果能在所有人之间都建立一条传输通道，就可以解决任意两个用户之间相互通信的问题。若用户数为 N，则需要 N^2 条物理传输通道。地球当前的人口数为几十亿，这种通信方式显然行不通，即使建起来，每条物理传输通道的利用率也极低，可见，通信不可能按通信原理的过程来实施。现代通信的基本特点是数字化、网络化、智能化，现代通信网成为以数字化为基础的连接各种智能终端或通信设备的通信网络系统。

当前实用的覆盖全国乃至全球的通信网，通常由多种不同类型的通信网（常称为子网）互联互通而构成。现代通信网示意图如图 1-1 所示，它包括的网络有：局域网、FDDI（Fiber Distributed Data Interface，光纤分布式数据接口）环网、移动通信网/卫星通信网、PSTN（Public Switched Telephone Network，公用电话交换网）/ISDN（Integrated Service Digital Network，综合业务数字网）、X.25 分组数据网、ATM（Asynchronous Transfer Mode，异步转移模式）网络等。整个网络通过以 WDM（Wavelength Division Multiplexing，波分复用）链路为核心路由器的高速通道，形成高速信息传输平台，使上述各子网互联互通，形成一个无缝覆盖的网络。任意用户 A 的分组可以通过路由（用户 A→路由器 R4→路由器 R1→路由器 R3→ATM 网络→路由器 R7→用户 G），转发给用户 G。

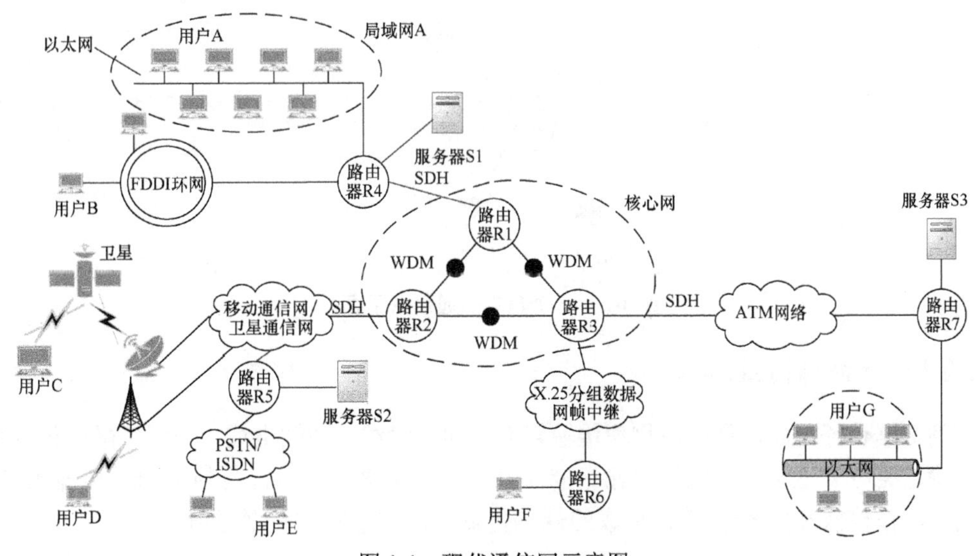

图 1-1　现代通信网示意图

上述网络以分组（packet）作为载体来运载不同类型的业务，这些业务可以是话音、图像、视频，也可以是电子邮件（E-mail）、Web 网页等。为了向用户提供不同的服务，除通信网的服务器外，网络中还挂有不同类型的服务器，如 S1、S2、S3 等。因此，通信网中的双方可以是人与人、机器与机器、人与机器等，通信的形式既可以是一个用户对一个用户，又可以是一个用户对多个用户。

另外，用户希望在任何时间、任何地点都可以享受自己所需的信息服务，这就必须使用户通过多种传输手段连接到网络，并以高速骨干网为基础，实现多种类型网络的互联互通，为用户提供不同速率、不同服务质量、不同业务的信息传输。

通信技术的快速发展使现代生活中的通信网种类繁多、形式各异，但这些通信网在本质上基本相同或相似，“现代通信网基础”这门课就用来分析通信网的共性，把握现代通信网的基本运行原理，为各种通信网的运行维护和优化设计奠定基础。

本章首先讨论通信网的基本构成，接着讨论通信网的协议体系，最后讨论通信网的性能指标与分类。

1.2 通信网的基本构成

一个基本的通信网通常由用户通信终端、物理传输链路和链路汇聚点组成，如图 1-2 所示。在该网络中，链路汇聚点又称为网络节点，可以是路由器，也可以是其他交换设备，其主要功能是将多个用户的信息复接到骨干链路上或从骨干链路上分接出用户的信息。通过网络节点，用户可以低成本地共享骨干链路，进而低成本地实现任意用户之间的信息交换。

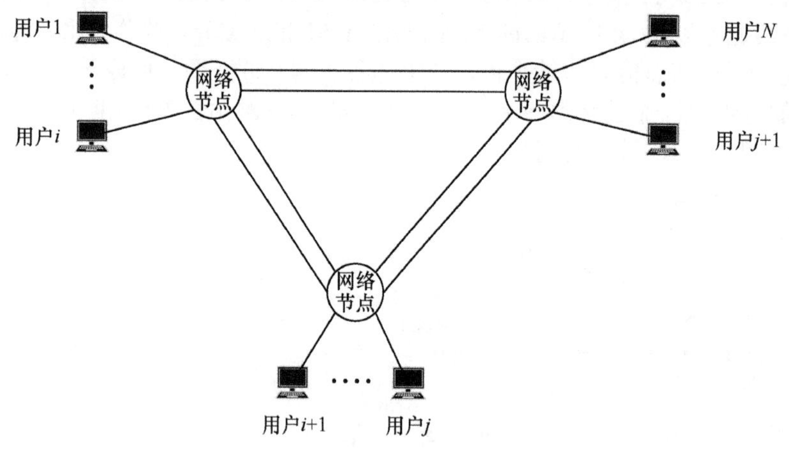

图 1-2 一个基本的通信网示意图

1.2.1 数据传输链路

所谓数据传输链路，是指在物理传输媒介（如双绞线、同轴电缆、光纤、微波传输系统、卫星传输链路等）上利用一定的传输标准（通常规定了电气接口、调制/解调、数据编/解码、比特同步、帧格式和复/分接等）形成的规定传输速率和格式的数据通道。

例如，以电话线路上利用 Modem（调制解调器）拨号上网的数据传输链路为例，它规定了计算机与 Modem 的电气接口为 RS-232C 接口，传输媒介为电话线（双绞线），在该链路上，利用不同的频带分割和调制方式可以实现 300b/s、1200b/s、2400b/s、4800b/s、9600b/s、19200b/s 及更高的传输速率。在 CCIT TV.22 标准规定的 1200b/s 双工调制解调器标准中，将话音信道分为上、下两个子信道，一个子信道占有 900～1500Hz 的频带，另一个占有 2100～2700Hz 的频带，已调信号的载频分别为 1200Hz 和 2400Hz，调制方式为四相相移键控（QPSK）。上行时，调制解调器在低频段信道发送数据，在高频段信道接收数据，从而实现全双工。

数据传输链路分为两大类：一类是用户到网络节点（路由器或交换机）的接入链路；另一类是网络节点之间的网络链路。接入链路有多种形式，如 Modem（调制解调器）链路、xDSL 链路、ISDN 链路、无线链路（移动通信或卫星通信链路）、局域网链路等。网络链路也有多种形式，如帧中继、SDH（Synchronous Digital Hierarchy，同步数字系列）、WDM 等。

在图 1-1 中，通信网中的任意两个用户根据他们在网络中所处的位置不同，他们之间的信息传输所经过的数据传输链路也多种多样。例如，局域网 A 中的任意两个用户之间的链路是相同特性的链路，而用户 D 与用户 F 之间要经过多种不同特性的链路，即无线链路、SDH 链路、WDM 链路和 X.25 链路等。

1.2.2　数据传输网络

在数据传输网络中，要传输的基本内容称为消息（message）。根据不同的应用场合，消息有不同的含义，例如，消息可以是一封电子邮件、一份文件、一幅图像等。在要进行交互操作的场合（如 A 可以发一个消息给 B，B 可以发一个应答给 A），双方需要交互多次才可完成信息交换的过程，或者说，双方需要按一定的顺序交换大量的消息。一次用户间的交互实际上就是一个会话（session）过程。数据传输网络必须保证可靠、及时、高效地完成每个会话过程。在分组交换网中，消息被分为格式化的数据分组，在每个网络节点中采用存储转发的工作方式来将输入的分组送到选定的输出链路上。

数据传输网络的基本功能是：通过网络中的路由器（或交换设备），为用户业务分组选择合适的传输路径，使这些分组可迅速、可靠地被传输到目的用户。对于图 1-3 所示的分组交换网而言，需要完成三个基本过程。

（1）分段和重装的过程。在发送端需将一条消息分成规定长度的分组，在接收端需将分组重新装配，恢复原始的消息。

（2）选择传输路径（确定路由）的过程。在图 1-3 中，节点 S→D 有多种选择，如路径 A（S→1→4→6→D）、路径 B（S→1→2→4→6→D）、路径 C（S→1→3→6→D）等。若路径 A 具有最短的时延和最少的中转次数（或满足其他最佳准则），则选择路径 A。在实际分组传输过程中，有两种基本的选择路由的方式：一种是虚电路方式；另一种是数据报方式。在虚电路方式中，在一个会话过程开始时，确定 S→D 的一条逻辑链路（实际分组传输时才占用物理链路，无分组传输时不占用物理链路，此时物理链路可用于其他用户分组的传输）。在会话过程中所有的分组都沿此逻辑链路进行。例如，图 1-3（a）的节点 S→D 经过路径 A 建立了一条逻辑链路，每条逻辑链路可用一个虚电路号（VCn）来表示。在数据报方式中，为会话过程中的每个分组都独立地选择路由，也就是节点 S→D 的一次会话过程中的分组可以独立地选择路径 A、路径 B 或路径 C 或其他路径。因而，到达目的节点 D 的分组所经过的链路可能各不相同，如图 1-3（b）所示。

（3）各网络节点的交换过程，该交换过程如图 1-3（c）所示。每个交换节点有 N 条输入链路和 M 条输出链路，每条输入/输出链路可以配置相应的缓冲区，来存储未及时处理的分组。交换网络的作用是根据选定的路由将输入队列的分组送到指定的输出队列中。

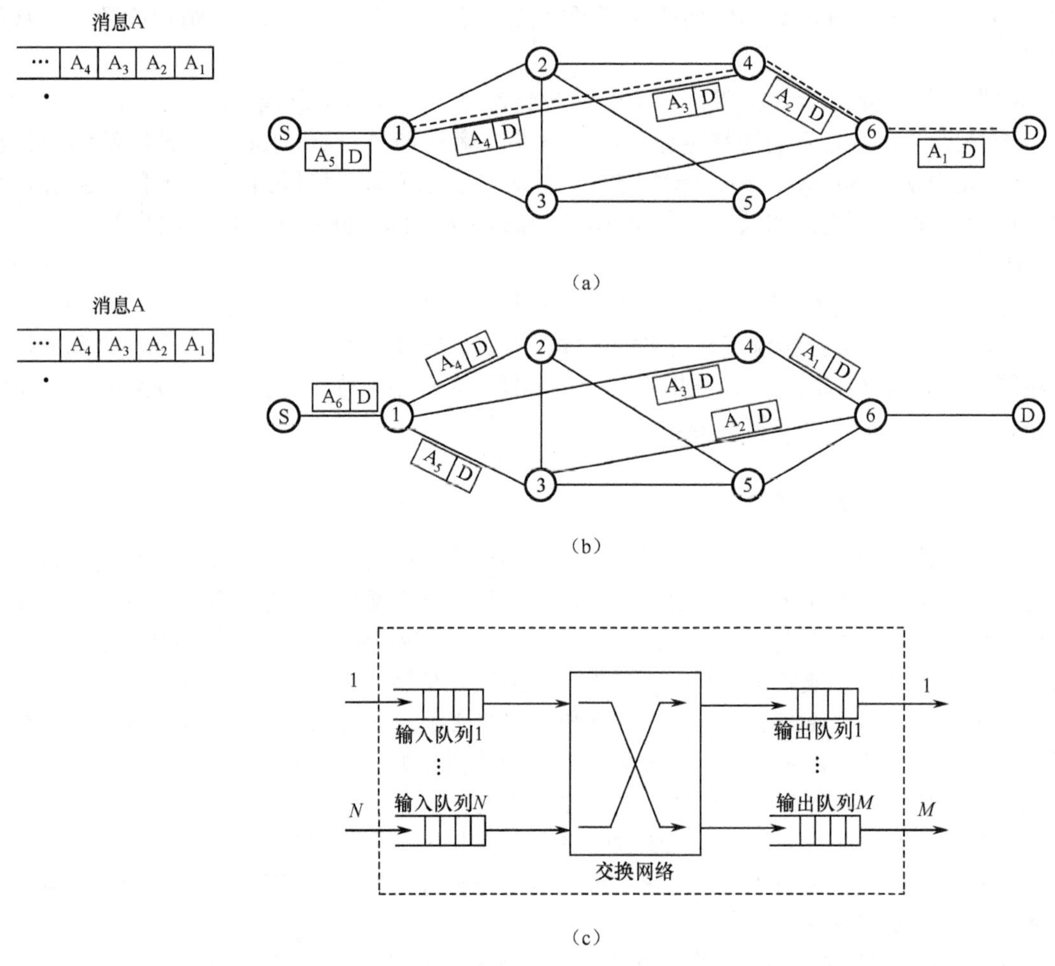

图 1-3 分组交换网

ATM（Asynchronous Transfer Mode，异步传输模式）是在传统电话网使用的电路交换及分组交换网的基础上发展起来的一种交换技术，可以较好地支持不同速率、不同种类的宽带信息交换。它与分组交换的差别是采用一个全网统一的固定长度的分组（称之为信元）进行传输和交换。在 ATM 网络中，信元的长度为 53 字节，其中 5 字节为信元头，48 字节为运载的信息。由于信元的长度和格式固定，因此可用硬件电路对信元进行处理，缩短了每个信元的处理时间。它采用面向连接（虚电路）的方式，可提高信息传输的实时性。ATM 设计是以光纤传输为基础的，因此在数据传输链路上采用了非常简单的差错控制和流量控制等措施，提高了信元在网络中的传输速率。

实际应用的网络还有很多，如 X.25 分组交换网、ISDN、快速中继网（帧中继和信元中继）、移动 GPRS 系统、由路由器与光纤传输系统构成的高速信息网，以及 1Gb/s 或 10Gb/s 以太网等。

1.2.3 网络互联

当多个子网要构成一个网络时，需要采用路由器，网络互联示意图如图 1-4 所示。

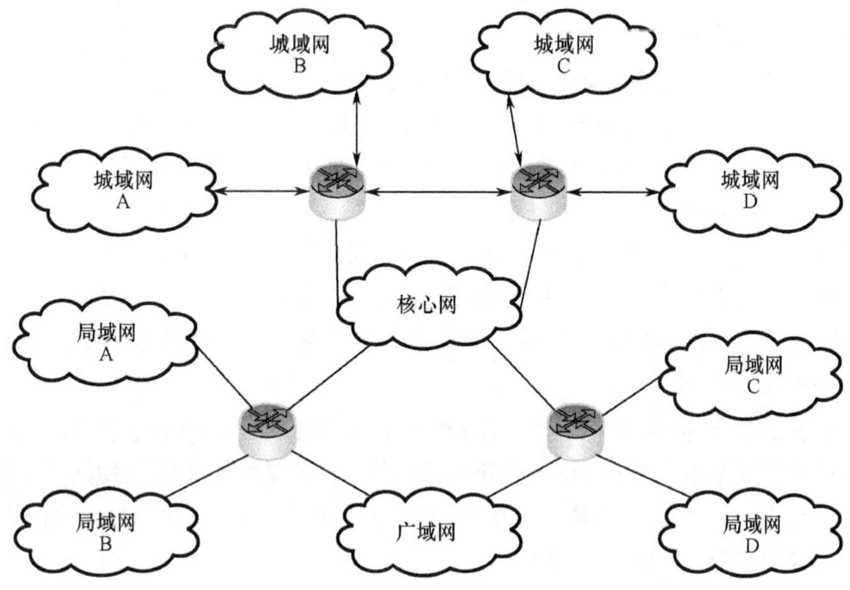

图 1-4 网络互联示意图

路由器区别于交换机的关键是它可连接异构数据链路。路由器的基本功能有两个：一是形成、维持和更新决定分组传输路径的路由表；二是依据路由表将分组转发，即执行路由表。路由器的工作方式是：从接收分组中提取目的地址，并确定该目的地址中的网络号，查找路由表以获得与该目标网络相匹配的表项，该表项包括分组应到达的下一网络及到达下一网络的必要信息（如对应的路由器输出端口），分组被封装在数据帧中，并由输出端口输出。

实现全网互联需要两个基本条件：一是全网统一编址；二是具有路由算法。编址解决如何区分网络中的节点、用户终端等问题，例如，在 Internet 中采用 IP 地址来区分路由器、服务器、用户计算机等。路由算法解决从源到目的地之间应经过的子网、路由器、网络节点等问题，例如，可以依据从源到目的地的路由器最少的原则来选择路由。

1.3 通信网的协议体系

用户终端之间通过路由器或其他交换设备连接起来，只是形式上的连成网，若要通信双方可进行有效的通信，还需要一系列通信协议。

有这样一个事件：假设有三支部队，红军 1 队、红军 2 队和蓝军部队。红军的两支部队被蓝军部队隔开，若两支红军部队同时攻击蓝军部队，则红军部队胜，否则蓝军部队胜。两支红军部队之间通信的唯一方式就是通过信使，但信使通过蓝军阵地时可能被抓获，导致信息丢失，这相当于通信链路不可靠，如图 1-5 所示。下面来看能否设计一种流程确保双方同时进入进攻状态。

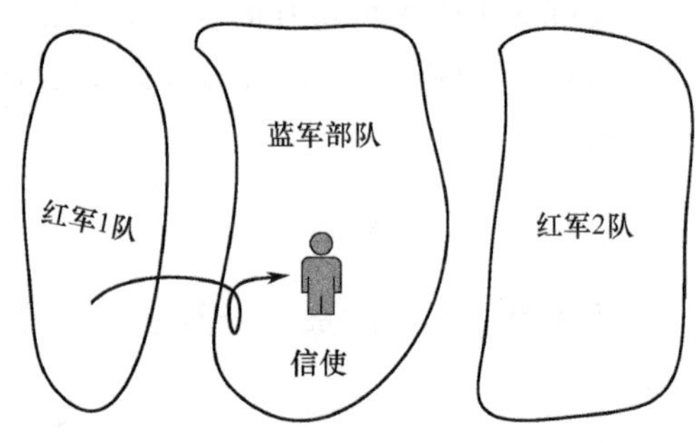

图 1-5 红军部队和蓝军部队的部署情况

假设红军 1 队在 t_1 时刻通过信使向红军 2 队发送一条信息“红军两支队伍将于 5 月 20 日 20:00 同时进攻，如果同意，请回复”，并等待红军 2 队的回复。红军 2 队在 t_2 时刻收到该消息并回复一条信息“我方同意，如果你方收到此信息，请确认”，并等待红军 1 队的回复。红军 1 队在 t_3 时刻收到红军 2 队的信息，同时向红军 2 队发送确认信息。我方收到另一方的信息，只意味着对方已收到我方之前时刻的信息，但我方此时的确认信息只能在下一时刻到达对方。双方是否不能在同一时刻相互确认呢？是的，即使进行无穷多次确认信息的交换，也始终不可能使双方同时确认。这个问题的关键是：握手流程不能使双方同时确认。

以上流程在逻辑上或者说在数学上无法做到双方同时确认。如果把前面严格确认的条件放松（同时进攻的概率很大则视为双方同时确认了），也就是红军 1 队收到红军 2 队的回复就确认我方的信息对方已确认，同理，红军 2 队也是。这样，握手流程使双方同时确认成为大概率事件，大概率事件就视同真实事件。

上述例子说明了沟通流程的重要性，也就是通信协议（规则）的重要性，完善的通信协议应当保证通信终端能高效地向用户提供所需的服务。不同的通信功能需要不同的通信协议，如 IEEE 802.3、IP、TCP、HTTP……

一个完整的通信（信息）系统需要一组通信协议，通信协议通常可通过完善的协议体系来描述。为了描述协议体系，这里首先给出分层的概念。

1.3.1 分层的概念

通信网的协议可按照分层的概念来设计。分层的基础是模块，例如，在计算机系统中，一个模块就是一个过程或一台设备，它完成给定的功能，若干模块组成一个完整的系统。模块完成的功能通常又称为“服务”。

采用模块的好处是：设计简单、可懂性好、标准化、互换性好，有大量现存的模块可以利用。对于模块设计人员，只需关心该模块内部的细节和模块的操作即可；而对于模块使用人员，把模块当成一个黑盒子，只关心该模块的输入、输出及输入-输出关系，而不用关心模块内部的工作细节。模块可以嵌套组成更大的模块，如图 1-6 所示，在该图中，一个高层模块由低层模块与简单模块组成。

通信网可以视为由一套模块组成的体系结构，除底层由物理通信链路组成外，每个高层模块都由低层黑盒子通信系统和一组简单模块组成，如图 1-7 所示。

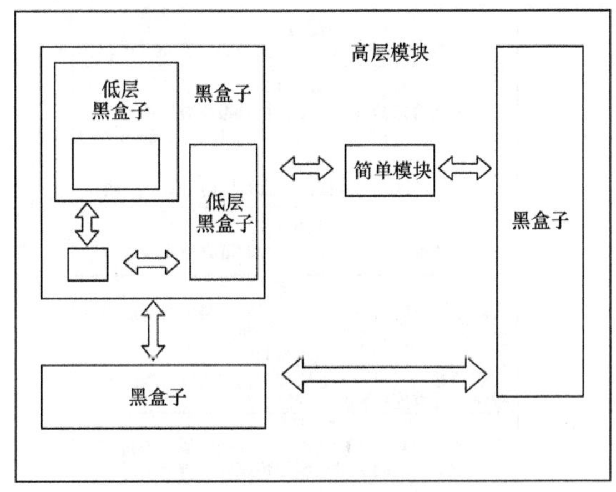

图 1-6　模块组成

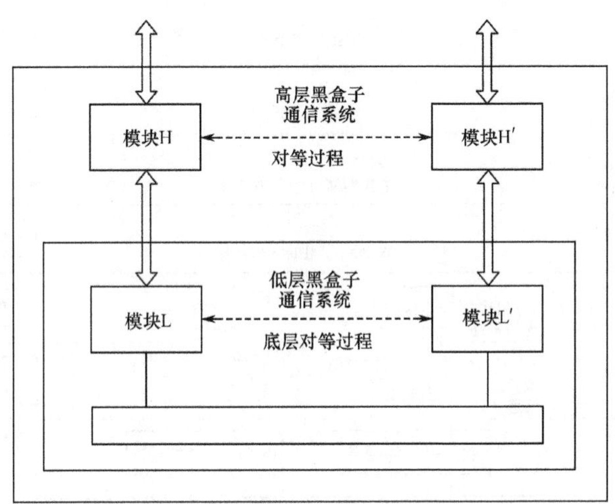

图 1-7　通信系统中的模块组成

由于信息的交换必须在双方之间进行，因此通信的双方必须有相同（或相应）的功能块才能完成给定的功能，在每层中双方两个功能相对应的模块称为对等（peer）模块。如图 1-7 所示，第 n 层的模块 H 和 H′，以及第 n−1 层的模块 L 和 L′都是对等模块。在该图中，低层（第 n−1 层）模块（黑盒子通信系统）由低层（第 n−1 层）的对等模块和更低层（第 n−2 层）的黑盒子通信系统组成。

假设讨论的是第 n 层，那么一个节点中第 n 层模块在与对方节点中第 n 层对等模块通过第 n−1 层进行通信时，有两个非常重要的方面：第一个方面是需要有一个分布式算法（或称为协议）来供两个对等层相互交换消息，以便为高层提供所需的功能和业务；第二个方面是第 n 层和第 n−1 层之间存在接口（API），该接口对于实际系统的设计和标准化非常重要。

1.3.2　OSI 协议体系结构

国际标准化组织将协议体系结构模型分为七个层次：应用层、表示层、会话层、运输层、网络层、数据链路层和物理层，并将它作为开发协议标准的框架。该模型被称为开放系统互连（OSI）参考模型，如图 1-8 所示。

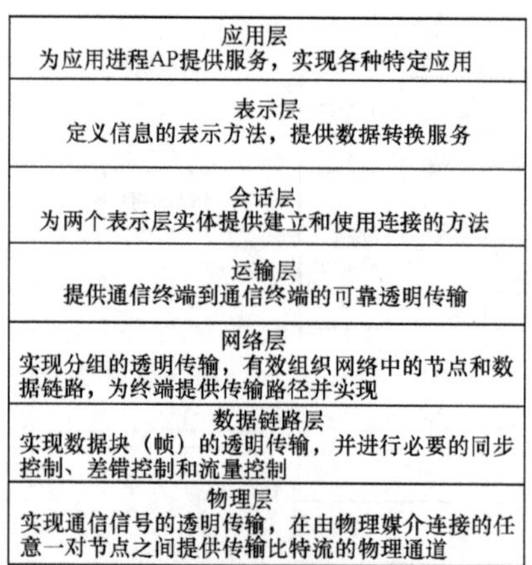

（a）OSI参考模型各层的功能

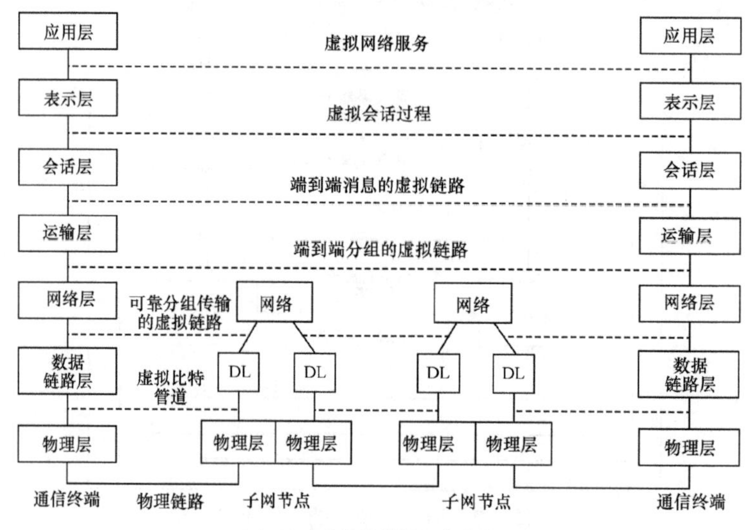

（b）OSI参考模型对等层之间的相互关系

图 1-8　OSI 参考模型

各层的主要功能如下。

第一层：物理层（Physical Layer）。物理层的功能是实现通信信号的透明传输，在由物理媒介连接的任意一对节点之间提供传输比特流的物理通道。在发送端，它将从高层接收的比特流变成适合在物理通道传输的信号，在接收端，将该信号恢复成所传输的比特流。

第二层：数据链路层（Data Link Layer）。数据链路层的功能是实现数据块（帧）的透明传输，并进行必要的同步控制、差错控制和流量控制。

第三层：网络层（Network Layer）。网络层的功能是实现分组的透明传输，有效组织网络中的节点和数据链路，为终端提供传输路径并实现。网络层通常分为两个子层：网内子层和网际子层。网内子层解决子网内分组的路由、寻址和传输；网际子层解决分组跨越不同子网的路由、寻址和传输，以及不同子网之间速率匹配、流量控制，不同长度分组的适配，连接的建立、保持和终止等问题。

第四层：运输层（Transport Layer）。运输层的功能是提供通信终端到通信终端的可靠透明传输。它根据发送端和接收端的地址定义一个跨过多个网络的逻辑连接，并完成端到端（而不是数据链路）的差错纠正和流量控制。它使得两个终端系统之间传输的数据单元无差错、无丢失或重复、无次序错乱。运输层可以产生多个网络连接或将多个运输层的连接复接到一个网络连接中。当用户终端系统运行多个会话时，运输层需要建立多个连接，并区分不同连接中不同会话的消息。

第五层：会话层（Session Layer）。会话层的功能是为两个表示层实体提供建立和使用连接的方法，即负责控制两个实体之间的会话。

第六层：表示层（Presentation Layer）。表示层的功能是定义信息的表示方法，提供数据转换服务，使两个系统可用共同的语言通信。

第七层：应用层（Application Layer）。应用层为应用进程 AP 提供服务，实现各种特定应用。应用层也提供一些公共的应用程序，如文件传输、作业传输与控制、事务处理、网络管理等。

以上七层功能又可按其特点分为两类，即通信子网功能和资源子网功能。前者包括第一层到第三层的全部功能，其目的是保证系统之间跨越网络的通信传输；后者包括第四层到第七层的功能，是所有面向应用的各种资源。

OSI 参考模型是所有通信网的完备参考模型，而特定实际系统并不一定需要所有的七层功能，可以根据需要选择其中的部分层次，以提高网络效率，或者整合七层中的若干功能层，成为精简、高效的分层通信体系。

1.3.3 TCP/IP 体系结构

TCP/IP（Transmission Control Protocol/Internet Protocol，传输控制协议/网际协议）是在实验性分组交换网 ARPARNET 上研究并开发成功的通信体系，协议族分为四个层次：应用层、运输层、互联网层、网络接入层，TCP/IP 协议族与 OSI 参考模型的对应关系如图 1-9 所示。

网络接入层主要解决与硬件相关的功能，向互联网层提供标准接口，解决端系统和所连接网络之间的数据交换。发送端计算机必须给网络提供目的计算机的地址，以便网络将数据传输到相应的目的地。

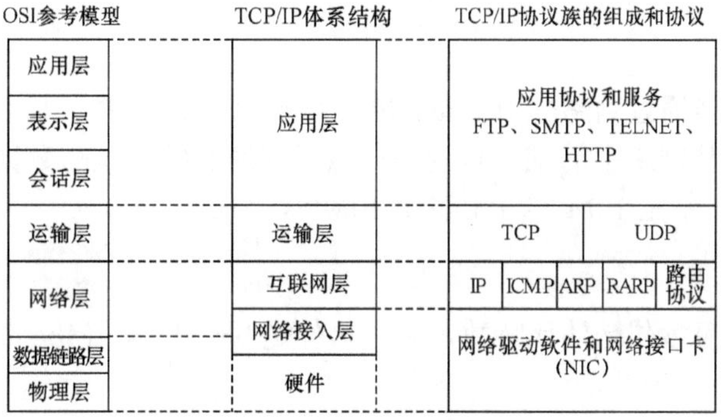

OSI参考模型	TCP/IP体系结构	TCP/IP协议族的组成和协议
应用层 表示层 会话层	应用层	应用协议和服务 FTP、SMTP、TELNET、HTTP
运输层	运输层	TCP　UDP
网络层	互联网层	IP　ICMP　ARP　RARP　路由协议
数据链路层	网络接入层	网络驱动软件和网络接口卡(NIC)
物理层	硬件	

图 1-9 TCP/IP 协议族与 OSI 参考模型的对应关系

如果两台设备连在不同的网络上，那么使数据穿过多个子网正确地传输是互联网层（网际层）要解决的问题。该层采用的协议称为网际互联协议（IP），提供跨越多个子网的选路和中继功能。IP 解决了网络互联问题，但它是一个不可靠的传输协议，可能会出现 IP 报文的错误、丢失和乱序等问题。

TCP/IP 的运输层采用两种不同的协议——TCP 和 UDP。TCP 是面向连接的传输控制协议，为应用程序之间的数据传输提供可靠连接；而 UDP（User Datagram Protocol，用户数据报协议）为应用层提供无连接的尽力（Best Effort）服务，但不保证传输的服务质量。

TCP/IP 的应用层协议主要有文件传输协议（FTP，File Transfer Protocol）、简单邮件传输协议（SMTP，Simple Mail Transfer Protocol）、远程登录协议（TELNET）、域名服务（DNS，Domain Name Service）、超文本传输协议（HTTP，Hyper Text Transfer Protocol）、简单网络管理协议（SNMP，Simple Network Management Protocol）等。

1.3.4 混合协议体系

由于现代通信网的低层基本都是参照 OSI 参考模型设计的，而 TCP/IP 随着 Internet 的飞速发展也被广泛采用，因而通常采用混合协议体系来描述一个信息网络，如图 1-10 所示，它包括应用层、运输层、网络层、数据链路层和物理层。

应用层		FTP、SMTP、DNS			
运输层		TCP/UDP			
网络层		IP			
数据链路层		ATM网	X.25网	卫星通信网	IMT—2000移动通信网
物理层					

图 1-10　混合协议体系

1.4 通信网的性能指标与分类

1.4.1 通信网的性能指标

通信网用户关心的主要问题是如何将消息快速、正确、安全地传输给对方。用户的信息通常要跨越多个网络，例如，图 1-1 中用户 D 到用户 G 之间要跨越移动通信链路、SDH 链路、WDM 链路、ATM 链路、以太网等。因此，不仅要关心两个相邻节点之间链路传输的有效性、可靠性和安全性，而且要关心同一种物理媒介网络中任意两个节点之间的链路传输的有效性、可靠性和安全性，此外，还要关心穿越不同物理媒介网络的任意两个节点之间链路传输的有效性、可靠性和安全性。

通信网的性能指标主要有以下几个。

1. 带宽

带宽指单位时间能通过网络的数据量，单位是 b/s（比特每秒），除此以外还有 kb/s、Mb/s 等，是指单位时间内从网络中的某一点到另一点所能通过的“最高数据率”。 在描述带宽时常把 b/s 省略，例如，带宽 10M 实际上表示 10Mb/s。

2. 传输速率

传输速率是网络每秒传输的比特数，它的单位是 b/s、kb/s、Mb/s 等。

3. 时延

通信发送端在 t_1 时刻发出信号，接收端在 t_2 时刻接收信号，这两个时刻的差值就是通信的时延，又称为延时。以分组交换网的时延为例，当一个分组在节点间传输时，主要的时延有 4 种：节点处理时延（Node Processing Delay）、排队时延（Queuing Delay）、传输时延（Transmission Delay）和传播时延（Propagation Delay）。

4. 吞吐量

吞吐量的单位和传输速率的单位一样，都是 b/s，所以它虽然名为“量”，但其实是一种“速率”，包括瞬时吞吐量和平均吞吐量。从服务器到客户机通过计算机网络传输一个大文件，任意时刻客户机接收该文件的速率称为瞬时吞吐量（Instantaneous Throughput），假设客户机接收该文件的所有 F 比特用了 T 秒，那么 F/T 就称为平均吞吐量（Average Throughput）。

5. 丢包率

丢包率是指丢失数据包数量占所发送数据包数量的比例，网络丢包的原因主要有物理线路故障、设备故障、病毒攻击、路由信息错误等，通常使用 ping 对目的站进行询问测试数据包由于各种原因在信道中丢失的比例。

6. 利用率

由香农公式可以得到一段链路的信道容量，而该链路的实际速率通常小于信道容量，链路的利用率对应的就是实际速率与信道容量的比值。对于网络而言，利用率是实际吞吐量与网络容量的比值。

1.4.2　通信网的分类

根据用户属性（移动或固定）、业务种类（电话、计算机数据、多媒体）、传输媒介（有线、无线）、节点采用的技术体制（电路交换、分组转发、ATM 交换）或应用领域等，可以对已有的通信网进行分类。现代通信网通常有如下分类。

按拓扑结构分类，通信网可分为星形网、树形网、环形网、总线网、网状网，还有由网状网和星形网复合而成的复合网。

按信息交换体制分类，通信网可分为电路交换网、分组交换网、ATM 网。

按传输媒介分类，通信网可分为有线网和无线网，前者的媒介为双绞线、同轴电缆和光纤等，后者的媒介为微波、毫米波和激光等。

按地域覆盖范围分类，通信网可分为局域网、城域网、广域网。其中，广域网（WAN）是一个在广泛的地域范围（通常为一个国家甚至全球）内建立的通信网。城域网（MAN）是在一个城市范围内建立的通信网。局域网（LAN）是将小区域内的各种通信设备互联在一起的通信网，典型例子是校园网、企业网。

按功能分类，通信网可分为数据通信网、智能网、信令网、同步网、电信管理网等。

按结构分类，通信网可分为接入网和核心网。

习　题　1

1.1　通信网由哪些基本要素组成？试举例列出 5 种常用的通信网。

1.2　常用的通信链路有哪些？其主要特征是什么？

1.3　试简述分组交换网的要点。

1.4　什么是虚电路？它与传统电话交换网中的物理链路有何差异？

1.5　ATM 信元与分组有何差别？ATM 网络是如何支持不同种类业务的？

1.6　分层的基本概念是什么？什么是对等层？

1.7　试述 OSI 参考模型和 TCP/IP 体系结构的区别与联系。

1.8　一个典型的通信网由哪些物理子网构成？路由器在网络中的作用是什么？

1.9　分析移动通信网的网络体系结构。

1.10　通信网的性能指标有哪些？

第 2 章　网络拓扑设计

如果从网络设计的角度来看待网络的基本问题，那么在通信网的建设、运营和维护过程中碰到的第一个问题就是如何设置网络的接入点与网络节点，使得众多的用户能够方便地接入网络，经济地共享高速大容量骨干链路和网络，这是对应覆盖的网络拓扑设计问题，而通信网的拓扑设计以图论为基础。本章首先讨论常用的网络拓扑结构的基本问题，然后讨论接入网和骨干网的拓扑设计。

2.1　图论基础

图论是一个新的数学分支，也是一门很有实用价值的学科，它在很多领域都得到了广泛的应用。近年来受到计算机科学蓬勃发展的影响，图论发展得极其迅速，其应用范围也在不断拓展。在通信网络中，许多问题的描述都是基于图论的，因此下面对图论的一些基本概念进行讨论。

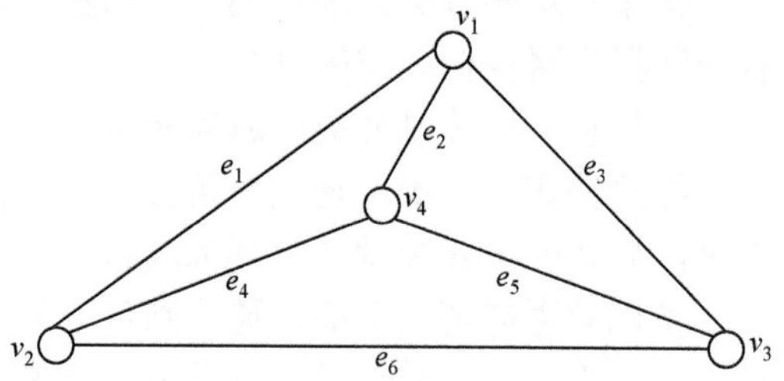

1. 图的概念

几何上，将图定义成空间中一些点（顶点）和连接这些点的线（边）的集合。

图 2-1　一个简单的无向图

图论中将图定义为 $G=(V,E)$，其中 V 表示顶点的集合，E 表示边的集合，那么图 2-1 所示的图可以表示为

$$V=\{v_1,v_2,v_3,v_4\}，E=\{e_1,e_2,e_3,e_4,e_5,e_6\}$$

也可以用边的两个顶点来表示边。如果边 e 的两个顶点是 u 和 v，那么 e 可写成 $e=(u,v)$，这里 (u,v) 表示 u 和 v 的有序对。如果 (u,v) 和 (v,u) 同时存在，那么它表达了以 u、v 为顶点的一条无向边，若图中的所有边都是无向边，则称该图为无向图。可以将图 2-1 所示的无向图表示为

$$G=(V,E),\ V=\{v_1,v_2,v_3,v_4\},\ E=\{(v_1,v_2),(v_1,v_3),(v_1,v_4),(v_2,v_3),(v_2,v_4),(v_3,v_4)\}$$

$$\text{或}\ E=\{(v_2,v_1),(v_3,v_1),(v_4,v_1),(v_3,v_2),(v_4,v_2),(v_4,v_3)\}$$

一般，图 $G=(V,E)$ 的顶点的数目用 $n(n=|V|)$ 表示，边的数目用 $m(m=|E|)$ 表示。若 $|V|$ 和 $|E|$ 都是有限的，则称图 G 是有限图，否则称为无限图。本书只讨论有限图的情况。

在实际应用中，图中的每条边可能有一个方向是很自然的（反映了信息或物质的流向）。若给图 G 的每条边都规定一个方向，则称该图为有向图。对有向图 $G=(V,E)$，有向边 e 用与其关联的顶点 (u,v) 的有序对来表示，即 $e=(u,v)$，它表示 u 为边 e 的起点，v 为边 e 的终点。图 2-2 所示的有向图可表示为

$$G=(V,E),\ V=\{v_1,v_2,v_3,v_4\},$$

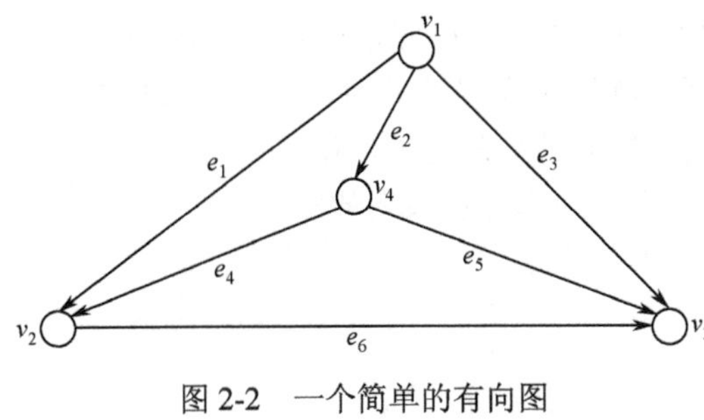

图 2-2　一个简单的有向图

$E=\{(v_1,v_2),(v_1,v_3),(v_1,v_4),(v_4,v_2),(v_4,v_3),(v_2,v_3)\}$

如果顶点 v 是边 e 的一个端点，则称边 e 和顶点 v 相关联（incident）；对于顶点 u 和 v，若 $(u,v)\in E$，则称 u 和 v 相邻接（adjacent）。在图 2-1 中，边 e_2、e_4、e_5 与顶点 v_4 相关联，顶点 v_4 分别与 v_1、v_2、v_3 相邻接。若两条边有共同的顶点，则称这两条边是邻接的。在图 2-1 中，边 e_1、e_2、e_3 两两相邻接。

对图 $G=(V,E)$ 和 $G'=(V',E')$ 来说，若 $V'\subseteq V$ 和 $E'\subseteq E$，则称图 G' 是图 G 的一个子图；若 $V'\subset V$ 或 $E'\subset E$，则称图 G' 是图 G 的一个真子图。

2. 路径与回路

定义：在图 $G=(V,E)$ 中，一些顶点和边存在交替序列 $\mu=v_0e_1v_1\cdots v_{k-1}e_kv_k$，且边 e_i 的端点为 v_{i-1} 和 v_i（$i=1,2,\cdots,k$），则称 μ 为一条路径（path），v_0 和 v_k 分别为 μ 的起点和终点。如果 μ 中所有的边均不相同，则称其为简单路径。以 v_0 为起点、v_k 为终点的路径称为 v_0-v_k 路径。

若路径 μ 中有 $v_0=v_k$，则称 μ 为回路（或称为环，cycle）。当回路中没有重复的边时，称回路为简单回路。

【例 2-1】在图 2-3 中，$S=\{v_1e_1v_2e_3v_3e_6v_4\}$ 是路径，$C=\{v_1e_2v_2e_3v_3e_6v_4e_4v_1\}$ 是回路。

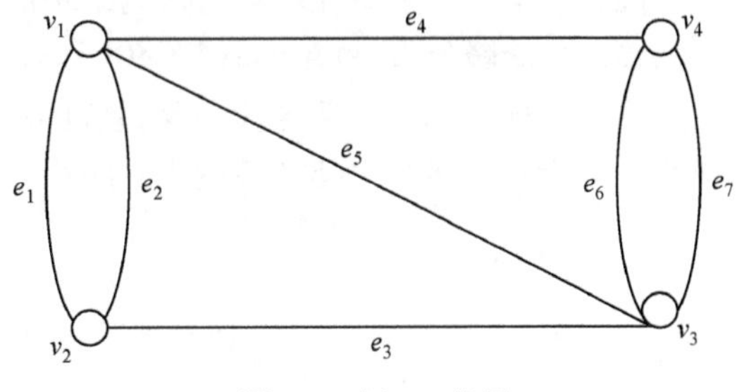

图 2-3　例 2-1 的图

定义 2-1：对图 $G=(V,E)$ 来说，若图 G 的两个顶点 u、v 之间存在一条路径，则称 u 和 v 是连通的。若图 G 的任意两个顶点都是连通的，则称图 G 是连通的，否则称图 G 是非连通的。非连通的图可分解为若干连通的子图。

在图 2-4 所示的无向图中，图 2-4（a）中的任意两个顶点之间都有路径，所以该图是连通的；图 2-4（b）中的顶点 3 和其他顶点之间没有路径，所以该图是非连通的；图 2-4（c）则是一个孤立的顶点。

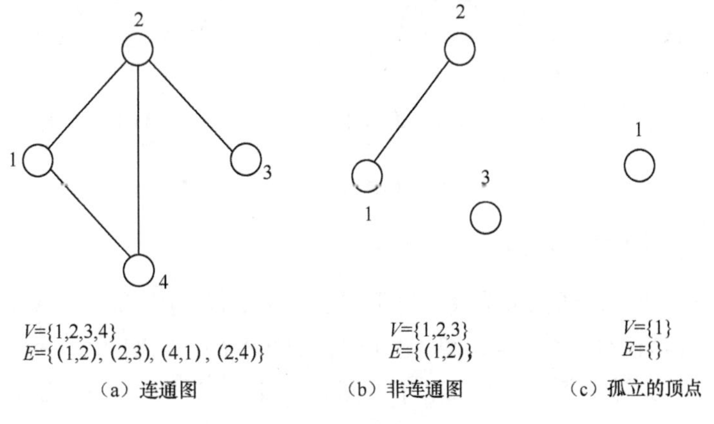

图 2-4　无向图

对于有向图，若去掉方向后是连通的，则称该图为连通的有向图。若对于有向图的任意两个顶点 u 和 v，存在 u 到 v 的路径和 v 到 u 的路径，称该图为强连通的。图 2-5（a）的方向图是一个连通的有向图，但不是强连通的。因为顶点 2 和顶点 3 之间不存在双向的路径；图 2-5（b）是一个强连通的方向图，该图中任意两个顶点之间都存在双向的路径。

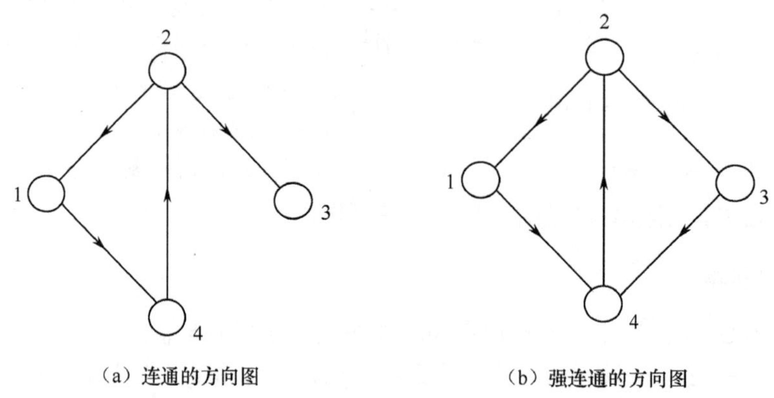

图 2-5　有向图

路径在通信网络中具有特别重要的意义。为了实现任意两个用户之间的通信，必须在他们之间建立至少一条路径。某通信网络中的路径示意图如图 2-6 所示，在节点 2 和节点 6 之间构建的一条路径为 $\text{path}_1 = \{2(2,8)8(8,3)3(3,5)5(5,6)6\}$。由于在通信网络中每条链路的时延或长度都不一样，因此需要寻找一条最优的路径。最优的路径是指中转次数（经过的节点数）或路径上所有链路的时延之和最小的路径。

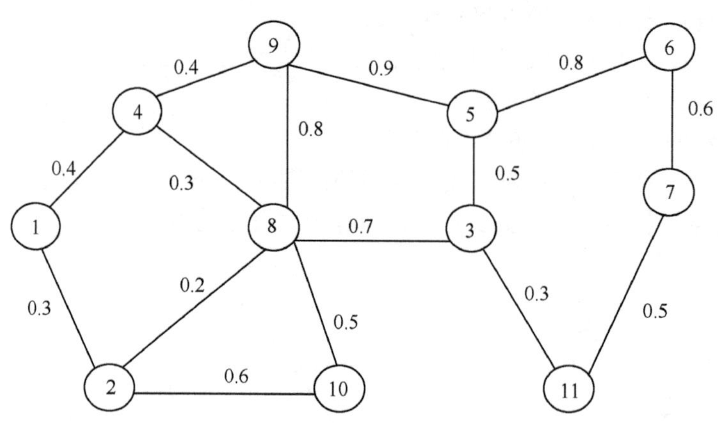

图 2-6　某通信网络中的路径示意图

3．生成树和最小重量生成树

不包括回路（环）的连通图称为树。对于图 $G=(V,E)$，包含图 G 中所有顶点的树称为生成树（Spanning Tree）。在图 2-7 中，图 2-7（b）、图 2-7（c）和图 2-7（d）都是树。而图 2-7（a）由于有回路，因此不是树。在图 2-7 中，图 2-7（b）和图 2-7（c）都是生成树。

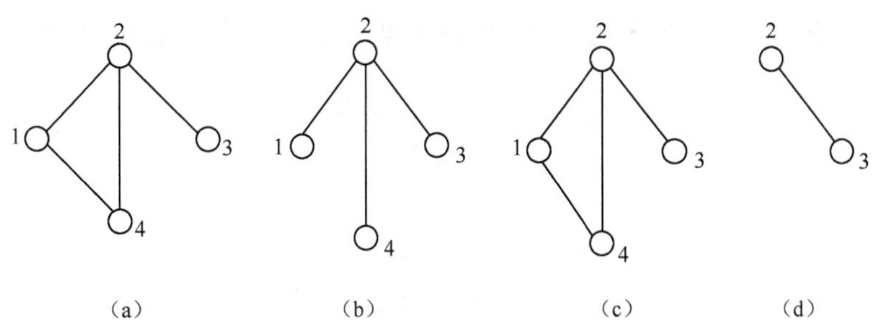

图 2-7　树和生成树

对于一个给定的图 $G=(V,E)$，其生成树的构造算法如下。

（1）令 n 是 V 中的任意顶点，构造子图 $G'=(V',E')$，其中 $V'=\{n\}$，$E'=\varnothing$（空集）。

（2）若 $V'=V$，则停止，此时 $G'=(V',E')$ 就是一个生成树。否则进行第（3）步。

（3）令 $(i,j)\in E$，其中 $i\in V'$，$j\in V-V'$，并采用下列方式更新 V' 和 E'：$V'=V'\cup\{j\}$，$E'=E'\cup\{(i,j)\}$，转到第（2）步。

该算法从仅有 1 个顶点、0 条边的子图开始，以后每执行一次第（3）步，就增加 1 个顶点和 1 条边，这意味着最终生成的树有 $|v|$ 个顶点、$|v|-1$ 条边。对于一个连通图，其边的数目通常大于或等于 $|v|-1$。若图 G 的边的数目等于 $|v|-1$，则上述算法将使用该图中所有的边，因而有 $G=G'$，即此时图 G 本身就是一个树。

一般而言，一个图可以有很多生成树。对于通信网络来说，利用生成树来实现广播是比较经济的，但每条边的成本或时延通常是不同的，这时就要考虑树中各边的重量（成本或时延）。通常用 W_{ij} 表示边 (i,j) 的重量。

边的重量之和最小的生成树称为最小重量生成树（Minimum Weight Spanning Tree，MST），MST 的任意子树称为一个树枝（fragment），一个顶点本身就是自己的一个树枝。而输出链路（Outgoing Arc）是指该链路的一个端点在树枝内，另一个端点不在该树枝内，这里所谓的链路和图中的边的概念是等效的。

定理 2-1　给定一个树枝 F，令 $\alpha=(i,j)$（$i\in F$，$j\notin F$）是 F 的最小重量输出链路，将 F 扩展一条链路 α 和一个顶点 j，仍是一个树枝。

由定理 2-1 可知如何由 MST 的一个子树生成一个完整的 MST。根据该定理可以有下列三种构造 MST 的方法［以图 2-8（a）为例］。

（1）Prim-Dijkstra 算法

选择任意一个顶点作为一个树枝，然后根据定理 2-1，每次选择一条最小重量输出链路来扩展树枝，最终即可生成 MST，如图 2-8（b）所示。

（2）Kruskal 算法

选择所有的顶点作为单顶点的树枝，在所有的链路中选择具有最小重量且不会形成回路（环）的链路添加到当前的树枝中。每次迭代仅添加一条链路，最终即可生成 MST，如图 2-8（c）所示。

（3）分布式构造 MST 算法（假定网络中有唯一的 MST）

从一个树枝集（假设该集就是图中的某个顶点）开始：

① 每个树枝决定自己的最小重量输出链路，将该链路添加到自身的树枝中，并通知该输出链路的另一个端点；

② 继续添加新的链路，直至没有新的输出链路且只有一个树枝（MST）为止。

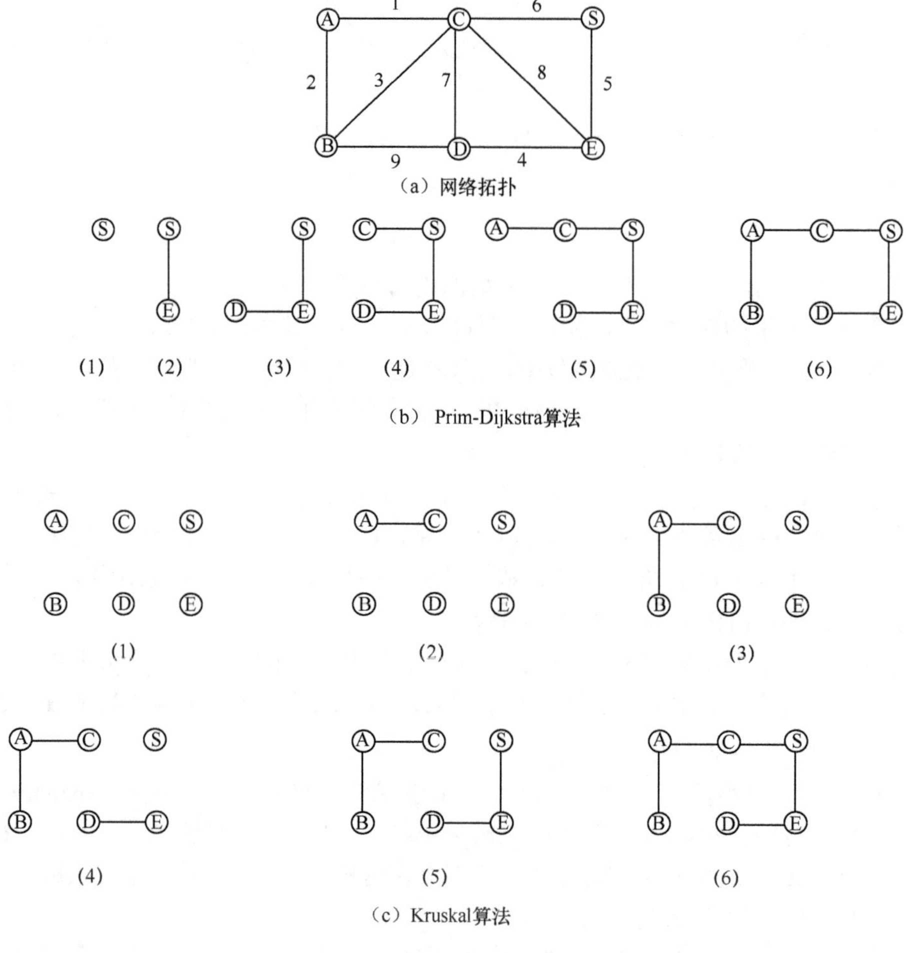

（a）网络拓扑

（b） Prim-Dijkstra算法

（c）Kruskal算法

图 2-8 最小重量生成树的构造

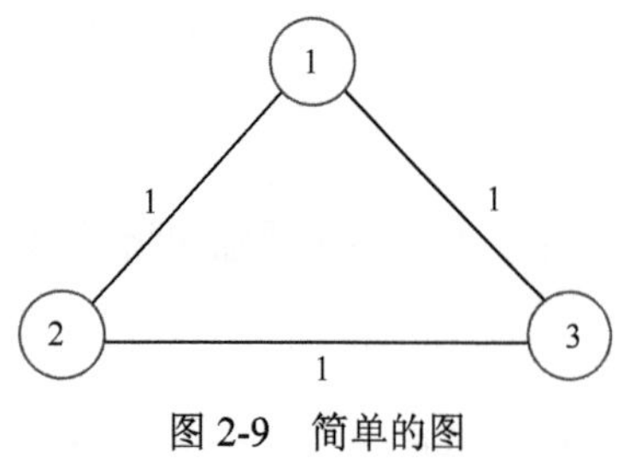

图 2-9 简单的图

该算法不要求各树枝同步，只要有合适的确定最小重量输出链路的方法，就可以求得所需的 MST。

上述分布式构造 MST 算法要求 MST 是唯一的，如果不唯一，那么可能会引起闭环。例如，有一个图如图 2-9 所示，从三个顶点开始构造 MST，则可能会导致三个顶点同时加入 (1,2)、(2,3) 和 (3,1) 三条链路，从而形成一个闭环。在这个例子中，三条链路的重量是不可区分的。

定理 2-2 若图 G 中所有链路的重量是不同的，则有唯一的 MST。

在实际的网络中，对于具有相同重量的链路，可以采用链路重量及链路关联的两个顶点的标号来共同区分。例如，两条链路 (i,j) 和 (k,l) 具有相同的重量，若 $i<j$ 、$k<l$ 且 $i<k$ ，则选定链路 (i,j) 为最小重量输出链路。

4. 割集

设图 $G=(V,E)$ 是连通图，$S \subseteq A$，若从图 G 中消去属于 S 的所有边，则图 $G-S$ 称为一个非连通的图。而如果去掉属于 S 的任何真子集中的边，图仍然保持连通，则称 S 是图 G 的一个割集。也就是说，割集 S 是使连通图 G 失去连通性的边的集合，且该边的集合中的边不能再减少。图 2-10 中虚线对应的两个边的集合 $S=\{(5,9),(3,8)\}$ 和 $Y=\{(1,4),(2,8),(2,10)\}$ 均是割集，但边的集合 $Z=|S,Y|=\{(5,9),(3,8),(1,4),(2,8),(2,10)\}$ 不是一个割集，因为，在 Z 中去掉 S 和 Y 中的任意边，图不能保持连通。

如果一个图有多个割集，那么边数最少的割集称为最小（边数）割集，它反映了一个图的强壮程度。对一个通信网络来说，最小（边数）割集反映了网络抗毁坏的能力。如果在一个通信网络中，最小（边数）割集中边的数目为 k，则称该图是 k 连通的。它表明网络中任意两个节点之间可以建立 k 条独立的（边完全不相同的）路径。如果平时仅使用其中的 n 条路径，那么网络还可以有 $k-n$ 条备份路径。

所谓饱和割集，是指链路利用率（负荷）非常高的割集。例如，图 2-10 中的割集 S 是一个饱和割集。

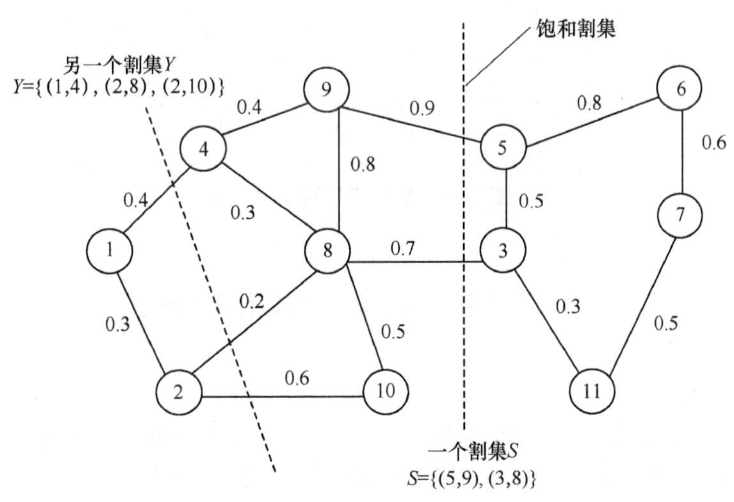

图 2-10　割集与饱和割集示意图

5. 最大流量问题

从前面的讨论可以知道，完全可以用一个图的特性来描述一个通信网络的行为。在通信网络的通信双方（甲节点和乙节点）的一个会话过程中，甲节点要向乙节点发送一系列分组，这一系列分组称为一个信息流。那么，在一个通信网络中，利用所有可能的路径，“甲节点向乙节点能发送的最大流量（单位为分组数/s）是多少”就是最大流量问题。

例如，图 2-11 所示为最大流量问题示意图。在该图中，链路（边）旁边不带圈的数字表示该链路的最大传输能力（容量），带圈的数字表示链路正在传输的流量。如链路 (v_s,v_1) 的容量为 10 分组/s，实际正在传输的流量为 8 分组/s。由于某些节点可能的输入流量之和与可能的输出流量之和不匹配，因此有些链路上实际传输的流量小于其链路的容量。例如，在图 2-11

中，节点v_1的最大可能的输入流量为10+3=13 分组/s，但其最大可能的输出流量仅为 4+4=8 分组/s，从而导致在(v_s,v_1)链路上的一个实际可能传输流量为 8 分组/s。在该例子中，由图 2-11 可知，从v_s到v_1的最大流量为 14 分组/s。

网络中任意两个节点之间的最大流量反映了网络能为该节点对提供的最大传输能力。为了保证用户的服务质量（如任意两个用户之间的最小流量要求），必须设置有效的通信网络拓扑（图的结构）和每条链路的容量。在一个有向图中，最大流量是由其所有割集中容量最小的那个割集的容量决定的。在图 2-11 所示的最大流量问题示意图中，由于割集$\{(v_1,v_2)(v_1,v_4)(v_3,v_4)\}$的容量最小，为 4+4+6=14 分组/s，因此它决定了v_s到v_1的最大流量为 14 分组/s。

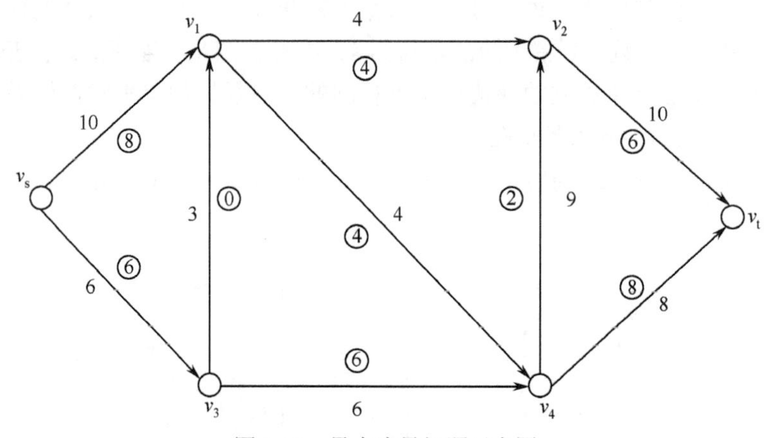

图 2-11 最大流量问题示意图

2.2 常用的网络拓扑结构

网络拓扑结构按照几何图形的形状，可分为 5 种类型：总线拓扑、环形拓扑、星形拓扑、树形拓扑和网状拓扑结构。这些形状也可混合构成混合拓扑结构。网络拓扑结构的选择与网络规模、链路性能、可靠性要求、服务质量需求、投资回报等因素有关。例如，局域网应用的是总线拓扑、星形拓扑或环形拓扑结构，而广域网则采用网状拓扑结构。

1. 总线拓扑

总线拓扑结构由单根电缆组成，该电缆连接网络中的所有节点。单根电缆称为总线，它只能支持一个信道，因此，所有节点共享总线的全部带宽。总线拓扑结构如图 2-12 所示。

在总线网络中，当一个节点向另一个节点发送数据时，所有节点都将被动地侦听该数据，只有目的节点会接收并处理发送给它的数据，其他节点将忽略该数据。基于总线拓扑结构的网络易于实现且组建成本很低，但其扩展性较差，当网络中的节点增多时，网络的性能将下降。此外，总线网络的容错能力较差，总线上某点的中断或故障将会影响整个网络的数据传输。因此，很少有网络采用一个单纯的总线拓扑结构。

2. 环形拓扑

在环形拓扑结构中，每个节点与两个最近的节点相连，以使整个网络形成一个环形，数据沿着环向一个方向发送。环中的每个节点在接收到传输的数据后，将其转发到下一个节点。环形拓扑结构如图 2-13 所示。

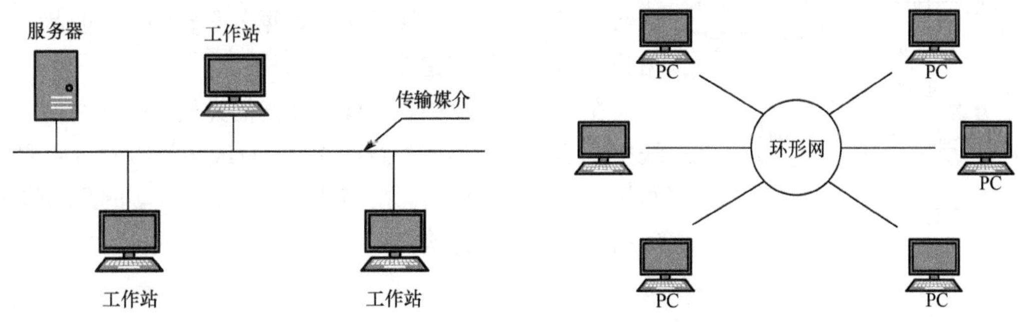

图 2-12　总线拓扑结构　　　图 2-13　环形拓扑结构

与总线拓扑结构相同，当环中的节点不断增多时，响应时间也会变长。因此，单纯的环形拓扑结构非常不灵活且不易于扩展，可靠性低，单个节点或链路的故障会导致整个网络瘫痪。

3. 星形拓扑

在星形拓扑结构中，网络中的每个节点都和一个中心控制节点连接在一起。网络中的节点将数据传输给中心控制节点，再由中心控制节点将数据转发给目的节点。星形拓扑结构如图 2-14 所示。

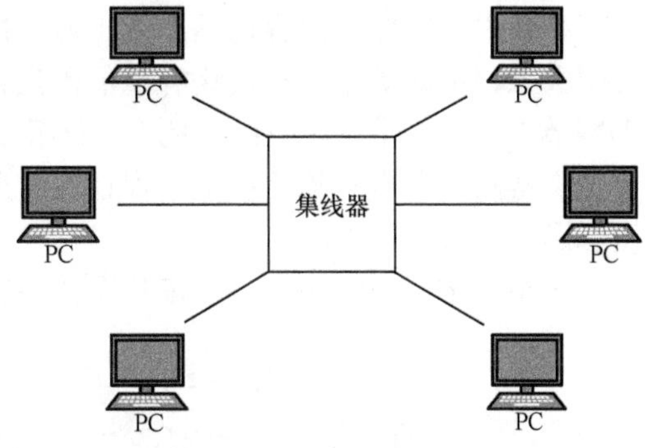

图 2-14　星形拓扑结构

由于在星形网络中，任何通信链路只连接两个设备（如一个工作站和一个集线器），因此链路故障通常只影响两个节点。星形网络具有如下优点：由于使用中心控制节点作为连接点，因此星形网络可以很容易地移动、隔离或与其他网络连接，这使得星形网络易于扩展、网络点到点的时延较小、节点故障易于隔离、网络易于监控。星形网络的缺点是中心控制节点的失效将会导致星形网络瘫痪。星形拓扑结构是目前局域网最常用的一种网络拓扑结构，现在的以太网一般都使用星形拓扑结构。

4. 树形拓扑

树形拓扑结构是星形结构与总线结构的扩展，是分层结构，具有根节点和各支节点，除叶节点外，所有根节点和子节点都具有转发功能。树形拓扑结构比星形拓扑结构复杂，数据在传输过程中需要经过多条链路，时延较大，适用于分级管理和控制系统。树形拓扑结构的优点是易于扩展，但也具有星形拓扑结构的缺点。

5. 网状拓扑

在网状拓扑结构中，任意两个节点之间均直接互联，如图 2-15 所示。

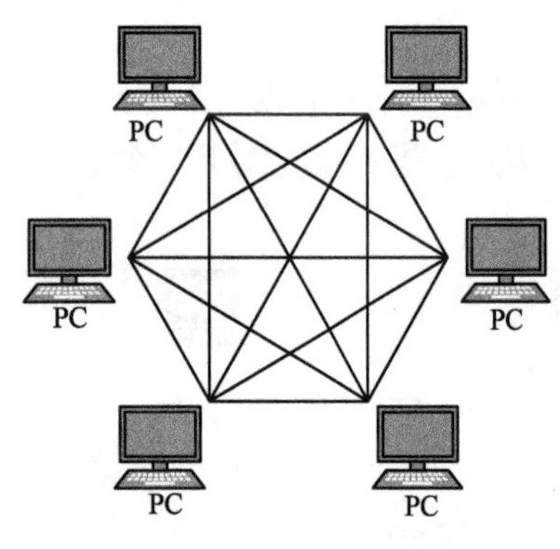

图 2-15　网状拓扑结构

网状拓扑结构常用于广域网，在这种情况下，处于不同地理场所的节点都是互联的，数据能够从发送地直接传输到目的地。网状拓扑结构的优点是为网络中两个节点之间的数据传输提供了冗余的多条路径。如果一条路径出现问题，那么网络能够轻易并迅速地更改数据的传输路径，因此，网状拓扑结构是最具容错性的拓扑结构。

在计算机网络中，还有许多其他类型的拓扑结构，如总线拓扑结构与星形拓扑结构混合、总线拓扑结构与环形拓扑结构混合而成的网络。在局域网中，使用最多的是总线拓扑结构和星形拓扑结构。

2.3　网络拓扑设计的基本问题

在对一个新的城市、一个新的办公场所进行规划，或者对一个老的电信网络重新进行规划时，需要确定干线节点的位置和数量、节点之间传输的手段和容量的大小，即进行网络拓扑设计。

具体地讲，网络拓扑设计是在给定的条件下，针对给定的内容来达到一定的设计目标。拓扑设计给定的条件包括：需要相互通信的终端的地理位置、终端的数量、各终端的业务需求。拓扑设计的主要内容包括：骨干通信网络的拓扑设计，包括网络节点的位置、节点间的分层关系、链路的选择和链路容量的确定；本地接入网的设计，即如何将用户终端连接到骨干网节点上。拓扑设计的目标是：使分组或消息的平均时延小于给定值；满足可靠性的要求，即在有链路和节点故障的情况下保证网络服务的完整性；在满足前两个目标的条件下，使投资和运行的成本最小。

一个固定用户终端的网络拓扑设计举例如图 2-16 所示。

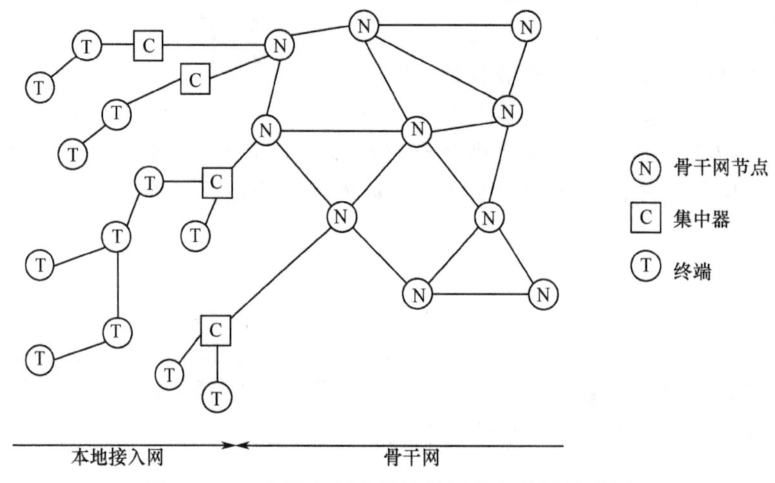

图 2-16　一个固定用户终端的网络拓扑设计举例

图 2-16 涉及两部分：骨干网和本地接入网。骨干网由骨干网节点（N）和节点间的链路

组成，骨干网节点相当于核心网的路由器或交换机。本地接入网由终端（T）和集中器（C）组成，集中器相当于局域网中的 Hub、边缘路由器、交换机等设备。

服务于移动用户终端的接入网设计还要解决覆盖的问题：在一个网络覆盖的区域内，用户无论身在何处，都应能够接入网络中，这时网络中的集中器（或基站）应足够多。

一般情况下，很难用公式来严格描述上述拓扑设计问题，然而在实际环境中，问题可以得到简化。在某些情况下，拓扑设计的部分问题已经得到解决，如部分接入网或骨干网已经存在，所以可以将拓扑设计问题分为接入网的拓扑设计和骨干网的拓扑设计两部分。

2.4　接入网的拓扑设计

接入网主要负责将非交换设备接入骨干网，同时接入网设备还负责不同技术间的转换。接入网的拓扑设计要解决的主要问题是如何将分散的通信终端汇聚起来，接入高一层的通信子网中。接入网的拓扑设计是复杂、多样的，与其服务的对象、承载的业务、网络的功能、组网的费用、骨干网的类型等因素密切相关。

2.4.1　接入网的分类

接入网的分类方法有很多种，如可以根据传输媒介、拓扑结构、使用技术、接口标准、业务带宽、业务种类等进行分类。如果将这些因素都考虑进去，接入网的种类自然会很多，但常用的主要有以下几类，它们可单独使用或混合使用。

（1）金属用户线上的 XDSL：它又可分为 IDSL（ISDN 数字用户环路）、HDSL（利用两对线双向对称传输 2Mb/s 的高速数字用户环路）、VDSL（甚高速数字用户环路）、ADSL（不对称数字用户环路）。这些系统的拓扑结构是点到点结构。

（2）同轴电缆上的 HFC（混合光纤同轴电缆）：拓扑结构为树形拓扑结构或总线拓扑结构，下行系统在物理上通常采用广播方式。

（3）光纤接入系统：可分为有源系统与无源系统。有源系统有基于 PDH 和基于 SDH 之分，拓扑结构可以是环形拓扑、总线拓扑、星形拓扑结构或它们的混合，也有点到点结构。无源光网络（PON）有窄带和宽带之分，目前已经标准化的宽带 PON 是基于 ATM 的 PON，即 APON。PON 的下行系统为点到多点系统（星形拓扑结构），上行系统为多点到点系统，上行时需要解决多用户争用的问题，目前上行系统大多用 TDMA（时分多址）技术。

（4）无线接入系统：无线接入系统（如无绳电话、集群电话、蜂窝移动通信、微波通信或卫星通信）可分为很多类，对应不同的频段，容量、业务带宽和覆盖范围各不相同。无线接入系统的主要工作方式是点到多点，在上行时解决多用户争用的技术有 FDMA（频分多址）、TDMA（时分多址）和 CDMA（码分多址），从频谱效率上看，CDMA 最好，TDMA 次之。其中，CDMA 有扩谱（DS）、跳频（FH）和同步（S-CDMA）这几种。

总体说来，接入网可以分为有线接入网和无线接入网这两类。

2.4.2　有线接入网的设计

有线接入网的设计主要考虑如何将用户通过有线（铜线或光纤等）接入骨干网。首先考虑如何将图 2-17（a）所示网络中的终端用户（以下简称用户）通过骨干节点（集中器）接入骨干网。终端用户和集中器之间的连接如图 2-17（b）所示。

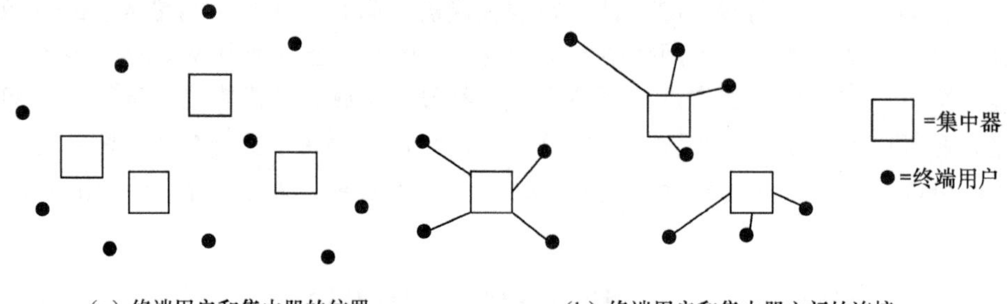

（a）终端用户和集中器的位置　（b）终端用户和集中器之间的连接

图 2-17　有线接入网的设计

设用户 i 连接到集中器 j 的成本为 a_{ij}，用户 i 与集中器 j 是否相连用变量 x_{ij} 表示。$x_{ij}=1$ 表示用户 i 与集中器 j 相连，$x_{ij}=0$ 表示用户 i 与集中器 j 不相连。成本函数可以表示为

$$\text{cost}=\sum_{i=1}^{n}\sum_{j=1}^{m}a_{ij}x_{ij} \tag{2-1}$$

因此将 n 个用户连接到 m 个集中器上可以表示为

$$\text{目标函数：}\ \min_{i,j}\text{cost}=\min_{i,j}\sum_{i=1}^{n}\sum_{j=1}^{m}a_{ij}x_{ij} \tag{2-2}$$

$$\text{约束条件：}\ \sum_{j=1}^{m}x_{ij}=1 \qquad \text{对所有的用户 } i \tag{2-3}$$

$$\sum_{i=1}^{n}a_{ij}x_{ij}\leqslant k_j \qquad \text{对所有的集中器} \tag{2-4}$$

式（2-3）表示每个用户仅连接到一个集中器上，式（2-4）表示集中器最大可接入 k_j 个用户。如果将 x_{ij} 的取值用 $0\leqslant x_{ij}\leqslant 1$ 来代替，那么式（2-2）～式（2-4）就是线性规划中的运输问题，有很多有效方法可以解决该问题。

下面讨论集中器的位置优化问题。如果集中器在位置 j 的成本为 b_j，那么式（2-1）所示的成本函数变为

$$\text{cost}=\sum_{i=1}^{n}\sum_{j=1}^{m}a_{ij}x_{ij}+\sum_{j=1}^{m}b_j y_j \tag{2-5}$$

式中，y_j 表示集中器是否放置在位置 j，$y_j=1$ 表示集中器放在位置 j，$y_j=0$ 表示集中器不放在位置 j。此时，式（2-4）对应的约束条件应变为

$$\sum_{i=1}^{n}x_{ij}\leqslant k_j y_j \qquad \text{对所有的集中器} \tag{2-6}$$

在式（2-3）和式（2-6）的约束条件下，使式（2-5）最小化的问题是非线性规划中一个典型的仓库选址问题，有很多成熟的方法可以解决该问题，如线性规划、遗传算法等，请参考有关文献。

2.4.3　无线接入网的设计

无线接入可分为移动接入与固定接入两种，其中，移动接入又分为高速和低速两种。高速移动接入系统一般是指蜂窝系统、卫星移动通信系统、集群系统等，低速移动接入系统一般是指微小区和微微小区。固定接入要求从变换节点到固定终端用户采用无线接入的方式，它实际上是 PSTN/ISDN 网的无线延伸，其目标是为用户提供透明的 PSTN/ISDN 业务。固定无线接入系统的终端不含或仅含有限的移动性，接入方式有微波点到多点、蜂窝区移动接入的固定应用、无线用户环路及卫星 VSAT 网等。

无线接入示意图如图 2-18 所示。在用户侧和网络侧都必须有对应的无线传输设备，网络侧的设备常称为基站。

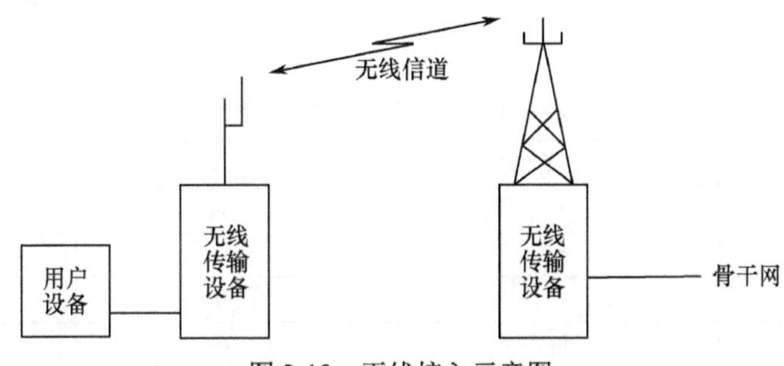

图 2-18　无线接入示意图

无线接入网与有线接入网设计的主要差别是无线链路的长度受到工作频率、发射频率、天线高度、地形环境等因素的限制。当无线用户的位置固定时，基站位置的选择类似于有线网中集中器位置的选择，但这时要附加一个通信距离的限制，当用户任意移动时，要保证用户在给定的区域（如一个城市）内的任何地方都可以接入网络，这就要求在任意地点的终端通信半径内至少应有一个基站，或者说要求无线接入网无缝地覆盖给定的区域。

下面介绍地面无线接入网。在无线移动通信系统中，传输损耗是随着距离的增加而增大的，并且与地形环境有密切的关系，因此移动台和基站之间的通信距离是有限的。例如，若基站天线高度为 70m，工作频率为 450MHz，天线增益为 8.7dB，发射机功率为 25W，移动台天线高度为 3m，接收灵敏度为-113dBm，接收天线增益为 1.5dB，则通信可靠性达 90%时的通信距离为 25km。

为了使得服务区达到无缝覆盖并保障系统的容量，需要采用多个基站来覆盖给定的服务区域（每个基站的覆盖区域称为一个小区）。从理论上讲，可以为每个小区分配不同的频率，但这样需要大量的频率资源且频谱利用率很低。降低对频率资源的要求并提高相同频率的小区（同频小区）之间的干扰，这是无线接入网设计过程中的新难题。下面针对目前常用的蜂窝网来讨论无线接入网设计时应该注意的问题。

在将平面区域划分成小区时，需要考虑以下几个方面。

（1）小区的形状

全向天线辐射的覆盖区域是一个圆形，为了不留空隙地覆盖整个平面的服务区，圆形辐射区之间一定有很多交叠。在考虑交叠的情况下，实际上每个辐射区的有效覆盖区是一个多边形。根据交叠情况的不同，若在每个小区中相间 120° 设置 3 个邻区，则有效覆盖区为正三角形；若在每个小区中相间 90° 设置 4 个邻区，则有效覆盖区为正方形；若在每个小区中相间 60° 设置 6 个邻区，则有效覆盖区为正六边形。3 种情况下小区的形状如图 2-19 所示。可以证明，要用正多边形无空隙、无重叠地覆盖一个平面的区域，可取的形状只有正三角形、正方形和正六边形这 3 种。那么这 3 种形状中哪一种最好呢？在辐射半径 r 相同的条件下，计算出的 3 种形状小区的邻区距离、小区面积、交叠区宽度和交叠区面积如表 2-1 所示。

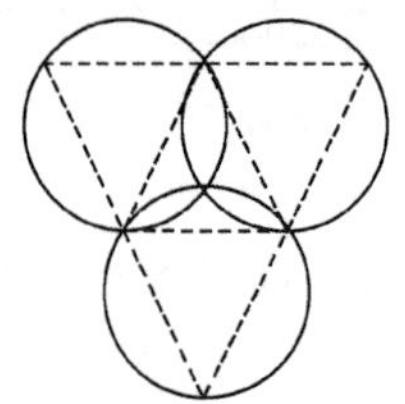
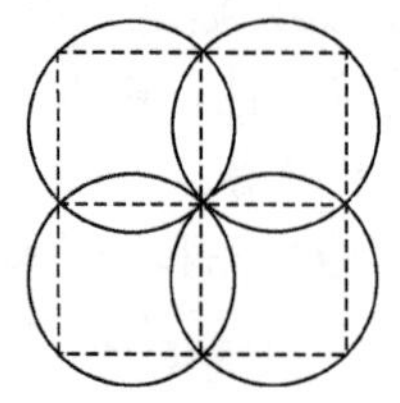

图 2-19　3 种情况下小区的形状

表 2-1　3 种形状小区的比较

小区形状	正三角形	正方形	正六边形
邻区距离	r	$\sqrt{2}r$	$\sqrt{3}r$
小区面积	$1.3r^2$	$2r^2$	$2.6r^2$
交叠区宽度	r	$0.59r$	$0.27r$
交叠区面积	$1.2\pi r^2$	$0.73\pi r^2$	$0.35\pi r^2$

由表 2-1 可见，在服务区面积一定的情况下，正六边形小区的形状最接近理想的圆形，用它覆盖整个服务区所需的基站数最少，因此最经济。正六边形构成的网络形同蜂窝，因此将小区形状为六边形的小区制移动通信网称为蜂窝移动通信网。

（2）区群的组成

相邻小区显然不能用相同的信道，为了保证同信道小区之间有足够的距离，附近的若干小区都不能用相同的信道。这些不同信道的小区组成一个区群，只有不同区群的小区才能进行信道再用。

区群的组成应满足两个条件；一是区群之间可以邻接，且无空隙、无重叠地进行覆盖；二是邻接后的区群应保证各个相邻同信道小区之间的距离相等。满足上述条件的区群形状和区群内的小区数不是任意的。可以证明，区群内的小区数应满足

$$N = i^2 + ij + j^2 \tag{2-7}$$

式中，i、j 是相关同频小区的个数，为正整数。由此可算出区群内的小区数 N 的取值如表 2-2 所示，区群的组成与形状如图 2-20 所示。

表 2-2　区群内的小区数 N 的取值

j \ i (N)	0	1	2	3	4
1	1	3	7	13	21
2	4	7	12	19	28
3	9	13	19	27	37
4	16	21	28	37	48

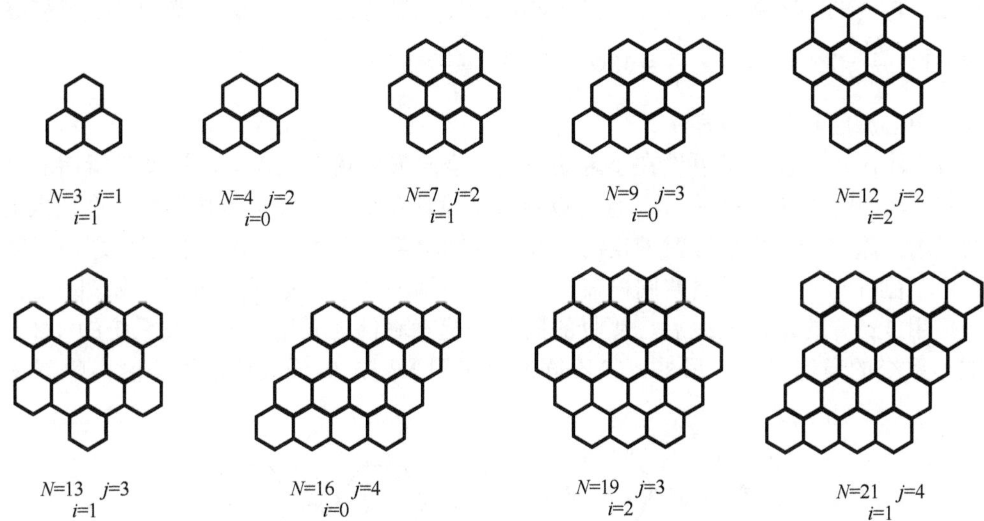

图 2-20　区群的组成与形状

（3）同信道（频）小区的位置和距离

在区群内小区数不同的情况下，可用下面的方法来确定同信道小区的位置和距离。自某小区 A 出发，先沿边的垂直方向跨 j 个小区，再向左（或向右）转 60°，再跨 i 个小区，这样就到达相同小区 A。在正六边形的 6 个方向上，可以找到 6 个相邻的同信道小区，所有 A 小区之间的距离都相等，如图 2-21 所示。

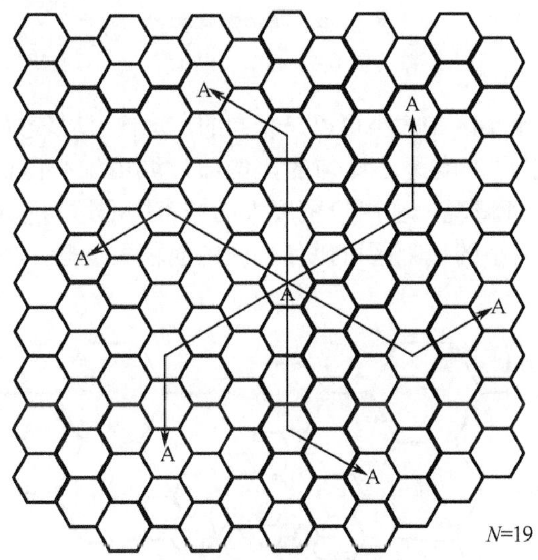

图 2-21　同信道小区的确定

设小区的辐射半径（正六边形外接圆的半径）为 r，则由图 2-21 可以算出同信道小区中心之间的距离为

$$D=\sqrt{3}r\sqrt{\left(j+\frac{i}{2}\right)^2+\left(\frac{\sqrt{3}i}{2}\right)^2}=\sqrt{3(i^2+ij+j^2)\cdot r}=\sqrt{3N}r \tag{2-8}$$

可见，群内的小区数 N 越大，同信道小区的距离就越远，抗同频干扰的性能就越好。例如，$N=3$，$\frac{D}{r}=3$；$N=7$，$\frac{D}{r}\approx 4.6$；$N=9$，$\frac{D}{r}\approx 5.2$。

（4）中心激励和顶点激励

在每个小区中，基站可以设在小区的中央，全向形成圆形覆盖区，这就是所谓的“中心激励”方式，如图 2-22（a）所示。也可以将基站设计在每个相邻正六边形的三个顶点上，每个基站采用三副 120° 扇形辐射的定向天线，分别覆盖三个相邻小区的各三分之一区域。每个小区由三副 120° 定向天线共同覆盖，这就是所谓的“顶点激励”方式，如图 2-22（b）所示。采用 120° 的定向天线后，接收的同频干扰功率仅为采用全向天线系统的 1/3，因而可以减小系统的通道干扰。另外，在不同地点采用多副定向天线可消除小区内障碍物的阴影。

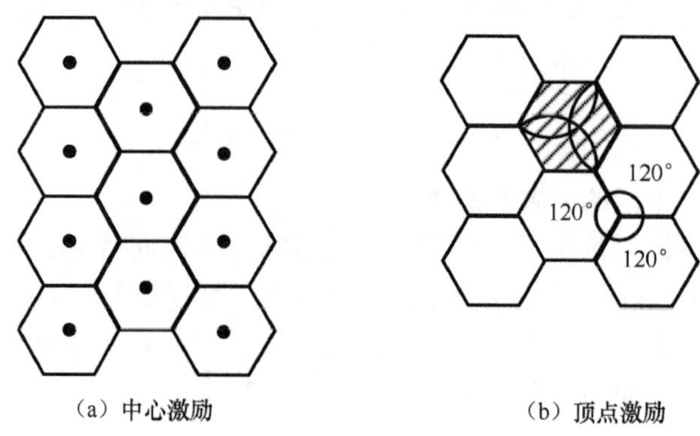

（a）中心激励　　（b）顶点激励

图 2-22　两种激励方式

（5）小区的分裂

在整个服务区中，每个小区的大小可以是相同的，这样可以较好地适应用户密度均匀的情况。实际上服务区内的用户密度是不均匀的，例如，城市中心区的用户密度大，市郊区的用户密度小。为了适应这种情况，在用户密度大的城市中心区可以使小区的面积小一些，以提升小区容量；在用户密度小的市郊区可以使小区的面积大一些，以减少网络投资，如图 2-23 所示。

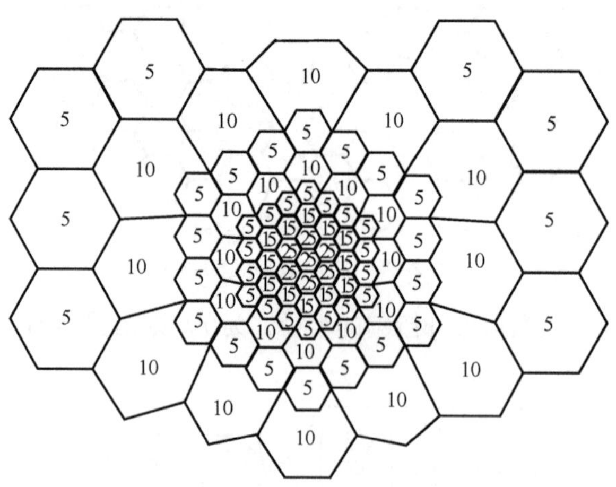

图 2-23　用户密度不等时的小区结构

图中每个小区中的数字代表在该小区内可使用的信道数。从图中可以看出，城市中心区的用户密度最大，小区的面积划得最小，但分配给这些小区的可用信道却最多。

另外，对于已设置好的移动蜂窝通信网，随着城市的发展，原来的小密度区可能变成了大密度区。这时应在该地区设置新的基站，减小覆盖范围、提升单位面积吞吐量。采用小区分裂的方法可以解决该问题。

以 120° 扇形辐射的顶点激励方式为例，如图 2-24 所示。在原小区内分设三个发射功率更小的新基站，可以形成面积更小的正六边形小区，如虚线所示。

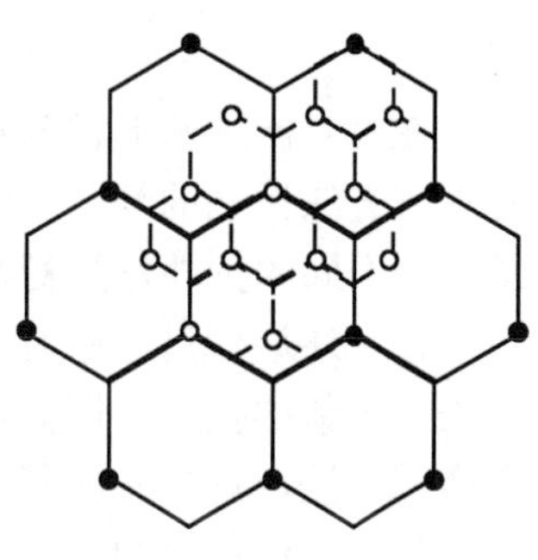

图 2-24　小区的分裂

2.5　骨干网的拓扑设计

虽然不同的应用场合有不同类型的骨干网，但在其设计过程中都面临着同样的问题。总体来说，骨干网的拓扑设计可以表述为：给定骨干网节点的位置和节点之间的流量，在使网络成本最低的原则下选择每条链路的容量与流量，以满足时延及可靠性的要求。一般而言，骨干网的拓扑设计问题是一个非常难解的组合问题，即使该问题有解，所得到的解也可能不切实际。在实际系统中，节点间的链路可能仅有有限种选择，通常采用试探法来解决实际问题。

假定将一条链路的容量指定为 0（实际上是消除了该链路），可把拓扑设计问题视为容量分配问题的特例。下面讨论解决容量分配问题的试探法。

试探法的基本思想是从一个给定的网络拓扑开始，一次改变其中一条或多条链路的容量，检查新的拓扑是否满足约束条件且具有更低的成本，直到求得最佳的结果。试探法的假定条件包括以下几项。

（1）给定所有的链路容量 C，并已选定一种路由算法来确定所有链路 (i, j) 的流量 F，最常用的方法是该使流量满足系统的成本函数最小的条件。

（2）可靠性必须满足要求。例如，通常要求网络具有 2 连通性（单个节点发生故障后，网络仍是连通的）或 k 连通性（k–1 个节点发生故障后，剩余节点仍是连通的）。

（3）确定一个成本函数，并利用该函数对不同的网络拓扑进行排序，使成本尽可能小。

为了求得满足上述条件的拓扑，这里给出一个原型迭代试探法。在每次迭代中有两个拓扑：一个是当前最好的拓扑，它满足时延及可靠性的约束条件，并且是到目前为止发现的成本最低的拓扑；另一个是试验拓扑，它是在当前的迭代步骤中需要评估的拓扑，以确定其是否具有更好的性能。迭代步骤如下。

步骤 1（分配流量）：利用条件（2）来计算试验拓扑的链路流量 F_{ij}。

步骤 2（检查可靠性）：测试试验拓扑是否满足可靠性的要求。若满足，则执行步骤 3；若不满足，则执行步骤 4。

步骤 3（检查成本的改进程度）：如果试验拓扑的成本低于当前最好的拓扑，那么用试验拓扑代替当前最好的拓扑。

步骤 4（产生一个新的试验拓扑）：利用某种试探的方法生成一个新的试验拓扑，返回步骤 1。

在没有产生新的试验拓扑或试验拓扑不可能有实质性改善的情况下，算法结束。利用这种求解方法得到的解不一定是最佳的，算法有可能收敛到局部最优解。一种可能的改进方法是采用不同的拓扑作为初始化的拓扑，重复上述迭代，直至找到一个最满意的解。

在上述迭代过程中有一个重要的问题，就是如何产生试验拓扑。有很多试探的规则可以用来产生新的拓扑，例如，删除使用率很低的链路。使用的这种试探的规则的方法称为支路交换试探法，该方法的基本思路是在原来的拓扑中删去一条链路并增加一条新的链路，删除和增加链路过程中的一种常用方法为饱和割集法。

所谓割集，是指网络拓扑中的这样一些链路的集合，删除该集合中的所有链路，将使网络拓扑分为两个不相连（不连通）的部分，如图 2-25 所示。如果将虚线上的两条链路删除，那么网络将被分为两个不相连的部分 N_1 和 N_2。所谓饱和割集，是指链路利用率（负荷）非常高的割集，图 2-25 中与虚线对应的割集为饱和割集。

由于饱和割集中的链路利用率很高，因此会影响网络的时延性能，在 N_1 和 N_2 之间增加一条链路，将有助于降低链路利用率。同时可以删除一条链路利用率最低的链路，如图 2-25 所示，删除利用率为 0.2 的链路。

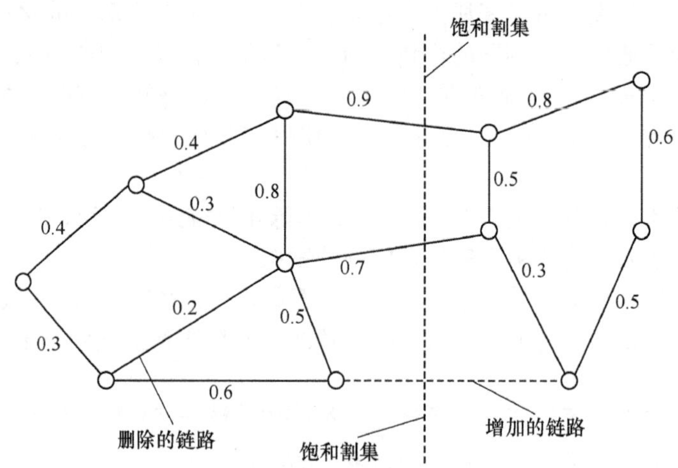

图 2-25 割集与饱和割集示意图

总而言之，骨干网的建设需要考虑以下几个方面的问题：

（1）骨干网承载的业务和这些业务的流量分配；

（2）不同的拓扑结构的数据交换能力有所不同；

（3）是否需要建设有冗余配置的骨干网来抵御意外事件；

（4）不同的组网技术对网络流量的影响；

（5）骨干节点的分布。

通过合理的设计，可以布设一个功能强大、性能稳定的网络。

2.6 通信网络仿真

在过去的几十年中，通信网络发展迅速，规模日益增大，软件和硬件的复杂度都在不断增大。大量新的网络协议与网络应用接连涌现，这使得通信网络系统和计算机网络系统已经演变成非常复杂的大系统。目前，仅用排队论和图论等早期的数学工具已不足以系统、完整地分析现代的通信网络系统，借助计算机及运算能力不断增强的各类服务器，通信网络仿真正逐渐成为网络设计与系统性能分析的基本方法。在本章中，通信网络仿真泛指获取各类通信网络、计算机网络在运行过程中的行为模拟及相应的特性参数。

在通信网络、计算机网络的研究中，网络仿真是利用专门的软件程序，根据特定网络的协议，通过计算不同的网络实体（如路由器、交换机、节点、接入点和链路等）之间的关系来模拟网络行为的。目前网络仿真技术已被广泛地用于网络设计、研究和技术开发的方方面面，包括协议的验证分析、新一代网络技术与架构的性能评估、网络部署、在线维护与优化网络过程的情景分析等。网络仿真的主要用途包括模拟实际网络的搭建、验证新的网络协议与技术、重现网络场景等。

2.6.1　模拟实际网络的搭建

在实际环境中搭建网络场景会受到场地、经费和技术的制约，尤其是对于大型的网络，购买设备、安装软件和配置参数在系统的设计完成之前都存在一定的约束与难度。另外，实际的网络往往难以分析网络性能所需的极限条件，难以进行有关观测各种网络参数变化的试验，如构建各种流量负载复杂变化的网络拥塞模型。

2.6.2　验证新的网络协议与技术

一般情况下，在新的网络协议（新的或参数改进后的传输控制协议，以及新的网络层或应用层的组播协议等）提出之后，设计者不仅需要了解所提出协议在网络中运行时的行为，还要与现有的其他协议进行对比。利用网络仿真进行各种验证试验，可以经济、有效地完成上述任务。此外，当需要在网络场景中测试新的设备，同时又需要大的网络环境时，仿真技术可以模拟半实物仿真的环境，即整个测试环境中只包含若干实物设备，大量的同类设备或其他设备则通过软件来模拟，从而大大降低试验的成本。

2.6.3　重现网络场景

在某些情况下，可能需要重现实际网络中发生过的某些场景，从而更好地了解某些网络的不利的突发情况，同时验证相应的防范措施的可行性。例如，在网络仿真环境中模拟互联网内的蠕虫攻击，以了解其对网络的危害，从而可以更有效地制定应对方案。由于此类恶意行为不能在实际的网络中随意实现，因此用网络仿真技术可在不影响网络运行的情况下重现这种网络场景。

目前常用的网络仿真工具有 OPNET、QualNet、NS-2/3、OMNeT++、SSFNet、J-Sim 等，其中有些是需要付费使用的商业软件，也有不少网络仿真工具具有开源的代码。仿真工具一般具有模块化的组件、仿真动画的演示，能添加新的网络技术来拓展现有的模型，有些仿真工具甚至支持与真实网络进行互联。一般来说，商业的网络仿真工具有很好的用户界面、大量可直接调用的用于模拟现有网络设备行为的网络元素，这些网络元素的参数还可以根据需要进行配置，同时还可以得到较好的技术支持。使用开源代码的网络仿真工具也有优点，因为代码开源，所以比较容易在此基础上做进一步的研究和开发。特别是高等院校等研究机构的研究人员使用具有开源代码的网络仿真工具进行有关网络技术的研究，他们往往会把自己开发的模拟网络特定功能的网络仿真工具在互联网上共享并进行交流，成为网络研究和技术开发者的重要资源。因此使用开源的网络仿真工具，有时可以节省大量的仿真软件开发时间。

典型的网络仿真工具为开发者提供了多线程的控制和线程间通信的机制，网络模型与网络协议一般由有限状态机和底层的编译类语言来描述。仿真工具大都由离散事件驱动，系统定义的状态变量在离散的时间点发生变化，因此可以计算出各个事件在实际网络中对应的时间，也可以观察与评估各种网络行为。为了描述离散事件调度的机制，此处以仿真工具 QualNet 为例进行介绍，其他仿真工具的工作原理大同小异。

在使用 QualNet 进行仿真之前，软件会要求根据外部的配置文件先进行网络实体的初始化，接着进入等待事件触发的状态。事件调度器是该机制的关键所在，事件调度器包含一个或多个事件处理器。当某个事件触发后，网络将从等待状态过渡到相应的事件处理状态，待事件处理器处理完毕之后再返回等待事件触发的状态。在到达设定的仿真时间后，等待事件触发状态便转到仿真结束状态，该状态负责收集仿真过程中出现的协议所定义的仿真数据。

2.6.4 常用网络仿真工具的对比

随着网络技术的不断发展，研发人员也开发了许多针对不同网络类型的网络仿真工具。各种各样的仿真工具都有优点与缺点，使用者应根据网络类型、研究目的、具有的条件进行选择，包括考虑编程语言的优点与缺点、使用的复杂程度、运行仿真的速度、可拓展性和经济性等。开源的 NS-2 和 OMNeT++在大多数情况下是很好的选择，特别是 NS-2 是学术界比较受欢迎的网络仿真工具，但因其具有复杂的架构而常被诟病。在商用仿真器方面，OPNET 和 QualNet 几乎能满足所有的需求。本节主要对比常用的两个网络仿真工具和三个开源免费的网络仿真工具，如表 2-3 所示。

表 2-3 不同网络仿真工具对比

仿真工具特性	OPNET	NS-2	OMNeT++	QualNeT	J-Sim
支持语言	C/C++	C++/OTcl	C++	C++/PARSEC	Java/Tcl
价格	高	免费	免费	高	免费
仿真速度	快	一般	一般	快	一般
界面友好性	好	差	一般	好	一般
与其他仿真工具互联	能	不能	不能	能	不能
支持的网络类型	几乎所有网络和网络技术	主要面向网络协议研究	有线与无线管理模式	主要面向无线通信网络、无线系统通信	有线网络、无线网络和无线传感器网络

习 题 2

2.1 分别利用 Prim-Dijkstra 算法、Kruskal 算法和分布式算法求解图 2-26 中的最小重量生成树。

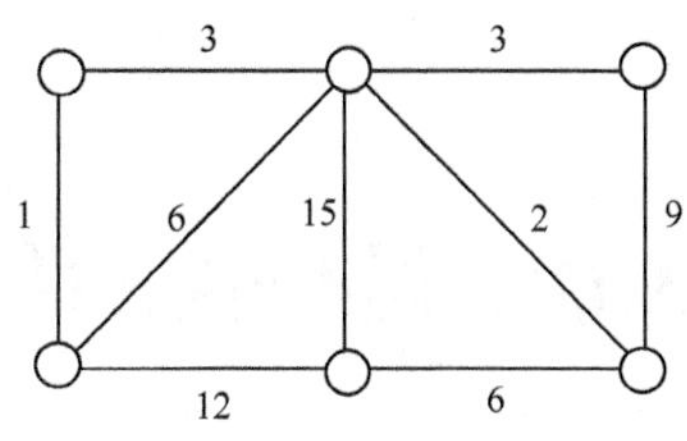

图 2-26　习题 2.1 图

2.2　试求图 2-27 中的节点对（*s*,*t*）之间的最小（边数）割集、容量最小的割集和最大流量。

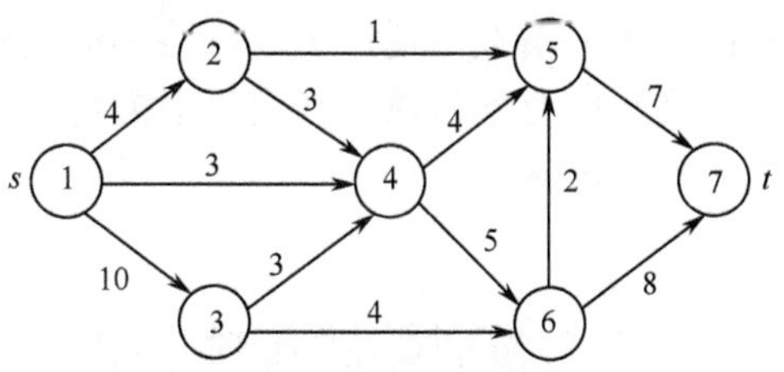

图 2-27　习题 2.2 图

2.3　常用的网络拓扑结构有哪些？它们分别有什么特点？

2.4　拓扑设计主要应考虑哪些因素？

2.5　在无线接入网中，为什么说最佳的小区形状是正六边形？

2.6　设某蜂窝移动通信网的小区辐射半径为 8km，根据同频干扰抑制的要求，同信道小区之间的距离应大于 40km，那么应如何组成该区群？试画出区群的构造图、群内各小区的信道配置及相邻同信道小区的分布图。

2.7　假设有一个网络拓扑如图 2-28 所示，试求该图的饱和割集，并提出采用支路交换法改进网络传输性能的具体建议。

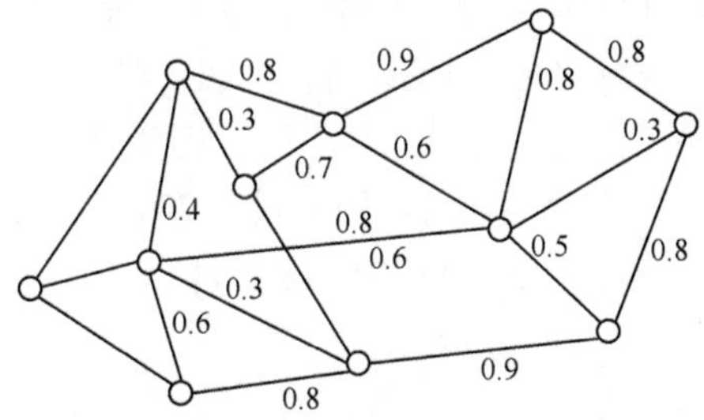

图 2-28　习题 2.7 图

第 3 章　端到端的传输

物理链路提供了设备之间的连接，而终端之间的传输建立在相应层次的传输协议上。如果通信双方通过一条直接相连的通信链路形成端到端的传输，那么需要采用数据链路层协议来解决数据链路的传输问题；如果通信双方通过多条链路形成端到端的传输，那么需要采用网络层协议来建立路径实现端到端的有效传输；当通信双方处于运输层时，此时的端到端通信需要采用运输层协议来实现可靠传输。

3.1　端到端的传输特性

3.1.1　随机过程的基本概念

随机过程是随机变量概念在时域上的延伸。直观地讲，随机过程是时间参数 t 的函数的集合，在任意观察时刻，随机过程的取值是一个随机变量。或者说，依赖于时间参数 t 的随机变量所构成的总体称为随机过程。随机过程用来描述在一个观察区间内某一实体的随机行为，例如，通信系统中的噪声就是一个典型的随机过程，在某一时间区间内观察到的该随机过程取值的一个时间函数称为随机过程的一个样本函数。通过获取足够多的样本函数，就可以得到随机过程的统计特性。

设 $X(t)$ 是一个随机过程（其样本函数示意图如图 3-1 所示），可以从两个方面来描述 $X(t)$ 的特征：一是在任意时刻 t_1 随机变量 $X(t_1)$ 的统计特征，如一维分布函数、概率密度函数、均值和方差等；二是同一随机过程在不同时刻 t_1 和 t_2 对应的随机变量 $X(t_1)$ 和 $X(t_2)$ 的相关特性，如多维联合分布函数、相关函数、协方差矩阵等。随机过程 $X(t)$ 的一维分布函数定义为

$$F_t(x) = P\{X(t) < x\} \tag{3-1}$$

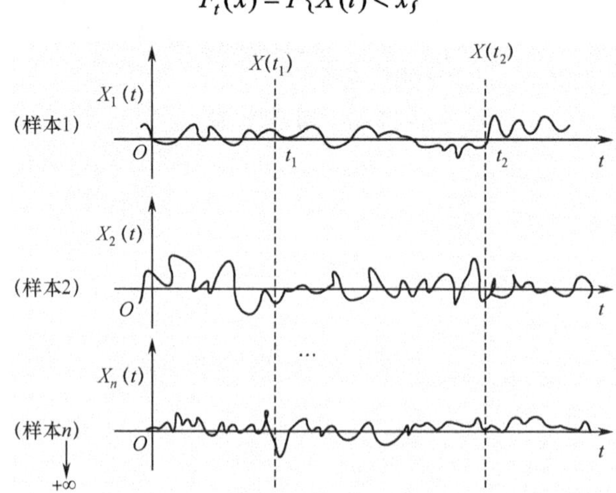

图 3-1　随机过程的样本函数示意图

若 $\int_{-\infty}^{+\infty}|X|\,\mathrm{d}F_t(x)<+\infty$，则随机过程 $X(t)$ 的均值函数为

$$m_X(t)=E[X(t)]=\int_{-\infty}^{+\infty}x\mathrm{d}F_t(x) \tag{3-2}$$

对任意时刻 t_1 和 t_2，若函数

$$C_X(t_1,t_2)=\mathrm{Cov}[X(t_1),X(t_2)]=E\{[X(t_1)-m_X(t_1)][X(t_2)-m_X(t_2)]\} \tag{3-3}$$

存在，则称 $C_X(t_1,t_2)$ 为 $X(t)$ 的协方差函数。$X(t)$ 的方差函数为

$$D_X(t)=D[X(t)]=E[(X(t)-m_X(t))^2] \tag{3-4}$$

若对任意给定的时间 t_1 和 t_2，$R_X(t_1,t_2)=E[X(t_1)X(t_2)]$ 存在，则称 $R_X(t_1,t_2)$ 为 $X(t)$ 的自相关函数。协方差函数、自相关函数、均值函数有下列关系

$$C_X(t_1,t_2)=R_X(t_1,t_2)-m_X(t_1)m_X(t_2) \tag{3-5}$$

下面介绍几类典型的随机过程。

1．独立随机过程

设有一个随机过程 $X(t)$，若对任意给定的时刻 $t_1,t_2,\cdots,t_n$，随机变量 $X(t_1),X(t_2),\cdots,X(t_n)$ 是相互独立的，也就是其 n 维分布函数可以表示为

$$F_{t_1,t_2,\cdots,t_n}(x_1,x_2,\cdots,x_n)=\prod_{i=1}^{n}F_{t_i}(x_i) \tag{3-6}$$

则称 $X(t)$ 是独立随机过程。该随机过程的特点是任意时刻的状态与其他任何时刻的状态无关。

2．马尔可夫（Markov）过程

设有一个随机过程 $X(t)$，若对于一个任意的时间序列 $t_1<t_2<\cdots<t_n$（$n\geqslant 3$），在给定随机变量 $X(t_1)=x_1,X(t_2)=x_2,\cdots,X(t_{n-1})=x_{n-1}$ 的条件下，$X(t_n)=x_n$ 的分布可以表示为

$$F_{t_n,t_1,t_2,\cdots,t_{n-1}}(x_n\mid x_1,x_2,\cdots,x_{n-1})=F_{t_n,t_{n-1}}(x_n\mid x_{n-1}) \tag{3-7}$$

则称 $X(t)$ 为马尔可夫过程或简称为马氏过程。该过程的基本特点是无后效性，即当该过程在 t_0 时刻的状态为已知条件时，该过程在 $t(t>t_0)$ 时刻所处的状态与该过程在 t_0 时刻之前的状态无关。

3．独立增量过程

设 $X(t_2)-X(t_1)=X(t_1,t_2)$ 是随机过程 $X(t)$ 在时间间隔 (t_1,t_2) 上的增量，若对于时间 t 的任意 n 个值 $0\leqslant t_1<t_2<\cdots<t_n$，增量 $X(t_1,t_2),X(t_2,t_3)$，$\cdots,X(t_{n-1},t_n)$ 是相互独立的，则称 $X(t)$ 为独立增量过程。该过程的特点是：在任意时间间隔上过程状态的改变并不影响未来任意时间间隔上过程状态的改变。可以证明独立增量过程是一种特殊的马尔可夫过程。

4．平稳随机过程

若对于时间 t 的任意 n 个值 t_1,t_2，$\cdots,t_n$ 和任意实数 ε，随机过程 $X(t)$ 的 n 维分布函数满足关系式

$$F_{t_1,t_2,\cdots,t_n}(x_1,x_2,\cdots,x_n)=F_{t_{1+\varepsilon},t_{2+\varepsilon},\cdots,t_{n+\varepsilon}}(x_1,x_2,\cdots,x_n) \tag{3-8}$$

则称 $X(t)$ 为平稳随机过程或简称为平稳过程，该过程的特点是随机过程的统计特性不随时间的平移而变化，因此又称为严（狭义）平稳过程。在实际应用中更关心这样一类过程：其 $E[|X(t)|^2]<+\infty$（称为二阶矩过程）且满足下列条件：（1）均值为常量（与时间 t 无关）；（2）对于任意时刻 s 和 t，其相关函数满足 $R_X(s,t)=R_X(t-s)$，即相关函数仅与时间差 $t-s$ 有关，而与 s、t 的取值无关，称这类过程为宽（广义）平稳过程。实际应用中的随机过程通常是宽平稳过程。

平稳过程一个重要的特征就是是否具有各态历经性。为了说明各态历经性，在时间轴上定义下列两种平均

$$\langle X(t)\rangle=\lim_{T\to+\infty}\int_{-T}^{T}X(t)\mathrm{d}t \tag{3-9}$$

$$\langle X(t)X(t+\tau)\rangle=\lim_{T\to+\infty}\int_{-T}^{T}X(t)X(t+\tau)\mathrm{d}t \tag{3-10}$$

为随机过程 $X(t)$ 的均值和自相关函数。若 $\langle X(t)\rangle=E[X(t)]=m_X$ 依概率 1 成立（对所有样本都成立），则称随机过程 $X(t)$ 的均值具有各态历经性；若 $\langle X(t)X(t+\tau)\rangle\geqslant E[X(t)X(t+\tau)]=R_X(\tau)$ 依概率 1 成立，则称随机过程 $X(t)$ 的自相关函数具有各态历经性；若 $X(t)$ 的均值和自相关函数都具有各态历经性，则称 $X(t)$ 是（宽）各态历经过程，或者说 $X(t)$ 是各态历经的。

3.1.2 Poisson 过程

如果在日常生活中观察顾客进入商店、银行或其他公共服务场所的过程，会发现若把一位顾客的到达视为一个“随机点”，则这是一个源源不断出现随机点的过程。在这一过程中，任意一段时间内到达的顾客数也是随机的。这类描述到达顾客数及其特征的过程通常称为计数过程。一个交换局中电话呼叫到达（人们在拨打电话的行为中拿起电话听筒并拨出对方号码的动作称为一次电话呼叫到达）的过程也具有类似的特征。

设一个随机过程为 $\{A(t),t\geqslant 0\}$，$A(t)$ 的取值为非负整数，若该随机过程满足下列条件，则称该过程为到达率为 λ 的 Poisson（泊松）过程。

（1）$A(t)$ 是一个计数过程，它表示在 $[0,t)$ 区间内到达的用户总数，$A(0)=0$，$A(t)$ 的状态空间为 $\{0,1,2,\cdots\}$。Poisson 过程示意图如图 3-2 所示。对于任意两个时刻 s 和 t，且 $s<t$，$A(t)-A(s)$ 即为 $[s,t)$ 之间到达的用户总数。

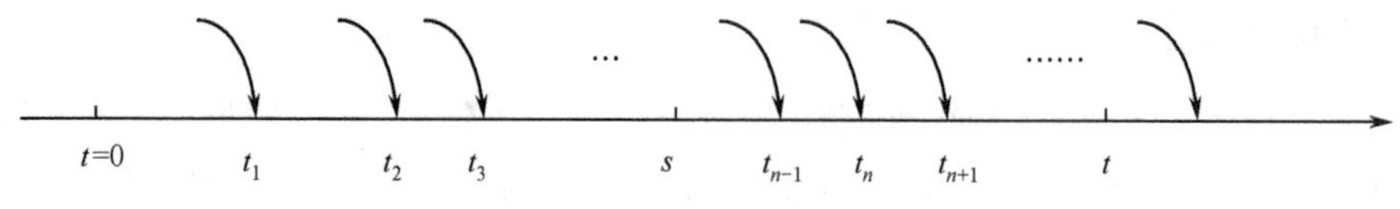

图 3-2 Poisson 过程示意图

（2）$A(t)$ 是一个独立增量过程，即在两个不同时间区间（区间不重叠）内到达的用户数是相互独立的。

（3）在任意一个长度为 τ 的区间内，到达的用户数服从参数为 $\lambda\tau$ 的 Poisson 分布，即

$$P[A(t+\tau)-A(t)=n]=\frac{(\tau\lambda)^n}{n!}\mathrm{e}^{-\tau\lambda},\quad n=0,1,2,\cdots \tag{3-11}$$

其均值和方差均为 $\lambda\tau$。由于在 τ 区间内平均到达的用户数为 $\lambda\tau$，因此 λ 即为单位时间内平均到达的用户数，可将其称为到达率。

Poisson 过程有如下基本特征。

（1）到达间隔 $\tau_n = t_{n+1} - t_n$ 相互独立且服从指数分布，概率密度函数为

$$p(\tau_n) = \lambda \mathrm{e}^{-\lambda\tau_n} \tag{3-12}$$

其分布函数为

$$P(\tau_n < s) = 1 - \mathrm{e}^{-\lambda s},\ s \geqslant 0 \tag{3-13}$$

该特征说明 Poisson 过程的到达间隔服从指数分布。相反，若一个计数过程的到达间隔序列是相互独立同分布且参数为 λ 的指数分布，则该过程是到达率为 λ 的 Poisson 过程。因此，说用户到达过程是到达率为 λ 的 Poisson 过程，与说用户到达间隔相互独立且服从参数为 λ 的指数分布是等价的。

（2）对于一个任意小的区间 $\sigma \geqslant 0$，在一个充分小的时间间隔内没有用户到达的概率为 $1-\lambda\delta$；在一个充分小的时间间隔内，有一个用户到达的概率为 $\lambda\delta$；在一个充分小的时间间隔内，有两个或两个以上用户到达是几乎不可能的。

（3）多个相互独立的 Poisson 过程 A_i 之和 $A = A_1 + A_2 + \cdots + A_k$ 仍是一个 Poisson 过程，其到达率为 $\lambda = \lambda_1 + \lambda_2 + \cdots + \lambda_k$，式中，$\lambda_k$ 是 Poisson 过程 A_k 的到达率。

（4）如果将一个 Poisson 过程的到达以概率 p 和 $1-p$ 独立地分配给两个子过程，那么这两个子过程也是 Poisson 过程。注意，这里是将到达独立地进行分配。如果把到达交替地分配给两个子过程，即两个子过程分别由奇数号到达和偶数号到达组成，那么这两个子过程不是 Poisson 过程。

【例 3-1】　有红、绿、蓝三种颜色的汽车，分别以强度为 λ_R、λ_G、λ_B 的 Poisson 流到达某哨卡，设它们是相互独立的。把汽车合并成单个输出过程（假设汽车长度为 0）。

（1）求两辆汽车之间的时间间隔的概率密度函数。

（2）在 t_0 时刻观察到一辆红色汽车，求下一辆汽车将是：（a）红色的；（b）蓝色的；（c）非红色的概率。

（3）在 t_0 时刻观察到一辆红色汽车，求下三辆汽车是红色的，然后又一辆非红色汽车到达的概率。

解　（1）由于独立的 Poisson 过程之和仍为 Poisson 过程，且其强度为 $\lambda_C = \lambda_R + \lambda_G + \lambda_B$，因此设 Z_C 为两辆汽车到达的时间间隔，则其概率密度函数为

$$p_{Z_C}(z) = \begin{cases} \lambda_C \mathrm{e}^{-\lambda_C z}, & z \geqslant 0 \\ 0, & z < 0 \end{cases}$$

（2）设 Z_R、Z_G、Z_B 分别为两辆红色、绿色、蓝色汽车到达的时间间隔，Z_X 为红色与非红色汽车到达的时间间隔。由于红色汽车的到达与非红色汽车的到达相互独立，因此，Z_X 仅与非红色汽车到达间隔有关。非红色汽车是绿色和蓝色两种汽车的复合流，因此 Z_X 的概率密度函数为

$$p_{Z_X}(z) = \begin{cases} (\lambda_B + \lambda_G)\mathrm{e}^{-(\lambda_B+\lambda_G)z}, & z \geqslant 0 \\ 0, & z < 0 \end{cases}$$

由于 Z_X 与 Z_R 相互独立，因此下一辆是红色汽车的概率为

$$P\{下一辆是红色汽车\}=P\{Z_R<Z_X\}=\int_0^{+\infty}\lambda_R e^{-\lambda_R Z_R} dz_X=\frac{\lambda_R}{\lambda_R+\lambda_X}=\frac{\lambda_R}{\lambda_R+\lambda_G+\lambda_B}$$

令 Z_Y 是从 t_0 算起的非蓝色汽车的到达时刻，则同理可得

$$P\{下一辆是蓝色汽车\}=P\{Z_B<Z_Y\}=\frac{\lambda_B}{\lambda_R+\lambda_G+\lambda_B}$$

$$P\{下一辆是非红色汽车\}=1-\frac{\lambda_R}{\lambda_R+\lambda_G+\lambda_B}=\frac{\lambda_G+\lambda_B}{\lambda_R+\lambda_G+\lambda_B}$$

（3）下三辆汽车是红色的，然后是一辆非红色汽车的概率为

$$P\left(\frac{\lambda_R}{\lambda_R+\lambda_G+\lambda_B}\right)^3=\frac{\lambda_G+\lambda_B}{\lambda_R+\lambda_G+\lambda_B}$$

3.1.3 马尔可夫链

马尔可夫（Markov）链（简称马氏链）是最简单的马氏过程——时间和状态过程的取值参数都是离散的马氏过程。将可列个发生状态转移（变化）的时刻记为 $t_1,t_2,\cdots,t_n,\cdots$，在 t_n 时刻发生的转移称为第 n 次转移，并且假定在每个时刻 $t_n(n=1,2,\cdots)$，$X_n=X(t_n)$ 所有可能的状态的集合 S 是可数的，即可表示为 $S=\{0,1,2,\cdots\}$。对应于时间序列 $t_1,t_2,\cdots,t_n,\cdots$，马氏链的状态序列为 $i_1,i_2,\cdots,i_n,\cdots$，这时有

$$P\{X_n=i_n \mid X_{n-1}=i_{n-1},\cdots,X_1=i_1\}=P(X_n=i_n \mid X_{n-1}=i_{n-1}) \tag{3-14}$$

式（3-14）表示在给定第 $n-1$ 时刻的状态，即在 $X_{n-1}=i_{n-1}$ 的条件下，第 n 次转移出现 i_n 的概率。若该概率与 n 无关（与转移无关，仅与转移前后的状态有关），则该马氏链为齐次马氏链，否则称为非齐次马氏链，本书仅讨论齐次马氏链。此时式（3-14）可以表示为

$$P_{ij}=P\{X_n=j \mid X_{n-1}=i\} \tag{3-15}$$

式（3-15）称为马氏链的（一步）转移概率。P_{ij} 满足下列条件

$$P_{ij}\geqslant 0,\quad \sum_{j=0}^{+\infty}P_{ij}=1,\quad i=0,1,\cdots \tag{3-16}$$

相应的转移概率矩阵可以表示为

$$\boldsymbol{P}=\begin{bmatrix} P_{00} & P_{01} & P_{02} & \cdots \\ P_{10} & P_{11} & P_{12} & \cdots \\ \vdots & \vdots & \vdots & \ddots \\ P_{i0} & P_{i1} & P_{i2} & \cdots \\ \vdots & \vdots & \vdots & \vdots \end{bmatrix} \tag{3-17}$$

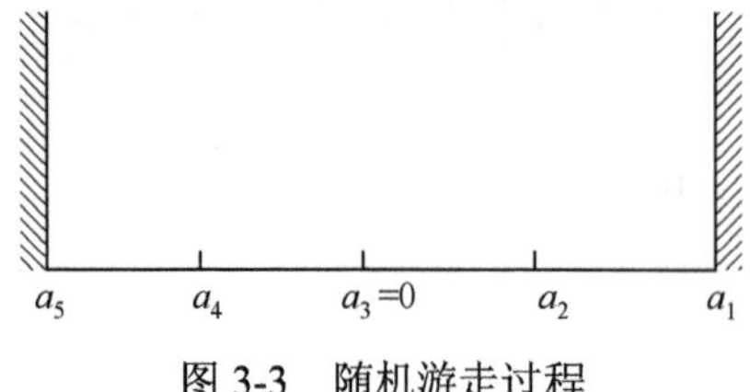

图 3-3 随机游走过程

【例 3-2】 设一盲人（可视为一个随机点）在如图 3-3 所示的线段上游走，其步长为 $t\to+\infty$。假定他只能在 $a_1=2l$、$a_2=l$、$a_3=0$、$a_4=-l$、$a_5=-2l$ 这 5 个点上停留，且只在 $t=1,2,\cdots$ 时刻发生游走。游走的规则是：如果游走前他在 a_2、a_3、a_4 上，那么就分别以 $1/2$ 的概率向

左或向右游走一步；如果游走前他在 $a_1(a_5)$ 上，那么就以概率 1 游走到 $a_2(a_4)$ 上。

以 $X_n = a_i$（$i=1,2,3,4,5$）表示在时刻 $t=n$ 盲人位于 a_i 处，则容易看出 $X_1, X_2, \cdots$ 是一个马氏链，且他游走的转移概率矩阵为

$$\boldsymbol{P} = \begin{bmatrix} 0 & 1 & 0 & 0 & 0 \\ \frac{1}{2} & 0 & \frac{1}{2} & 0 & 0 \\ 0 & \frac{1}{2} & 0 & \frac{1}{2} & 0 \\ 0 & 0 & \frac{1}{2} & 0 & \frac{1}{2} \\ 0 & 0 & 0 & 1 & 0 \end{bmatrix}$$

如果用图来表示这一转移过程，那么如图 3-4 所示。图中的圆圈表示马氏过程的状态，图中带箭头的弧线表示状态的转移，弧线上的数字表示一步转移概率。该图称为马氏过程的状态转移图。

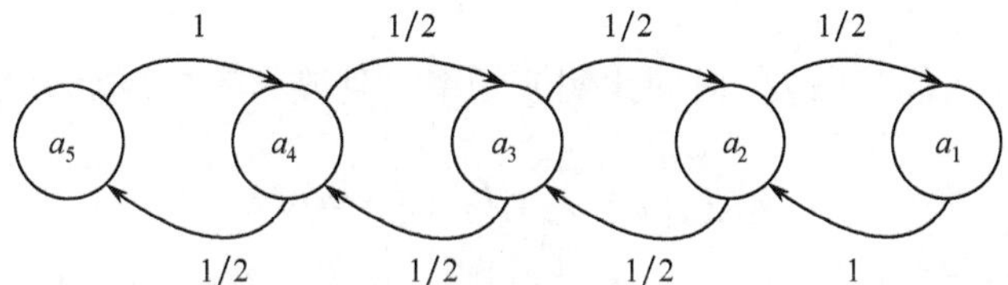

图 3-4　状态转移图

在考察马氏过程时经常会用到 n 步转移概率，即

$$P_{ij}^{n} = P\{X_{n+m} = j \mid X_m = i\} \tag{3-18}$$

它表示当前（第 m 步）的状态为 i，经过 n 步转移后（第 $n+m$ 步）系统的状态为 j 的概率。系统中 $n = m_1 + m_2$ 步状态转移概率可用下式来求解（如图 3-5 所示）

$$P_{ij}^{m_1+m_2} = \sum_{k=0}^{+\infty} P_{ik}^{m_1} P_{kj}^{m_2} \quad n,m \geqslant 0,\ i,j \geqslant 0 \tag{3-19}$$

该公式称为 Chapman-Kolmogorov 等式。

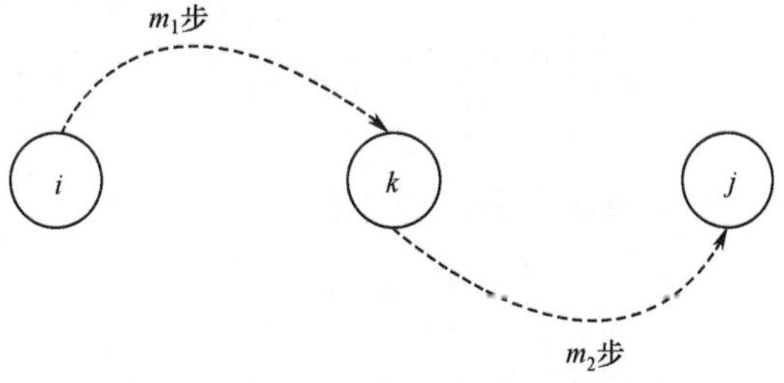

图 3-5　$n=m_1+m_2$ 步状态转移示意图

根据 n 步转移概率可以来定义马氏链状态转移的特性。如果马氏链的两个状态 i 和 j 有下列特性：存在整数 n 和 n'，有 $P_{ij}^{n} > 0$ 及 $P_{ij}^{n'} > 0$（也就是从状态 $i(j)$ 经过 $n(n')$ 步转移到状态 $j(i)$ 的概率大于 0），那么称 i 和 j 是互通的。如果马氏链的所有状态都是互通的，那么该马氏链是不可约的（irreducible）。

如果马氏链的状态i有下列特性：存在某个整数$m\geqslant 1$，使$P_{ii}^{m}>0$，并且存在某个整数$d>1$，仅当m为d的整数倍时有$P_{ii}^{m}>0$，那么状态i是有周期性的。如果马氏链中没有一个状态是有周期性的，那么称该马氏链为非周期的。本书仅考虑非周期不可约的马氏链。

对于马氏链，其状态的稳态概率定义为：如果有下式成立

$$P_j=\sum_{i=0}^{+\infty}P_iP_{ij}\quad j=0,1,\cdots \tag{3-20}$$

那么称概率分布$\{P_j\mid j\geqslant 0\}$是马氏链的稳态概率分布。对于概率分布，若有稳态概率，则反映了系统达到稳态后处于某一状态的可能性（概率）。

稳态概率分布可以表示为

$$P_j=\lim_{n\to+\infty}P\left\{X_n=j\middle|X_0=i\right\}\quad i=0,1,\cdots \tag{3-21}$$

即过程从初始状态$X_0=i$出发，最终转移到状态$X_n=j$的概率。显然，P_j与初始状态$X_0=i$无关。稳态概率分布也可以表示为（以概率 1 成立）

$$P_j=\lim_{n\to+\infty}\frac{\text{前}k\text{次转移中访问状态}j\text{的次数}}{k} \tag{3-22}$$

因此P_j表示该过程中访问状态j的时间比例或频率，且该频率与初始状态无关。

$$P_j\sum_{i=0}^{+\infty}P_{ji}=\sum_{i=0}^{+\infty}P_iP_{ij}\quad j=0,1,\cdots \tag{3-23}$$

该式称为全局平衡方程（Global Balance Equation），它表示在稳态情况下，从一个状态j转移出去的频率［式（3-23）的左边］等于转移进入状态j的频率［式（3-23）的右边］。该方程提供了一种典型的求解稳态概率分布的方法。

【例 3-2（续）】 例 3-2 中已知各种状态的转移概率矩阵，设状态$a_5,\cdots,a_1$的稳态概率为P_5,P_4,P_3,P_2和P_1，则根据式（3-20）可得稳态概率的方程为

$$\begin{bmatrix}P_5 & P_4 & P_3 & P_2 & P_1\end{bmatrix}\begin{bmatrix}0 & 1 & 0 & 0 & 0\\ \frac{1}{2} & 0 & \frac{1}{2} & 0 & 0\\ 0 & \frac{1}{2} & 0 & \frac{1}{2} & 0\\ 0 & 0 & \frac{1}{2} & 0 & \frac{1}{2}\\ 0 & 0 & 0 & 1 & 0\end{bmatrix}=\begin{bmatrix}P_5 & P_4 & P_3 & P_2 & P_1\end{bmatrix} \tag{3-24}$$

由于$\{P_i\mid i=1,2,\cdots,5\}$是稳态概率分布，因此有

$$\sum_{i=1}^{5}P_i=1 \tag{3-25}$$

求解由式（3-24）和式（3-25）组成的方程组，得稳态概率分布为

$$(P_5,P_4,P_3,P_2,P_1)=\left(\frac{1}{8},\frac{1}{4},\frac{1}{4},\frac{1}{4},\frac{1}{8}\right) \tag{3-26}$$

式（3-23）是对一个状态而言的，它反映的是从一个状态出发和返回到该状态的转移频率。可将它推广到一组状态，即从一组状态出发和返回该组状态的转移频率。

设S是状态空间的一个状态子集，将式（3-23）对S中的所有状态（对所有$j\in S$）相加，得

$$\sum_{j\in S}P_j\sum_{j\notin S}P_{ji}=\sum_{i\notin S}P_i\sum_{j\in S}P_{ij} \tag{3-27}$$

该式表明转出状态子集 S 的频率等于转入状态子集 S 的频率。

3.2 组帧技术

物理层通常仅负责比特传输，而不对比特含义和作用进行区分，数据链路层传输以帧为单位的比特数据块，那么一帧的开始点和结束点如何确定呢？组帧示意图如图 3-6 所示。

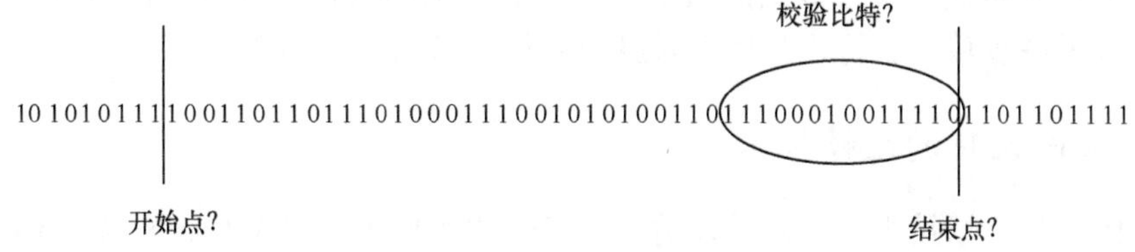

图 3-6　组帧示意图

3.2.1　面向字符的组帧技术

所谓面向字符的组帧，是指数据链路层的帧以字符为基础，Internet 中常用的面向字符的组帧技术的协议有 SLIP 和 PPP。

SLIP 的帧格式如图 3-7 所示，SLIP 帧运载的是高层 IP 数据报，它采用两种特殊字符：END（C0H，这里的 H 表示十六进制）和 ESC（DBH）。C0H 用于表示一帧的开始和结束；将 IP 数据报中的 C0H 转换为 DBH 和 DCH，将 DBH 转换为 DBH 和 DDH。一旦遇到 DBH，就进行字符转换，恢复 IP 报文中原有的 C0H 和 DBH，这样就可以完全以原 IP 数据报向 IP 层提交数据。

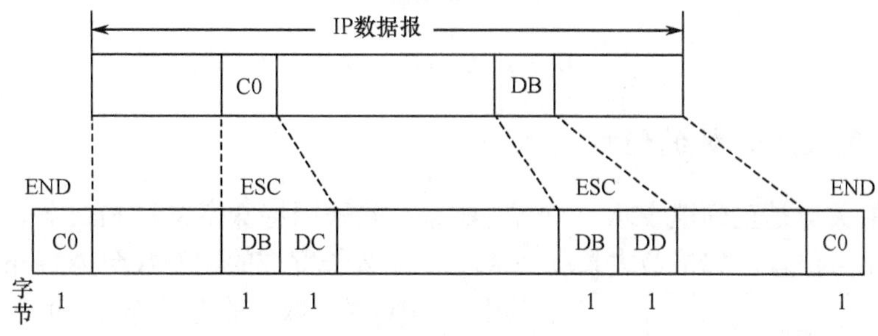

图 3-7　SLIP 的帧格式

PPP 的帧格式如图 3-8 所示，该格式与后面将要讨论的 HDLC 的帧格式相同。PPP 中，7EH 为一帧的开始/结束标志（F）；地址域（A）和控制域（C）取固定值（A=FFH，C=03H）；协议域（2 字节）若取 0021H，则表示该帧的信息是 IP 数据报，若取 C021H，则表示该帧的信息是链路控制数据，若取 8021H，则表示该帧的信息是网络控制数据；帧校验域（FCS）也为 2 字节，用于对信息域进行校验。若信息域中出现 7EH，则转换为 7DH、5EH；若信息域中出现 7DH，则转换为 7DH、5DH；若信息域中出现 03H，则转换为 7DH、23H；当信息流中出现 ASCII 码的控制字符（小于 20H）时，则在该字符前加入一个 7DH，并且改变该字符的编码。

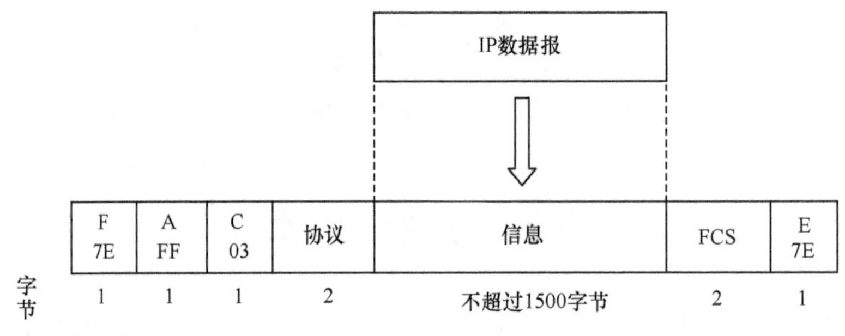

图 3-8 PPP 的帧格式

上述的两种帧格式均支持数据的透明传输，这些帧结构在处理时非常简单，但缺点是效率较低，插入了许多转义字符，且数据长度必须以字节或字符为单位。

3.2.2 面向比特的组帧技术

在面向比特的组帧技术中，通常采用一个特殊的比特串（称为 Flag），如 01^60（1^j 表示连续 j 个“1”）来表示一帧的开始和结束。当信息比特流中出现与 Flag 相同的比特串时，采用的方法是比特插入技术：当发送端信息流中每出现连续的 5 个“1”时，就插入一个“0”，如图 3-9 所示。接收端在收到 5 个“1”以后，若收到的是“0”，则将该“0”删去；若是“1”，则表示一帧结束。

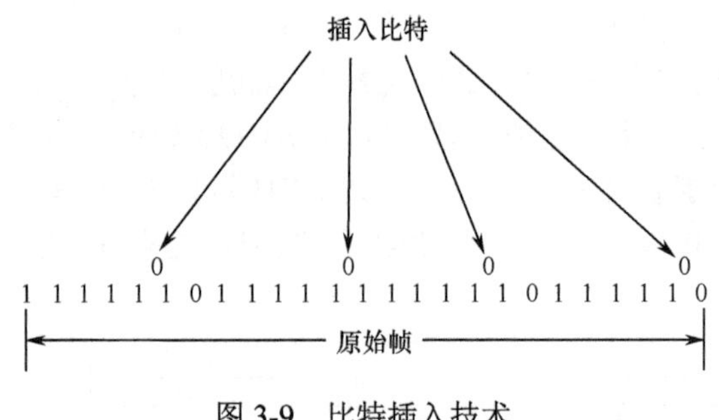

图 3-9 比特插入技术

3.2.3 采用长度计数的组帧技术

组帧技术的关键是正确地表示一帧何时结束，除采用特殊字符和 Flag 外，还可以用帧长度表示一帧的结束位置。如果最大长度为 K_{max}，那么长度域的比特数至少为 $\mathrm{Int}[\mathrm{lb}\{K_{max}\}]+1$，其中，Int[$x$]表示取 x 的整数部分，lb 表示以 2 为底的对数。长度域的比特数固定，采用长度计数的组帧技术的帧格式如图 3-10 所示。

长度	数据分组

图 3-10 采用长度计数的组帧技术的帧格式

3.3 数据链路层的差错控制

3.3.1 差错检测

数据链路层差错检测的目的是有效地发现一帧数据经过信道传输后是否有错。常用的校验方法有两类：一类是奇偶校验；另一类是循环冗余校验（CRC）。其基本思路是：发送端按照给定的规则，在 K 个信息比特后增加 L 个校验比特，在接收端对收到的信息比特重新计算 L 个校验比特，并比较接收校验比特和本地重新计算的校验比特。如果结果相同，那么认为传输无误，否则认为传输有误。

1. 奇偶校验

奇偶校验码如表 3-1 所示，信息序列长 K=3，校验序列长 L=4。信息比特为 $S_1S_2S_3$，校验比特为 $C_1C_2C_3C_4$。

表 3-1　奇偶校验码

S_1	S_2	S_3	C_1	C_2	C_3	C_4	校验规则（⊕为模 2 加法）
1	0	0	1	1	1	0	$C_1=S_1\oplus S_2$
0	1	0	0	1	1	1	$C_2=S_1\oplus S_2\oplus S_3$
0	0	1	1	1	0	1	$C_3=S_1\oplus S_2$
1	1	0	1	0	0	1	$C_4=S_2\oplus S_3$
1	0	1	0	0	1	1	
1	1	1	0	1	0	0	
0	0	0	0	0	0	0	
0	1	1	1	0	1	0	

例如，设发送的信息比特为{100}，经过奇偶校验码生成的校验比特为{1110}，则发送的信息序列为{1001110}。若经过物理信道传输后，接收的序列为{1011110}，则本地根据收到的信息比特{101}计算出的校验比特应为{0011}。显然，该比特与接收到的校验比特{1110}不同，这表明接收的信息序列有错。

如果 L 取 1，$C = S_1 \oplus S_2 \oplus S_3 \oplus \cdots \oplus S_K$，那么该方法即为最简单的单比特奇偶校验，它使得生成的码字（信息比特+校验比特）所含“1”的个数为偶数。该方法可以发现所有奇数比特错误，但是不能发现任何偶数比特错误。

在实际应用奇偶校验码的过程中，每个码字的 K 个信息比特可以是输入信息比特流中连续的 K 比特，也可以在信息流中每隔一定时间间隔（如 1 字节）取出一比特来构成 K 比特。为了提高检测错误的能力，可将上述两种取法重复使用。

2. CRC 校验

CRC 校验根据输入比特$\{S_{K-1}, S_{K-2},\cdots, S_1, S_0\}$通过下列 CRC 算法产生 L 位的校验比特。

CRC 算法如下。将输入比特表示为下列多项式的系数

$$S(D) = S_{K-1}D^{K-1}+S_{K-2}D^{K-2} + \cdots + S_1D + S_0 \tag{3-28}$$

式中，D 可以视为一个时延因子，D^i 对应比特 S_i 所处的位置。

设 CRC 生成多项式（用于生成 CRC 校验比特的多项式）为

$$g(D) = D^L +g_{L-1} D^{L-1} + \cdots + g_1D + 1 \tag{3-29}$$

则校验比特对应下列多项式的系数

$$C(D) = \text{Remainder}\left[\frac{S(D)\times D^L}{g(D)}\right] = C_{L-1}D^{L-1} + \cdots + C_1 D + C_0 \tag{3-30}$$

式中，Remainder[]表示取余数。式中的除法与普通多项式的长除法相同，其差别是系数采用二进制，其运算以模2为基础，最终形成的发送信息序列为（$S_{K-1}, S_{K-2},\cdots, S_1, S_0, C_{L-1},\cdots, C_1, C_0$）。

生成多项式的选择不是任意的，它必须使生成的校验比特有很强的检错能力。常用的几个L阶CRC生成多项式如下。

CRC-16（L=16）

$$g(D) = D^{16} + D^{15} + D^2 + 1 \tag{3-31}$$

CR-CCITT（L=16）

$$g(D) = D^{16} + D^{12} + D^2 + 1 \tag{3-32}$$

CRC-32（L=32）

$$\begin{aligned} g(D) = D^{32} + D^{26} + D^{23} + D^{22} + D^{16} + D^{12} + D^{11} + D^{10} + \\ D^8 + D^7 + D^5 + D^4 + D^2 + D + 1 \end{aligned} \tag{3-33}$$

其中，CRC-16和CRC-CCITT产生的校验比特为16bit，CRC-32产生的校验比特为32bit。

【例3-3】 设输入比特为{10110111}，采用CRC-16生成多项式，求其校验比特。

解 输入比特可表示为

$$S(D) = D^7 + D^5 + D^4 + D^2 + D^1 + 1 \quad (K = 8)$$

因为$g(D) = D^{16} + D^{15} + D^2 + 1$ （$L = 16$），所以

$$\begin{aligned} C(D) &= \text{Remainder}\left[\frac{S(D)\times D^{16}}{g(D)}\right] \\ &= \text{Remainder}\left[\frac{D^{23} + D^{21} + D^{20} + D^{18} + D^{17} + D^{16}}{D^{16}+D^{15}+D^2+1}\right] \\ &= D^9 + D^8 + D^7 + D^5 + D^4 + D \end{aligned}$$

由此式可得校验比特为{0000001110110010}。最终形成的经过校验后的发送信息序列为{101101110000001110110010}。

在接收端，将接收到的序列

$$R(D) = r_{K+L-1} D^{K+L-1} + r_{K+L-2} D^{K+L-2} + \cdots + r_1 D + r_0 \tag{3-34}$$

除以$g(D)$，如果Remainder[$R(D)/g(D)$]=0，那么认为接收无误。

3.3.2 ARQ协议

当物理链路上传输的帧到达接收端时，理论上帧到达的顺序与发送的顺序应相同，但实际中可能被时延，可能丢失，也可能出错。接收端发现传输帧有错误时，最简单的处理方法是自动请求发送端重发（ARQ），即接收端收到一帧后，若发现该帧传输错误，则通过反馈信道以某种反馈规则通知发送端重复上述过程，直到接收端收到正确的帧。

停等式ARQ（Stop-and-Wait ARQ）的基本思想是在开始下一帧传输以前，必须确保当前帧已被正确接收。假定A、B之间有一条可双向传输的链路，如图3-11（a）所示。假定A到B的传输链路称为正向链路，则B到A的传输链路称为反向链路。在该链路上A要发送数据

帧给 B，具体的传输过程如下。A 发送一个数据帧（DATA）后，若 B 接收正确，则 B 向 A 返回一个肯定应答（ACK）帧，其时间关系如图 3-11（b）所示（图中的横线表示时间轴，A 到 B 之间的连线表示传输方向和相对传播时延）；若 B 接收错误，则 B 向 A 返回一个否定应答（NAK）帧，其时间关系如图 3-11（c）所示。A 必须在收到 B 的 ACK 帧后，才可发送下一帧。若 A 发送一帧（并给定时器设置一个初值）后，在一个规定的时间（定时器溢出的时间）内没有收到对方的 ACK 帧，则重发该帧；若收到了 NAK，则重发该帧，如图 3-11（c）所示。

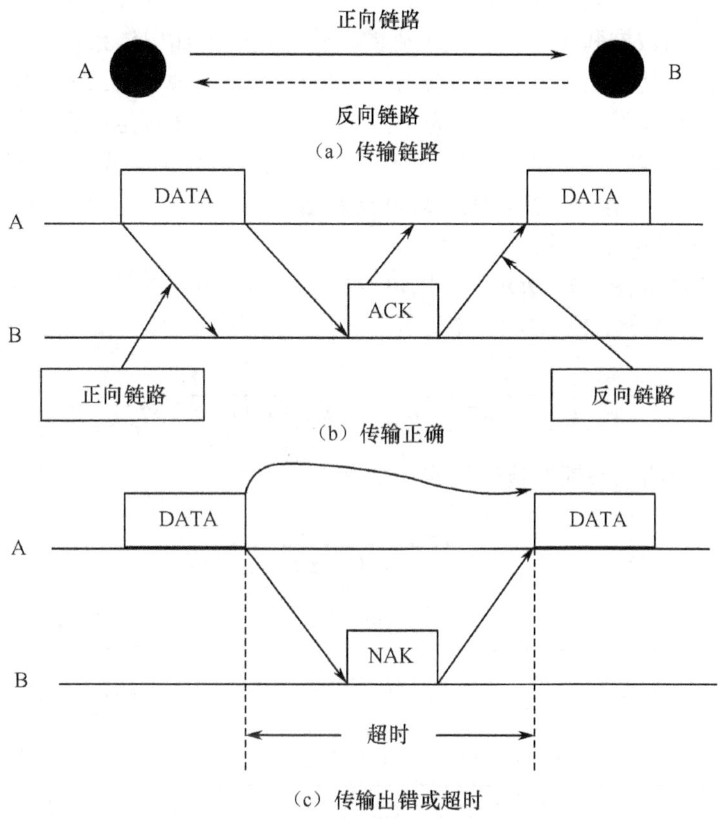

（a）传输链路

（b）传输正确

（c）传输出错或超时

图 3-11　停等式 ARQ 传输示意图

A 与 B 之间的双向链路都可能出错，如何保证该协议能够正确地工作呢？基本方法是在传输的帧中增加发送序号（SN）和接收序号（RN）。

在停等式 ARQ 协议中，假定 A 向 B 发送分组（A→B），节点 A 的发送算法如下。

（1）置 SN =0。

（2）若从高层接收到一个分组，则将 SN 指配给该分组；若没有分组，则等待。

（3）将发送序号为 SN 的分组装入物理帧中，并发送给 B。

（4）若 B 接收的 RN>SN，则将 SN 加 1，返回（2）。若在有限长的规定时间内，没有从 B 接收到 RN>SN 的帧（应答），则返回（3）进行重传。

节点 B 的接收算法如下。

（1）置 RN=0。

（2）无论何时正确地接收一个 SN=RN 的帧，都将该帧中的分组送给高层，并将 RN 加 1。

（3）在接收到该分组后的一个有限长的规定时间内，将 RN 放入一帧的 RN 域中并发送给 A，然后返回（2）。

在上述算法中，“规定时间”通常是采用定时器来确定的。RN 通常是附带在反向数据帧中传给对方的。若 B 没有数据传输给对方，则应单独传输一个包含 RN 的无数据帧给 A。综上可以看出，反向业务流的存在对停等式 ARQ 的机制没有任何影响，它仅对应答的时延有影响，因此在后面的讨论中将忽略反向业务流。

对于上述停等式 ARQ 协议或其他类似的协议，要从两个主要方面对其进行评估：一是算法（协议）的正确性：二是算法（协议）的有效性。算法的正确性是指算法始终能够正常工作，正确接收输入的数据和状态，产生正确的动作与正确的输出结果。算法的有效性可以从三个方面来表述：一是吞吐量（或通过量）；二是链路的利用率；三是分组时延。

设数据帧是固定帧长，其数据帧长为 T_D（秒），肯定应答和否定应答帧长均为 T_{ACK}（秒），物理链路的传播时延为 T_P（秒），则在忽略算法的处理时延的情况下，一帧的传输周期为 $T_D+T_P+T_{ACK}+T_P$。假定任意一个数据帧平均需要发送 N_T 次（一次初发和 N_T-1 次重发）才能成功，则该帧平均需要 N_T 个传输周期。

传输周期示意图如图 3-12 所示，由图可以看出，物理链路的最大平均利用率（物理链路以最大可能负荷在传输时的平均利用率）为

$$U=\frac{T_D}{N_T\left(T_D+T_P+T_{ACK}+T_P\right)}=\frac{1}{N_T\left(1+2T_P/T_D+T_{ACK}/T_D\right)} \tag{3-35}$$

令 $\alpha=T_P/T_D$，忽略应答帧的传输时间，则有

$$U=\frac{1}{N_T(1+2\alpha)} \tag{3-36}$$

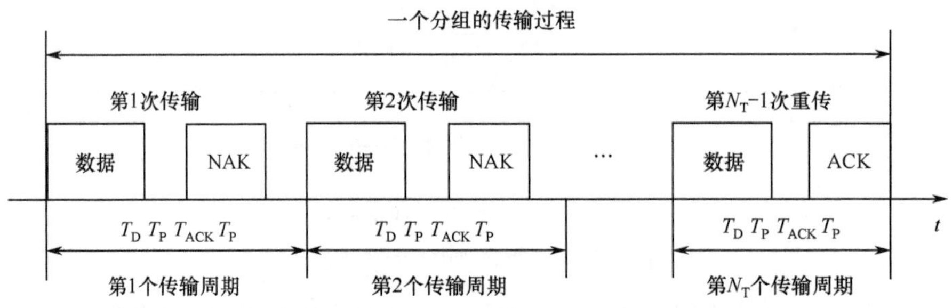

NAK— 否定应答； ACK— 肯定应答； T_P— 传播时延； T_D— 数据帧长； T_{ACK}— 应答帧长

图 3-12　传输周期示意图

假定数据帧的误帧率为 $p=1-q$，应答帧因其长度很短，可以忽略其出错的可能性，即认为应答帧总是可以正确地传输，则一个数据帧需 i 次发送成功的概率为 $p^{i-1}(1-p)$，从而有

$$N_T=\sum_{i=1}^{m} ip^{i-1}\left(1-p\right)=\frac{1}{1-p} \tag{3-37}$$

将式（3-37）代入式（3-36），得链路的最大平均利用率为

$$U=\frac{1-p}{1+2\alpha} \tag{3-38}$$

从式（3-38）可以看出，误帧率越高，链路的最大平均利用率就越低，链路的传播时延就越大。即使当p=0 时，如果α>0.5（数据帧长小于传播时延的两倍），那么链路的最大平均利用率也小于 50%。

根据图 3-12 可得，停等式 ARQ 的最大平均吞吐量（单位为分组/s）为

$$S=\frac{1}{N_{\mathrm{T}}\left(T_{\mathrm{D}}+T_{\mathrm{P}}+T_{\mathrm{ACK}}+T_{\mathrm{P}}\right)}\approx\frac{1-p}{T_{\mathrm{D}}\left(1+2\alpha\right)} \tag{3-39}$$

停等式 ARQ 的平均分组时延为

$$\begin{aligned}D&=\text{组帧时延}+\left(N_{\mathrm{T}}-1\right)\left(T_{\mathrm{D}}+T_{\mathrm{P}}+T_{\mathrm{ACK}}+T_{\mathrm{P}}\right)+\left(T_{\mathrm{D}}+T_{\mathrm{P}}\right)\\&\approx\text{组帧时延}+N_{\mathrm{T}}T_{\mathrm{D}}+\left(2N_{\mathrm{T}}-1\right)T_{\mathrm{P}}\end{aligned} \tag{3-40}$$

组帧时延是指从高层分组的第一比特到达数据链路层开始，到数据链路层将该分组的所有比特收齐，通过增加控制头（如帧起止标志、发送序号、接收序号等）和校验比特（CRC）形成可传输的数据帧为止。它取决于网络层与数据链路层之间的接口速率和方式，以及数据链路层的处理速度及方式。例如，若网络层与数据链路层运行在相同的微处理器或计算机系统上，采用数据块传递的方式来传递分组，则组帧时延相当小且可以忽略。若网络层与数据链路层采用传输速率为R（单位为 b/s）的接口交换数据，则组帧时延为K/R［K为分组的长度（比特数）］。

【例 3-4】 设有三条物理链路：第一条是卫星链路，其传输速率为 64kb/s，传播时延T_{P}=270ms；第二条是 5000km 的电话网链路，其传输速率为 9.6kb/s，传播时延T_{P}=25ms；第三条是 500m 的同轴电缆链路，其传输速率为 10Mb/s，传播时延T_{P}=2.5μs。试求当K=1000bit 和K=10000bit 时停等式 ARQ 的链路的最大平均利用率U、最大平均吞吐量S（分组/s）和平均分组时延D（ms）。

解 根据式（3-38）、式（3-39）和式（3-40）可得不同帧长情况下停等式 ARQ 的性能如表 3-2 所示。从表 3-2 可以看出α越小，链路的利用率越高，吞吐量越大，时延越小。由此可以看出：在卫星链路上采用停等式 ARQ 的效率很低。

表 3-2　不同帧长情况下停等式 ARQ 的性能

链路类型 \ 性能参数	传输速率	T_{P}	p	α		U		S/（分组/s）		D/ms	
				K=1000bit	K=10000bit	K=1000bit	K=10000bit	K=1000bit	K=10000bit	K=1000bit	K=10000bit
卫星链路	64kb/s	270ms	10%	17.3	1.73	0.025	0.202	1.6	1.3	887	1043
电话网链路	9.6kb/s	25ms	5%	0.24	0.024	0.766	0.906	7.4	1.0	187	1174
同轴电缆链路	10Mb/s	2.5μs	1%	0.02	0.002	0.950	0.986	9500	986	0.1	1

由于停等式 ARQ 的效率很低，人们认为发送端在等待对方应答时应当做更多的事情，因此提出了三种改进方案：返回 n-ARQ（Go Back *n* ARQ）、选择重发式 ARQ（Selective Repeat ARQ）和并行等待式 ARQ（ARPANET ARQ）。这里讨论返回 n-ARQ，它是一种应用最广泛的 ARQ 协议，已应用在 HDLC、SDLC、ADCCP 和 LAPB 等标准的数据链路控制（DLC）协议中。

返回 n-ARQ（有时也称为连续 ARQ）的基本思路是：发送端在没有收到对方应答的情况下，可以连续发送n帧。接收端仅接收正确且顺序连续的帧，其应答中的 RN 表示 RN 以前的所有帧都已正确接收（这里接收端不需要每收到一个正确的帧就发出一个应答，可对接收

到的正确顺序的最大帧序号进行应答）。这里 n 是一个重要参数，称为（滑动）窗口宽度，如图 3-13 所示。设窗口宽度为 5，则在开始时，发送端可发送 0～4 号共 5 个帧［图 3-13（a）］。当收到对 SN=0 帧的确认后，发送端可发送 1～5 号共 5 个帧［图 3-13（b）］。当收到对 SN=3 帧的确认后，发送端可发送 4～8 号共 5 个帧［图 3-13（c）］。随着应答的不断到达，窗口不断地向前滑动。

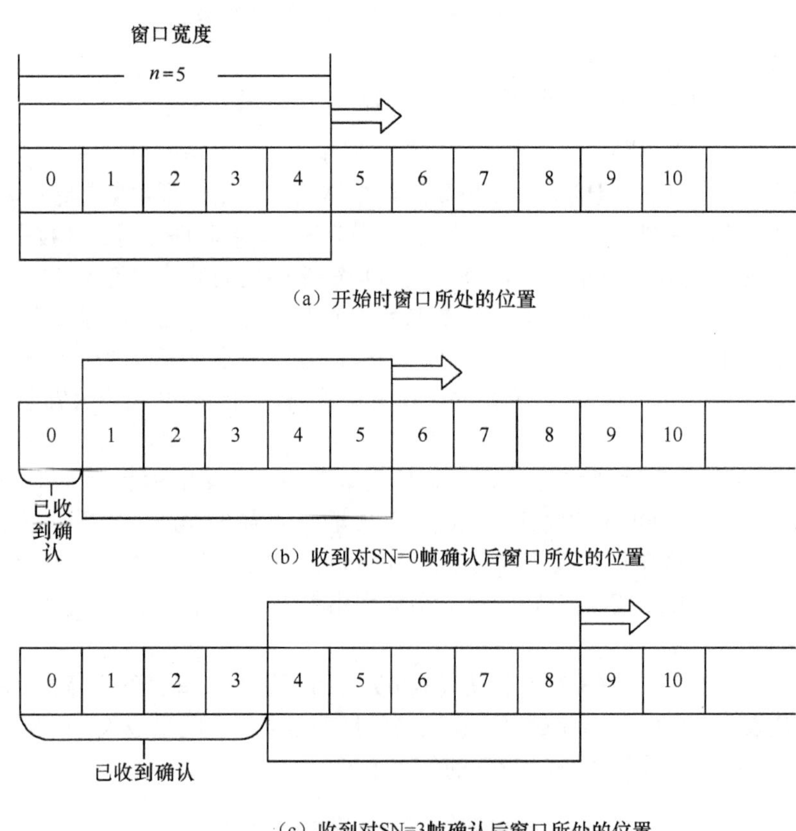

（a）开始时窗口所处的位置

（b）收到对SN=0帧确认后窗口所处的位置

（c）收到对SN=3帧确认后窗口所处的位置

图 3-13　滑动窗口示意图

导致返回 n-ARQ 效率下降有三个方面的原因。第一个原因是反向帧过长，这就要求增大 n。增大 n 以后，只要 n 个正向传输帧长之和大于反向帧长的概率大幅提高，就可以有效地减小反向帧过长带来的影响。第二个原因是反向应答出错，这也要求增大 n。增大 n 以后，应答帧被后来的应答帧所补救的概率增大，从而可以降低出错对效率的影响。第三个原因是正向传输出错，如果根据前两个原因的要求增大 n，这将导致正向传输出错后，反向应答到达发送端的时延较长，需上传的帧数大幅增加，反而会导致系统效率下降。解决第三个问题的方法就是提高出错的反馈速度，即返回一个错误帧，立即返回一个短的应答帧，使发送端尽快返回重发。

为了分析简单起见，假定数据帧长是一个固定值，且假定应答帧传输时间很短（可以忽略）。下面来讨论返回 n-ARQ 的效率。

返回 n-ARQ 的效率与链路的传播时延（T_P）、数据帧长（T_D）、窗口宽度（n）等参数紧密相关。从图 3-14 可以看出，当 $nT_D \geqslant d$（$d = T_D + 2T_P$）时，应答帧可以及时返回，在传输无差错的情形下链路的最大平均利用率为 1，发送端可连续不断地发送帧。当 $nT_D < d$ 时，链路的平均利用率为 nT_D / d，即在 $d = T_D + 2T_P$ 时间内，发送端最多可以发送 n 帧。

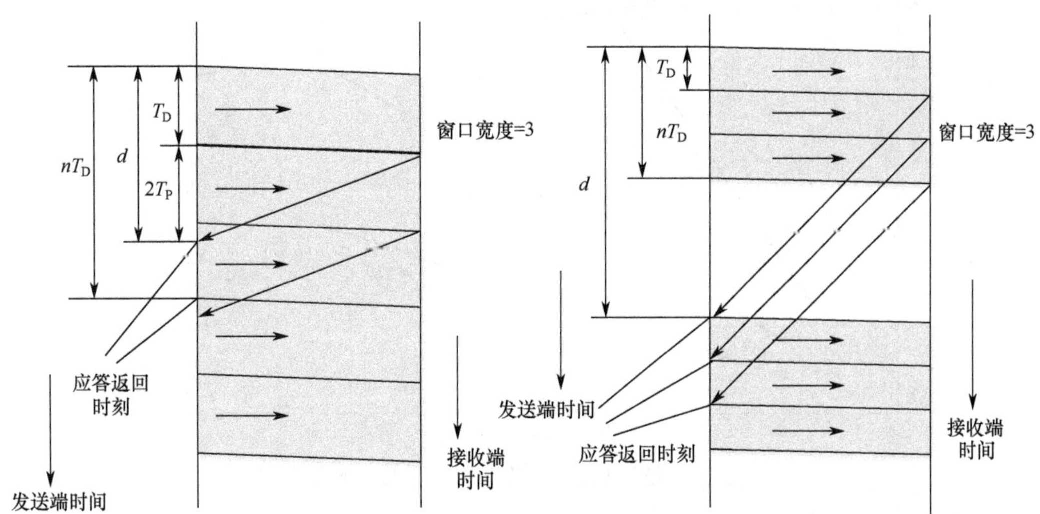

图 3-14　d、T_D、n 的相互关系

设传输过程中的误帧率为 p，每出现一个错帧，发送端就会重复 n 帧。若一帧经过 i 次传输成功（i=1 表示第一次传输，i>1 表示重传），则表明经过了 i–1 次返回后，该帧才传输成功，而每次返回需要传输 n 帧，因而总的所需传输的帧数为 $1+(i-1)n$，其出现的概率 $p^{i-1}(1-p)$。由此可得，成功地传输一帧平均所需传输的帧数 N_f 为

$$\begin{aligned} N_f &= \sum_{i=1}^{n}[1+(i-1)n]p^{i-1}(1-p) \\ &\approx 1+\frac{np}{1-p} \end{aligned} \tag{3-41}$$

利用该式可得返回 n-ARQ 中链路的最大平均利用率为

$$U = \begin{cases} \dfrac{1}{N_f} & nT_D \geqslant d \\ \dfrac{nT_D}{N_f d} & nT_D < d \end{cases} = \begin{cases} \dfrac{1}{N_f} & n \geqslant 1+2\alpha \\ \dfrac{n}{N_f(1+2\alpha)} & n < 1+2\alpha \end{cases} \tag{3-42}$$

式中，$\alpha = \dfrac{T_P}{T_D}$，将式（3-41）代入式（3-42）得

$$U = \begin{cases} \dfrac{1-p}{1+(n-1)p} & n \geqslant 1+2\alpha \\ \dfrac{n(1-p)}{(1+2\alpha)[1+(n-1)p]} & n < 1+2\alpha \end{cases} \tag{3-43}$$

当 p=0.01 时，链路的最大平均利用率 U 与 n 的关系如图 3-15 所示。从图中可以看出，U 与 α、n 紧密相关。当 α 相对较大（如在卫星链路中）时，为了达到较高的利用率，应选择较大的 n。从图中可以看出，当 $n = [1+2\alpha]$（$[x]$表示取大于或等于 x 的最小整数）时，利用率最高，也就是最佳的窗口宽度（nT_D）近似等于数据帧长与 2 倍的传播时延之和。

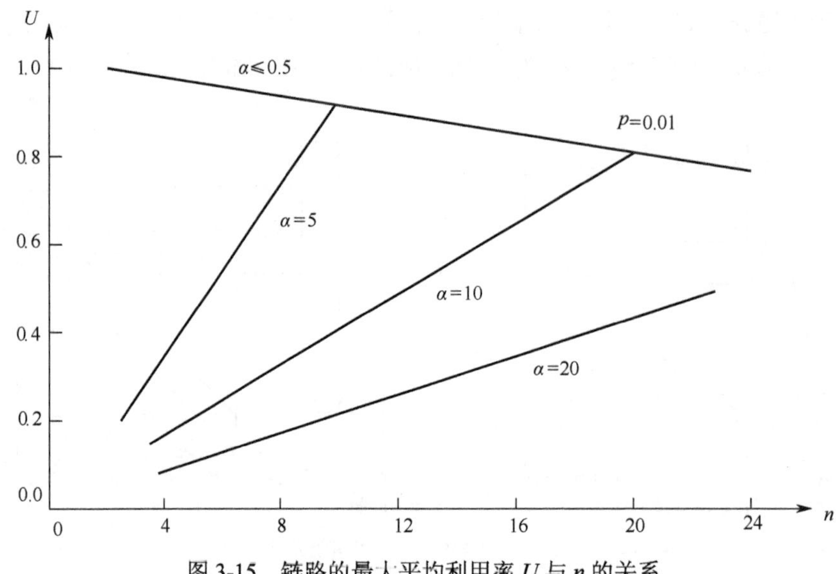

图 3-15 链路的最大平均利用率 U 与 n 的关系

3.3.3 最佳帧长

可以从两个方面来考察最佳帧长：在一条链路上使传输效率最高；在由多条链路构成的传输路径上使传输效率最高。

首先考察一条链路上的最佳帧长。在实际传输过程中，每一帧数据（设帧长为 l_f bit）通常包括 l_d bit 的数据负荷和 l_h bit 的控制信息（$l_f=l_d+l_h$）。如果帧长较小，控制信息所占的比例较大，那么链路利用率会下降。如果帧长较大，那么在数据传输过程中因信道误码而导致帧传输错误的概率较大，重传的次数将增大，这也会导致链路利用率的下降。因此存在一个最佳帧长，可使链路利用率最高。设链路的误比特率为 p_b，在错误随机的条件（如卫星链路）下，数据帧的差错率或误帧率 p 为

$$p=1-(1-p_b)^{l_f} \tag{3-44}$$

当 p_b 很小时，式（3-44）可近似为

$$p \approx l_f p_b \ll 1 \tag{3-45}$$

以停等式 ARQ 为例，其链路的利用率为

$$U_e=\frac{l_d(1-l_f p_b)}{l_f(1+2\alpha)} \tag{3-46}$$

式中，$\alpha=\dfrac{T_P}{T_D}=\dfrac{T_P}{l_f T_b}=\dfrac{\alpha_0}{l_f}$，$T_b$ 为比特宽度，$\alpha_0=\dfrac{T_P}{T_b}$。将 $l_f=l_d+l_h$ 代入式（3-46）并整理，得

$$U_e=\frac{(1-2l_h p_b)l_d-p_b l_d^2-p_b l_h^2}{l_d+(l_h+2\alpha_0)} \tag{3-47}$$

将该式对 l_d 求导并令其为零，可得最佳帧长为

$$l_d=\sqrt{\frac{l_h+2\alpha_0}{p_b}}-(l_h+2\alpha_0) \tag{3-48}$$

下面讨论当分组经过多次中转才能到达目的节点时，可使网络开销最小和时延最小的最佳帧长。

一条消息分成不同长度的分组，经过中转到达目的节点，如图 3-16（a）所示。从图 3-16（b）可以看出，分组的传输时延为分组长度的 2 倍。在图 3-16（c）中，将分组的长度减少一半，则此时的时延仅为原来的 1.5 倍。因此从缩短时延的角度考虑，分组的长度应尽可能小。

设消息的长度为 M，帧长为 K，通常每一帧都包含固定的开销 V（含头和尾），这样每条消息要分成 $\mathrm{Int}[\frac{M}{K}]^+$ 个分组（$\mathrm{Int}[x]^+$ 表示大于或等于 x 的最小整数）。在消息的传输过程中，前 $\mathrm{Int}[\frac{M}{K}]$ 个分组均有 K 比特，而最后一个分组的比特数为 1～K。一条消息要传输的总比特数为 $M+\mathrm{Int}[\frac{M}{K}]^+\times V$。图 3-16（d）所示为消息的分段封装过程。在图中，$\mathrm{Int}[\frac{M}{K}]^+=4$。

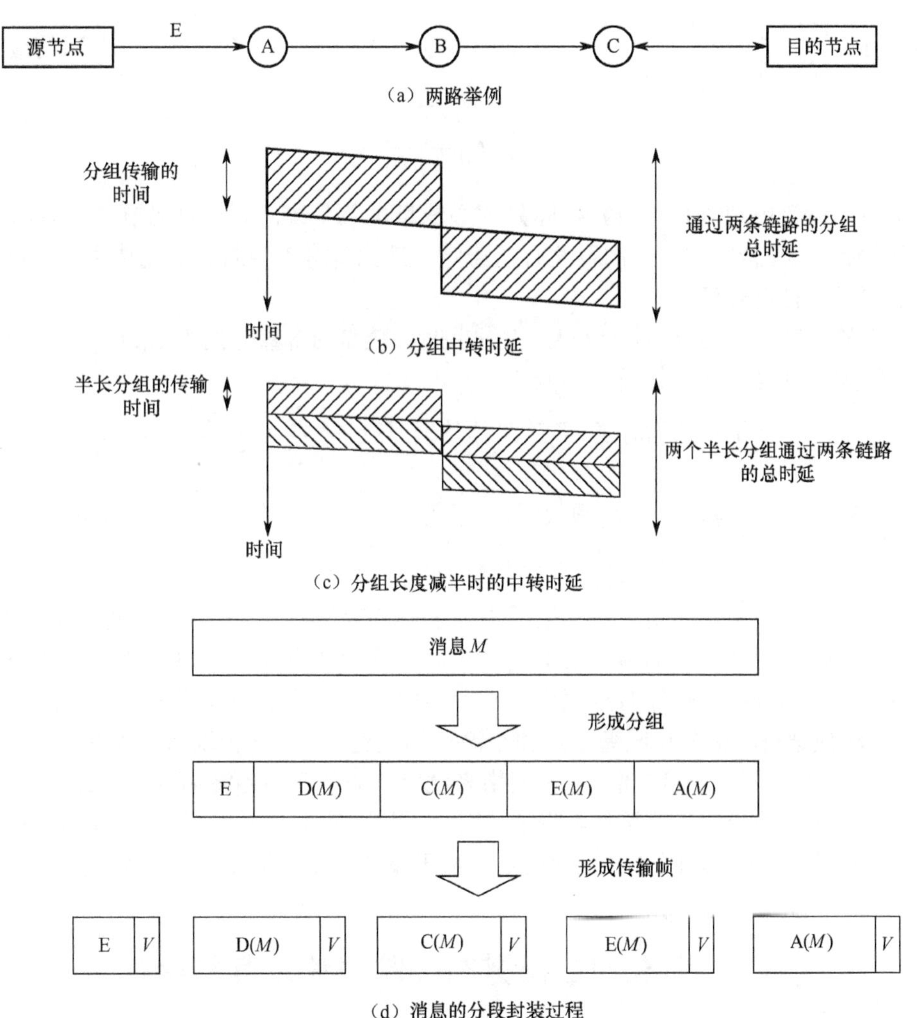

图 3-16　分组的中转过程

帧长 K 减小，会引起帧数增大，这会导致传输开销和网络处理负荷增大，因此应当增大帧长。当 $M\to+\infty$时，开销所占的比例为 $\frac{V}{V+K}$。因此，增大帧长会降低开销。综合考虑时延和开销两个方面，存在一个最佳帧长。

设每条链路的容量为 C（单位为 b/s），一条消息经过中转传到目的节点的总时间为 T，在忽略各节点的处理和缓存时延的情况下，有

T=消息在最后一条链路上的传输时间+(j–1)条链路引起的时延

$$T=\frac{M+\mathrm{Int}[\frac{M}{K}]^{+}V+(j-1)(K+V)}{C} \tag{3-49}$$

对 T 求平均值，得

$$E(T)=\frac{1}{C}\left\{(K+V)(j-1)+E\{M\}+E\left\{\mathrm{Int}\left[\frac{M}{K}\right]^{+}\right\}V\right\} \tag{3-50}$$

将 $E\left\{\mathrm{Int}\left[\frac{M}{K}\right]^{+}\right\}\approx E\left\{\frac{M}{K}\right\}+\frac{1}{2}$ 代入式（3-50），并使得式（3-50）最小，此时的最佳帧长为

$$K_{\mathrm{opt}}\approx\sqrt{\frac{E\{M\}V}{j-1}} \tag{3-51}$$

在上面的讨论中忽略打包时延，即只关心消息进入系统后到达目的节点的时延。而对于某些流型业务（如语音业务），需要关心从给定的某比特进入网络到该比特离开网络的时延，这时就必须考虑打包时延。

设输入的比特速率为 R，帧长为 K，收发之间各链路的容量分别为 $C_1, C_2, \cdots$（均大于 R），分组的开销为 V 比特，则 1 比特的时延为

$$T=\text{打包时延+各链路的传输时延}=\frac{K}{R}+\sum_{i}\frac{K+V}{C_i} \tag{3-52}$$

从式（3-52）可以看出，当 C_i 很大时，T 主要由 $\frac{K}{R}$ 决定。例如，对于 64kb/s 的数字语音，通常要求打包时延小于 10ms，因此 K 通常取 500bit 或更小。

以上都是从单个用户的角度来讨论网络处于轻负荷状态下，如何选取最佳帧长的问题的。但是对于网络而言，各用户的最佳长度均不相同，这就会出现当不同长度的分组在一条链路上传输时，很长的分组的传输时延很大，从而阻碍了较短分组的快速传递。这就像在一条单行线上，一辆慢速行驶的货车阻塞了后面小汽车的快速行驶，这种现象称为 Slow Trunk Effect（慢速货车效应）。因此，最佳帧长应由网络来设定，而不应由各终端自行设计。

在以上讨论的系统中，帧长是可变的。另外一种方式就是采用固定帧长，典型的是 ATM 信元，其长度为 53 字节。固定帧长的优点是便于硬件实现，适用于不同类型的业务种类。

3.4 标准的数据链路控制协议及其初始化

前面研究了在数据链路上如何进行有效的帧传输及数据链路层流控，本节将讨论如何在实际的协议中应用这些结果。

3.4.1　标准的数据链路控制协议

目前常用的标准的数据链路控制（DLC）协议有：IBM 提出的 SDLC、ISO 建议的 HDLC、ANSI 规定的 ADCCP 和 CCITT 建议的 LAPB 等。其中，HDLC 与 ADCCP 的功能相同，SDLC 是 HDLC 的一个功能子集，LAPB 也是 HDLC 的一个功能子集。

HDLC（ADCCP）是为多种物理链路设计的，包括多址链路、点对点链路、全双工和半双工链路。它包括三种工作模式：正常响应模式（NRM）、异步响应模式（ARM）和异步平衡模式（ABM）。

正常响应模式（NRM）用于主从式链路，即链路的一端是主站（节点），另一端是从站。主站负责控制和协调双方的通信过程。典型的应用场合是一台计算机与多个外设之间的链路，采用轮询（polling）机制，实现主站与从站之间的通信。

异步响应模式（ARM）也采用主从模式，但对从站没有严格的限制，该方式未被广泛使用，后面将不再讨论。

异步平衡模式（ABM）用于全双工点对点链路，链路两端的节点具有相同的责任进行链路控制，这是应用得最广泛的协议之一。

LAPB 仅使用 ABM 模式，SDLC 使用 NRM 和 ARM 模式。上述 4 种协议及 3 种工作模式都使用如图 3-17 所示的标准 DLC 的帧结构。

图 3-17　标准 DLC 的帧结构

图 3-17 中采用面向比特的帧结构。Flag =$01^{6}0$，采用比特插 0 的技术来消除帧中可能出现的与 Flag 相同的比特串。CRC 校验采用 CRC-CCITT，其生成多项式为 $D^{16}+D^{12}+D^{2}+1$。在具体计算 CRC 校验码时，将地址域和控制域取反，然后与分组数据一起参与 CRC 计算，将求得的余数取反，形成 CRC 比特（或者将 CRC 比特取反后进行传输）。这种实现 CRC 的方法可以避免全 0 的序列满足 CRC 校验的可能性，也可以避免在帧的头或尾增加或删去几个 0 而满足 CRC 校验的可能性。

地址域在常用情况下为 1 字节（8bit），它用于在多用户共享一条链路时区分不同的节点。在不同的工作方式下，地址域的功能可以不同。例如，在 NRM 模式中，地址域总是从站的地址；当用于点对点通信时，地址域没有作用。

控制域用来区分不同的帧类型，其格式如图 3-18 所示。

	1	2	3	4	5	6	7	8
信息帧	0	SN			P/F	RN		
监控帧	1	0	类型		P/F	RN		
无编号帧	1	1	类型		P/F	类型		

图 3-18　控制域的格式

它有三种格式：信息（I）帧、监控（S）帧和无编号（U）帧。信息帧采用模 8 的返回 n-ARQ 方式进行传输，它对应的控制包括 SN 和 RN。监控帧用于在无数据传输时返回 ARQ 的信息（如 RN）或加速返回 ACK 和 NAK 帧。无编号帧用于链路的建立和终止及附加信息的传输。

控制信息的种类是靠控制域的第 1 比特和第 2 比特来区分的。第 1 比特为“0”表示为信息帧，第 1 比特和第 2 比特为“10”表示为监控帧，第 1 比特和第 2 比特为“11”表示为无编号帧。控制域中的第 5 比特为查询/结束（P/F）比特，在查询时称为 P 比特，在响应时称为 F 比特。在不同的工作模式中，P/F 比特的用法不同。例如，在 NRM 模式中，当主站查询从站时，置 P=1。若从站响应有多个帧，则应将最后的响应帧 F 置 1，其余各响应帧置 F=0。在 ABM 模式中，任意站均可主动发送 S 帧和 I 帧，此时将 P 置 1，对方收到 P=1 的帧后，将 F 置 1 进行应答。

监控帧有 4 种类型：RR 表示接收准备好，RNR 表示接收未准备好，REJ 表示拒绝，SREJ 表示选择拒绝。它们通过控制域中的第 3 比特和第 4 比特来区分。“00”对应 RR，“10”对应 RNR，“01”对应 REJ，“11”对应 SREJ。RR 帧是正常的响应帧，它用于反向信道没有数据帧传输时，携带 RN 对发送端进行应答。RNR 用于在接收端暂不能接收更多帧（缓冲区满）时给对方提示，RNR 也包括 RN。REJ 用于在刚接收的帧出错或帧的序号与期望的序号不符时给发送端应答，发送端将重发序号为 RN 及其后面的分组，同时表明 RN 以前的分组已正确接收，REJ 可以提高 n-ARQ 的效率。SREJ 是一种简单的选择重发方式，它要求发送端重发序号为 RN 的分组。

无编号帧用于链路的建立 、拆除和特殊控制。无编号帧是通过第 3、4、6、7、8 比特来区分不同类型的，目前只定义了 15 种无编号帧。无编号帧用于设置工作模式，如置正常响应模式 SNRM（Set NRM）、置异步平衡模式 SABM（Set ABM）等。例如，节点 A 和 B 之间有一条链路，当 A 发出 SNRM 后用无编号帧 UA（Unnumbered Acknowledgment）予以响应；当对方通信结束后用无编号帧发出拆除 DISC （DISConnect）命令。

下面举例说明数据链路控制（DLC）协议的工作过程。为简化描述，采用下列命令格式：X（Y）Z。其中，X 表示地址；Y 表示信息帧的 SN 和 RN，或者监控帧的类型及参数，或者无编号帧的类型；Z 表示 P/F 比特是否置位。

NRM 的工作过程如图 3-19 所示。图 3-19 中的主要步骤是：A 先与 B 建立链路，再与 C 建立链路，A 与 B、C 传输数据分组的过程及 A 与 B 拆除链路的过程具体如下。

A 首先发出命令 B（SNRM）P 来初始化 A 到 B 的链路，采用 UA 帧进行应答，其对应 A 到 C 的链路。假定 A 到 C 的第一次命令 C（SNRM）P 传输出错，A 经过一定的等待时延后，重新进行初始化。当 A 成功初始化 A 到 B 及 C 的链路后，A 到 B 发送数据，其格式为 B（SN,RN）。A 发出的帧为 B（0,0）、B（1,0）和 B（2,0）P。B（2,0）P 表示 A 已传输结束，询问 B 是否有数据。B 在收到此格式的数据后，开始发送自己的数据，其格式为 B（SN,RN）。B 发出的帧为 B（0,1）和 B（1,1）F。B 置位 F 表示数据传输结束，然后 A 查询 C 并与 C 之间进行数据传输。

从图中可以看到，A→B 及 B→A 之间的数据传输出现了错误。A 在收到帧 B（1,1）F 时，发现 B 希望接收到的帧序号 RN=1，因而 A 将重发 SN=1 及后续（SN=2）帧。当 B 收到 A 重发的 B（2,0）P 后，发现对方未能收到自己的 SN=0 帧，因而重发 SN=0 帧及 SN=1 帧。此时 B 又有新的帧到达，可接着发送该 SN=2 帧，并告知对方传输结束。假定 A 决定结束 A 到 B

之间的链接，则 A 向对方发出 RNR 帧，并同时应答对方 B 已发送的帧。此外，置位 P 还要求 B 对此命令进行应答，此帧的帧格式为 B（RNR,3）P。A 得到对方的确认［收到 B（RR,3）F 帧］后，A 发出拆除链路的命令，命令格式为 B（DISC）P，并要求对方应答，格式为 B（UA）F。当 A 收到对方的拆除应答后，A 与 B 之间的正式链路断开。

ABM 的工作过程如图 3-20 所示。注意在图 3-20 中，地址域总是从站的地址，主站（A）在发出命令和数据时，使用从站（B 或 C）的地址，从站（B 或 C）用自己的地址予以响应或传输数据。

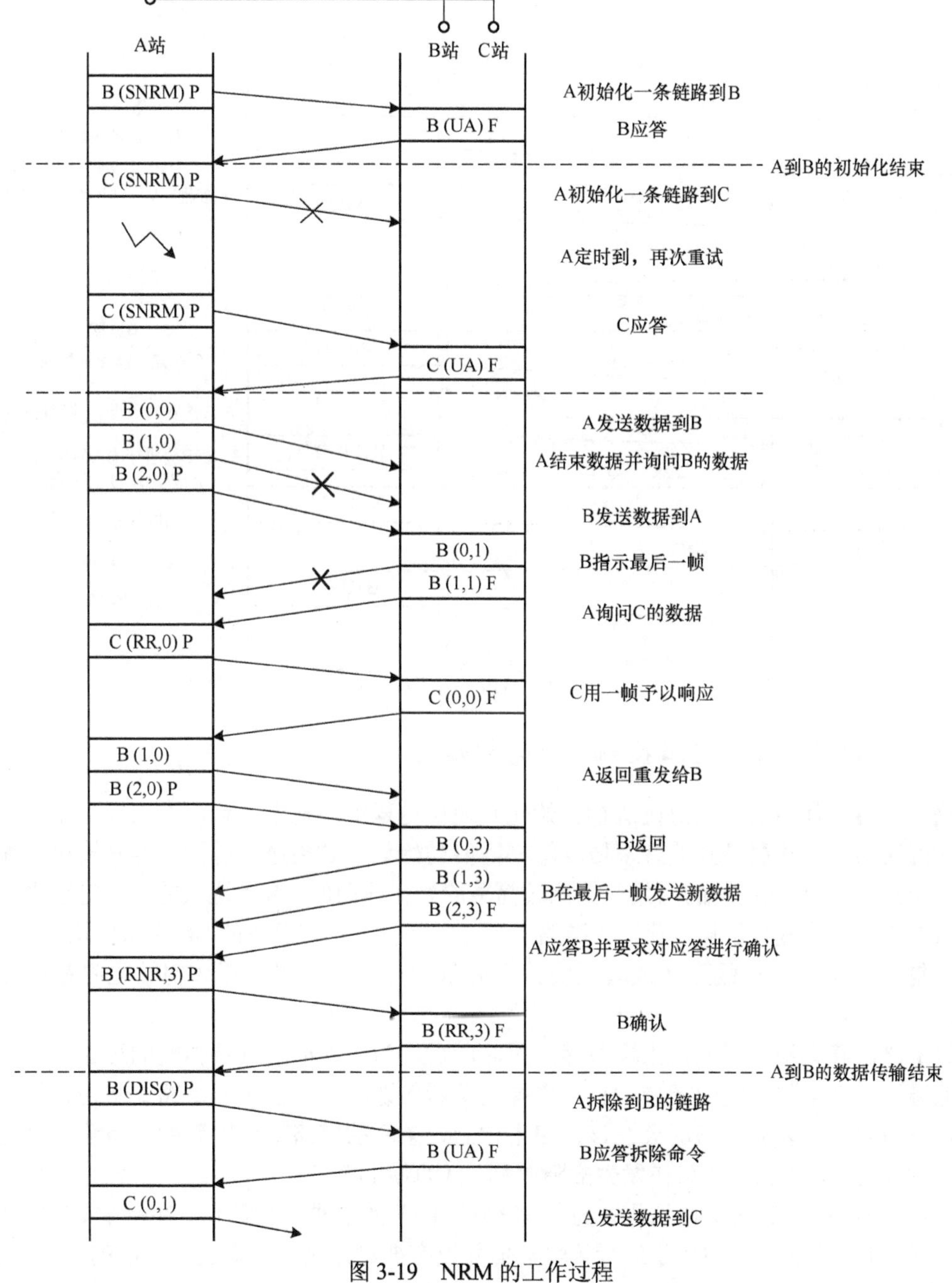

图 3-19　NRM 的工作过程

ABM 的工作包括三个主要的过程：A 与 B 建立链路，A 和 B 同时传输数据，A 拆除链路。在这些过程中，任何一方在发送数据和要求对方应答时都使用对方的地址，在应答时都使用自己的地址。值得注意的是拆除过程，A 首先发送 RNR 监控帧［B（RNR,4）P］，表示不再接收对方的分组，该帧包括 A 已接收到的 B 的分组序号（RN），从而可使 B 明确 A 已接收到的分组。B 通过 RR 帧［B（RR,5）F］予以应答，并同时包括 B 已接收到的 A 的分组（RN），从而可使 A 明确 B 已接收到的分组。这样双方对链路状态有较明确的认识。此时 A 再发出拆除命令，B 收到后予以应答，至此通信过程结束。

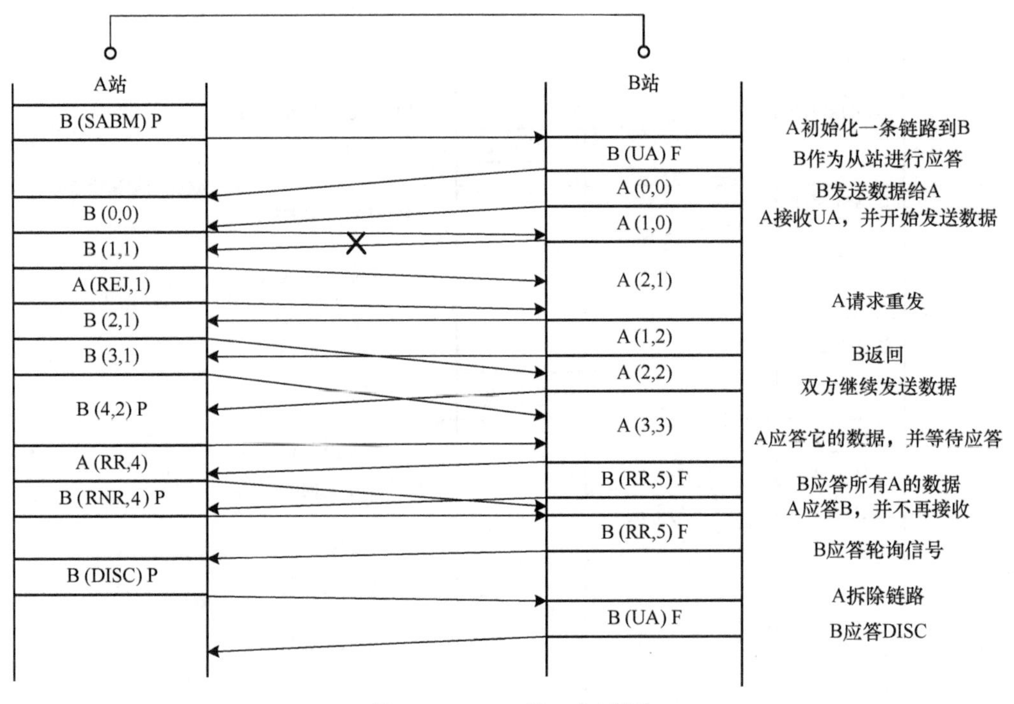

图 3-20 ABM 的工作过程

3.4.2 标准的数据链路控制协议的初始化

通信双方对使用的通信协议进行初始化是通信过程中的基本问题，不仅在数据链路层，而且在网络层、运输层及其他许多协议中都需要初始化。如果通信过程无异常情况（如节点或链路无故障），那么网络的初始化是比较简单的。在前面的 ARQ 协议的讨论过程中，假定通信双方都已正确进行了初始化，即链路上无分组在传输，则双方的 SN 和 RN 均为 0。但是如果有链路故障或节点故障（或因系统掉电后重新启动）存在，那么初始化问题是比较复杂的。

以链路故障为例，当链路出现故障一段时间后，为了保证端到端传输的可靠性，网络层或运输层通常会采取一定的措施，另外选择一条新的链路来传输在旧链路上未传输的分组。当旧链路恢复工作以后，高层会在该链路中建立一条新的链路来传输新的分组流。链路在正常工作时称为 UP 状态，链路在发生故障时称为 DOWN 状态。

数据链路控制（DLC）协议需在每个 UP 状态的开始点进行初始化。在每个 UP 周期的末尾会出现一些分组已进入 DLC 进行传输，但并没有被对方接收和提交给高层的情况。因此，

DLC 的正常工作应当能保证在每个 UP 周期，接收端提交给高层的分组流是对方（发送端）从高层接收到的分组流中的最前面的分组流，如图 3-21 所示。

当链路状态 UP 和 DOWN 交替时，要使 DLC 能正常工作，就必须使双方对当前链路的状态有一致的看法。下面讨论不同工作模式的初始化过程。

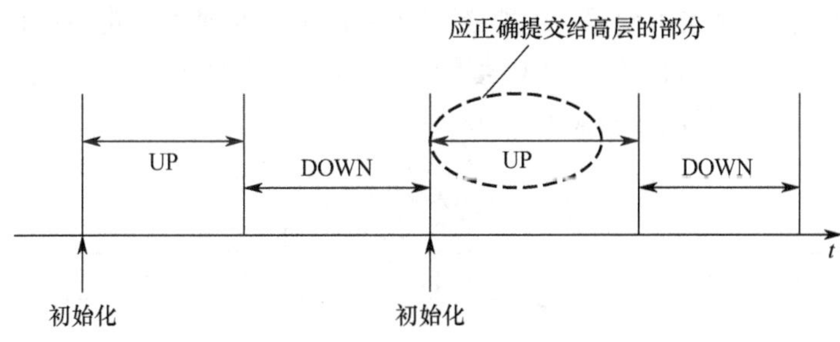

图 3-21 链路的等效工作状态

1. 主从模式下的链路初始化

在主从模式（与 NRM 模式相对应）下，简化的链路初始化的过程如图 3-22 所示，采用的是 mod 2 的停等式 ARQ 协议。图 3-22 中，节点 A 为主站，节点 B 为从站。A 决定何时建立链路和拆除链路。A 首先发送初始化命令 INIT（SN =1）进行链路初始化，B 收到 INT 后用 ACKI（RN=0）予以应答。只有当 A 收到 B 的应答后，初始化才能结束。如果 A 在规定的时间内未收到 B 的应答，那么 A 会重发 INIT 命令，直至收到 B 的应答。当 A 决定拆除链路时，A 发送拆除命令 DISC（SN=0），B 收到 A 的命令后，用 ACKD 予以应答。

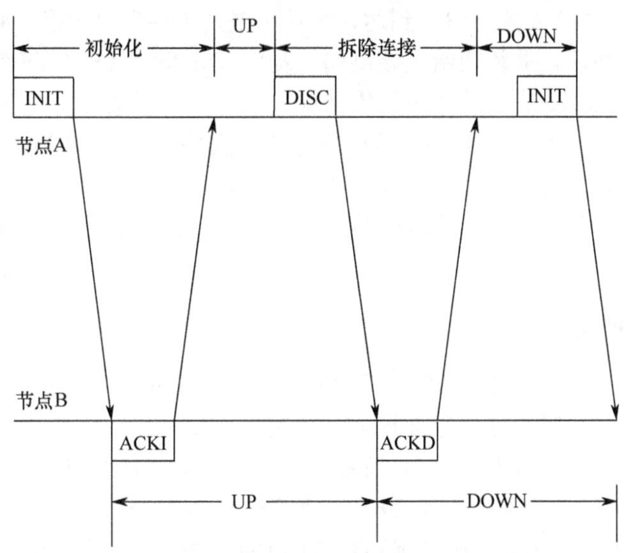

图 3-22 主从模式下简化的链路初始化的过程

从图 3-22 可以看出，对于 A 来说，从 A 发出 INIT 命令到收到 ACKI 为止是初始化阶段。从 A 收到 ACKI 到 A 发送 DISC 命令为止，A 认为链路处于 UP 状态。从 A 发出 DISC 命令到 A 收到 ACKD 为止，是拆除阶段。从 A 收到 ACKD 到 A 再次发送 INIT 命令为止，A 认为链路处于 DOWN 状态。在 DOWN 状态下，A 到 B 将不会传输任何数据。对于 B 来说，从 B 收到 INIT 命令到 B 收到 DISC 命令为止，B 认为链路处于 UP 状态。从 B 收到 DISC 命令到 B 再次收到 INIT 命令为止，B 认为链路处于 DOWN 状态。当 B 认为链路处于 DOWN 状态时，B 不会发送任何数据。根据停等式 ARQ 可以证明，链路可以正确地进行初始化。

在 HDLC 协议中，SNRM 帧对应于上述的 INIT，DISC 帧对应于上述的 DISC，ACK 帧对应于上述的 ACKI 和 ACKD。

由于在 HDLC 中，对 SNRM 和 DISC 都采用相同的 UA 帧予以应答，因而无法区分是对 SNRM 的应答还是对 DISC 的应答，所以可能导致不正确的操作（如分组丢失）。HDLC 的初始化、数据传输和拆除链路的过程如图 3-23 所示。

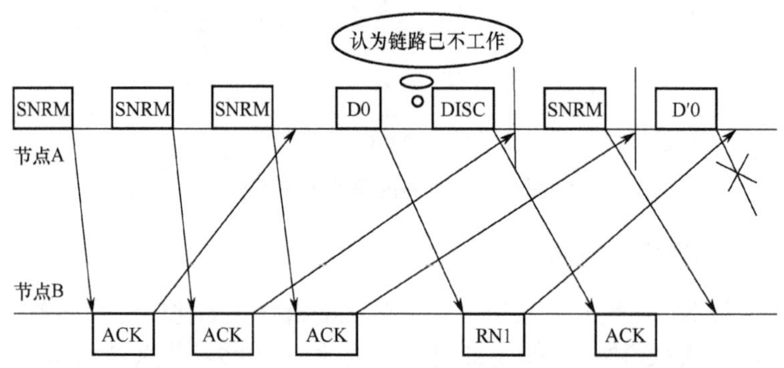

图 3-23　HDLC 的初始化、数据传输和拆除链路的过程

在图 3-23 中，假定传输时延大于发送端等待应答的时延。在图中，A 发送三次 SNRM 才收到 B 的应答。A 在收到 B 的应答后，发送数据序号为 SN=0 的分组 D0。之后若 A 等待一段时间仍未收到 B 的应答，则认为链路已不工作，进而发送 DISC 命令来拆除链路。第二个 ACK（对应于第二次 SNRM 的应答）到达，可认为是对 DISC 的应答，从而使 A 认为链路已拆除。A 时延一定时间后，重新初始化该链路，发出 SNRM 命令。第三个 ACK（对应于第三次 SNRM 的应答）使得 A 认为链路初始化结束，进而发送新的 SN=0 的分组 D0，此时对分组 D0 的应答（RN=1）到达 A，使 A 认为 D'0 已被正确接收。如果 D'0 传输出错，那么将导致 D'0 丢失。该图从概念上说明了 HDLC 应答机制的不完善将有可能导致链路传输出错，因此在进行通信协议设计时，必须对初始化问题进行认真的考虑，否则可能会使所设计的协议不能正常工作。

2．平衡模式下的初始化

在平衡模式中，通信双方是平等的，即当 A 发送数据时，A 是主站，B 是从站；当 B 发送数据时，B 是主站，A 是从站。因而这相当于有两个主从协议在工作。

平衡模式下的初始化过程如图 3-24 所示。在该过程中，应答是嵌入在发送命令之中的。图中符号的含义与图 3-22 中符号的含义相同。链路 UP/DOWN 状态（A→B 及 B→A 的状态）是由 A 和 B 共同确定的。例如，B 在收到对方的 INIT 命令并发出初始化 INIT 命令后，只有在收到对方（A）发来的 ACKI 时，才能认定链路处于 UP 状态。又如，当 A 发出 DISC 后，只有在收到对方的 DISC 命令后，才能认定链路处于 DOWN 状态。而在前面的主从协议中，链路的状态是由主站确定的。

3．在有节点故障时的初始化

节点故障的发生意味着所有与之相连的链路都出现了故障。节点在有故障时，不接收任何输入，也不产生任何输出，且不执行任何操作。若节点在故障时能记忆其状态，则可以视为数据传输丢失，或高层已将数据改走其他链路，它与链路故障的情况相同。当节点恢复工作时，所有相邻链路都需要进行初始化。若节点在故障时状态丢失，则此时的问题要复杂得多。

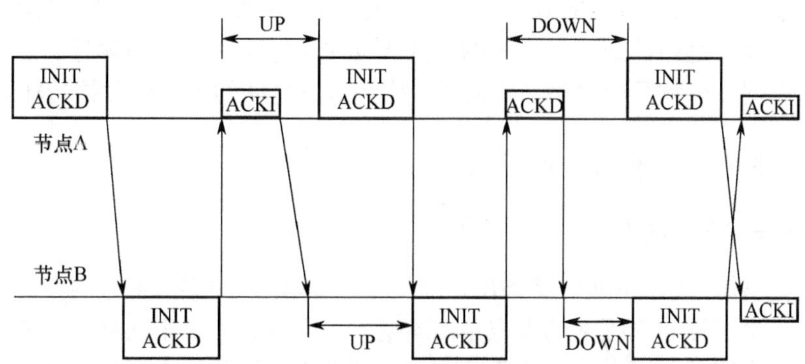

图 3-24　平衡模式下的初始化过程

假定采用主从式初始化协议，节点发生故障时丢失其状态信息，每次节点在从故障状态恢复时，都要进行初始化。假定节点故障的时间和恢复工作的时间与来回传输时延处于同一量级，节点故障及其初始化的过程如图 3-25 所示。在该图中，A 多次出现短时间的故障状态，B 无法判定 A 是否发生故障。A 开始发送 INIT 后出现故障，A 在故障恢复后再次发送 INIT 进行初始化并收到 B 的应答（该应答是对第一次 INIT 的应答），此时 A 认为对方已收到本次 INIT 命令，便开始发送数据分组 D0。A 再次发生故障，A 从故障状态再次恢复后，又发送 INIT 命令。A 在收到 B 的应答（该应答是对第二次 INIT 的应答）后，发送分组 D′0。当 A 收到对 D0 的应答后，会误认为是对 D′0 的应答，如果 D′0 传输出错，那么会导致 D′0 丢失。

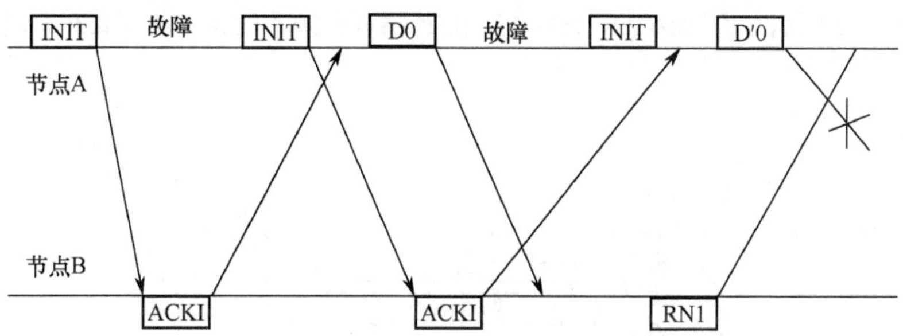

图 3-25　节点故障及其初始化的过程

上面的讨论假定链路的传播时延是没有上限的，因此，无论从什么状态开始及采用何种协议，都有可能发生错误。为了解决节点故障后的初始化问题，可以采用以下几种办法：

（1）采用非易失性的存储器来保存链路的工作状态；

（2）如果链路有一个最大的传播时延，那么可以设计一个足够长的定时器，来避免上述初始化问题；

（3）采用一种随机数的方法来区分正常运行期的不同操作，从而使得不正常操作的发生概率减小。

3.5 网络层的端到端传输

3.4 节研究了两个相邻节点的数据传输的协议，本节将要讨论一个会话过程（session）跨越一个网络中的多条链路，或跨越多个网络的不同传输链路时的分组编号、差错控制、流量控制等问题，以保证任意两个网络节点或两个应用进程之间的可靠的数据传输。

3.5.1 网络层（子网络）的点对点传输协议

1. 会话过程和分组的编号

在前面讨论 ARQ 的帧格式时曾指出，为了使数据能正确传输，必须对发送的数据帧和应答帧进行编号，数据帧和应答帧的内容是网络层的一个分组。对于网络的一条链路而言，它通常会被通过该链路的若干会话过程所共享，也就是说，不同的会话过程的分组要共享同一链路。要想将装载在物理帧中的分组送达不同的目的地或区分来自不同源的分组，就必须对不同的会话过程进行标识。标识分组的方法有两种。对于数据报方式，通常应在分组头中包括：源节点和目的节点的地址，以及相同节点中不同会话过程的标识。利用这些信息，可以将任意节点会话过程中的分组送到相应的会话过程。对于虚电路（VC）方式，对不同的会话采用虚电路进行标识，即每个分组含有一个虚电路号。在这两种标识方法中，数据报方式的分组头的开销较大，而虚电路方式的分组头的开销较小，但需有虚电路的建立过程。虚电路方式中不同会话的标识方法如图 3-26 所示。图中，节点 3 与节点 7 之间存在两个 session（A 和 B），session A 由链路（3,5）中的 VC7、链路（5,8）中的 VC4 和链路（8,7）中的 VC11 组成，session B 由链路（3,5）中的 VC13、链路（5,8）中的 VC7 和链路（8,7）中的 VC6 组成。节点 6 与节点 2 之间有一个 session（C），它由链路（6,5）、（5,8）和（8,2）中的 VC3、VC3 和 VC7 组成。

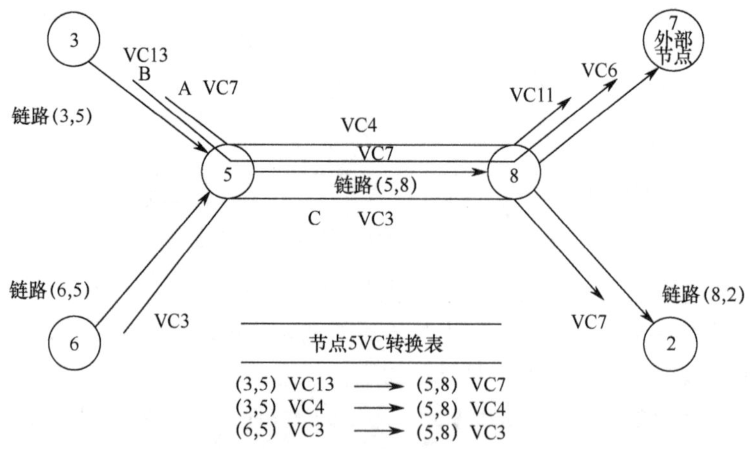

图 3-26 虚电路方式中不同会话的标识方法

不同 session 的分组可以在不同的帧中独立传输，也可以将多个 session 的分组复接在一帧中进行传输。不同 session 的分组复接在一帧中的传输示意图如图 3-27 所示，包括帧头、各 session 头、相应 session 的分组，session 头用于区分不同 session 的分组。

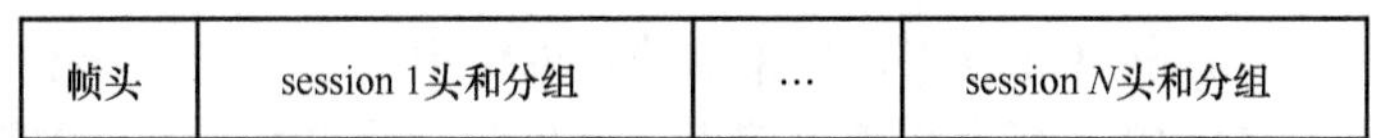

图 3-27　不同 session 的分组复接在一帧中的传输示意图

前面讨论了如何区分不同 session 的分组，那么对于同一 session 发送的分组是否需要进行标识或编号呢？

在数据报方式中，同一 session 的分组可能会经过不同的路径，这样到达目的地的节点顺序就可能与源节点发出分组的节点顺序不同。另外，分组在传输的过程中可能会因链路拥塞、传输错误、节点或链路故障等原因导致回应器分组丢失，因此，必须提供一种方式来使目的节点发现上述问题。解决方法就是对同一 session 发送的分组进行编号。

在虚电路方式中，可能会因下列原因导致分组丢失或传输出错：

（1）虚电路号错误导致不正确的帧通过了 CRC 校验，而把不正确的帧误认为正确的帧；

（2）数据分组中的传输错误未能被 CRC 校验出来；

（3）节点或链路故障可能导致部分分组丢失，如果没有分组编号，那么目的节点就不能发现丢失的分组。

因此，在虚电路方式中，同样需要对同一 session 发送的分组进行编号。分组编号的大小可以采用 L 比特表示，用 mod 2^L 的方式对分组进行循环编号，它可以表示一个 session 的不同分组，也可以表示一个分组传输的第一比特、第一字符或第一字（字由多字节组成）在一个 session 中的编号。

2．网络层的差错控制

网络层的差错控制方式与数据链路层的差错控制方式类似，采用 ARQ 方式，发送端有发送序号 SN，接收端有接收序号 RN。ARQ 的方式包括返回式 ARQ 和选择式 ARQ。

网络层的差错控制与数据链路层的差错控制的主要区别如下。

（1）使用的位置不同。数据链路层的差错控制用于一条物理链路的两端，而网络层的差错控制用于网络中的任意两个节点之间。通常网络中的任意两个节点之间的传输路径由多条链路串联而成。

（2）编号的方式不同。在网络层是对一个 session 的分组（字节或消息）进行统一编号的；而在数据链路层上，是对不同 session 的所有分组（成帧后）进行顺序编号的。

（3）传输顺序的差别。在数据链路层，所有帧都是按顺序传输的；而在网络层，相同源和目的节点的分组可能会经过不同的路径分组传输，从而出现乱序现象。

（4）时延不同。在数据链路层，传输时延（包括传播时延、处理时延、帧传输的时延）在小范围内变化；而在网络层，传输时延在大范围内变化。

当然，数据链路层和网络层都会出现帧与分组的丢失现象。

由于分组可能会经过不同的路径，从而出现丢失、乱序和任意时延的现象，因此不能保证网络层（和运输层）的差错可以 100%正确恢复。例如，假定分组要用 mod m 的编号方式，则序号为 l mod m 和$(l+m)$ mod m 的分组在接收端是无法区分的。假定这里使用数据报方式，由于分组的时延和丢失现象的存在，有时必须采用端到端的重传，即发送端若在一个给定的时间内没有收到接收端的应答，则发送端重发某一分组（设其序号为 l mod m）。而该重发分组的前一个拷贝可能并没有丢失，可能会因网络的任意时延而潜伏在网络中。发送端继续发送新的分组直至到达$(l+m) \bmod m$分组，如果潜伏在网络中的序号为$l \bmod m$的分组的一个拷贝先于序号为$(l+m) \bmod m$的分组到达接收节点，那么将会导致不可纠正的错误。尽管这种情况出现的概率很小，但它说明在网络层（或运输层）的差错控制不能确保正确工作。

解决上述问题的办法包括：

（1）网络层最好采用虚电路方式；

（2）分组编号的模值应足够大，可使上述错误出现的概率足够小，使之在可以接受的范围内；

（3）给每个分组规定一个最大的生存时间，在该生存时间内，使分组的序号在使用$\bmod m$时不可能出现一个循环。

后面将讨论的TCP协议采用了后两种方法的组合。前面已经提到，在数据链路层为了检测传输错误，使用了CRC校验序列；在网络层为了检测子网中的传输错误和数据链路层中的未检测出的错误，也需要使用某种形式的校验序列。校验序列可以采用CRC校验，也可以采用简单的校验方法生成。如将发送信息的16bit作为一个字，先求发送序列的每个字的补码再将这些补码相加求和，然后求该和的补码并作为校验序列（该序列的长度为16bit）。

在分组通过不同的节点时，通常需要对分组头做某些变动（如更改虚电路号），这样每个节点都要重新计算校验序列，这既增大了节点的负荷，又使得校验失去意义。通常的做法是使分组头中的可变部分（如虚电路号）不参加校验，这样每个节点就不需要计算校验和。此外，为了防止分组头出错，导致分组被错误地送到其他节点从而使该节点发生接收错误，可将源节点和目的节点共知的信息（如地址码等）作为信息比特的附加部分，参与校验比特的计算（但这些共知的信息不进行传输），从而防止目的节点出错。

3．网络层的流量控制

流量控制的任务是确保不同接收能力的节点能够在同一网络中工作，即一个快速发送者不能以高于接收者可承受的传输速率来传输数据。流量控制的触发因素是接收端的资源有限，解决方案是控制发送者的传输速率，使其与接收者相匹配。流量控制仅涉及发送者与接收者，例如，假定一台超级计算机的发送速率为1Gb/s，一台PC的接收速率为100Mb/s，超级计算机通过一个传输容量为1000Gb/s的网络向PC发送文件。若超级计算机以1Gb/s的速率发送，则会在PC处产生拥塞，这就需要通过流量控制来降低超级计算机的发送速率，从而适应PC的接收速率。

前面讨论的ARQ协议（返回n-ARQ和选择重发式ARQ等）主要用于点对点的差错控制，这里讨论ARQ协议如何用于流量控制。ARQ协议的基本机制是采用滑动窗口（窗口宽度为n）来限制在一个session中发送节点向网络发送的分组数，即第j个分组能够被发送给网络的条件是第$j-n$个分组已经被应答。如果网络发生拥塞或传输时延增大，那么应答将被时延，这样信源的发送速率就会降低。因此，利用ARQ协议的这种特性，目的节点若想降低接收分组的速率，则可以将含有RN的应答分组适当时延再发送。这种控制信源速率的方法称为端到端流量控制。

4．X.25网络层标准

X.25网络层标准是由CCITT（现称为ITU-T）制定的外部设备（称为数据终端设备DTE）到网络节点（称为数据通信设备DCE）之间的标准。其物理层标准称为X.21，其DLC层标准称为 LAPB，X.25 网络层标准有时称为分组层标准。

X.25 分组有两种：一种是数据分组；另一种是控制分组。其通用格式和数据分组格式如图 3-28（a）和图 3-28（b）所示。其分组头由三字节组成：第一字节的高 4 位是总格式标识（GFI），第一字节的低 4 位和第二字节是虚拟信道号；第三字节是分组类型标识。在 X.25 数据分组格式中，分组头中的第三字节与 DLC 层的格式类似，RN 和 SN 用于表示一个 session 内的分组序号。

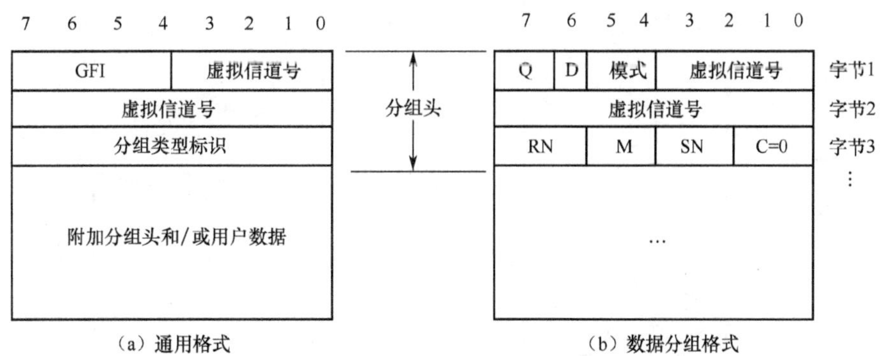

图 3-28　X.25 的分组格式

其他控制比特的含义如下。C 比特用于区分是数据分组还是控制分组，C=0 表示数据分组，C=1 表示控制分组。M 比特表示在一个 session 的传输过程中，当前的分组后面是否还有后续分组，M=1 表示该 session 还有后续分组，M=0 表示这是一个 session 的最后一个分组。虚拟信道号域（12bit）用于表示该分组的虚拟信道号。模式域（2bit）表示 SN 和 RN 采用的模值大小，即表示是 mod 8 还是 mod 128（01 表示 mod 8，10 表示 mod 128）。如果采用 mod 128，那么 RN 和 SN 要扩展为 7bit。D 比特表示应答的类别，D=1 表示端到端应答，即目的节点到源节点的应答，它与 RN 相结合，表示目的节点已正确接收到 RN 以前的所有分组；D=0 表示每条物理链路上的接收节点对发送节点的应答。由于在 DLC 层已有应答，因此采用 RN 的应答功能是多余的，RN 仅用于流量控制。Q 比特是业务类型指标，Q=1 表示是运输层和高层的控制分组；Q=0 表示是数据分组和网络层的控制分组。

X.25 的控制分组包括：呼叫建立分组、流量控制分组、监视分组、证实分组、诊断分组和中断分组。

（1）呼叫建立分组包括 4 类：呼叫请求分组、输入请求分组、接收呼叫分组和呼叫连接分组，这些分组在虚电路的呼叫建立阶段使用。呼叫建立分组应包括源节点和目的节点的地址长度及地址 session 中最大的分组长度、窗口大小、吞吐量协商、逻辑信道号分配、付费等信息。

（2）流量控制分组包括接收准备好（RR）、接收未准备好（RNR）和拒绝接收（REJ）三个控制分组，它类似于 DLC 的监控帧。

（3）监视分组包括重新启动请求/指示分组、清除请求/指示分组和复位请求/指示分组。

（4）证实分组包括重启动证实分组、清除证实分组、复位证实分组和中断证实分组，用于确认前请求的执行情况。

（5）诊断分组用于诊断错误，指示分组被拒绝的原因。

（6）中断分组用于中断网络连接。

X.25 分组交换过程如图 3-29 所示，包括呼叫建立阶段、数据传输阶段和呼叫清除阶段，其数据传输过程类似于 DLC 层。呼叫建立阶段用于确定通信的逻辑链路和通信使用的参数及初始化双方的工作状态。呼叫清除阶段用于拆除逻辑链路，实际系统的工作情况要比图 3-29 中的复杂。例如，当子网内部因为负载太重而不能建立虚电路，或者目的节点不愿接收呼叫时，网络或目的节点将会向主叫节点发送呼叫清除请求分组，此次呼叫被拒绝。

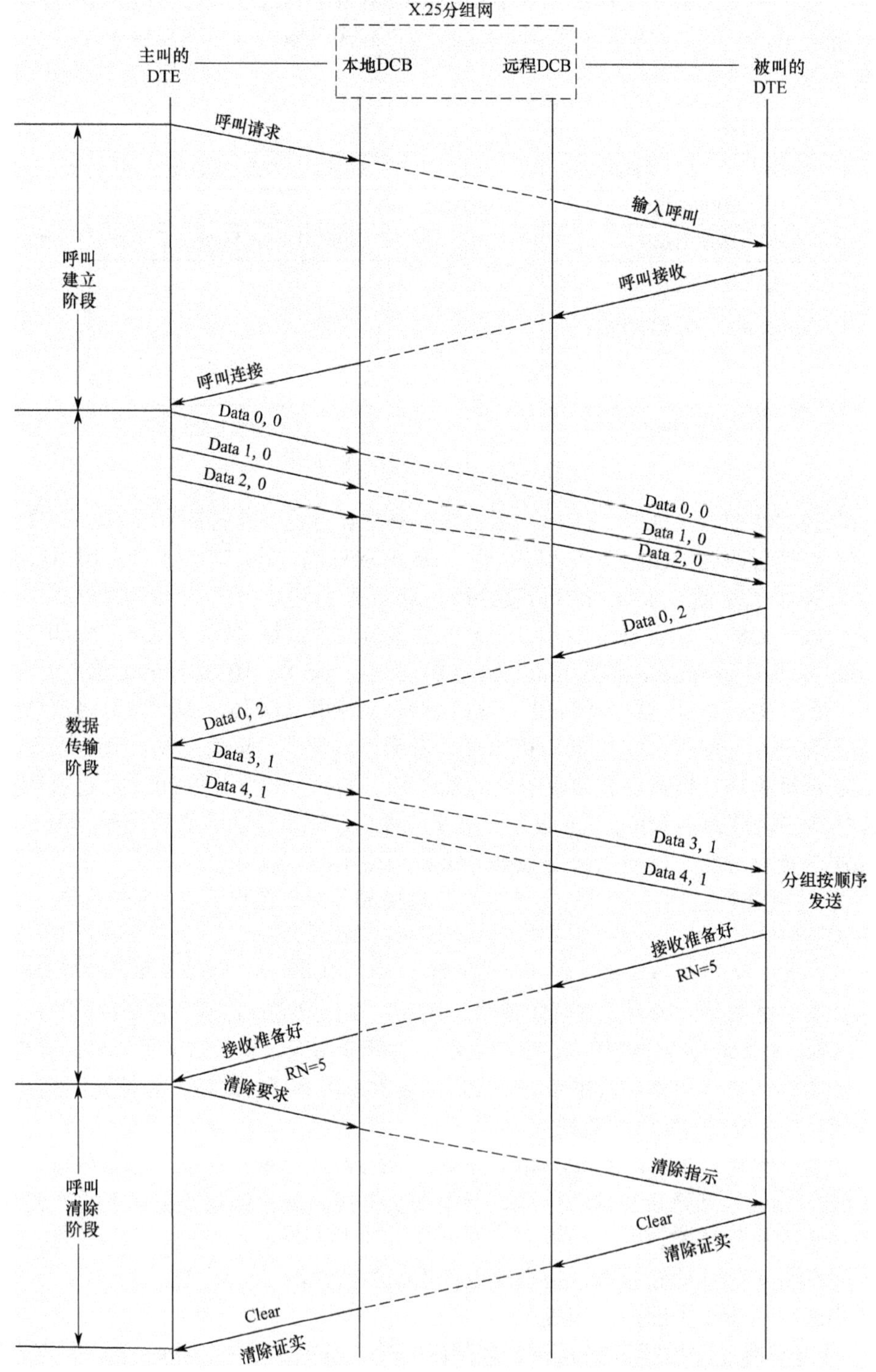

图 3-29　X.25 分组交换过程

3.5.2　网际层（互联层）的传输协议——IP 协议

用户可以使用各种类型的接入网络，要实现任意两个用户之间的通信，就需要将这些网络互联起来。网络互联在一起并进行通信时会遇到许多问题，如不同的寻址方案、不同的最大分组长度、不同的网络接入机制、不同的超时控制、不同的差错恢复方法、不同的状态报告方法、不同的路由选择技术、不同的用户接入控制、不同的服务方式（面向连接服务和无连接服务）、不同的管理与控制方式等。

目前全球最大的、开放的、由众多网络通过路由器采用 TCP/IP 协议族互联而成的是互联网（Internet）。尽管许多网络传输数据报的时延可能是任意的，数据报的传输可能会丢失、重复和乱序，但是互联网使用网际协议 IP（Internet Protocol）尽可能将网络加入，网际采用的是数据报协议传输数据单元，子网内部采用的是数据报方式或虚电路方式。

IP 协议有两个主要版本：IPv4 和 IPv6。IPv4 中的地址长度为 32bit，IPv6 中的地址长度为 128bit。IPv4 的报头是可变长的，而 IPv6 中的报头是固定长度的。IPv4 的地址是分层次的，它由网络号、主机号两部分组成，分为 5 类。不同规模的网络采用不同类型的地址，IPv4 常用的地址类型是 A 类、B 类和 C 类（如图 3-30 所示）：A 类地址用于有大量主机的网络，B 类地址用于中、大规模的网络，C 类地址用于局域网。另外，D 类地址用于广播；E 类地址保留，主要用于实验。

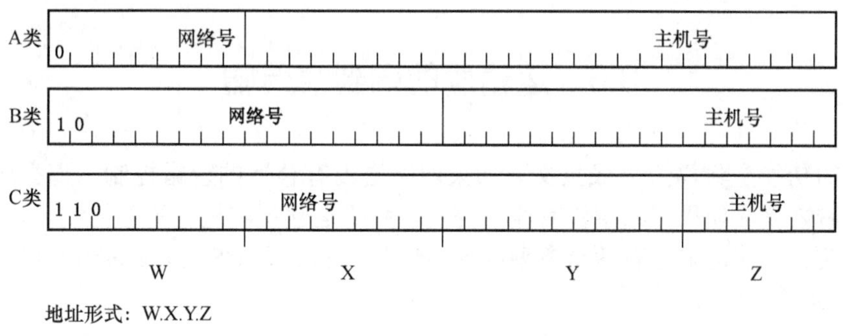

图 3-30　IPv4 常用的地址类型

构造的 IPv4 分组头如图 3-31 所示。图中，版本域表示 IP 的版本（IPv4 或 IPv6）；HL 表示分组头的长度，一般是 4 字节；服务类型表示用户想得到的业务类型，其中优先级占 3bit，D 比特表示要求有更低的时延，T 比特表示要求更大的吞吐量，R 比特表示要求更高的可靠性，C 比特表示要求选择费用更低廉的路由。生存时间（TTL，Time To Live）表示 IP 分组在网络中可生存的时间，IP 分组每经过一个路由器，其 TTL 将被减 1，如果 TTL=0，那么 IP 分组将被丢弃。协议域指示数据报携带的运输层数据使用的是何种协议，如 TCP（6）、UDP（17）、ICMP（1）、GGP（8）、IGP（9）、OSPF（89）等。头校验和用于对头部进行检验，校验的规则是将 IP 头视为以 16bit 字为单位的序列，先将校验和置零，前 5 个 16bit 字相加后，将和的二进制反码写入头校验和字段。

与 IP 协议一起工作的还有三个协议：地址解析协议（Address Resolution Protocol，ARP），逆地址解析协议（Reverse Address Resolution Protocol，RARP）和 Internet 控制报文协议（Internet Control Message Protocol，ICMP）。

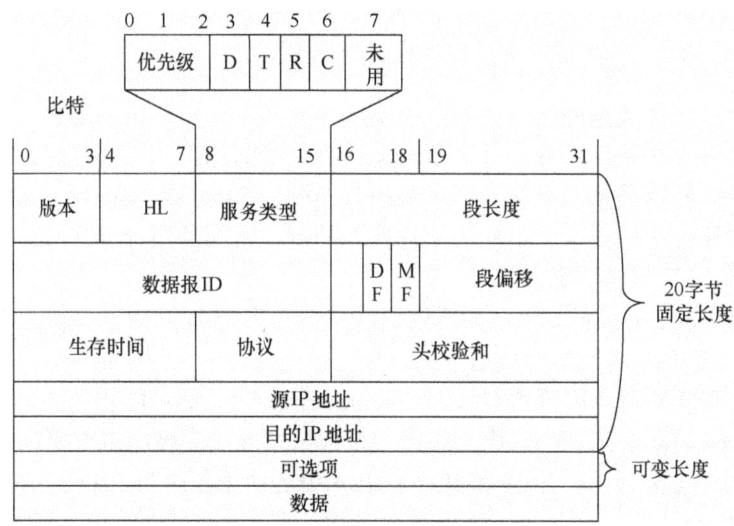

图 3-31 构造的 IPv4 分组头

IPv6 的地址长度为 128 位，采用十六进制数表示，16bit 作为一个基本单元，相互之间采用“：”相连。例如，一个有效的 IPv6 的地址为 4A3F：AE67：F240：56C4：3409：AE52：440F：1403。

3.6 运输层的端到端传输

运输层的功能是将消息分成报文。如果网络层没有合适的差错控制，那么运输层将提供必要的差错恢复。如果网络层没有流量控制，那么运输层将进行流量控制，对 session 进行复接和分接。目前运输层有两个典型的标准协议：TCP 和 OSI TP Class0～TP Class4。这里以 TCP 为例进行介绍。

1. TCP 中的寻址和复接

通常在 TCP 之上有很多用户（或进程），为了区分这些用户（或进程），需要对它们进行编址。TCP 中将 TCP 之上的每个用户（或进程）都称为一个端口（port）（用 16bit 表示）。一些常用的 TCP 端口为：SMTP（25）、FTP（21）、TELNET（23）；一些常用的 UDP 端口为：RPC（111）、SNMP（161）和 TFTP（69）。因此，在 TCP 中，一个完整的地址应当由三部分组成：网络号、主机号、端口号，它们被称为一个套接口（socket）。在 TCP 中，仅将端口号包括在 TCP 报头中，而以参数的形式将网络号和主机号（IP 地址）告知 IP 层，IP 层将 IP 地址放在 IP 头中。具有相同源节点和目的节点的不同端口的消息将复接在 IP 分组中传输，而 IP 本身并不关心 TCP 提交的信息内容。

通过以上的讨论已经看出，寻址问题是通信网络中一个非常重要的问题。不同的层有不同的寻址方式，以 TCP/IP over X.25 网为例，在 TCP 层有 16bit 的端口地址，在 IP 层有 32bit 的 IP 地址，在 X.25 网络层有 12bit 的虚电路号，在数据链路层 LAPB 有 8bit 的地址。每一层都有相应的头，有时这些头中的信息有些多余，但是，对于任意通信网络来说，子网层的头必须能够完成子网内的路由和流量控制，IP 层的头加上子网层的头应能够完成网关（或路由器）之间的路由，而运输层的头应能够区分复接在一起的不同的 session。

2. TCP 中的差错控制

TCP 中采用的差错控制方式为选择重发式 ARQ。SN 和 RN 的长度为 32bit，这里的 SN 和 RN 不是分组的编号，而是对数据字节进行的编号。SN 表示所传输的分组数据是从当前 session 中的第 SN 字节开始的一段数据，RN 表示希望接收到的分组的第一字节应为当前 session 中的第 RN 字节。如果当前的 SN=m，数据长度为 n，那么下一分组中的 SN=$m+n$。

在 TCP 中，差错恢复主要解决两个问题：一是重发问题；二是连接建立和拆除时的错误问题。重发问题主要是如何确定重发间隔（time-out），这主要是由于 TCP 报文可能会经过不同类型、不同速率的网络，因此传输时延的方差很大。如果重发间隔过小，那么会导致很多报文过早地重发，给网络增加了不应有的负荷。如果重发间隔过大，那么网络的传输效率会降低很多。TCP 采用了一种自适应算法来确定重发间隔，该算法采用式（3-53）来确定报文的平均往返时延 T（往返时延是指报文发送时刻到发送端接收到相应应答时刻之间的时延）

$$T=\alpha\cdot T_{\text{old}}+(1-\alpha)\cdot T_{\text{new}} \tag{3-53}$$

式中，T_{old} 表示旧的往返时延，T_{new} 表示新测得的往返时延，$0\leqslant\alpha<1$。α 表示新、旧往返时延对平均往返时延 T 的影响程度，典型的 α 值是 7/8。重发间隔应略大于 T，即

$$\text{重发间隔}=\beta\cdot T \tag{3-54}$$

式中，β 是一个大于 1 的系数。原 TCP 中的推荐值为 β=2，实际上，系数 β 是很难确定的，它必须在传输效率和增加的网络负荷之间取得平衡。该方法的难点在于发送端对第一次发送的分组和重发的分组未进行任何区分，接收端发出的应答也未进行区分。因此，当发送端发出重发分组后，由于网络具有随机时延，因此它将无法确定所收到的应答对应的是哪一次发送的分组（第一次发送还是重发过程的某一分组），这样会导致平均往返时延具有不确定性。为了解决该问题，若分组已进行重发，则不再计算平均往返时延，即仅计算一次发送成功并收到应答的平均往返时延，并以此来计算重发间隔。每重发一次，就将重发间隔增大一次，即

$$\text{重发间隔}=\gamma\times\text{旧的重发间隔} \tag{3-55}$$

式中，γ 的典型值为 2。

在连接建立和拆除过程中，可能会出现如下一些情况：第一次连接拆除后仍有分组到达，这可能导致在第二次连接建立后，会有第一次连接的分组到达，建立连接的分组和拆除连接的分组可能混淆。当网络中一个节点出现故障无法跟踪某一连接时，若该连接仍存在于另一个节点中，则也将导致混淆。TCP 为了解决上述问题，在每次连接开始时都进行初始化，使 SN 和 RN 同步。具体实现的方法如下：源节点和目的节点都有一个 32bit 的时钟计数器，其值每隔 4μs 增大一次（节点间的时钟计数器不同步）。当要建立连接时，发送端（A 节点）以本地的时钟计数器的值作为初始阶段的第一个命令分组的序号（SN），接收端（B 节点）在响应该指令时，对发送端的序号进行响应，即将 B 节点的 RN′置为 SN 并发送给对方（A 节点）。B 采用的初始化 SN′为其本地的时钟计数值，B 在收到对方（A 节点）的应答前不能传输数据。A 节点在接收到 B 节点的 SN′后，将 RN 置为 SN′并发送给对方，TCP 的初始化过程如图 3-32 所示。采用这种随机选择序号的方法，可以避免新、旧连接的序号混淆。32bit 的计

数器循环一圈大约需要 4.6h。

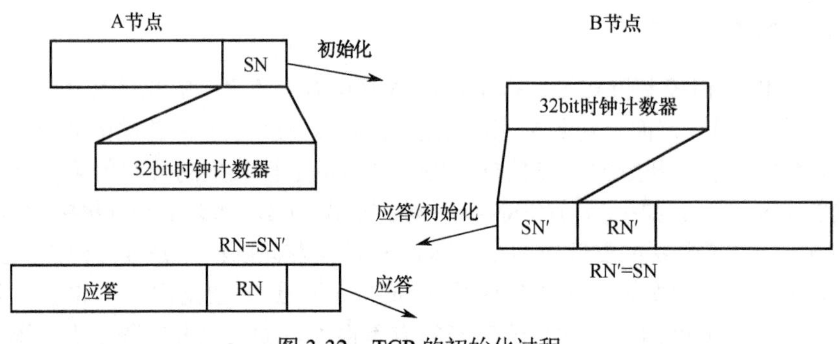

图 3-32　TCP 的初始化过程

根据上面的讨论，可得 TCP 的报文格式如图 3-33 所示。

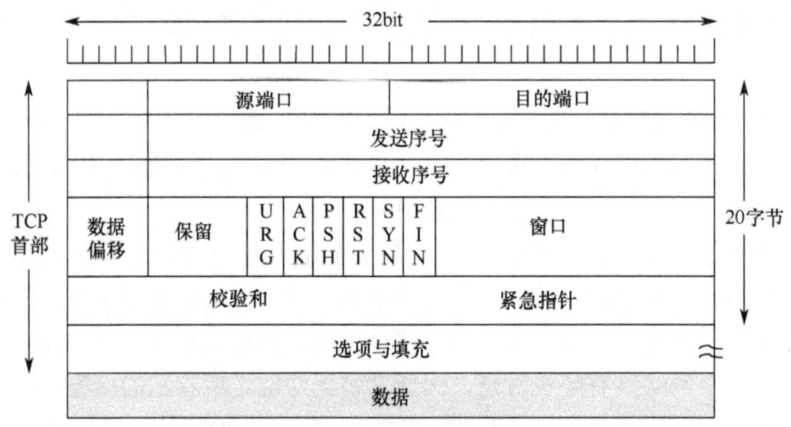

图 3-33　TCP 的报文格式

在图 3-33 中，源端口和目的端口是运输层向高层提供的服务接口，采用 16bit 表示。数据偏移占 4bit，表示在该报文中数据开始点离 TCP 报文段起始点的距离，它实际上是 TCP 报文头的长度。控制域用 6bit 表示，用于对建立和释放连接、应答与报文提交方式等动作进行控制。其中，URG=1 表示此报文应尽快发送，它与紧急指针配合使用，指明紧急数据的长度；ACK=1 表示确认序号字段有意义；PSH=1 表示请求远端 TCP 将本报文段立即传输给其应用层；RST=1 表示要重新建立连接；SYN 和 ACK 组合使用，表示发送建立连接请求和应答，SYN=1 及 ACK=0 表示建立连接的请求报文，SYN=1 及 ACK=1 表示同意建立连接的应答报文；FIN=1 表示要释放一个连接。窗口占 2 字节，表示接收端可接收数据的窗口大小，即告诉对方在未收到应答前可发送的最大数据长度。校验和是对报文头的校验。紧急指针表示在报文段中紧急数据的最后一字节的序号。

3．TCP 的流量控制

流量控制需要考虑两个方面的问题：一是接收者的缓冲区容量大小；二是网络的容量和通过量。假定网络的容量和通过量较大而接收者的缓冲区容量相对较小，这时如果发送端发送的业务量较大，那么会使接收缓冲区溢出而导致报文丢失。如果网络已经发生拥塞、通过量已经很小，那么这时若发送端仍保持较高的发送速率，则会进一步加剧网络的拥塞、减小通过量，从而导致发送端的报文丢失。

为了解决接收者缓冲区的溢出问题，TCP 采用了窗口允许机制。TCP 报文格式中采用了 16 bit 的窗口域，该窗口称为通知窗口（Advertised Window），用来通知发送端在未收到应答时可以发送的最大字节数，即发送端可以发送序号为 RN 到 RN 加窗口值范围内的数据字节。

在网络传输过程中，有两种原因可能会导致分组丢弃：一是传输出错；二是网络拥塞。由于发送端很难区分这两种情况，因此 Internet 中的 TCP 协议假定分组丢弃都是由网络拥塞引起的。分组的丢弃将导致发送端超时重发，为了控制网络的拥塞，在 TCP 中还引入了第二控制窗口——拥塞窗口。拥塞窗口长度（发送端一次可发送的字节数）是根据网络的拥塞情况动态调整的。发送端真正使用的窗口（称为发送窗口）长度等于通知窗口长度和拥塞窗口长度的最小值，即发送窗口长度=min(通知窗口长度,拥塞窗口长度)。

TCP 采用慢启动（slow-start）、拥塞避免（Congestion Avoidance）和加速递减等技术来进行拥塞控制。发送端在传输一次（发送端将发送窗口中的报文段全部发完，并且收到了对该报文段的所有确认）后，根据拥塞窗口的大小调整一次发送窗口。为了实现控制过程，TCP 引入了一个门限窗口。当拥塞窗口长度大于门限窗口长度时，发送端会降低发送速度，以避免网络拥塞。具体的拥塞窗口的控制算法举例如下。

TCP 的拥塞窗口的控制算法如图 3-34 所示，设初始状态是通知窗口长度为 64KB，门限窗口长度为 64KB，拥塞窗口长度为 64KB。假定在初始时就发生了传输超时，算法将第 0 次传输时的拥塞窗口长度调整为 1KB（最大的分段长度），门限窗口长度减小到传输超时前拥塞窗口长度的一半，即 32KB。第 0 次传输后，每传输一次，拥塞窗口长度增大为原来的 2 倍（按指数增加窗口长度），在拥塞窗口长度等于门限窗口长度（第 5 次传输）后，每传输一次，拥塞窗口长度仅线性增加一个最大的分段长度。若再次发生超时（第 13 次传输），则下次传输时将门限窗口长度减小到拥塞（第 13 次传输）时门限窗口长度的一半，即 20KB，并将拥塞窗口长度调整为 1KB。

图 3-34 中的拥塞窗口长度从 1KB 增大到门限窗口长度的过程为慢启动过程，即每次拥塞后，拥塞窗口长度都降为 1KB，使报文慢慢注入网络。从门限窗口长度开始，拥塞窗口线性增大到最大值的过程称为拥塞避免过程。在前面的慢启动过程中，指数增大变为线性增大是为了避免网络再次出现拥塞。当网络再次出现拥塞时，采用加速递减的方法将门限窗口长度减小到拥塞时发送窗口长度的一半，拥塞窗口长度降为 1KB。

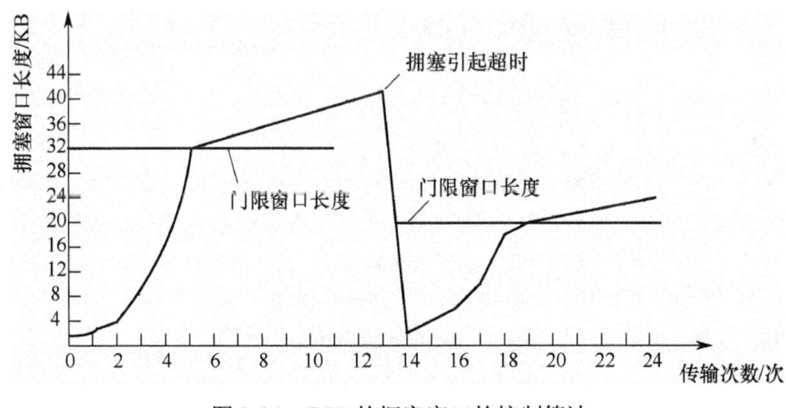

图 3-34　TCP 的拥塞窗口的控制算法

采用上述流量控制方法可使 TCP 的性能得到明显改善。但是当 TCP 用于无线信道时，由于经常会因传输错误而导致发送端超时，因此这时若仍采用上述流量控制方法，则会使得 TCP 传输效率下降，此时需要对 TCP 进行适当的改进。

习 题 3

3.1 设随机过程 $X(t)$定义为 $X(t)=2\cos(2\pi t+Y)$，其中 Y 是离散随机变量，且 $P\{Y=0\}=P\left\{Y=\frac{\pi}{2}\right\}=\frac{1}{2}$。试求该过程在 t=1 时的均值和当 $t_1=0$、$t_2=0$ 时的自相关函数值。

3.2 设随机过程 $X(t)$是一个随机相位信号，即 $X(t)=A\cos(\omega_0 t+\theta)$，式中 A 和 ω_0 为常量，θ 是一个均匀分布的随机变量，其概率密度函数为 $f(\theta)=\frac{1}{2\pi}$（$-\pi<\theta<\pi$）。试求 $X(t)$的均值函数和自相关函数，并讨论其平稳性与各态历经性。

3.3 试求 Poisson 过程的均值函数、方差函数和相关函数。

3.4 设某办公室来访的顾客数 $N(t)$组成 Poisson 流，平均每小时来访的顾客为 3 人，求：（1）上午（8 点到 12 点）没有顾客来访的概率；（2）下午（14 点到 18 点）第一位顾客来访的时间分布。

3.5 设有 3 个黑球和 3 个白球，把这 6 个球任意分给甲、乙两人，并把甲拥有的白球数定义为该过程的状态，则 4 种状态为 0, 1, 2, 3。现每次从甲、乙双方各取一球，然后相互交换。经过 n 次交换后，将过程的状态记为 X_n，该过程是否为马氏链？如是，请计算其一步转移概率矩阵，并画出其状态转移图。

3.6 常用的组帧方式有哪几种？哪种方式的传输开销最小？

3.7 接收机收到了一个采用十六进制数表示的字符串：C0 10 36 87 DB DC DB DC DC DD DB DD CO 7C 8D DC DB DC C0，试根据 SLIP 帧格式来恢复接收的帧。

3.8 针对输入序列 11111111101111010，应用比特插入技术给出相应的输出结果。如果接收到的序列为 0111111010011111011111011111011001010111111101001111100，试移去插入的比特，并指出 Flag 的位置。

3.9 令 $g(D)=D^4+D^2+D+1$，$S(D)=D^3+D+1$，求 $\frac{D^4S(D)}{g(D)}$ 的余数。

3.10 对于一个给定的 L 阶生成多项式 $g(D)$和一个给定的数据比特长度 K，假定输入序列除第 i 位为 1 外，其余全部为 0，即 $S(D)=D^i$（$0\leqslant i\leqslant K-1$），其对应的 CRC 结果为 $C^{(i)}(D)=C_{L-1}^{(i)}D^{L-1}+\cdots+C_1^{(i)}D+C_0^{i}$，试证明：

（1）对于一个任意的数据多项式 $S(D)$，其 CRC 多项式 $C(D)=\sum_{i=0}^{k-1}S_iC^{(i)}(D)$；

（2）令 $C(D)=C_{L-1}D^{L-1}+\cdots+C_1D+C_0$，则 $C_j=\sum_{i=0}^{k-1}S_iC^{(i)}$，$0\leqslant j<L$，此式说明每个 C_j 都是一个奇偶校验比特，也就是说，CRC 校验码是一种奇偶校验码。

3.11 在停等式 ARQ 中，设重发分组之间的间隔为 T（包括分组传输时间、传播时延、等待应答时间和处理时延等），分组正确接收的概率为 P，试证明最大的可传送的分组到达率 $\lambda=PT$。

3.12 一条双向对称无误码的传输链路的传输速率为 64kb/s，单向传播时延为 15ms。设数据帧长为 3200bit，确认帧长度为 128bit，采用停等式 ARQ 协议，忽略处理时延。问：

（1）在仅有单向数据传输业务的情况下，在 820s 内最多可以传输多少帧？

（2）如果双向都有业务传输，且应答帧的传输只能跟在反向数据帧的尾部（格式为：数据帧 应答帧），那么在 820s 内每个方向最多可以传输多少帧？

（3）假设采用返回 n-ARQ，且 n=3，重新计算（1）和（2）的结果。

3.13　HDLC 是如何保证数据透明传输的？HDLC 有几种工作模式？

3.14　一个通信子网内部采用虚电路方式，沿虚电路共有 n 个节点交换机，在节点交换机中为每个方向都设有一个缓冲区，可存放一个分组。在节点交换机之间用停等式 ARQ 协议，并采用以下措施进行拥塞控制。节点交换机只有在收到分组后才发回确认，但条件是：（1）接收端已成功地收到该分组；（2）有空闲的缓冲区。设发送一个分组需时间 T，传输的差错可忽略不计，用户（DTE）和节点交换机（DCE）之间的数据传输时延也可忽略不计。试问：分组交付给目的用户（DTE）的速率最高是多少？

3.15　A 经过 B 向 C 发送数据的过程有 AB 和 BC 两条链路。B 在收到 A 发来的数据时，可以先向 C 转发再向 A 发确认，也可以反过来。也就是说，B 要做的三件事的顺序是“收数据→转发→发确认”或“收数据→发确认→转发”。现假定 B 在做完第二件事后处理机出现故障，内存中所存的信息全部丢失，但很快又恢复了工作。试证明：只有采用端到端发确认信息的方法（C 向 A 发确认信息），才能保证在任何情况下数据都能从 A 经 B 正确无误地交付给 C。

3.16　两个用户（U1 和 U2）通过主机 H（DTE）同 X.25 网建立了虚电路连接，分层到达网络层的时序图如图 3-35 所示。

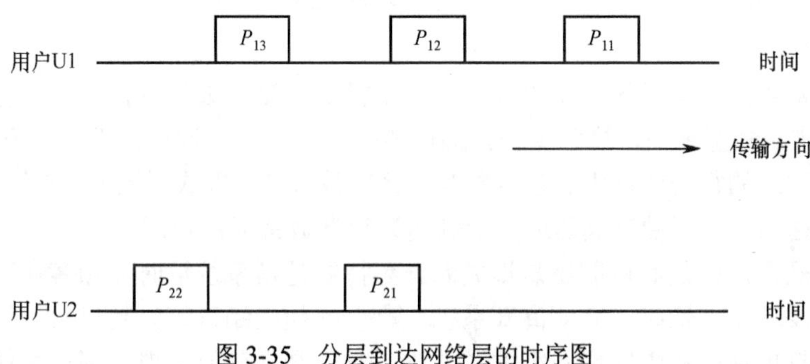

图 3-35　分层到达网络层的时序图

这里 P_{ij} 为从第 i 个用户（i=1, 2）来的第 j 个分组。网络层将虚拟信道号 VC 与发送序号 $P(S)$（网络层的 SN）插入网络层的分组头中。假设 U1 的 VC 为 5，U2 的 VC 为 17，所有分组采用多路复用方式发往数据链路层。数据链路层按顺序将发送序号 $N(S)$（数据链路层的 SN）插入帧头的其他参数中。画出分组在主机 H 与网络间的接口上传送的时序图，按顺序说明每一分组的 $N(S)$、VC、$P(S)$的值。

3.17　一个 TCP 连接使用 256kb/s 链路，其端到端时延为 128ms。经测试，发现吞吐量只有 120kb/s，试问：窗口宽度是多少？

3.18　设 TCP 的拥塞窗口长度为 18KB，当网络发生了超时时，TCP 使用慢启动、加速递减和拥塞避免。设报文段的最大长度为 1KB，试问：拥塞窗口从最小值经过 6 次变化后是多少？

3.19　网络层差错控制与数据链路层差错控制的主要差别是什么？

3.20　ARQ 协议在用于差错控制和流量控制时有何异同？

第 4 章　通信网的时延分析

在终端节点产生分组的过程通常为随机过程，而分组从源节点传输到目的节点的时延是衡量网络传输能力的重要指标，时延将会影响网络算法和协议（如多址协议、路由算法、流量控制算法等）的选择，因此必须了解时延的特征和机制，以及时延取决于哪些网络特征。

4.1　Little 定理

排队是日常生活中最常见的现象，如去食堂排队就餐、去银行排队办理存取款等，可用图 4-1 所示的排队模型来描述排队过程。描述该排队模型，可通过如下三个方面。

一是顾客到达的行为或规则。它由顾客到达的数目（有限或无限）、到达间隔（确定值或随机值）及到达的方式（独立到达或成批到达）等参数特征决定。

二是排队规则，即是等待制还是损失制。等待制是指系统忙时，顾客在系统中等待。损失制是指顾客发现系统忙时，立即离开系统。典型的损失制系统就是日常使用的电话通信系统，当用户在打电话过程中发现系统忙（占线）时，会立刻放下电话离开系统。典型的等待制系统是去银行办理业务，当发现所有服务窗口均繁忙时，就会在服务大厅中等待。

三是服务规则和服务时间。服务规则可以是无窗口（如自选商场）、单窗口和多窗口。服务时间可以是确定的，也可以是随机的，例如，在分组传输过程中，如果分组的长度是相同的，那么服务时间就是确定的；如果分组的长度是随机可变的，那么服务时间就是随机的。

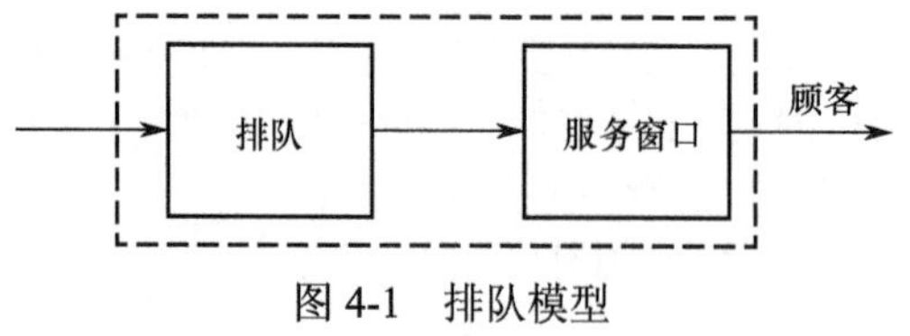

图 4-1　排队模型

在不同的传输网络中，顾客和服务时间可能是各不相同的。例如，在分组交换网中，顾客即为分组，服务时间即为分组传输时间；在电路交换网络中，顾客即为呼叫，服务时间即为呼叫持续的时间。

在排队系统中，通常有两个已知的量：一是顾客到达率（指单位时间内进入系统的平均顾客数，也称为单位时间内进入系统的典型顾客数，“典型”是指时间平均）；二是服务速率（指系统处于忙状态时单位时间内服务的典型顾客数）。要求解的量也有两个：一是系统中的平均顾客数（它是在等待队列中的顾客数和正在接受服务的顾客数之和的平均数）；二是每个顾客的平均时延（每个顾客等待的时间与服务时间之和的平均值）。

现在讨论排队系统中的基本定理——Little 定理。

4.1.1　Little 定理

令 $N(t)$是系统在 t 时刻的顾客数，N_t 表示[0, t]时间内的平均顾客数，即

$$N_t = \frac{1}{t}\int_0^t N(t)\mathrm{d}t \tag{4-1}$$

系统稳态（$t \to \infty$）时的平均顾客数为

$$N = \lim_{t \to +\infty} N_t$$

令 $\alpha(t)$ 是[0, t]时间内到达的顾客数，则[0, t]时间内的平均到达率为

$$\lambda_t = \frac{\alpha(t)}{t} \tag{4-2}$$

稳态的平均到达率为

$$\lambda = \lim_{t \to +\infty} \lambda_t$$

令 T_i 是第 i 个到达的顾客在系统内花费的时间（时延），则[0, t]时间内顾客的平均时延为

$$T_t = \frac{\sum_{i=0}^{\alpha(t)} T_i}{\alpha(t)} \tag{4-3}$$

稳态的平均时延为

$$T = \lim_{t \to +\infty} T_t$$

N、λ、T 的相互关系是

$$N = \lambda T \tag{4-4}$$

这就是 Little 定理，该定理表明：在稳态的情况下，系统中的平均用户（顾客）数=[用户（顾客）的平均到达率]×[用户（顾客）的平均时延]。

该定理与日常生活中的感性认识是一致的。例如，在相同的平均到达率（λ 相同）的情况下，快餐店由于服务时间短（T 较小），因此店中的顾客较少，仅需要较小的服务厅；而正常的饭店由于其服务时间长（T 较大），店中的顾客较多，因此需要较大的服务厅。又如一个拥塞的系统，通常意味着有较大的时延。

上述讨论的结论是针对时间平均的结论。对于统计平均，有相同的结论，即

$$\overline{N} = \overline{\lambda} \cdot \overline{T} \tag{4-5}$$

式中，$\overline{N}$、$\overline{\lambda}$、$\overline{T}$ 分别表示系统中的用户（顾客）数、用户（顾客）到达率和用户（顾客）时延的统计平均值。

4.1.2　Little 定理的应用

现在通过几个例子说明如何应用 Little 定理。

【例 4-1】 考察一个分组流通过一个节点在一条链路上的传输过程。

假定分组到达率为 λ（单位为分组数/s），分组在输出链路上的平均传输时间（时延）为 $\overline{x}$（单位为 s），在该节点中等待传输（不包括正在传输）的分组的个数（队长）为 N_Q，分组在节点中等待的时间（不包括传输时间）为 W。如果仅把节点中等待的队列作为考虑对象，那

么可以应用 Little 定理，有

$$N_Q = \lambda W \tag{4-6}$$

如果仅把输出链路作为考虑对象，那么应用 Little 定理，有

$$\rho = \lambda \overline{x} \tag{4-7}$$

式中，ρ 表示输出链路上的平均分组数。由于该输出链路上最多有一个分组在传输，因此 ρ 表示信道处于忙状态的时间所占的比例，即信道利用率。

【例 4-2】 求解一个网络中分组的平均时延。

假定一个网络有 n 个节点，节点 i 的分组到达率为 $\lambda_i(i=1,\cdots,n)$，则网络中的总到达率为 $\lambda=\sum_{i=1}^{n}\lambda_i$。设网络中的平均分组数为 N，则无论采用何种路由算法及分组长度分布，均可对网络应用 Little 定理，得到网络中每个分组的平均时延为

$$T = \frac{N}{\lambda} = \frac{N}{\sum_{i=1}^{n}\lambda_i} \tag{4-8}$$

此外还可以对每个节点应用 Little 定理。设节点 i 的平均分组数为 N_i，平均时延为 T_i，则对节点 i 应用 Little 定理，有 $N_i = \lambda_i T_i$。

【例 4-3】 假定一个服务大厅有 K 个服务窗口，该服务大厅最多可容纳 N 个顾客（$N \geqslant K$）。同时假定服务大厅始终是客满的，即一个顾客离开后就会有一个新顾客立刻进入服务大厅。设每个顾客的平均服务时间为 $\overline{X}$，则顾客在服务大厅内停留的时间 T 是多少？

解 设进入大厅的顾客到达率为 λ，对整个系统而言，应用 Little 定理有

$$N = \lambda T \Rightarrow T = \frac{N}{\lambda} \tag{4-9}$$

对服务窗口应用 Little 定理，有

$$K=\lambda \overline{X} \Rightarrow \lambda=\frac{K}{\overline{X}} \tag{4-10}$$

将式（4-10）代入式（4-9）得

$$T=\frac{N\overline{X}}{K} \tag{4-11}$$

【例 4-4】 现在改变例 4-3 中的顾客到达方式，假定顾客到达时，若发现服务窗口被占满，则立即离开系统（顾客被阻塞或丢失）。设顾客的到达率为 λ，则顾客被阻塞的概率 β 是多少？

解 因为顾客是随机到达的，所以服务窗口有时满、有时空。平均而言，设处于忙状态的服务窗口数为 $\overline{k}$（$\overline{k} \leqslant K$），则

$$\overline{k}=(1-\beta)\lambda\overline{X}$$

式中，$(1-\beta)\lambda$ 表示没有被阻塞部分（或正常服务部分）的顾客到达率。由此可得，顾客被阻塞的概率 β 为

$$\beta=1-\frac{\overline{k}}{\lambda\overline{X}} \tag{4-12}$$

由于$\bar{k} \leqslant K$，因此可得到系统阻塞概率

$$\beta \geqslant 1-\frac{K}{\lambda \overline{X}} \tag{4-13}$$

假设一个电话交换机同时可以服务 K（K=300）个用户的呼叫，每个用户的平均通话时间为 3min，设该交换机的服务区内有 6000 个用户。若在忙时，每个用户至少隔半小时打一次电话，则每分钟总的呼叫到达率 $\lambda \geqslant 6000/30=200$ 次/min，此时根据式（4-13）可知，$\beta \geqslant 1-\frac{K}{\lambda \overline{X}}=1-\frac{300}{200\times 3}=0.5$。此时，会出现 50%以上的电话都打不通的情况，这就需要增加电话交换机的容量，以提高用户的满意程度（打通电话的概率）。

4.2 M/M/m 排队系统介绍

M/M/m 是排队系统的通用表示法，其中，第 1 个字母表示到达过程的特征，M 表示是无记忆的 Poisson 过程；第 2 个字母表示服务时间的概率分布，M 表示指数分布，该字母还可以是 G 或 D，G 表示一般分布，D 表示确定性分布；第 3 个字母表示服务员的个数；有时还有第 4 个字母，表示系统的容量，如果没有第 4 个字母，那么表示系统的容量是无限大的。本节将讨论 M/M/1、M/M/m、M/M/∞、M/M/m/m 等排队模型。

4.2.1 M/M/1 排队系统

M/M/1 排队系统的示意图如图 4-2 所示。其到达过程为 Poisson 过程，到达率为 λ；系统允许排队的队长可以是无限的（系统的缓存容量无限大）；服务过程为指数过程，服务速率为 μ（平均服务时间为$1/\mu$），服务员（S）的数目为 1；到达过程与服务过程相互独立。

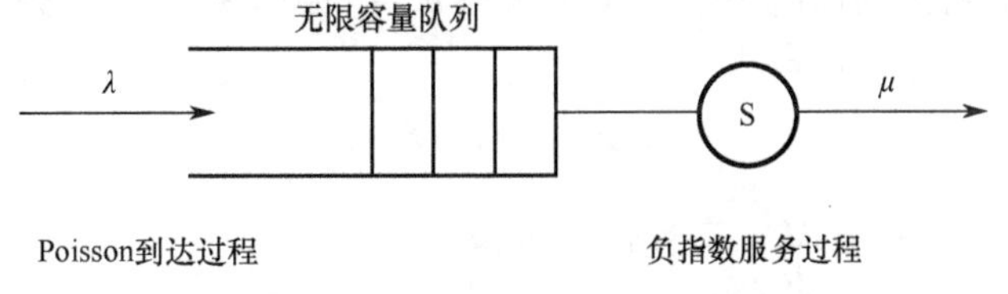

图 4-2 M/M/1 排队系统的示意图

令系统状态为 $N(t)$，可以用状态转移概率来描述该系统的行为。将时间轴离散化（对 $N(t)$ 进行采样，采样间隔为δ，δ为大于 0 的任意小的常数），则显然该系统可用马尔可夫链来描述。

假定考察的区间为$I_k=[k\delta,(k+1)\delta]$，在该区间内的系统状态（$N_k-N(t-k\delta)$）的转移概率表示为$P_{ij}=P\{N_{k+1}=j \mid N_k=i\}$。根据 Poisson 过程的特性，忽略在$I_k$内大于一个的到达或离开，以及同时有到达和离开的情况，从而有

$$P_{00}=P\{在I_k内没有到达\}=\mathrm{e}^{-\lambda\delta}=1-\lambda\delta+o(\delta) \tag{4-14}$$

$$\begin{aligned} P_{ii}&=P\{在I_k内有0个到达且有0个离开\}+o(\delta) \\ &=\mathrm{e}^{-\lambda\delta}\mathrm{e}^{-\mu\delta}+o(\delta)=1-\lambda\delta-\mu\delta+o(\delta) \qquad i\geqslant 1 \end{aligned} \tag{4-15}$$

$$P_{i,i+1}=P\{在I_k内有1个到达且有0个离开\}+o(\delta)$$
$$=(\lambda\delta)e^{-\lambda\delta}e^{-\mu\delta}+o(\delta)=\lambda\delta+o(\delta)\qquad i\geqslant 0 \tag{4-16}$$

$$P_{i,i-1}=P\{在I_k内有0个到达且仅有1个离开\}+o(\delta)$$
$$=\mu\delta e^{-\mu\delta}+o(\delta)=\mu\delta+o(\delta)\qquad i>1 \tag{4-17}$$

$$P_{1,0}=P\{在I_k内仅有0个到达且有1个离开\}+o(\delta)$$
$$=e^{-\lambda\delta}\left(1-e^{-\mu\delta}\right)+o(\delta)=\mu\delta+o(\delta) \tag{4-18}$$

式中，$e^{-\lambda\delta}$ 是 I_k 内没有用户到达的概率，$e^{-\mu\delta}$ 是在 I_k 内没有用户离开的概率，$\lambda\delta e^{-\lambda\delta}$ 是在 I_k 内仅有 1 个用户到达的概率，$\mu\delta e^{-\mu\delta}$ 是在 I_k 内仅有 1 个用户离开的概率，$(1-e^{-\mu\delta})$ 是在 I_k 内正在服务的用户将结束服务的概率。

对于任意一个状态而言，有

$$P_{i,i+1}+P_{i,i-1}+P_{ii}=1+o(\delta) \tag{4-19}$$

利用上述结果，可以画出 M/M/1 系统的状态转移图，如图 4-3 所示。图中忽略了高阶无穷小项 $o(\delta)$。

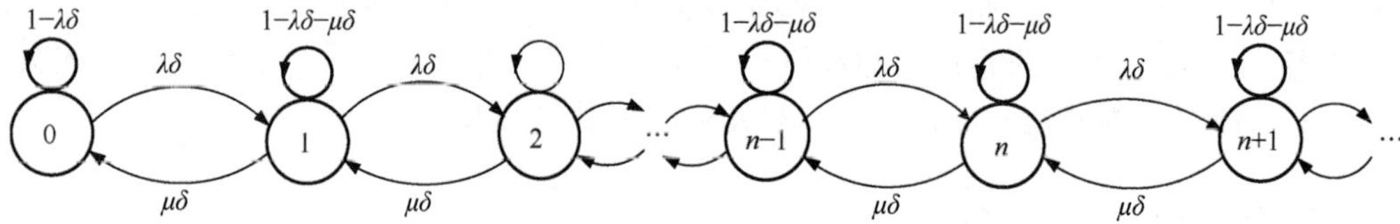

图 4-3 M/M/1 系统的状态转移图

设系统状态的稳态概率为

$$P_n=\lim_{k\to+\infty}P\{N_k=n\}=\lim_{t\to+\infty}P\{N(t)=n\} \tag{4-20}$$

在系统能够达到稳态的情况下，系统从状态 n 转移到状态 n+1 的频率必然等于系统从状态 n+1 转移到状态 n 的频率，即有

$$P_nP_{n,n+1}=P_{n+1}P_{n+1,n} \tag{4-21}$$

否则系统不可能稳定。令 $\rho=\dfrac{\lambda}{\mu}$，通过递推可得

$$P_{n+1}=\rho^{n+1}P_0\qquad n=0,\ 1,\ 2,\ \cdots \tag{4-22}$$

在 $\rho<1$ 的条件下，由 $\sum\limits_{n=0}^{+\infty}P_n=1$ 有

$$\sum_{n=0}^{+\infty}\rho^nP_0=\frac{P_0}{1-\rho}=1 \tag{4-23}$$

即 $P_0=1-\rho$，将其代入式（4-22），得系统的稳态概率为

$$P_n=\rho^n(1-\rho)\qquad n=0,\ 1,\ 2,\ \cdots \tag{4-24}$$

系统中的平均用户数为

$$N=\sum_{n=0}^{+\infty}np_n=\sum_{n=0}^{+\infty}n\rho^n(1-\rho)=\frac{\rho}{1-\rho}=\frac{\lambda}{\mu-\lambda} \tag{4-25}$$

$\rho=\lambda/\mu$ 是到达率与服务速率之比，它反映了系统的繁忙程度。当 ρ 增大时，N 将随之增大；当 ρ 趋于 1 时，N 将趋于$+\infty$。$\rho=1-P_0$ 实际上是用户等待的概率（P_Q），即当用户到达系统时发现系统中的用户数不为 0（用户数≥1）的概率（$P_Q=\sum_{n=1}^{+\infty}P_n$）。如果 $\rho>1$，那么系统将来不及服务，必然会导致系统中的用户数趋于无穷大。

利用 Little 定理，可求得用户的平均时延为

$$T=\frac{N}{\lambda}=\frac{\rho}{1-\rho}\cdot\frac{1}{\lambda}=\frac{1}{\mu-\lambda} \tag{4-26}$$

通过简单的证明，可以求得用户的时延服从均值为 T 的指数分布。由于每个用户的平均服务时间为$1/\mu$，因此每个用户的平均等待时间为

$$W=T-\frac{1}{\mu}=\frac{\lambda}{\mu}\cdot\frac{1}{\mu-\lambda}=\frac{\rho}{\mu(1-\rho)} \tag{4-27}$$

利用式（4-27），可得到平均时延 T 的另一个表达式

$$T=W+\frac{1}{\mu}=\frac{1}{\mu}+\frac{\lambda}{\mu}\cdot\frac{1}{\mu-\lambda}=\frac{1}{\mu}+\frac{\rho}{\mu-\lambda} \tag{4-28}$$

系统中的平均队长为

$$N_Q=\lambda W=\frac{\lambda^2}{\mu(\mu-\lambda)}=\frac{\lambda}{\mu}\cdot\frac{\rho}{1-\rho} \tag{4-29}$$

在实际应用过程中，可以灵活地运用式（4-26）～式（4-29）中的不同表达形式。

【例 4-5】 设某学校有一部传真机，可以为全校 2 万名师生提供传真服务。假定每份传真的传输时间服从负指数分布，其平均传输时间为 3min，并假定每个人发送传真的可能性相同。如果希望平均排队的队长不大于 5 人，试问平均每人间隔多少天才可以发送一份传真？

解　假定要发送的传真服从 Poisson 到达，则该传真服务系统可用 M/M/1 队列来描述。已知$1/\mu$=3min，$N_Q=5$ 人，要求解 λ（份/天）。

根据式（4-29）有

$$N_Q=\frac{\lambda}{\mu}\cdot\frac{\rho}{1-\rho}=\frac{\rho^2}{1-\rho}=5\text{人}$$

$$\frac{\lambda}{\mu}=\rho=\frac{3\sqrt{5}-5}{2}\approx 0.854$$

可得系统总的可以发送的传真速率为

$$\lambda=\frac{\rho}{1/\mu}\approx\frac{0.854}{3}\approx 0.285\text{份}/\min\approx 410\text{份}/\text{天}$$

则平均每人要间隔 $\frac{20000}{410}\approx 49$ 天才可以发送一份传真。若提供传真服务的时间不是 24 小时，如每天开放 12 小时，则间隔的时间要增大至原来的两倍。

【例 4-6】 设有一个分组传输系统，其分组到达过程是到达率为 λ 的 Poisson 过程，分组长度

服从均值为$1/\mu$的指数分布。如果将k个这样的分组流统计复接在一个高速信道上来传输，即将输入到达率提高至原来的k倍，并将信道的传输速率提高至原来的k倍（服务时间变为原来的$1/k\mu$），这相当于将k个平行的低速信道统计复接到一个高速信道上。试比较两种情况下的传输时延。

解 原系统（低速信道）中的平均分组数和平均时延为

$$N=\frac{\lambda}{\mu-\lambda}$$

$$T=\frac{1}{\mu-\lambda}$$

统计复接后的系统（高速信道）中的平均分组数和平均时延为

$$\begin{aligned}N'&=\frac{k\lambda}{k\mu-k\lambda}=\frac{\lambda}{\mu-\lambda}\\T'&=\frac{1}{k\mu-k\lambda}=\frac{1}{k}\frac{1}{\mu-\lambda}=\frac{T}{k}\end{aligned} \tag{4-30}$$

从式（4-30）可以看出，采用统计复用后，系统的平均时延缩短为原来的$1/k$。

现在反过来考虑该例子，将一个高速信道分解成k个低速的子信道（采用FDM/TDM方式来传输各用户的分组）。设该高速信道的分组到达率为λ，服务时间为$1/\mu$，现将信道分成k个子信道，各子信道的分组到达率为λ/k，服务时间为k/μ（因为子信道的传输速率为高速信道传输速率的$1/k$），试比较分解前后的传输时延。

高速信道的传输时延为

$$T=\frac{1}{\mu-\lambda}$$

分解后各子信道的传输时延为

$$T'=\frac{1}{\frac{\mu}{k}-\frac{\lambda}{k}}=\frac{k}{\mu-\lambda}=k\cdot T \tag{4-31}$$

从式（4-31）可以看出，将一个高速信道分解为k个子信道后，传输时延将增大至原来的k倍。进行这样分解的另一个问题是，当各个低速信道的到达率不同时，会出现忙、闲不均的情况，有的信道很闲，有的信道不足以满足用户的需求。这种分解方法的优点是当子信道的容量与用户到达相匹配时，各信道没有等待时间和等待队列；而在高速信道中，尽管传输的时延减小了，但各用户的等待时间及时延的变化都会增大。

4.2.2 M/M/m 排队系统

在M/M/m排队系统中，服务员有m个。设系统的到达率为λ，每个服务员的服务速率为μ。当系统中的用户数$n>m$时，系统服务的速率（用户离开的速率）为$m\mu$（因为只有m个服务员）；当$n\leq m$时，用户离开的速率为$n\mu$（因为顾客数小于服务员数）。M/M/m排队系统的状态转移图如图4-4所示。

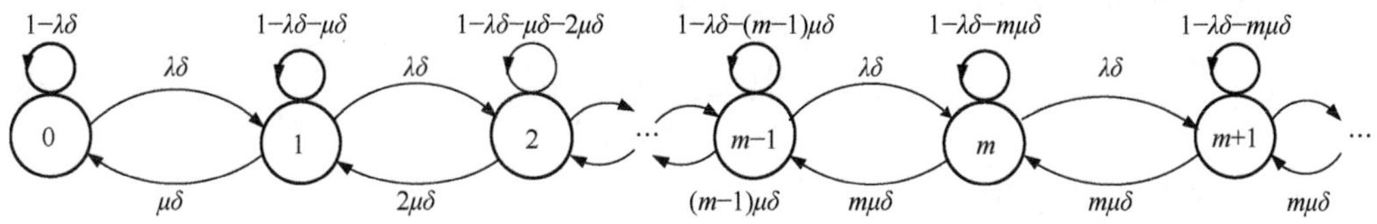

图 4-4　M/M/m 排队系统的状态转移图

在该状态图中，若 $m\to\infty$，则为 M/M/∞排队系统。如果系统仅有 0～m 个状态，则为 M/M/m/m 排队系统（系统中的容量仅为 m）。

采用与 M/M/1 排队系统相同的分析方法，当 $\delta\to 0$ 时，令 P_n 为系统状态的稳态概率，系统的稳态全局平衡方程为

$$\begin{cases}\lambda P_{n-1}=n\mu P_n & n\leqslant m\\ \lambda P_{n-1}=m\mu P_n & n>m\end{cases} \tag{4-32}$$

通过进行与 M/M/1 排队系统相同的推导过程，可得系统状态的稳态概率为

$$P_n=\begin{cases}P_0\dfrac{(m\rho)^n}{n!} & n\leqslant m\\ P_0\dfrac{m^m\rho^n}{m!} & n>m\end{cases} \tag{4-33}$$

式中

$$\rho=\frac{\lambda}{m\mu}<1 \tag{4-34}$$

$$P_0=\left[1+\sum_{n=1}^{m-1}\frac{(m\rho)^n}{n!}+\sum_{n=m}^{+\infty}\frac{(m\rho)^n}{m!}\cdot\frac{1}{m^{n-m}}\right]^{-1} \tag{4-35}$$

下面对上述结果进行讨论。

（1）用户到达系统必须等待的概率（发现所有的 m 个服务员都处于忙状态的概率）

$$P_{\mathrm{Q}}=\sum_{n=m}^{+\infty}P_n=\frac{P_0(m\rho)^m}{(1-\rho)m!} \tag{4-36}$$

这就是等待制系统中需等待的概率，该公式称为 Erlang C 公式。它表示的是在具有 m 条线路的电路交换系统中，用户到达时发现 m 条线路都处于忙状态的概率。

（2）正在排队的用户数

$$N_{\mathrm{Q}}=\sum_{n=0}^{+\infty}nP_{n+m}=\frac{P_0(m\rho)^m}{m!}\sum_{n=0}^{+\infty}n\rho^n \tag{4-37}$$

利用 $\sum_{n=0}^{+\infty}n\rho^n=\frac{\rho}{(1-\rho)^2}$ 和式（4-36）得

$$N_{\mathrm{Q}}=P_{\mathrm{Q}}\frac{\rho}{1-\rho} \tag{4-38}$$

（3）用户的平均等待时间（利用 Little 定理）

$$W=\frac{N_Q}{\lambda}=\frac{\rho}{\lambda(1-\rho)}P_Q \tag{4-39}$$

每个用户的平均时延为

$$T=\frac{1}{\mu}+W=\frac{1}{\mu}+\frac{P_Q}{m\mu-\lambda} \tag{4-40}$$

系统中的平均用户数为

$$N=\lambda T=\frac{\lambda}{\mu}+N_Q=m\rho+\frac{\rho P_Q}{1-\rho} \tag{4-41}$$

【例 4-7】假定有 m 个信道，到达率为 λ 的分组流动态共享这 m 个信道，每个信道的服务时间为 μ，试求分组的平均时延 T，并将该平均时延与到达率为 λ 的分组流在服务速率为 $m\mu$（输入分组在一个高速信道上传输）的单信道上传输的平均时延 f 进行比较。

解 该例题的前一部分是一个服务速率为 μ 的 M/M/m 排队系统，后一部分是一个服务速率为 $m\mu$ 的 M/M/1 排队系统，因此

$$T=\frac{1}{\mu}+\frac{P_Q}{m\mu-\lambda}$$

$$\hat{T}=\frac{1}{m\mu}+\frac{\hat{P}_Q}{m\mu-\lambda}$$

式中，P_Q 和 $\hat{P}_Q$ 为排队（等待）概率。

现在将 T 和 $\hat{T}$ 进行比较。

（1）在轻负荷的情况下（$\rho \ll 1$），有 $P_Q \approx 0$、$\hat{P}_Q \approx 0$。根据 T 和 $\hat{T}$ 的表达式有 $\frac{T}{\hat{T}}=m$。也就是说，在轻负荷的情况下，分组的时延主要由分组的传输时延决定，m 个信道的传输时延是单信道传输时延的 m 倍。

（2）在重负荷的情况下（$\rho \approx 1$），有 $P_Q \approx 1$、$\hat{P}_Q \approx 1$。因为 $\rho=\frac{\lambda}{m\mu}$，所以 $\frac{1}{\mu} \ll \frac{1}{m\mu-\lambda}$，进而 $\frac{T}{\hat{T}} \approx 1$。也就是说，在重负荷的情况下，分组的时延主要由分组的等待时间决定，此时两个时延基本相等。

M/M/m 排队系统可进行下列两种形式的推广：$m\to\infty$时的 M/M/∞排队系统，以及限定系统容量为 m 时的 M/M/m/m 排队系统。

1．M/M/∞排队系统：无限个服务员的情况

对于 M/M/∞排队系统，系统的平衡方程仅取式（4-32）的上半部分，即可以推导出

$$\lambda P_{n-1}=n\mu P_n \qquad n=1,2,\cdots \tag{4-42}$$

可以推导出

$$P_n=P_0\left(\frac{\lambda}{\mu}\right)^n\frac{1}{n!} \qquad n=1,2,\cdots \tag{4-43}$$

根据$\sum_{n=0}^{m} P_n = 1$，可得

$$P_0 = \mathrm{e}^{-\frac{\lambda}{\mu}} \tag{4-44}$$

结合式（4-43）和式（4-44），有

$$P_n = \left(\frac{\lambda}{\mu}\right)^n \frac{\mathrm{e}^{-\frac{\lambda}{\mu}}}{n!} \tag{4-45}$$

该式表示一个参数为λ/μ的 Poisson 分布，因而系统中的平均用户数为

$$N = \frac{\lambda}{\mu} \tag{4-46}$$

利用 Little 定理，可得分组的平均时延为

$$T = \frac{N}{\lambda} = \frac{1}{\mu} \tag{4-47}$$

式（4-47）表明，在$m=+\infty$的排队系统中没有等待时间，只有服务时间。

2. M/M/m/m 排队系统：*m* 个服务员的呼损制系统

对于 M/M/m/m 排队系统，系统的容量为 *m*。当用户进入系统并发现 *m* 个服务员全处于忙状态时，就立刻离开系统（或丢失），这种情况主要用于电路交换系统。例如，打长途电话时，假定仅有 *m* 条线路可用，如果发现线路全忙，就会过一会儿再打，相当于离开系统。这是一种呼损制（或损失制）系统，而 M/M/m 排队系统是一种等待制系统。

在呼损制系统中，主要参数是呼损率（阻塞概率）。所谓呼损率，就是新到用户发现系统所有线路都忙的概率，也就是他的呼叫被拒绝的概率。

M/M/m/m 排队系统的状态转移图如图 4-5 所示。

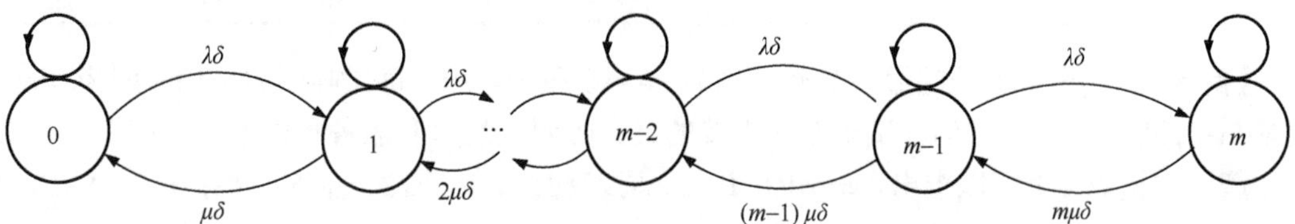

图 4-5　M/M/m/m 排队系统的状态转移图

系统的平衡方程仅取式（4-32）的上半部分，即

$$\lambda P_{n-1} = n\mu P_n, \qquad n=1, 2, \cdots, m \tag{4-48}$$

$$P_n = P_0\left(\frac{\lambda}{\mu}\right)^n \frac{1}{n!}, \qquad n=1, 2, \cdots, m \tag{4-49}$$

根据$\sum_{n=0}^{+\infty} P_n = 1$，可得

$$P_0=\left[\sum_{n=0}^{m}(\frac{\lambda}{\mu})^n\frac{1}{n!}\right]^{-1} \tag{4-50}$$

呼损率就是所有 m 个服务员都在忙的概率，即

$$B=P_m=\frac{\frac{(\frac{\lambda}{\mu})^m}{m!}}{\sum_{n=0}^{m}\frac{(\frac{\lambda}{\mu})^n}{n!}}\times 100\% \tag{4-51}$$

该公式称为 Erlang B 公式。它不仅适用于服务时间服从指数分布的系统，而且适用于服务时间服从均值为 $1/\mu$ 的一般性分布的系统。利用该公式还可以确定每个服务员的繁忙程度 η（若一个服务员对应一个物理信道，则繁忙程度对应的是信道利用率）

$$\eta=\frac{(1-B)}{m}\cdot\frac{\lambda}{\mu}=(1-B)\rho \tag{4-52}$$

由于式（4-52）的计算较复杂，可以用表格的形式给出，m、ρ、B、η 的关系如表 4-1 所示。

表 4-1 m、ρ、B、η 的关系

	B=1%		B=5%		B=10%		B=20%	
m	ρ	η	ρ	η	ρ	η	ρ	η
1	0.010	1%	0.053	5%	0.111	10%	0.25	20%
5	0.272	1.66%	0.444	42.2%	0.576	51.9%	0.802	64.16%
10	0.446	44.2%	0.622	59.1%	0.751	67.6%	0.969	77.5%
15	0.541	53.5%	0.708	67.2%	0.832	74.9%	1.041	83.4%
20	0.602	59.5%	0.762	72.9%	0.858	79.3%	1.081	86.5%

【例 4-8】 假定系统的服务员数分别为 m_1=10 和 m_2=20，每次呼叫的平均时间为 3min，要求系统的呼损率小于 5%，试求系统支持的最大呼叫到达率和服务员的繁忙程度。

解 根据表 4-1 可以查出，m_1= 10、B =5%时对应的 ρ_1=0.622、η_1=59. 1%；m_2 =20、B =5%时对应的 ρ_2=0.762、η_2 =72. 9%。

因为 $\rho=\frac{\lambda}{m\mu}$，$\lambda=m\mu\rho=\frac{m\rho}{1/\mu}$，所以 $\lambda_1=\frac{10\times 0.622}{3}\approx 2.07$ 次/min，$\lambda_2=\frac{20\times 0.762}{3}\approx 5.08$ 次/min。

从例 4-8 和表 4-1 可以看出，若系统要求呼损率越小，则系统可承担的负荷就越小，各服务员的繁忙程度就越低。在相同呼损率的条件下，服务员越多，各服务员的繁忙程度越高，因而系统承担的负荷越大，这也从侧面反映了统计复用带来的好处。

注意在 M/M/m/m 排队系统中，$\rho=\frac{\lambda}{m\mu}$ 可以大于 1，此时系统不能服务的到达都将丢失。例如，在 m=20、B= 20%时，$\rho\approx 1.081$，但此时只有 80%的到达业务得到服务。

4.3　M/G/1 排队系统介绍

假定第 i 个用户的服务时间为 X_i，X_i 是独立同分布的，并且与到达间隔相互独立。令 $X=\{X_1, X_2, \cdots\}$，则平均服务时间、服务时间的二阶矩为

$$\text{平均服务时间}\overline{X}=E\{X\}=\frac{1}{\mu}$$

$$\text{服务时间的二阶矩}\overline{X^2}=E\{X^2\}$$

下面将证明，M/G/1 排队系统的平均等待时间为

$$W=\frac{\lambda\overline{X^2}}{2(1-\rho)} \tag{4-53}$$

式中，$\rho=\dfrac{\lambda}{\mu}=\lambda\overline{X}$。该式称为 P-K（Pollaczek-Khinchin）公式。

根据上述 P-K 公式，可以得到该系统的平均时延为

$$T=\overline{X}+W=\overline{X}+\frac{\lambda\overline{X^2}}{2(1-\rho)} \tag{4-54}$$

应用 Little 定理，有如下结论。

平均队列长度为

$$N_{\text{Q}}=\lambda W=\frac{\lambda^2\overline{X^2}}{2(1-\rho)} \tag{4-55}$$

系统中的平均用户数为

$$N=\lambda T=\lambda\overline{X}+\frac{\lambda^2\overline{X^2}}{2(1-\rho)} \tag{4-56}$$

从上述结果可以得到如下结论。

（1）如果 $G=M$，即服务时间服从指数分布，则有 $\overline{X^2}=\dfrac{2}{\mu^2}$，进而有

$$W=\frac{\rho}{\mu(1-\rho)} \tag{4-57}$$

该式与 M/M/1 系统的式（4-27）完全相同。

（2）如果服务时间是常量，即 $\overline{X}=\dfrac{1}{\mu}$、$\overline{X^2}=\dfrac{1}{\mu^2}$，则有

$$W=\frac{\rho}{2\mu(1-\rho)} \tag{4-58}$$

该式与 M/D/1 系统的结果相同，其平均等待时间是 M/M/1 系统的一半。

由于在均值相同的分布中，确定性分布的 $\overline{X^2}$ 最小，因此，M/D/1 排队系统的 W、T、N_{Q}、N 等参数的取值是 M/G/1 排队系统相应参数的下限。

式（4-53）的证明过程如下。

证明 证明P-K公式的思路是建立在对平均剩余服务时间（Mean Residual Service Time）的求解基础上的。设第 i 个用户在到达系统时，第1个用户正在接受服务，其剩余服务时间为 R_i，此时等待队列中有 N_i 个用户，如图4-6所示。

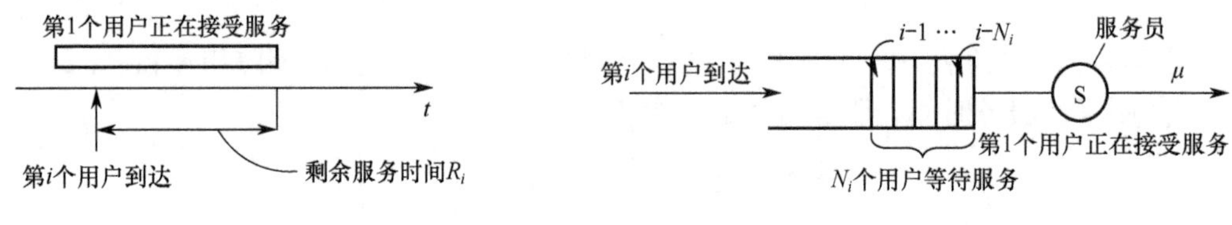

（a）用户到达的时刻　（b）用户到达时的状态

图4-6 第 i 个用户到达时的系统状态

设第 k 个用户的服务时间为 X_k，则由图4-6可知，用户 i 的等待时间为

$$W_i = R_i + N_i\text{个用户的服务时间}=R_i + \sum_{k=i-N_i}^{i-1} X_k \tag{4-59}$$

对式（4-59）求平均值，得

$$\overline{W_i}=E\{R_i\} + E\left\{\sum_{k=i-N_i}^{i-1} X_k\right\} = E\{R_i\} + \overline{X}E\{N_i\} \tag{4-60}$$

式中，X_k 和 N_i 均为随机变量。X_k 的均值为 $\overline{X}$，N_i 的均值为 $E\{N_i\}$，它表示平均排队长度。

令 $i \to +\infty$，$W = \lim\limits_{i\to+\infty}\overline{W_i}$，有

$$W = R + \overline{X}N_Q = R + \frac{1}{\mu}N_Q = R + \frac{1}{\mu}\lambda W = R + \rho W \tag{4-61}$$

式中，$R = \lim\limits_{i\to+\infty} E\{R_i\}$，$N_Q=E\{N_i\}$，$\rho = \dfrac{\lambda}{\mu}$。整理式（4-61）得

$$W = \frac{R}{1-\rho} \tag{4-62}$$

由该式可以看出，只要求得平均剩余服务时间 R，就可以得到 W。假定系统有稳态解且具有各态历经性，则剩余服务时间 $r(\tau)$ 的变化曲线如图4-7所示。

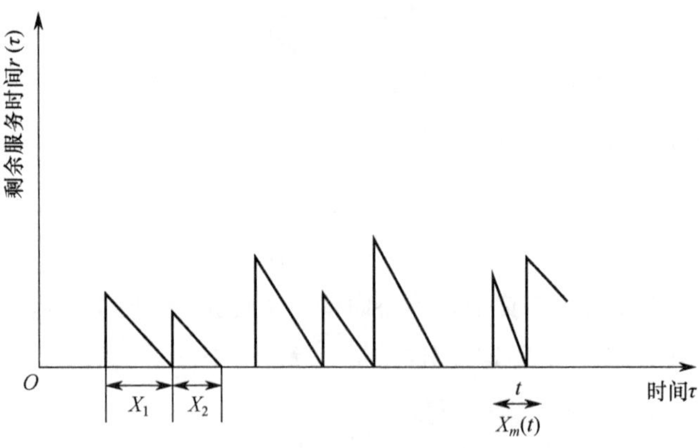

图4-7 剩余服务时间 $r(\tau)$ 的变化曲线

为了方便起见，设 t 为 $r(t)=0$ 的时刻，则[0, t]区间的平均剩余服务时间为

$$R_t=\frac{1}{t}\int_0^t r(\tau)\mathrm{d}\tau=\frac{1}{t}\sum_{i=1}^{M(t)}\frac{1}{2}X_i^2 \tag{4-63}$$

式中，$M(t)$表示[0, t]区间内已服务的用户数。式（4-63）可以写成

$$R_t=\frac{1}{2}\times\frac{M(t)}{t}\times\frac{\sum_{i=1}^{M(t)}X_i^2}{M(t)} \tag{4-64}$$

式中，第二项为平均到达率，第三项为 X 的二阶矩。令 $t\to+\infty$，得

$$R=\frac{1}{2}\lambda\overline{X^2} \tag{4-65}$$

将式（4-65）代入式（4-62），得 P-K 公式

$$W=\frac{R}{1-\rho}=\frac{\lambda\overline{X^2}}{2(1-\rho)} \tag{4-66}$$

从 P-K 公式可以看出，M/G/1 排队系统的一个重要特征是 $W\propto\overline{X^2}$。虽然 $\rho<1$，但是如果 $\overline{X^2}\to+\infty$，那么 $W\to+\infty$。这说明，如果有少量用户有非常长的服务时间，那么一旦这些用户被服务，就将导致队列非常长。

【例 4-9】 返回 n-ARQ 系统的时延性能分析。

设返回 n-ARQ 系统中的分组到达过程是到达率为 λ 的 Poisson 过程，分组（帧）的长度相同，为一个单位，等待应答的最长时间（重传间隔）为 n–1 个分组长度。因此，任意分组在传输出错后，将在 n–1 个分组后重传，返回 n-ARQ 系统的传输过程如图 4-8 所示。

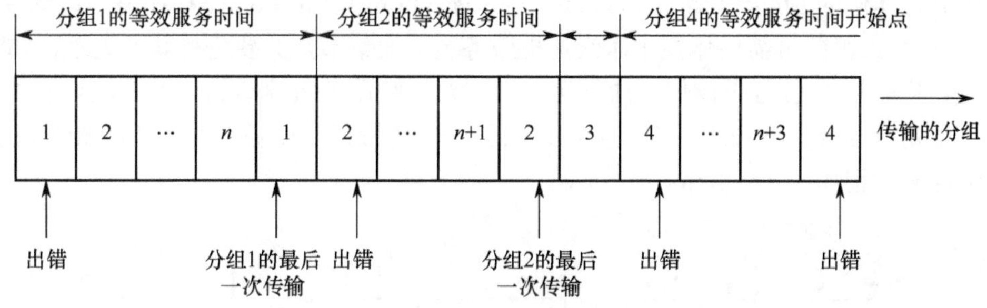

图 4-8　返回 n-ARQ 系统的传输过程

在该系统中，一个分组（帧）的服务时间不仅是一个分组的一次传输时间，而且还应当包括分组的重传时间。因此，这里的服务时间是一个等效服务时间，它等于从一个分组的第一次传输开始，到该分组的最后一次传输结束时刻的时间长度，它服从一般性分布，因而该系统可用 M/G/1 排队系统模型来描述。

假定分组传输错误的概率为 p，若分组重传的次数为 k，则等效服务时间为 $1+kn$，其概率为 $(1-p)p^k$（一次正确传输和 k 次错误传输，共 k+1 次传输），即等效服务时间 X_k 的概率分布为

$$P(X_k=1+kn)=(1-p)p^k \tag{4-67}$$

其一阶矩和二阶矩分别为

$$\overline{X}=\sum_{k=0}^{+\infty}(1+kn)(1-p)p^k=1+\frac{np}{1-p} \tag{4-68}$$

$$\overline{X^2}=\sum_{k=0}^{+\infty}(1+kn)^2(1-p)p^k=1+\frac{2np}{1-p}+\frac{n^2(p+p^2)}{(1-p)^2} \tag{4-69}$$

该公式的推导过程中利用了下列公式

$$\sum_{k=0}^{+\infty}p^k=\frac{1}{1-p},\quad \sum_{k=0}^{+\infty}kp^k=\frac{p}{(1-p)^2},\quad \sum_{k=0}^{+\infty}k^2p^k=\frac{p+p^2}{(1-p)^3}$$

利用 P-K 公式可得分组的平均等待时间和分组的平均时延分别为

$$W=\frac{\lambda\overline{X^2}}{2(1-\lambda\overline{X})} \tag{4-70}$$

$$T=\overline{X}+W \tag{4-71}$$

假定 $p=10^{-3}$、n=8，则利用式（4-68）和式（4-69）可得 $\overline{X}\approx1.008$、$\overline{X^2}\approx1.08$。当 λ 分别为 0.5 分组/单位时间、0.8 分组/单位时间、0.9 分组/单位时间、0.95 分组/单位时间时，利用式（4-70）可得 W 约为 0.605 个单位时间、2.23 个单位时间、5.24 个单位时间和 12.1 个单位时间。由此可以看出，当分组的到达率接近系统容量时，分组的平均等待时间急剧增大。因此，为了保证分组的最大等待时间低于某一门限，应当限制分组的到达率。

4.3.1 服务员有休假的 M/G/1 排队系统

服务员有休假的 M/G/1（M/G/1 Queues with Vacations）排队系统是指在每个忙周期后（分组传输结束后），服务员需要休假［休假是指服务员（通信节点）要进行其他处理，如存储数据、信令交换等］，在服务员休假期内到达的用户要等待服务员休假结束后才能被服务。若服务员休假期满后没有用户到达，则服务员进入另一个休假期。服务员有休假的 M/G/1 排队系统的分组传输过程如图 4-9 所示。

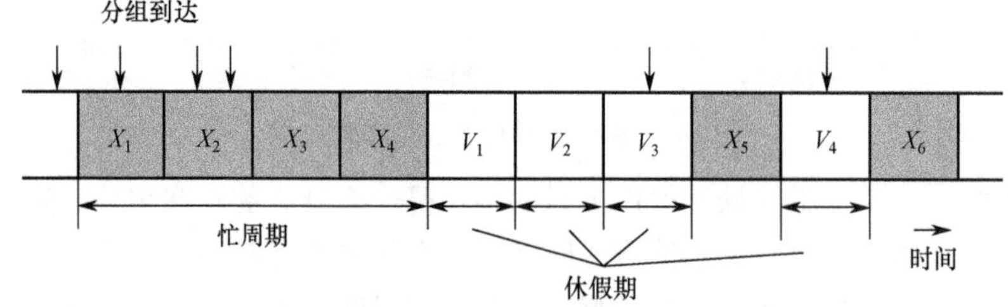

图 4-9 服务员有休假的 M/G/1 排队系统的分组传输过程

该服务员的休假期用独立同分布的随机变量 $V_1, V_2, \cdots, V_i$ 表示，并且与到达间隔相互独立，其均值为 $\overline{V}$。用户（分组）的到达是到达率为 λ 的 Poisson 过程，每个用户的服务时间也是独立同分布的随机变量，其平均服务时间为 $1/\mu$。

一个新用户在到达系统时可能会遇到两种情况：一种是当前有一个分组正在接受服务；

另一种是服务员正处于休假期。前一种情况的剩余服务时间与标准的 M/G/1 排队系统的剩余服务时间相同，后一种情况的剩余服务时间是服务员休假期的剩余服务时间。服务员有休假的 M/G/1 排队系统的剩余服务时间如图 4-10 所示，图中的阴影部分表示分组传输的剩余服务时间 X_i，其余部分是服务员休假期的剩余服务时间 V_i。

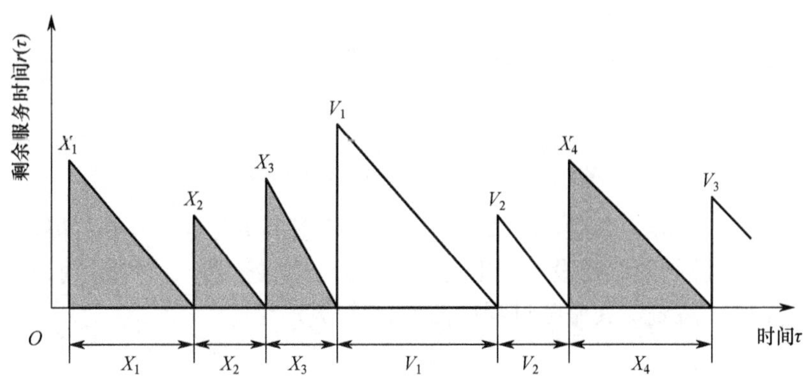

图 4-10　服务员有休假的 M/G/1 排队系统的剩余服务时间

令 $M(t)$和 $L(t)$分别为[0, t]区间内已服务的用户数和服务员休假的次数，则平均剩余服务时间为

$$\frac{1}{t}\int_0^t r(\tau)\mathrm{d}\tau=\frac{1}{t}\sum_{i=1}^{M(t)}\frac{1}{2}X_i^2+\frac{1}{t}\sum_{i=1}^{L(t)}\frac{1}{2}V_i^2=\frac{1}{2}\times\frac{M(t)}{t}\times\frac{\sum_{i=1}^{M(t)}X_i^2}{\frac{M(t)}{t}}+\frac{1}{2}\times\frac{L(t)}{t}\times\frac{\sum_{i=1}^{L(t)}V_i^2}{\frac{L(t)}{t}} \tag{4-72}$$

式中，$\frac{M(t)}{t}$为平均分组传输的到达率，$\frac{L(t)}{t}$为平均休假期的到达率，$\frac{\sum_{i=1}^{M(t)}X_i^2}{M(t)}$为 X_i 的二阶矩，$\frac{\sum_{i=1}^{L(t)}V_i^2}{L(t)}$为 V_i 的二阶矩。

由于分组传输和休假期的交替到达占满了整个时间轴，因此在单位时间内，分组传输所占的比例为$\frac{\lambda}{\mu}=\rho$，休假期所占的比例为 $1-\rho$，休假期的到达率为$\frac{1-\rho}{\overline{V}}$。

根据以上公式，令 $t\to+\infty$，得平均剩余服务时间为

$$R=\frac{1}{2}\lambda\overline{X^2}+\frac{1}{2}\times\frac{1-\rho}{\overline{V}}\overline{V^2} \tag{4-73}$$

将式（4-73）代入式（4-62），得

$$W=\frac{R}{1-\rho}=\frac{\lambda\overline{X^2}}{2(1-\rho)}+\frac{1}{2}\times\frac{\overline{V^2}}{\overline{V}} \tag{4-74}$$

可以看出式（4-74）比式（4-66）多了第二项，它代表由服务员休假所带来的额外的等待时间。

【例 4-10】时隙 FDM 和 TDM 系统的性能比较。

设基本的 FDM 系统有 m 个信道，每个信道的分组到达率为 λ/m，每个分组的传输时间为 m 个单位时间，即服务时间 $1/\mu = m$。

在该系统中，只要分组到达时信道空闲，该分组就会立即被服务。显然每个信道都是标准的 M/D/1 排队系统，$\rho = \dfrac{\frac{\lambda}{m}}{\mu} = \dfrac{\lambda/m}{1/m} = \lambda$，其等待时间为

$$W_{\text{FDM}} = \frac{\rho}{2\mu(1-\rho)} = \frac{\lambda m}{2(1-\lambda)} \tag{4-75}$$

假设 m 个信道以时隙为基础，时隙的宽度为 m 个时间单位，所有分组都在时隙的开始点进行传输。如果在时隙的开始点没有分组到达，那么信道将空闲一个时隙（服务员休假一次），该系统被称为 SFDM 系统，其服务过程如图 4-11（a）所示。

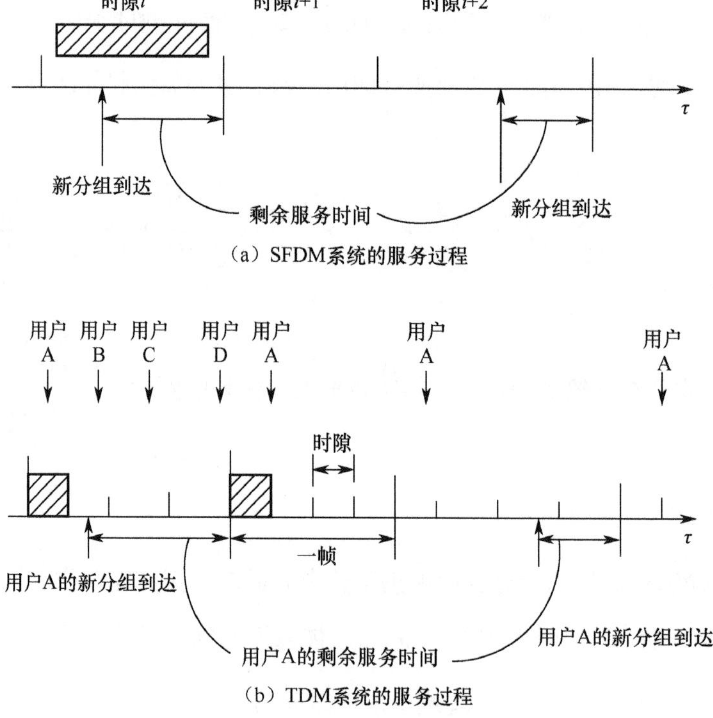

图 4-11　SFDM 系统和 TDM 系统的服务过程

该系统是服务员有休假的 M/D/1 排队系统，此时 $\rho = \lambda$，$\overline{X^2} = m^2$，$\overline{V} = m$，$\overline{V^2} = m^2$，于是有

$$W_{\text{SFDM}} = \frac{\lambda m}{2(1-\lambda)} + \frac{1}{2}m = W_{\text{FDM}} + \frac{1}{2}m = \frac{m}{2(1-\lambda)} \tag{4-76}$$

该公式与直观上的理解是一致的，即在 SFDM 系统中，分组在到达后平均要比 FDM 系统多

等半个时隙。

在 TDM 系统中，一帧由 m 个时隙组成，每个分组的传输时间为一个时隙，时隙的宽度为 1 个单位时间（由于信道的传输速率提高为原来的 m 倍，因此分组的传输时间缩短为原来的 $1/m$）。每个用户（分组流）在一帧中仅占一个固定位置的时隙，如果在时隙的开始点用户无分组到达，那么该用户必须等到下一帧中的相同时隙才可以开始传输分组。因此，对于每个用户来说，信道将暂停（休假）一帧（m 个时隙）。TDM 系统的剩余服务时间与 SFDM 系统的剩余服务时间完全相同，即当该用户在某一帧有分组传输时，他的剩余服务时间不是一个时隙的剩余时间，而是一帧中的剩余时间，TDM 系统的服务过程如图 4-11（b）所示。

因此，TDM 系统中每个用户的等待时间为

$$W_{\text{TDM}} = W_{\text{SFDM}} = \frac{m}{2(1-\lambda)} \tag{4-77}$$

上述三种系统中分组的平均时延分别为

$$T_{\text{FDM}} = m + \frac{\lambda m}{2(1-\lambda)} \tag{4-78}$$

$$T_{\text{SFDM}} = T_{\text{FDM}} + \frac{m}{2} \tag{4-79}$$

$$T_{\text{TDM}} = 1 + \frac{m}{2(1-\lambda)} = T_{\text{FDM}} - (\frac{m}{2} - 1) \tag{4-80}$$

比较以上三式可知，TDM 系统的平均时延最小。

4.3.2　采用不同服务规则的 M/G/1 排队系统

在前面的讨论中没有考虑服务规则和分组的优先级，来一个分组就服务一个分组。但当多个用户共享一个统计复用的系统时，就必须采用适当的服务规则，如预约或轮询、对不同优先级的分组采用不同的服务规则等。

1．采用预约方式的 M/G/1 排队系统

假设系统采用的是预约方式，第一个用户预约并传输一定数量的分组后，第二个用户进行预约和传输，以此类推，所有用户按循环的次序预约传输，如图 4-12（a）所示。所有用户预约传输一次，构成一个周期。

由于在每次预约分组和数据分组的传输期（称为预约传输期）内会有新的分组到达，因此对这些新到达的分组有三种不同的处理方式：一是在每个用户的预约传输期内，仅传输预约分组传输前到达的分组，该系统称为闸门型系统（Gated System）；二是在每个用户的预约传输期内，将从上次预约传输期结束到本次预约传输期结束期间到达的分组都在本预约传输期内进行传输，或者说在预约传输期内，将内存中所有到达的分组都传输完毕，该系统称为耗尽型系统（Exhaustive System）；三是在每个用户的预约传输期内，仅传输预约分组传输结束前到达的所有分组，该系统称为部分闸门型系统（Partially Gated System）。在三种不同的处理方式下，用户 1 的到达区间如图 4-12（b）所示。

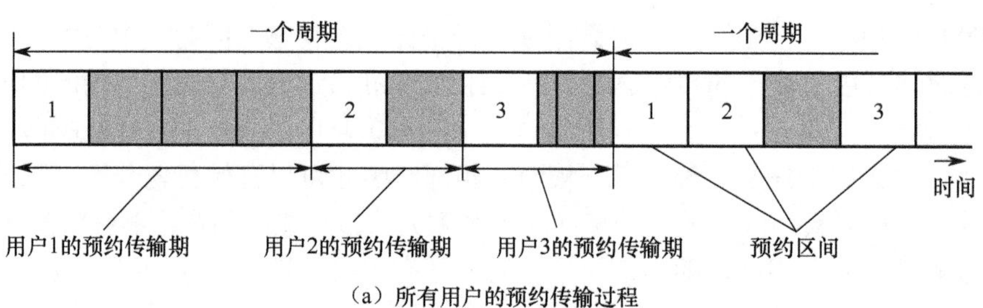

（a）所有用户的预约传输过程

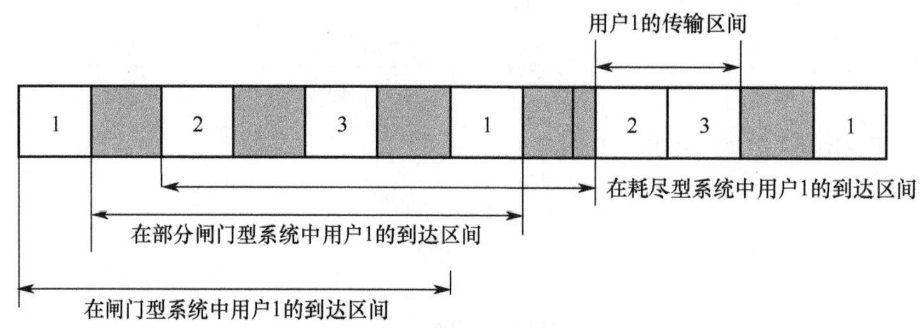

（b）在三种不同的处理方式下，用户1的到达区间

图 4-12 采用预约方式的 M/G/1 排队系统

假设所有（m 个）用户的分组到达过程都是相互独立的、到达率为 λ/m 的 Poisson 过程，分组传输时间的均值为 $\overline{X}=1/\mu$，二阶矩为 $\overline{X^2}$，$\rho=\lambda/\mu$。

（1）单用户系统

首先来看单用户闸门型系统的性能，该系统的分组到达和传输过程如图 4-13 所示。

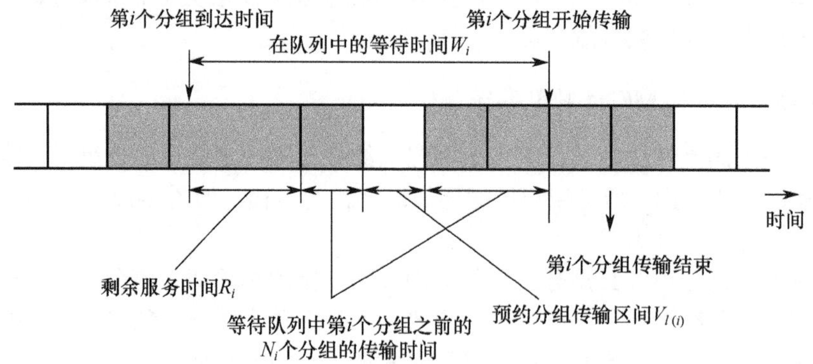

图 4-13 单用户闸门型系统的分组到达和传输过程

假定第 1 个预约分组的长度为 V_t，V_t 是独立同分布的随机变量，其均值为 $\overline{V}$，二阶矩为 $\overline{V^2}$。从图 4-13 可以看出，第 i 个分组到达后的等待时间包括剩余服务时间、N_i 个等待分组的传输时间和预约分组传输区间 $V_{l(i)}$，即

$$E\{W_i\} = E\{R_i\} + \frac{1}{\mu}E\{N_i\} + E\{V_{l(i)}\} \tag{4-81}$$

当 $i \to +\infty$ 时，有

$$\lim_{i\to+\infty} E\{N_i\} = N_{\mathrm{Q}} = \lambda W\,,\quad \lim_{i\to+\infty} E\{V_{l(i)}\} = \overline{V}\,,\quad \lim_{i\to+\infty} E\{R_i\} = R\,,\quad \lim_{i\to+\infty} E\{W_i\} = W$$

式（4-81）变成

$$W = R + \frac{\lambda}{\mu}W + \overline{V} = R + \rho W + \overline{V} \tag{4-82}$$

经整理得

$$W = \frac{R}{1-\rho} + \frac{\overline{V}}{1-\rho} \tag{4-83}$$

式中，R 的取值与服务员有休假的 M/G/1 排队系统的 R 相同，即

$$R = \frac{1}{2}\lambda\overline{X^2} + (1-\rho)\frac{\overline{V^2}}{2\overline{V}}$$

将此式代入式（4-83），得单用户闸门型系统的平均等待时间为

$$W = \frac{\lambda\overline{X^2}}{2(1-\rho)} + \frac{\overline{V^2}}{2\overline{V}} + \frac{\overline{V}}{1-\rho} \tag{4-84}$$

如果预约分组的长度为一个常量 A，那么有

$$W = \frac{\lambda\overline{X^2}}{2(1-\rho)} + \frac{A}{2}\cdot\frac{3-\rho}{1-\rho} \tag{4-85}$$

（2）多用户系统

对于多用户系统来说，与单用户系统的差别主要是新到达分组在进入不同用户的队列（系统共有 m 个队列）时，会遇到不同数量的预约时隙数（服务休假次数）。设系统有 m 个用户，当第 i 个分组到达系统时，正好是第 l 个用户的预约传输期。如果第 i 个分组属于第 l+1 个用户的队列，那么它只会遇到一个预约分组的传输。如果第 i 个分组属于第 l–1 个用户的队列，那么它会遇到 m–1 个预约分组的传输。

设每个用户的预约分组的传输时间为 V_l，其均值为 $\overline{V_l}$。对于耗尽型系统来说，第 i 个分组在第 l 个用户的预约传输期到达，但属于第$(l+j) \bmod m$ 个用户，则等待预约分组的传输时间之和为 $Y_i = V_{(l+1)\bmod m} + V_{(l+2)\bmod m} + \cdots + V_{(l+j)\bmod m}$，$j \geqslant 1$。因此，在耗尽型系统中，平均等待时间为

$$E\{W_i\} = E\{R_i\} + \frac{1}{\mu}E\{N_i\} + E\{Y_i\} \tag{4-86}$$

式中，第一项是平均剩余服务时间，第二项是平均等待分组的传输时间，第三项是平均等待预约分组的传输时间（如图 4-14 所示）。

令 $i \to +\infty$，有

$$W = R + \rho W + Y \tag{4-87}$$

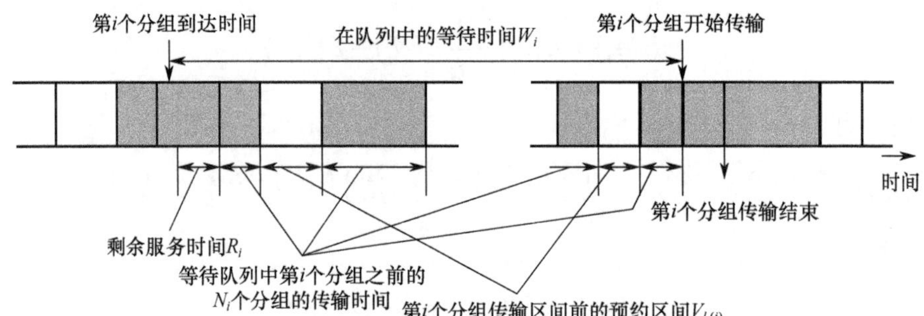

图 4-14 多用户预约排队系统

经整理得

$$W = \frac{R+Y}{1-\rho} \tag{4-88}$$

利用式（4-73）得

$$\begin{aligned} R &= \frac{1}{2}\lambda\overline{X^2} + \frac{1-\rho}{2}\cdot\frac{\overline{V^2}}{\overline{V}} = \frac{1}{2}\lambda\overline{X^2} + \frac{1-\rho}{2}\cdot\frac{\frac{1}{m}\sum_{l=0}^{m-1}\overline{V_l^2}}{\frac{1}{m}\sum_{l=0}^{m-1}\overline{V_l}} \\ &= \frac{1}{2}\lambda\overline{X^2} + \frac{1-\rho}{2}\cdot\frac{\overline{V^2}}{\overline{V}} \end{aligned} \tag{4-89}$$

式中

$$\overline{V} = \frac{1}{m}\sum_{l=0}^{m-1}\overline{V_l} \tag{4-90}$$

$$\overline{V^2} = \frac{1}{m}\sum_{l=0}^{m-1}\overline{V_l^2} \tag{4-91}$$

另外，可以证明，耗尽型系统的平均等待预约分组的传输时间为

$$Y = E\{Y_i\} = \frac{(m-\rho)\overline{V}}{2} - \frac{(1-\rho)\sum_{l=0}^{m-1}\overline{V_l^2}}{2m\overline{V}} \tag{4-92}$$

令

$$\sigma_{\mathrm{V}}^2 = \frac{\sum_{l=0}^{m-1}(\overline{V_l} - \overline{V_l^2})}{m} \tag{4-93}$$

该式表示所有的预约分组长度的方差。耗尽型系统的平均等待时间为

$$W = \frac{\lambda\overline{X^2}}{2(1-\rho)} + \frac{(m-\rho)\overline{V}}{2(1-\rho)} + \frac{\sigma_{\mathrm{V}}^2}{2\overline{V}} \tag{4-94}$$

对于部分闸门型系统，它与耗尽型系统的差别是：在部分闸门型系统中，当分组到达自己的分组传输期时，要等到下一次本节点的预约传输期才能传输，即要增加$m\overline{V}$时延，发生

该事件的概率为 ρ/m，因此，Y 部分要增大 $\frac{\rho}{m}\cdot m\overline{V}=\rho\overline{V}$，可得部分闸门型系统的平均等待时间为

$$W=\frac{\lambda\overline{X^2}}{2(1-\rho)}+\frac{(m+\rho)\overline{V}}{2(1-\rho)}+\frac{\sigma_{\mathrm{V}}^2}{2\overline{V}} \tag{4-95}$$

对于闸门型系统，当分组到达自己的预约分组传输期时，时延比部分闸门型系统还要增加 $m\overline{V}$，发生该事件的概率为 $(1-\rho)/m$，因此 Y 部分要增加

$$\frac{1-\rho}{m}\cdot m\overline{V}=(1-\rho)\overline{V} \tag{4-96}$$

可以推导出闸门型系统的平均等待时间为

$$W=\frac{\lambda\overline{X^2}}{2(1-\rho)}+\frac{(m+2-\rho)\overline{V}}{2(1-\rho)}+\frac{\sigma_{\mathrm{V}}^2}{2\overline{V}} \tag{4-97}$$

2．具有优先级的排队系统

设 M/G/1 排队系统的到达流具有 n 个优先级，第 1 类的分组流具有最高优先级，第 2 类的分组流具有次高优先级，第 n 类的分组流具有最低优先级。从最高优先级到最低优先级的分组流的到达率分别为 λ_1，λ_2，…，λ_n，服务时间的均值分别为 $1/\mu_1$，$1/\mu_2$，…，$1/\mu_n$，服务时间的二阶矩分别为 $\overline{X_1^2}$，$\overline{X_2^2}$，…，$\overline{X_n^2}$。N_{Q}^k、W_k 和 ρ_k 分别表示第 k 类分组的等待队长、等待时间和利用率。

当一个分组正在传输且有一个高优先级分组到达时，有两种处理方法：一种是待当前正在传输的分组传输结束再传输高优先级分组（称为非强插优先级，Nonpreemptive Priority）；另一种是高优先级分组中断当前低优先级分组的传输，待高优先级分组传输结束，再传输低优先级分组（该方法称为强插优先级，Preemptive Priority）。

假设各类到达过程都是相互独立的 Poisson 过程，且与服务时间独立。下面分别讨论上述两种处理方法。

（1）非强插优先级排队系统

设系统能够处理所有种类的业务，即

$$\rho_1+\rho_2+\cdots+\rho_n<1 \tag{4-98}$$

平均剩余服务时间为 R，仿效 P-K 公式的推导，来求解各类业务的等待时间。

对于最高（第 1 类）优先级队列，有

$$W_1=R+\frac{1}{\mu_1}N_{\mathrm{Q}}^1=R+\frac{1}{\mu_1}\lambda_1W=R+\rho_1W \tag{4-99}$$

经整理得

$$W_1=\frac{R}{1-\rho_1} \tag{4-100}$$

对于第 2 类优先级队列，有

$$W_2 = R + \frac{N_Q^1}{\mu_1} + \frac{N_Q^2}{\mu_2} + \frac{\lambda_1 W_2}{\mu_1} \tag{4-101}$$

式中，等式右边的第 2 项为第 1 类优先级队列的传输时间，第 3 项为第 2 类优先级队列的传输时间，第 4 项是在等待过程中新到达的最高优先级队列的传输时间，利用 Little 定理，式（4-101）可以写成

$$W_2 = R + \rho_1 W_1 + \rho_2 W_2 + \rho_1 W_2$$

整理得

$$W_2 = \frac{R + \rho_1 W_1}{1 - \rho_1 - \rho_2} = \frac{R}{(1-\rho_1)(1-\rho_1-\rho_2)} \tag{4-102}$$

类似，有

$$W_k = \frac{R}{(1-\rho_1-\rho_2-\cdots-\rho_{k-1})(1-\rho_1-\cdots-\rho_k)} \tag{4-103}$$

参见图 4-14，可得平均剩余服务时间为

$$R = \frac{1}{2}\sum_{i=1}^{n}\lambda_i \overline{X_i^2} \tag{4-104}$$

代入式（4-103）得

$$W_k = \frac{\sum_{i=1}^{n}\lambda_i \overline{X_i^2}}{2(1-\rho_1-\rho_2-\cdots-\rho_{k-1})(1-\rho_1-\cdots-\rho_k)} \tag{4-105}$$

$$T_k = \frac{1}{\mu_k} + W_k \tag{4-106}$$

可得各类分组的平均时延为

$$T = \frac{\lambda_1 T_1 + \lambda_2 T_2 + \cdots + \lambda_n T_n}{\lambda_1 + \lambda_2 + \cdots + \lambda_n} \tag{4-107}$$

利用上述结果可以解决如何给不同的业务分配不同的优先级，使系统的平均时延最小的问题。在实际系统中，通常给服务时间短的用户分配较高的优先级，这样可得到较好的性能。例如，有两类业务 A 和 B，它们的到达率分别为 λ_A 和 λ_B，服务速率分别为 μ_A 和 μ_B，各类业务的平均时延为 $T = \frac{\lambda_A T_A + \lambda_B T_B}{\lambda_A + \lambda_B}$。如果 $\mu_A > \mu_B$，那么应给 A 分配较高的优先级，由 T 的表达式可知，采用这种优先级的分配方法可使平均时延 T_1 小于给 B 分配高优先级时的平均时延 T_2。

【例 4-11】 设一个分组交换网发送两种类型的分组：数据分组（其到达率为 λ_2）和控制分组（其到达率为 λ_1）。数据分组用于传输业务数据，控制分组用于传输与网络有关的控制信息，如阻塞通知、故障通知和路由变更等信令分组。控制分组的长度（l_1）通常远小于数据分组的长度（l_2）。为了保障网络的畅通，通常控制分组的优先级（第 1 级）高于数据分组的优先级（第 2 级）。假设该分组交换网的传输链路容量为 9600b/s，到达该链路总的分组流是到达率为 λ（$\lambda = \lambda_1 + \lambda_2$）=6.0 分组/s 的 Poisson 过程，且 λ_1=0.2λ，λ_2=0.8λ，l_1=48bit（固定长度），l_2 服从指数分布，其平均长度为 960bit。试求控制分组和数据分组的平均等待时间。

解 该分组交换网的传输链路可用具有两个优先级的非强插优先级排队系统来描述。

控制分组的服务时间的均值为 $\frac{1}{\mu_1}=\frac{48\text{bit}}{9600\,\text{bit/s}}=0.005\text{s}$ ，其方差为 0，二阶矩为 $\overline{X_1^2}=2.5\times10^{-6}$ 。

数据分组的服务时间的均值为 $\frac{1}{\mu_2}=\frac{960\text{bit}}{9600\,\text{bit/s}}=0.1\text{s}$ ，其方差为 $(\frac{1}{\mu_2})^2=0.01$ ，二阶矩为 $\overline{X_2^2}=0.02$ 。

因为

$$\rho_1=\frac{\lambda_1}{\mu_1}=0.2\times6\times0.005=0.006$$

$$\rho_2=\frac{\lambda_2}{\mu_2}=0.8\times6\times0.1=0.48$$

所以合成业务强度 $\rho=\rho_1+\rho_2$ ，其二阶矩为

$$\overline{X^2}=0.2\overline{X_1^2}+0.8\overline{X_2^2}\approx0.016$$

利用式（4-104）得平均剩余服务时间为

$$R=\frac{1}{2}\lambda_1\overline{X_1^2}+\frac{1}{2}\lambda_2\overline{X_2^2}\approx0.048\text{s}$$

利用式（4-100）得控制分组的等待时间为

$$W_1=\frac{R}{1-\rho_1}\approx0.0483\text{s}=48.3\text{ms}$$

利用式（4-102）得数据分组的等待时间为

$$W_2=\frac{R}{(1-\rho_1)(1-\rho_1-\rho_2)}\approx0.094\text{s}=94\text{ms}$$

若控制分组和数据分组的传输不分优先级（ $\rho=\rho_1+\rho_2$ ），则利用式（4-66）可得总的平均时延为

$$W=\frac{R}{1-\rho}\approx0.0934\text{s}=93.4\text{ms}$$

上面的计算结果表明：设定优先级后，控制分组的等待时间可以从 93.4ms 缩短为 48.3ms，缩短了近一半；而数据分组的等待时间在降低优先级后仅比原来延长了 0.6ms ，相比之下，这是一个微小的变化。显然优先级排队系统可使高优先级信息的性能有明显的改进，但这种改进是以牺牲低优先级信息的性能为代价的。系统总体性能需遵守守恒定律：系统的加权总等待时间等于各优先级加权等待时间之和，即

$$\sum_{k=1}^{n}\rho_k W_k=\rho W \tag{4-108}$$

式中，W 为不分优先级时系统的平均等待时间。

（2）强插优先级排队系统

在强插优先级排队系统中，高优先级业务要抢先接受服务，低优先级业务的服务被中断，只有当所有到达的高优先级业务被服务完毕后，才能继续为被中断的低优先级业务服务。强插优先级排队系统的一个典型的例子就是 ATM 传输系统。当多种优先级业务流的分组复接在一个 ATM 传输系统上进行传输时，一个分组通常被分为若干 ATM 信元。当正在传输一个低优先级分组的 ATM 信元时，若有一个高优先级分组到达，则将暂停低优先级分组的 ATM 信元的传输，在高优先级分组的信元传输结束后，再恢复低优先级分组的信元传输。

在该系统中，直接考虑每一优先级的平均时延T_k。T_k由两部分构成：（1）顾客的平均服务时间$1/\mu_k$；（2）顾客的平均等待时间W_k。

到达的第k优先级顾客的平均等待时间W_k包括两部分：一是当第k优先级顾客到达时，已在系统中的第1～k优先级顾客需要服务的时间（W_{old}^k）；二是新到达的第k优先级顾客在等待过程中，新到达的第1～k–1优先级顾客需要服务的时间（W_{new}^k）。

$$T_k = \frac{1}{\mu_k} + W_k = \frac{1}{\mu_k} + W_{\text{old}}^k + W_{\text{new}}^k \tag{4-109}$$

W_{old}^k可以按照普通的无优先级M/G/1排队系统来求解，其到达包括第1～k优先级的顾客，而忽略第k+1～n优先级的顾客，即

$$W_{\text{old}}^k = \frac{R_k}{1-\rho_1-\rho_2-\cdots-\rho_k} \tag{4-110}$$

式中

$$R_k = \frac{1}{2}\sum_{i=1}^{k}\lambda_i \overline{X_i^2} \tag{4-111}$$

W_{new}^k包括第k优先级顾客到达后新到达的第1～k–1优先级顾客的服务时间。

$$W_{\text{new}}^k = \sum_{i=1}^{k-1}\frac{1}{\mu_1}\lambda_i T_k = \sum_{i=1}^{k-1}\rho_i k_i \qquad k>1 \tag{4-112}$$

经整理得，当k=1时，有

$$T_1 = \frac{(\frac{1}{\mu_1})(1-\rho_1-\cdots-\rho_k)+R_k}{1-\rho_1} \tag{4-113}$$

当k>1时，有

$$T_k = \frac{(\frac{1}{\mu_1})(1-\rho_1-\cdots-\rho_k)+R_k}{(1-\rho_1-\cdots-\rho_{k-1})(1-\rho_1-\cdots-\rho_k)} \tag{4-114}$$

4.4 排队网络

前面讨论的都是单个队列，并且假定到达过程和服务间隔相互独立，而在实际的数据通信网中，每个节点都有一个队列，各节点的队列组成一个排队的网络。一种5节点网络及其排队网络模型如图4-15所示，该图仅给出输出链路的排队情况，而忽略了节点内部的排队。在排队的网络中，每个节点的分组到达过程与前一个队列的服务间隔（分组传输时间）紧密相关，因而不能采用M/M/1排队系统和M/G/1排队系统的结果对每个节点的行为及网络的行为进行严格、有效的分析。

假设两个节点组成一个串行的网络，如图4-15所示，假定链路的容量和节点的处理能力相同。设节点1的输入是到达率为λ的Poisson过程，并假定在前一个分组传输结束以后的某个时刻有一个长分组到达。在该长分组的传输时间内有一个短分组到达，则第一个节点的输出间隔（或第二个节点的输入间隔）将取决于第一个节点的分组到达间隔和服务时间。

两个队列的串行网络如图 4-16 所示。从图 4-16 可以看出，若所有分组具有相同的长度，则节点 1 的队列可用 M/D/1 排队系统来描述。第二个队列的到达过程完全取决于第一个节点的输出，其到达间隔大于$1/\mu$（分组的传输时间），并且在下一个分组到达时间以前，分组已经传输结束，因而节点 2 不可能有等待队列，这就使得基于 Poisson 假设的模型不适用于第二个节点的队列。

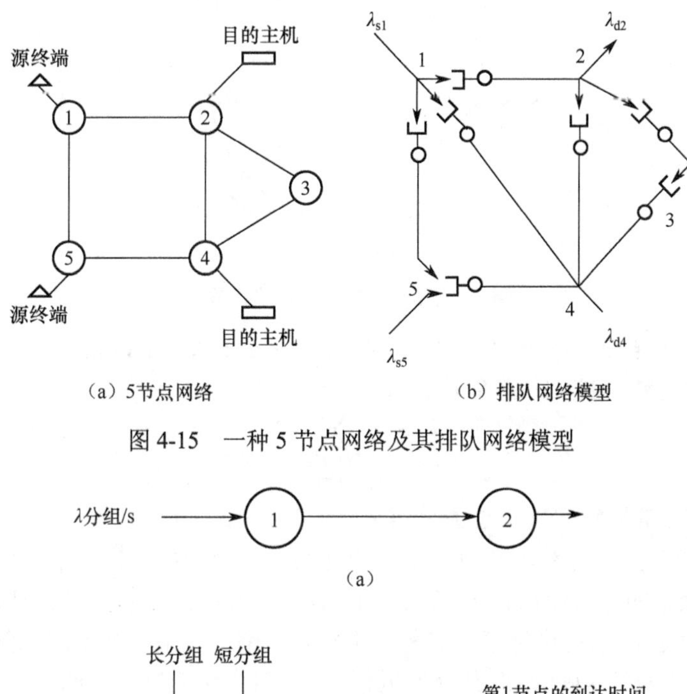

图 4-15 一种 5 节点网络及其排队网络模型

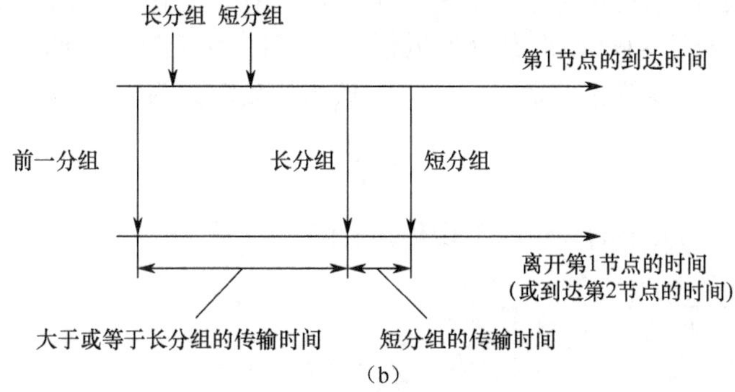

图 4-16 两个队列的串行网络

下面将讨论如何消除节点输出过程对下一个节点的到达过程的影响，进而求解排队网络的性能。

4.4.1 Kleinrock 独立性近似

对于任意网络来说，假定进入网络的分组流是服从 Poisson 分布的，经过网络传输后，节点输入过程的到达间隔与前一个节点分组传输间隔紧密相关，从而破坏了到达过程和服务间隔相互独立的假设，这样就不能使用前面分析的 M/M/1 排队系统的有关结论。为了解决该问题，需要采用 Kleinrock 建议的独立性近似方法。

假设有一个采用虚电路的排队网络，如图 4-17 所示。

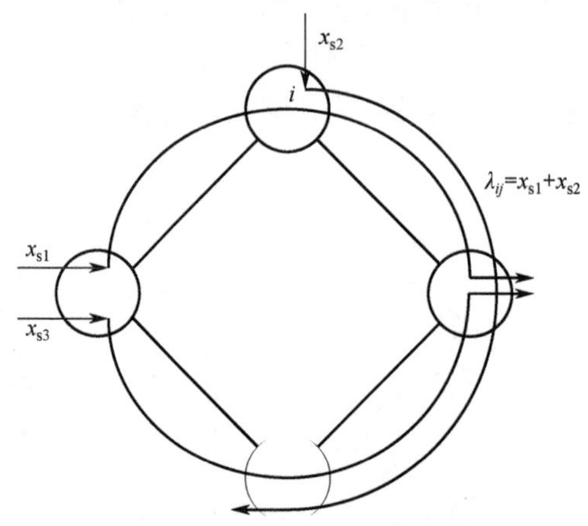

图 4-17 采用虚电路的排队网络

分组流（某一虚电路上的分组）用 s 来表示，经过任意一条链路（i, j）的分组到达率 λ_{ij} 由经过该链路的各分组流的到达率组成，即

$$\lambda_{ij} = \sum_{\substack{\text{所有经过} \\ (i,j)\text{的分组流s}}} x_s \tag{4-115}$$

式中，x_s 是分组流 s 的到达率（单位为分组/s）。

Kleinrock 建议，几个分组流合成一个分组流后，类似于部分恢复了到达间隔和分组长度的独立性。如果合成的分组流数目 n 较大，那么到达间隔与分组长度的依赖性将很弱。这样就可以采用 M/M/1 排队系统模型来描述每条链路，而不管这条链路上的业务与其他链路上的业务的相互作用，这就是 Kleinrock 独立性近似，可以对中等或重负荷的网络进行很好的近似。

利用 M/M/1 排队系统模型，链路（i,j）上的平均分组数为

$$N_{ij} = \frac{\lambda_{ij}}{\mu_{ij} - \lambda_{ij}} \tag{4-116}$$

式中，$1/\mu_{ij}$ 是链路（i,j）上的分组的平均传输时间。

网络中的平均分组数为

$$N = \sum_{(i,j)} \frac{\lambda_{ij}}{\mu_{ij} - \lambda_{ij}} \tag{4-117}$$

应用 Little 定理，可得到分组的平均时延为

$$T = \frac{1}{\gamma} \sum_{(i,j)} \frac{\lambda_{ij}}{\mu_{ij} - \lambda_{ij}} \tag{4-118}$$

式中，γ 为系统总的到达率，即

$$\gamma = \sum_{s} x_s \tag{4-119}$$

如果各链路的处理时延和传输时延之和 d_{ij} 是不可忽略的，那么式（4-118）需改写为

$$T = \frac{1}{\gamma} \sum_{(i,j)} \left(\frac{\lambda_{ij}}{\mu_{ij} - \lambda_{ij}} + \lambda_{ij} d_{ij}\right) \tag{4-120}$$

对于任意一条路径 p，在该路径中的总的平均时延为

$$T_{\mathrm{p}} = \sum_{p\text{上的所有链路}(i,j)} \left(\frac{1}{\mu_{ij}} \cdot \frac{\lambda_{ij}}{(\mu_{ij} - \lambda_{ij})} + \frac{1}{\mu_{ij}} + d_{ij}\right) \tag{4-121}$$

式中，括号内的第一项是等待时间 W_{ij}，第二项是传输时间，第三项是处理时延和传输时延之和。

上面以虚电路型网络为基础对 Kleinrock 独立性近似进行了讨论，现在通过一个例子来分析 Kleinrock 独立性近似在数据报网络中的适用程度。

【例 4-12】 一个数据网络如图 4-18 所示。假定节点 A 沿两条链路 L_1 和 L_2 向节点 B 发送数据分组，链路的服务速率为 μ。节点 A 的分组到达过程是到达率为 λ 的 Poisson 过程，分组长度服从指数分布，且与到达间隔相互独立。试问应如何在节点 A 和节点 B 之间的两条链路上分配分组流？

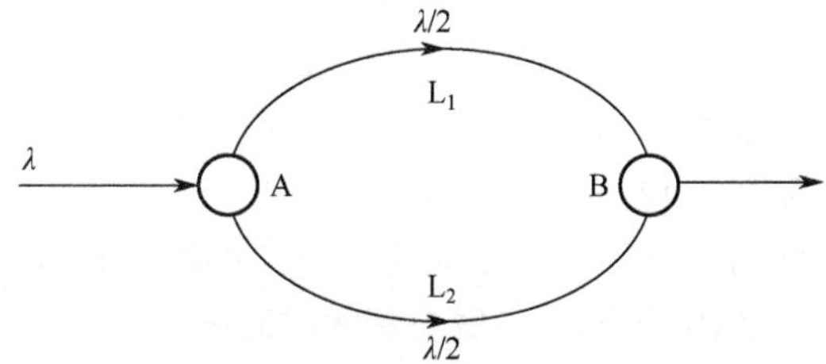

图 4-18　数据网络举例

解　假定采用两种方式：一种是随机方式，即节点 A 通过扔硬币的方法来分配分组流；另一种是计量方式，节点 A 将分组送入比特长度最短的队列（其长度等于各排队分组的比特长度之和）。

在随机方式中，很容易证明 L_1 和 L_2 上的分组流都是 Poisson 流，且与分组长度无关。这样每条链路都是到达率为 $\lambda/2$ 的 M/M/1 排队队列。利用 M/M/1 排队队列结论，可得分组的平均时延为

$$T_{\mathrm{R}} = \frac{1}{\mu - \dfrac{\lambda}{2}} = \frac{2}{2\mu - \lambda} \tag{4-122}$$

这种情况与 Kleinrock 独立性近似是一致的。

在计量方式中，到达的分组进入比特长度最短的队列，这时系统相当于一个 M/M/2 排队系统，总的到达率为 λ，每条链路都是一个服务员，利用前面的结论可得分组的平均时延为

$$T_{\mathrm{M}} = \frac{2}{(2\mu - \lambda)(1 + \rho)} \tag{4-123}$$

式中，$\rho = \dfrac{\lambda}{2\mu}$。比较两种方式的分组的平均时延，可以发现，采用计量方式可使时延缩短为随机方式的 $\dfrac{1}{1+\rho}$，这进一步体现了统计复用的优势。

若在实际系统中要将一个比特流分解成几个可选的路由，则应当采用计量方式。但是，采用计量方式会破坏各个队列的 Poisson 特性，这时每条链路的到达间隔不再服从指数分布，且与前面的分组长度相关。这时若采用 M/M/1 近似，则其准确度较差。

上述例题说明，服务法则会影响采用 Kleinrock 独立性近似的准确度。

4.4.2 Burke 定理

根据 Little 定理，如果能够求得网络中的平均分组数 N，就可以求得分组的平均时延 T。在后面的讨论中，将重点研究在排队的网络中如何求解网络中的用户数。

本节首先讨论一个关于 M/M/m 排队系统中输出过程和排队状态的定理——Burke 定理。

Burke 定理：对到达率为 λ 的 M/M/1、M/M/m、M/M/∞ 排队系统，假定其开始时处于稳定状态（或初始状态是根据稳态分布而选定的），则有下列结论。

（1）系统的离开过程是速率为 λ 的 Poisson 过程。

（2）在时刻 t，系统中的顾客数独立于 t 时刻以前顾客离开系统的时间序列。

该定理说明了该类系统的两个特性：一是输出过程（或离开过程）仍服从 Poisson 过程；二是系统中的当前顾客数与离开系统的顾客流之间相互独立。

Burke 定理的（2）与我们的直观感觉是非常不同的。我们可能会认为：系统最近有一个非常繁忙的离开流，意味着系统现在会有大量顾客在排队，也会有繁忙的顾客流。但 Burke 定理没有说明当前系统的任何状态信息。下面通过一个例题来看 Burke 定理的应用。

【例 4-13】 求解两个 M/M/1 队列串联后系统的状态概率。该系统的到达过程是到达率为 λ 的 Poisson 过程，这两个队列的服务时间相互独立（相同的分组在两个节点的服务时间不同），服务时间与到达过程相互独立，如图 4-19 所示（注意与图 4-16 的区别，在图 4-16 中，两个队列的服务时间是相同的）。

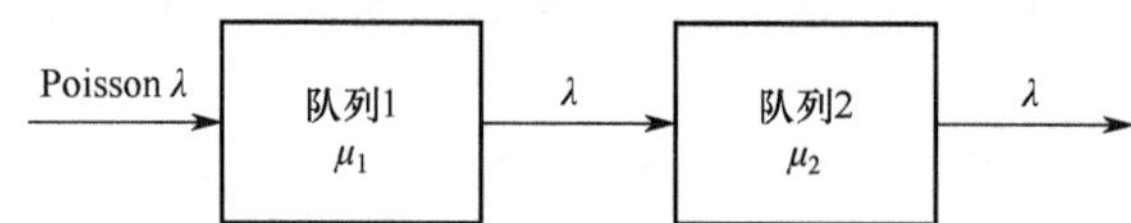

图 4-19　两个独立的 M/M/1 队列的串联

解　由于队列 1 是 M/M/1 队列，因此在队列中，顾客数为 n 的概率为

$$P_{n1}=\rho_1^n(1-\rho_1) \tag{4-124}$$

式中，$\rho_1=\lambda/\mu_1$。

由 Burke 定理的（1）可知，队列 1 的输出是速率为 λ 的 Poisson 过程，并且根据题目可知，队列 2 的服务时间与到达过程独立，因此队列 2 可视为孤立的 M/M/1 队列，因而队列 2 中顾客数为 m 的概率为

$$P_{m2}=\rho_2^m(1-\rho_2) \tag{4-125}$$

式中，$\rho_2=\lambda/\mu_2$。

由 Burke 定理的（2）可知，队列 1 当前的顾客数与过去的离开过程相互独立，也就是与队列 2 的过去到达过程无关，所以，队列 1 当前的顾客数与队列 2 当前的顾客数无关。因此，系统中队列 1 有 n 个顾客、队列 2 有 m 个顾客的概率为

$$\begin{aligned}&P\{\text{队列 1 中有 } n \text{ 个顾客，队列 2 中有 } m \text{ 个顾客}\}\\&=P\{\text{队列 1 中 } n \text{ 个顾客}\}\times P\{\text{队列 2 中用 } m \text{ 个顾客}\}\\&=P_{n1}\cdot P_{m2}=\rho_1^n(1-\rho_1)\rho_2^m(1-\rho_2)\end{aligned} \tag{4-126}$$

由式（4-126）可知，两个串联的队列只要满足独立性的要求，就可以视为两个完全独立

的具有相同到达率的 M/M/1 队列。可以将上述结果进一步进行推广。

4.4.3 Jackson 定理

由前面的讨论可知，当一个分组的到达过程通过网络的第 1 个队列以后，后续队列（第 2 个队列，第 3 个队列，…，第 n 个队列）的过程将与它们的长度相关。如果这种相关性可以消除或采用随机的方法将分组分成若干不同的路由，那么系统中的平均分组数可以通过将网络中的每个队列视为 M/M/1 队列而推导出。这是 Jackson 定理的基本结果。

设一个网络由 k 个先进先出单服务员队列组成。从网络外进入第 i（i=1, 2, …, k）个队列 Q_i 的顾客流是到达率为 r_i 的独立 Poisson 过程，且在网络中至少有一个 i，使 r_i>0，即该网络是有外部业务输入的。在队列 Q_i 中，一个顾客被服务结束后，将以概率 P_{ij} 进入队列 Q_j，以概率 $1-\sum_{i=1}^{k}P_{ij}$ 离开网络。每个队列 j 的总到达率 λ_j 是 r_j 与来自其他队列的到达率之和，即

$$\lambda_j = r_j + \sum_{i=1}^{k}\lambda_i P_{ij} \qquad j=1, 2, \cdots, k \tag{4-127}$$

对于非环形网络，λ_j 是很容易计算的。对于一般的网络，如果某一顾客/分组访问某一相同队列两次的概率大于 0，那么需基于式（4-127）进行更复杂的运算。式（4-127）表示具有 k 个未知数 λ_j（j=1, 2, …, k）的线性系统，在给定 r_j 和 P_{ij} 的情况下，需保证式（4-127）能够有唯一解，要做一个很自然的假定，即每个顾客以概率 1 最终离开网络。

假定顾客在第 j 个队列 Q_j 的服务时间服从均值为 $\dfrac{1}{\mu_j}$ 的独立的指数分布，且与该队列的到达过程独立。令 $\rho_j=\dfrac{\lambda_j}{\mu_j}$（$j$=1, 2, …, k），令网络的状态 $n=(n_1,n_2,\cdots,n_k)$，其中 n_i 表示在第 i 个队列 Q_i 中的顾客数，$P(n)=P(n_1,n_2,\cdots,n_k)$ 表示网络状态的稳态分布，则有如下的 Jackson 定理。

Jackson 定理： 对上述网络，假定 $\rho_j<1$，则对所有的 $n_1,n_2,\cdots,n_k\geqslant 0$，有

$$P(n)=P_1(n_1)P_2(n_2)\cdots P_k(n_k) \tag{4-128}$$

$$P_j(n_j)=\rho_j^{n_j}(1-\rho_j) \qquad n_j\geqslant 0 \tag{4-129}$$

Jackson 定理说明了若排队网络满足下列两个条件：（1）网络业务的到达过程是 Poisson 过程；（2）各队列的服务时间是独立的指数分布，则在数值上系统的顾客数由 k 个独立的 M/M/1 队列决定。注意该定理并没有要求到达各队列的到达过程是独立的 Poisson 过程。

下面来看如何应用 Jackson 定理，再讲述各队列的到达过程不一定是 Poisson 过程的情况。

【例 4-14】 求如图 4-20 所示的计算机系统的总任务数 N 和任务的平均时延 T。该系统是一个具有输入/输出（I/O）反馈的中心处理器（CPU）系统，任务到达过程是到达率为 λ 的 Poisson 过程。假定所有的服务时间相互独立，相同的任务再次经过 CPU 和 I/O 的时间也是相互独立的，CPU 处理完的任务以概率 P_1 离开系统。

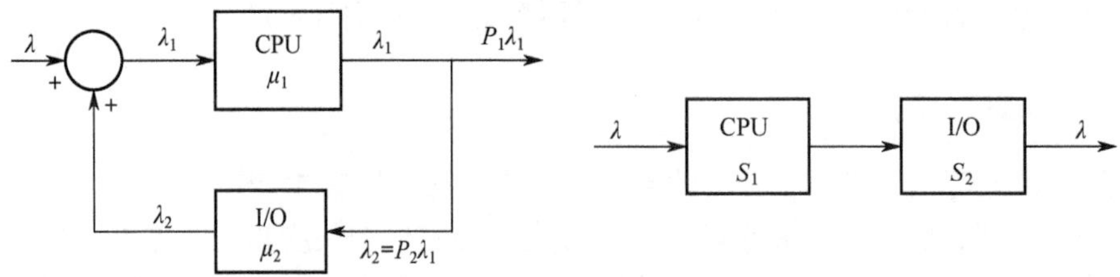

（a）原始系统　　　　（b）数值上等效的系统

图 4-20　例 4-14 中的计算机系统

解　如图 4-20（a）所示，$\lambda_1=\lambda+\lambda_2$，$\lambda_2=(1-P_1)\lambda_1=P_2\lambda_1$，则 $\lambda_1=\lambda/P_1$，$\lambda_2=\lambda P_2/P_1$。令 $\rho_1=\dfrac{\lambda_1}{\mu_1}$，$\rho_2=\dfrac{\lambda_2}{\mu_2}$，利用 Jackson 定理有

$$P(n)=P(n_1,n_2)=\rho_1^{n_1}(1-\rho_1)\rho_2^{n_2}(1-\rho_2) \tag{4-130}$$

该公式在形式上等效为两个 M/M/1 队列，因而 CPU 和 I/O 队列中的平均任务数分别为

$$N_1=\frac{\rho_1}{1-\rho_1}$$

$$N_2=\frac{\rho_2}{1-\rho_2}$$

系统中的总任务数 N 为

$$N=N_1+N_2=\frac{\rho_1}{1-\rho_1}+\frac{\rho_2}{1-\rho_2} \tag{4-131}$$

系统中的任务的平均时延 T 为

$$\begin{aligned}T=\frac{N}{\lambda}&=\frac{\dfrac{\lambda_1}{\mu_1}}{\lambda\left(1-\dfrac{\lambda_1}{\mu_1}\right)}+\frac{\dfrac{\lambda_2}{\mu_2}}{\lambda\left(1-\dfrac{\lambda_2}{\mu_2}\right)}\\&=\frac{\dfrac{\lambda}{P_1\mu_1}}{\lambda\left(1-\dfrac{\lambda}{P_1\mu_1}\right)}+\frac{\dfrac{\lambda P_2}{P_1\mu_2}}{\lambda\left(1-\dfrac{\lambda P_2}{P_1\mu_2}\right)}\\&=\frac{1}{S_1-\lambda}+\frac{1}{S_2-\lambda}\end{aligned} \tag{4-132}$$

式中

$$S_1=P_1\mu_1$$

$$S_2=\frac{P_1\mu_2}{P_2} \tag{4-133}$$

从式（4-133）可以看出，从数值上讲，该系统可以视为两个服务速率为 S_1 和 S_2 的 M/M/1 队列的串联，如图 4-20（b）所示。但在实际队列中，任务在系统中停留时间的分布与上述串联等效队列中停留时间的分布是完全不同的。为了说明该问题，设例 4-14 中 $P_1=P_2=1/2$，$\mu_1\gg\mu_2$，即 CPU 的服务速率比 I/O 的服务速率快得多。

在这种情况下，原始队列的半数任务不需要进行任何 I/O 处理，它们的平均时间要比另一半任务的平均时间小得多。而在等效的串联队列中，CPU 的服务时间很短，系统的服务时间主要由等效的 I/O 队列的服务时间来确定，显然，在实际系统和等效系统中，任务在系统中停留时间的分布是不同的。

Jackson 定理表明了在求解系统中的顾客数时，可以把系统视为 k 个独立的 M/M/1 队列。它要求进入网络的到达过程是 Poisson 过程，但是每个队列的总到达过程不一定必须是 Poisson 过程。例如，如图 4-21 所示，外部到达过程是速率为 λ 的 Poisson 过程，队列的服务速率 $\mu \gg \lambda$，经过队列的分组以概率 $1-P$ 离开系统，假定 P 接近于 1。对于队列而言，当有一个到达过程到达后，在很短的时间内有很大概率又有一个到达（反馈到达）过程到达。对于网络而言，当有一个到达过程到达后，在很短的时间内又有新到达过程到达的概率非常小。也就是说，由于队列输入反馈到队列输入的概率很大，因此网络的一个到达将触发队列有一批到达（或者说一个突发的到达串）。显然队列的到达间隔不是独立的，其总到达过程不是 Poisson 到达。

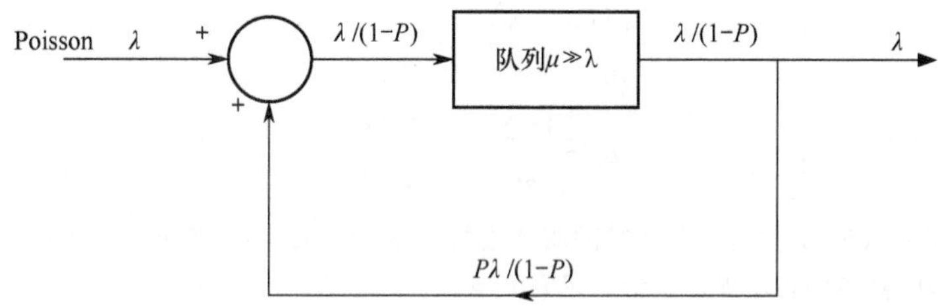

图 4-21　队列的总到达过程不是 Poisson 到达的举例

习　题　4

4.1　设顾客到达一个快餐店的速率为每分钟 5 人，顾客等待他们需要的食品的平均时间为 5min，顾客在店内用餐的概率为 0.5，打包带走的概率为 0.5，一次用餐的平均时间为 20min。快餐店内的平均顾客数是多少？

4.2　一位健忘的教授将与两位学生的会谈安排在了相同的时间，设会谈时间的区间是独立的，服从均值为 30min 的指数分布。第一位学生准时到达，第二位学生晚到 5min，从第一位学生到达时刻到第二位学生离开时刻的平均间隔是多少？

4.3　将一条通信链路分成两个相通的信道，一个信道服务一个分组流，所有分组具有相等的传输时间 T 和相等的到达间隔 $D(D>T)$。假如改变信道，将两个分组流统计复接到一起，每个分组的传输时间为 $T/2$。试证明一个分组在系统内的平均传输时间将会从 T 下降到 $T/2 \sim 3T/4$ 范围内，分组在队列中等待的方差将会从 0 变为 $T^2/16$。

4.4　一条通信链路的传输速率为 50kb/s，用来服务 10 个 session，每个 session 产生的 Poisson 分组流的速率为 150 分组/min，分组长度服从指数分布，其均值为 1000bit。

（1）当该链路按照下列方式为 session 服务时，对于每个 session，求在队列中的平均分组数、在系统中的平均分组数、分组的平均时延：

① 10 个相等容量的时分复用信道；

② 统计复用。

（2）在下列情况下重做（1）：

① 5 个 session 发送的速率为 250 分组/min；

②另外 5 个 session 发送的速率为 50 分组/min。

4.5 考察一个到达率及服务速率与服务系统状态相关的类似于 M/M/1 排队系统，设系统中的顾客数为 n，除到达率为 λ_n、服务速率为 μ_n 外，其他参数与 M/M/1 排队系统完全相同。试证明 $P_{n+1}=(\rho_0\cdots\rho_n)P_0$，式中，$\rho_k=\dfrac{\lambda_k}{\mu_{k+1}}$，$P_0=[1+\sum_{k=0}^{+\infty}(\rho_0\cdots\rho_k)]^{-1}$。

4.6 考察一个离散型 M/M/1 排队系统，该系统的到达间隔和服务时间均为整数值，即顾客在整数时刻到达或离开。令 λ 是一个到达发生在任何时刻 k 的概率，并假定每次最多有一个到达，一个顾客在 k+1 时刻被服务结束的概率为 P。试求以 λ 和 μ 表示的系统状态（顾客数）的概率分布 P_n。

4.7 设有一个 M/M/1 队列，其服务员分别标有 1, 2, …，现增加一条限制，即一个顾客在到达时选择一个空闲的且具有最小编号的服务员，试求每个服务员处于忙状态的时间比例。如果服务员数目是有限的，每个服务员处于忙状态的时间比例有无变化？

4.8 假定在 M/M/2 队列中，两个服务员具有不同的服务速率，试求系统的稳态分布（当系统为空时，到达的顾客分配到服务较快的服务员）。

4.9 设有 M 个顾客、m 个服务台、缓冲器的容量为 K 的排队系统，到达率和服务速率为

$$\lambda_k=\begin{cases}\lambda(M-k) & 0\leqslant k\leqslant K-1\\ 0 & \text{其他}\end{cases}$$

$$\mu_k=\begin{cases}k\mu & 0\leqslant k<m\\ m\mu & k\geqslant m\end{cases}$$

假设到达过程为 Poisson 过程，服务时间服从指数分布，且 $M\geqslant K$、$K=m$。画出状态转移图，求该排队系统中顾客数的稳态分布、平均时延和阻塞概率。

4.10 M/M/m/m 排队是在电路交换应用中产生的，设呼叫到达过程为 Poisson 过程，它由最多 m 个服务时间服从指数分布的服务台组成。当系统中有 m 个呼叫时，第 m+1 个呼叫被阻塞。设系统的状态 l（$l=1,2,\cdots,m$）表示当前正在进行的呼叫数，到达率为

$$\lambda_l=\begin{cases}\lambda & l<m\\ 0 & l\geqslant m\end{cases}$$

其中，μ_l 为第 l 个服务台的服务时间，$\mu_l=l\mu$。求系统中呼叫数的稳态分布、阻塞概率 B_l 和呼叫等待时间的期望值 $E(W)$。

第5章　多 址 技 术

网络运营商期望其运营的网络可以尽可能承载更多的用户，落脚点就是在一个物理媒介上让尽可能多的用户共享。本章讨论的主要内容是多址接入协议，主要解决多个用户如何共享信道的问题。

5.1　多址接入协议概述

通信网络中的用户通过通信子网来访问网络中的资源，当多个用户同时访问同一资源（如共享的通信链路）时，可能会发生信息碰撞（又称为冲突），导致通信失败。典型的共享链路的系统和网络有卫星通信系统、蜂窝移动通信系统、局域网、分组无线电网络等，如图 5-1 所示。在卫星通信系统和蜂窝移动通信系统中，多个用户采用竞争或预约分配的方法向一个中心站（卫星或蜂窝移动通信系统中的基站）发送信息，中心站通过下行链路（中心站到用户的链路）发送应答信息。在局域网中，一个用户发送信息，所有用户都可以接收，它是一个全连通的网络，典型网络是以太网（Ethernet）。分组无线电网络是一个多跳的连通网络，其用户分布在很广的范围内，每个用户仅能接收到其通信范围内的信息，任意两个用户之间可能需要多次中转才能相互交换信息。在上述网络中，当多个用户同时发送信息时，会发生多个用户的帧在物理信道上相互重叠（碰撞）的现象，可能会使接收端无法正确接收。

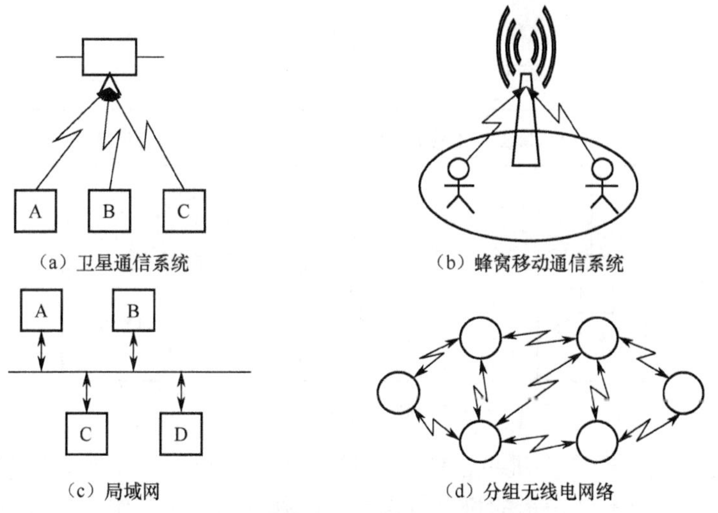

图 5-1　典型的共享链路的系统和网络

为了在多个用户共享资源的条件下有效地进行通信，需要由某种机制来决定资源的使用权，这就是网络的多址接入控制问题。所谓多址接入协议（Multiple Access Protocol），就是在一个网络中，在数据链路层解决多个用户如何高效共享物理链路资源的协议。MAC 层通过将有限的资源分配给多个用户，可使众多用户公平、有效地共享有限的带宽资源，使得系统获得尽可能高的吞吐量性能及尽可能短的系统时延。

由于多址接入协议是一种协调多用户高效使用共享信道的协议，因此，根据对信道的使用情况，可将多址接入协议分为固定分配多址接入协议、随机分配多址接入协议和预约多址接入协议。

（1）固定分配多址接入协议中，在用户接入信道时，专门为用户分配一定的信道资源（如频率、时隙码字或空间），该用户可独享该资源，直到通信结束。由于用户在使用该资源时不和其他用户发生冲突，因此固定分配多址接入协议也称为无冲突的多址接入协议。典型的固定分配多址方式有频分多址（FDMA）、时分多址（TDMA）、码分多址（CDMA）和空分多址（SDMA）等。

（2）随机分配多址接入协议中，用户可以随时接入信道，并且不顾及其他用户是否在传输。当信道中同时有多个用户接入时，在信道资源的使用方面就会发生冲突，因此，随机分配多址接入协议也称为有竞争的多址接入协议。对于这类多址接入协议，如何解决冲突从而使所有碰撞用户都可以成功进行传输是一个非常重要的问题。典型的随机分配多址接入协议有完全随机分配的多址接入协议（ALOHA 协议）和基于载波侦听的多址接入协议（CSMA 协议）。

（3）预约多址接入协议中，在分组传输之前先进行资源预约。一旦预约到资源（如频率、时隙），就可在该资源内进行无冲突的传输。如基于分组的预约多址接入协议 PRMA（Packet Reservation Multiple Access），其基本思想是首先采用随机分配多址接入协议来竞争可用的空闲时隙，若移动台竞争成功，则它就预定了后续帧中相同的时隙。在后续帧中，它将不会与其他移动台的分组发生碰撞。

多址接入协议的分类如图 5-2 所示。

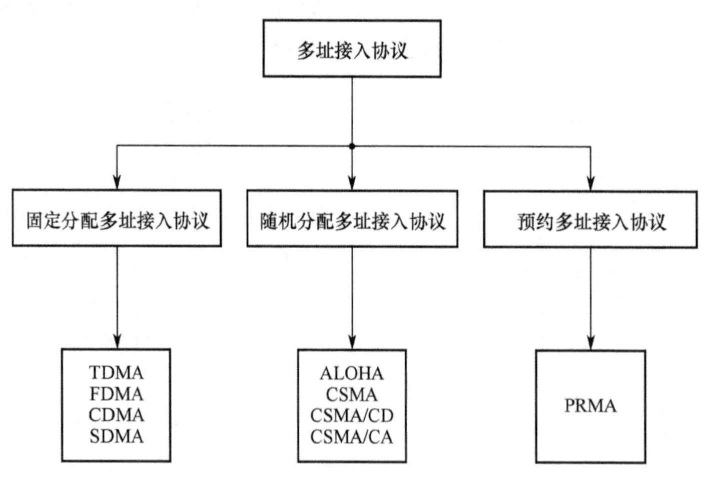

图 5-2 多址接入协议的分类

多址信道可以视为一个多进单出的排队系统（该系统有多个输入而仅有一个输出），如图 5-3（a）所示。共享该信道的每个节点都可以独立地产生分组，形成共享信道的输入队列。而信道则相当于服务员，它要为各输入队列服务。由于各输入队列是相互独立的，各节点无法知道其他节点队列的情况，信道（服务员）也不知道各队列的情况，因此增加了系统的复杂性。如果可以通过某种措施，使各节点产生的分组在进入信道之前排列成一个总的队列，然后由信道来服务，那么就可以有效地避免分组在信道上的碰撞，大大提高信道的利用率，如图 5-3（b）所示。

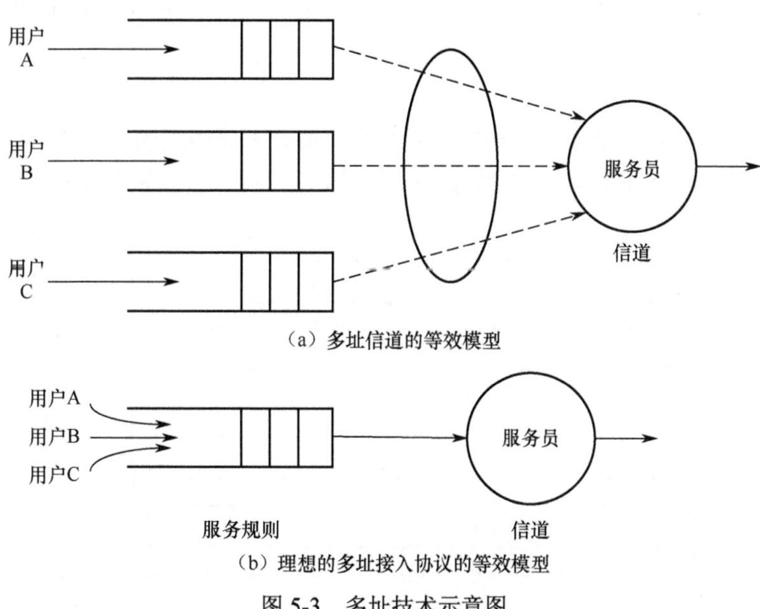

图 5-3 多址技术示意图

为了能够有效地分析多址接入协议，必须根据应用环境做一些假设。在讨论每种多址接入协议时，应该考虑下列问题。

（1）网络的连通特性。通常按连通模式将网络分为：单跳网络、两跳网络及多跳网络。所谓单跳网络，是指网络中的所有节点都可以接收其他节点发送的数据，即为全连通的网络；所谓两跳网络，是指网络中的部分节点之间不能直接通信，需要经过一次中继才能通信；所谓多跳网络，是指网络中的源节点和目的节点之间的通信可能要经过多次中继。多跳网络既可以是有线网络，又可以是无线网络。在无线通信网络中，通信节点之间的有效通信距离是由发端的发送功率、节点之间的距离及接收机灵敏度等条件决定的。本章主要讨论对称的信道，其任意两个在通信距离内的节点都可以有效地和对方进行通信。

（2）同步特性。通常用户可以在任意时刻接入信道，但也可以以时隙为基础接入信道。在基于时隙的系统中，用户只有在时隙的起点才能接入信道。在这种系统中，要求全网有一个统一的时钟，并且将时间轴划分成若干相等的时间段，称之为时隙。系统中所有数据的传输开始点都必须是一个时隙的起点。

（3）反馈和应答机制。反馈信道是用户获得信道状态的途径。在本章的讨论中，假设用户（节点）可以获得信道传输状态的反馈信息和应答，能够判断信道是空闲的，还是传输发生了碰撞或进行了一次成功传输。

（4）数据产生模型。所有用户都按照泊松过程独立地产生数据。

5.2 固定分配多址接入协议

固定分配多址接入协议又称为无竞争的多址接入协议或静态分配的多址接入协议。固定分配多址接入为每个用户固定分配一定的系统资源，当用户有数据发送时，能不受干扰地独享已分配的信道资源。固定分配多址接入的优点在于可以保证每个用户之间的“公平性”（每个用户都分配了固定的资源）及数据的平均时延。本节重点讨论频分多址系统和时分多址系统。

5.2.1 频分多址接入

频分多址（FDMA）是把通信系统的总频段划分成若干等间隔的频道（或称信道），并将这些频道分配给不同的用户使用，这些频道之间互不交叠，频分多址的基本原理如图 5-4 所示。

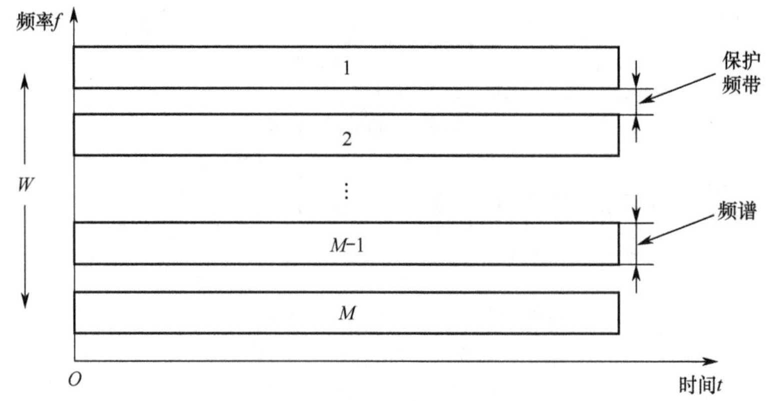

图 5-4 频分多址的基本原理

FDMA 的最大优点是用户相互之间不会产生干扰。当用户较少且数量大致固定、每个用户的业务量都较大（如在电话交换网中）时，FDMA 是一种有效的分配方式。但是，当网络中的用户较多且数量经常变化，或者通信量具有突发性的特点时，采用 FDMA 就会产生一些问题。最显著的两个问题是：当网络中的实际用户数小于已经划分的频道数时，许多宝贵的频道资源就浪费了；而且在网络中的频道已经分配完毕后，即使这时已分配到频道的用户没有进行通信，其他一些用户也会因为没有分配到频道而不能通信。

5.2.2 时分多址接入

时分多址（TDMA）也是一种典型的固定分配多址接入协议。TDMA 多址接入协议将时间分割成周期性的帧，每一帧再分割成若干时隙（无论是帧还是时隙，都是互不重叠的），然后根据一定的时隙分配原则使每个用户只能在指定的时隙内发送。TDMA 时隙分配原理如图 5-5 所示。

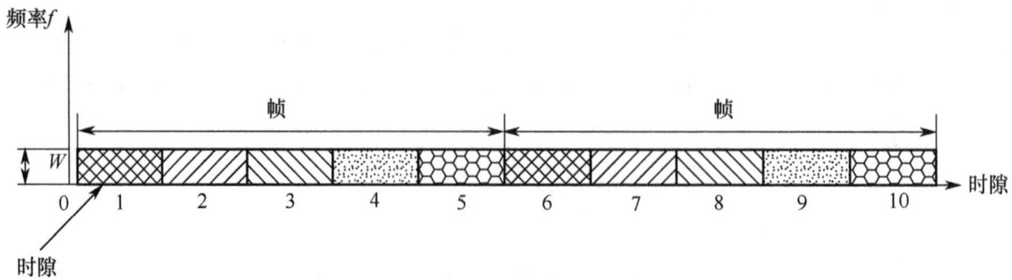

图 5-5 TDMA 时隙分配原理

在时分多址系统中，用户在每一帧中可以占用一个或多个时隙。如果用户在已分配的时隙上没有数据传输，那么这段时间将被浪费。

5.2.3 固定分配多址接入协议的性能分析

FDMA 和 TDMA 都属于固定分配多址接入技术，两者的工作原理与系统性能基本相似。这里，首先从 TDMA 着手分析其性能，然后讨论两者的差别。

讨论一个由 m 个用户组成的 TDMA 系统。设共享信道的总容量为 C（单位为 b/s），每个用户的分组到达率为 λ（单位为分组/s），分组的固定长度为 L（单位为 bit），帧的时隙分配如图 5-6（a）所示。

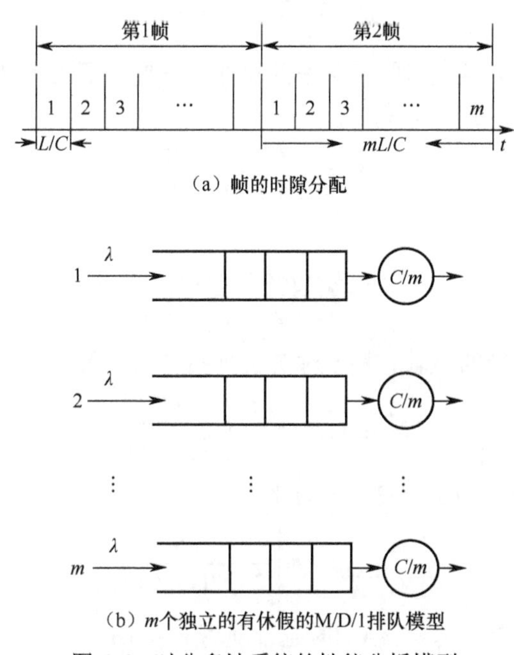

图 5-6 时分多址系统的性能分析模型

对于每个用户而言，分组的服务时间都为 $\tau=\dfrac{L}{C}$，因此可以用一个有休假的 M/D/1 排队模型来分析。对于整个系统而言，由于每个时隙都等长，所以系统可以用 m 个独立的有休假的 M/D/1 排队模型加以分析，如图 5-6（b）所示。

以任意一个用户的分组为例来分析系统的时延性能。令用户的分组经过该时分多址系统的时延为 T，则 T 由两部分组成：

（1）分组的服务时间 $\tau=\dfrac{L}{C}$，即一帧内一个时隙的宽度；

（2）分组的排队时延 W。

由有休假的 M/D/1 排队系统分析可知，分组在队列中的排队时延为

$$W=\frac{\rho L}{2(1-\rho)C_0}+\frac{L}{2C_0} \tag{5-1}$$

式中，等效的信道容量 $C_0=C/m$，代入式（5-1）可得

$$W=\frac{\rho m\tau}{2(1-\rho)}+\frac{m\tau}{2} \tag{5-2}$$

式中

$$\rho = \frac{Lm\lambda}{C} = m\lambda\tau \tag{5-3}$$

定义系统的归一化最大吞吐量 S（系统效率，简称吞吐量）为单位时间内系统实际传输业务量与信道允许的最大业务量之比。若 m 个用户总的平均数据到达率为 $m\lambda$，则信道允许的最大业务量为 $\frac{L}{C}$，有

$$S = \frac{Lm\lambda}{C} = m\lambda\tau = \rho \tag{5-4}$$

可见，该系统的归一化最大吞吐量等于系统的总业务强度，最大可达 100%。

将式（5-4）代入式（5-2），可得

$$W = \frac{mS\tau}{2(1-S)} + \frac{m\tau}{2} \tag{5-5}$$

因此，可得分组的平均时延为

$$T = \tau + \frac{m\tau}{2} + \frac{mS\tau}{2(1-S)} \tag{5-6}$$

为了方便后面进行性能的比较，用 τ 对 T 进行归一化，得归一化时延为

$$D_{\text{TDMA}} = 1 + \frac{m}{2} + \frac{mS}{2(1-S)} \tag{5-7}$$

当 m 很大（如 $m \gg 20$）时，式（5-7）可简化为

$$D_{\text{TDMA}} = m\left[\frac{1}{2} + \frac{S}{2(1-S)}\right]$$

可见，无论 S 取值多少（$S \leqslant 1$），分组的时延都随着 m 的增大而增大。

为了获得与上述 TDMA 系统相对应的 FDMA 系统的参数，将信道容量（最大传输速率）C 折算成信道总带宽 R。m 个用户分别固定使用其中一个子信道，每个子信道的带宽为 $\frac{R}{m}$。这样，FDMA 系统也构成了如图 5-6（b）所示的 m 个独立的有休假的 M/D/1 排队系统。与 FDMA 系统不同的是，TDMA 系统中的每个用户占一个时隙，而 FDMA 系统中的每个用户占一个子频带。如果在两种系统中对数据信号采用相同的调制方式，那么按上述折算方法所得的时分和频分两种复接系统的资源是完全等价的。但是，在相同的输入条件，FDMA 系统的时延性能在两个方面与 TDMA 系统有差别：（1）FDMA 系统没有半个帧的等待服务时延；（2）FDMA 系统的每个分组传输时间是 TDMA 系统的 m 倍，即 $\tau = \frac{m}{\mu C}$。由此可得到 FDMA 系统的分组时延为

$$T = m\tau + \frac{m\tau S}{2(1-S)} \tag{5-8}$$

仍用 τ 归一化，可得 FDMA 系统的归一化时延为

$$D_{\text{FDMA}} = m\left[1 + \frac{S}{2(1-S)}\right] = \frac{m(2-S)}{2(1-S)} \tag{5-9}$$

比较式（5-7）和式（5-9），可以得出

$$D_{\mathrm{FDMA}} = D_{\mathrm{TDMA}} + \frac{m}{2} - 1 \quad (m \geqslant 2) \tag{5-10}$$

式（5-10）说明：当 $m \geqslant 2$ 时，FDMA 系统的归一化时延总是比 TDMA 系统的归一化时延大 $\frac{m}{2}-1$，该值与网络负荷无关。FDMA 系统和 TDMA 系统的归一化时延–吞吐量特性如图 5-7 所示。由图 5-7 可以看出，归一化时延的最小值是 2。当 $m=2$ 时，TDMA 系统与 FDMA 系统的性能相同，两条曲线重合。m 值越大，两者的差别就越大。

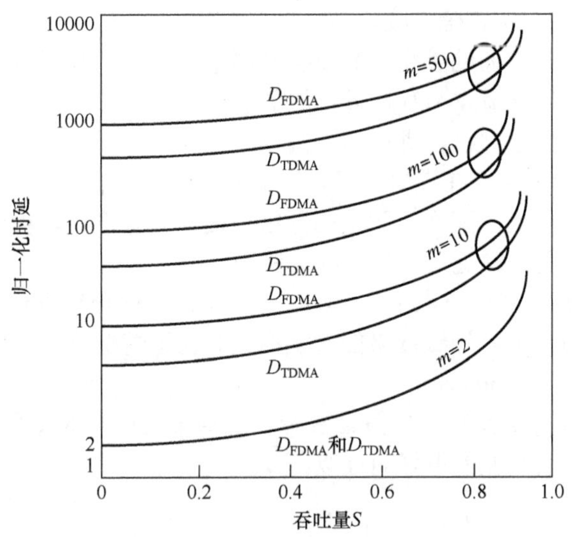

图 5-7　FDMA 系统和 TDMA 系统的归一化时延–吞吐量特性

从上面的讨论和分析可以看出，传统的固定分配多址接入协议不能有效地适应用户数量的可变性和通信业务的突发性，因此，将进一步讨论随机分配多址接入协议。

5.3　随机分配多址接入协议

随机分配多址接入协议又称为有竞争的多址接入协议，可细分为完全随机分配的多址接入协议（ALOHA 协议）和基于载波侦听的多址接入协议（CSMA 协议）。随机分配多址接入协议主要关心两个方面的问题：一个是稳态情况下系统的吞吐量和时延性能；另一个是系统的稳定性。系统的吞吐量等于网络的负荷乘以一个分组成功发送的概率，即每个发送周期内成功发送的平均分组数；时延是指从分组产生到其成功传输所需的时间；系统的稳定性是指对于给定的到达率，多址接入协议可以保证每个分组的平均时延是有限的。

5.3.1　ALOHA 协议

ALOHA 协议是 20 世纪 70 年代提出的在从多个数据终端到计算中心的通信网络中使用的协议。由于网络中的节点的地位是等同的，所以各节点可通过竞争的方式获得信道的使用权。ALOHA 协议的基本思想是：若一个空闲的节点有一个分组到达，则立即发送该分组，并期望不和其他节点发生碰撞。

为了分析随机分配多址接入协议的性能，假设系统是由 m 个发送节点组成的单跳系统，信道是无差错及无捕获效应的信道，分组的到达和传输过程满足以下假设。

（1）各节点的到达过程为独立的参数为 $\frac{\lambda}{m}$ 的 Poisson 到达过程，系统总的到达率为 λ。

（2）在一个时隙或一个分组传输结束后，信道能够立即给出当前传输状态的反馈信息。反馈信息为“0”表明当前时隙或信道无分组传输，反馈信息为“1”表明当前时隙或信道仅有一个分组传输（传输成功），反馈信息为“e”表明当前时隙或信道有多个分组在传输（发生了碰撞），导致接收端无法正确接收。

（3）碰撞的节点将在后面的某个时刻重传被碰撞的分组，直至传输成功。如果一个节点的分组必须重传，那么称该节点为等待重传的节点。

对于节点的缓存和到达过程，进行如下假设。

① 假设 A：无缓存情况。在该情况下，每个节点最多容纳一个分组。如果该节点有一个分组在等待传输或正在传输，那么新到达的分组会被丢弃且不会再被传输。在该情况下，所求得的时延是有缓存情况下时延的下界（Low Bound）。

② 假设 B：系统有无限个节点（$m=+\infty$），每个新产生的分组到达一个新的节点，这样网络中所有的分组都参与竞争，导致网络的时延增大。在该情况下，所求得的时延是有限节点情况下时延的上界（Up Bound）。

如果一个系统采用假设 A 和采用假设 B 分析的结果类似，那么采用这种分析方法就是对具有任意大小缓存系统的性能的很好的近似。

1. 纯 ALOHA 协议

纯 ALOHA 协议是最基本的 ALOHA 协议。只要有新的分组到达，分组就会立即被发送并期望不与别的分组发生碰撞。一旦分组发生碰撞，就随机隔一段时间后进行重传。图 5-8 所示为纯 ALOHA 协议的工作原理图，从图中可以看出，用户 E 的第一个分组可以成功传输，用户 A、B、C 和 D 的第一个分组均会发生碰撞。

在纯 ALOHA 协议中，在什么情况下才能正确传输一个分组呢？从图 5-8 可以看出，只要在从分组开始传输的时间起点到其传输结束的这段时间内，没有其他分组传输，该分组就可以正确传输。下面分析在纯 ALOHA 协议中分组可以不受任何干扰从而正确传输的条件。

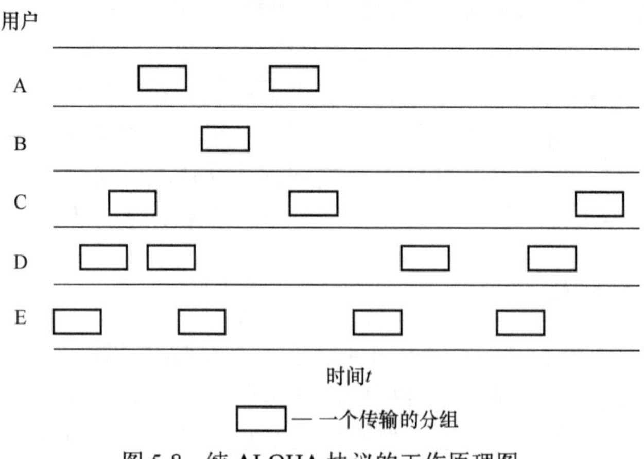

图 5-8　纯 ALOHA 协议的工作原理图

为了便于分析，假设系统中所有分组的长度相等，将传输分组所需的时间定义为系统的单位时间，为了简化描述，令该值等于t_0。以t_0+t时刻的分组（图 5-9 中的阴影部分表示的分组，简称阴影分组）为例，从图 5-9 可以看到，如果在t_0到t_0+t时间段内，其他用户产生了分组，那么该分组的尾部就会和阴影分组的头部发生碰撞；同样，在t_0+t和t_0+2t时间段内产生的任何分组都将和阴影分组的尾部碰撞。将时间区间$[t_0,t_0+2t]$称为阴影分组的易受破坏区间。

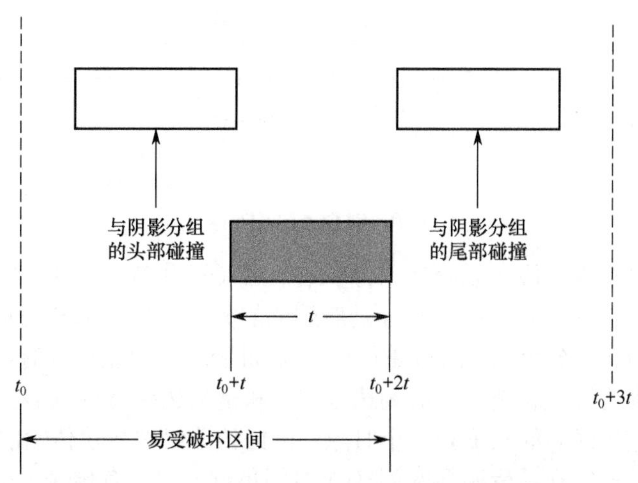

图 5-9　纯 ALOHA 协议的易受破坏区间示意图

显然，在纯 ALOHA 协议中，只要在分组的易受破坏区间内没有其他分组传输，那么该分组就可以成功传输。为了方便分析，令系统中分组的传输时间 t=1，并设系统有无穷多个节点（假设 B），假定重传的时延足够随机，重传分组和新到达分组合成的分组流是到达率为 G 的 Poisson 过程，该分组被成功传输的概率就是在其易受破坏区间内没有其他分组产生的概率。

根据 Poisson 公式，在单位时间内，产生 k 个分组的概率为

$$P(k)=\frac{\mathrm{e}^{-G}G^k}{k!} \tag{5-11}$$

该分组被成功传输的概率为

$$P_{\text{suce}}=P\left[\text{在易受破坏区间(2个单位时间)内没有传输}\right]=\mathrm{e}^{-2G} \tag{5-12}$$

由系统的吞吐量的定义可知

$$S=GP_{\text{suce}}=G\mathrm{e}^{-2G} \tag{5-13}$$

对式（5-13）求最大值，可得系统的最大吞吐量为$1/2\mathrm{e}\approx 0.184$分组/单位时间，对应的 G=0.5 分组/单位时间。

2．时隙 ALOHA 协议

从前面的描述中可以看到，在纯 ALOHA 协议中，分组的易受破坏区间为 2 个单位时间。如果缩小易受破坏区间，那么可以减小分组碰撞的概率，提高系统的吞吐量，基于这个出发点，时隙 ALOHA 协议被提出。

时隙 ALOHA 系统将时间轴划分为若干时隙，所有节点同步，各节点只能在时隙的开始

时刻传输分组，时隙宽度等于一个分组的传输时间，时隙 ALOHA 系统如图 5-10 所示。从图 5-10 可以看出，当一个分组到达某时隙后，它将在下一时隙开始传输，并期望不与其他节点发生碰撞。如果在某时隙内仅有一个分组（包括新到达的分组和重传的分组）到达，那么该分组会被成功传输。如果在某时隙内到达两个或两个以上的分组，那么将会发生碰撞。碰撞的分组将在以后的时隙中重传。很显然，此时的易受破坏区间的长度减小为一个单位时间（时隙）。

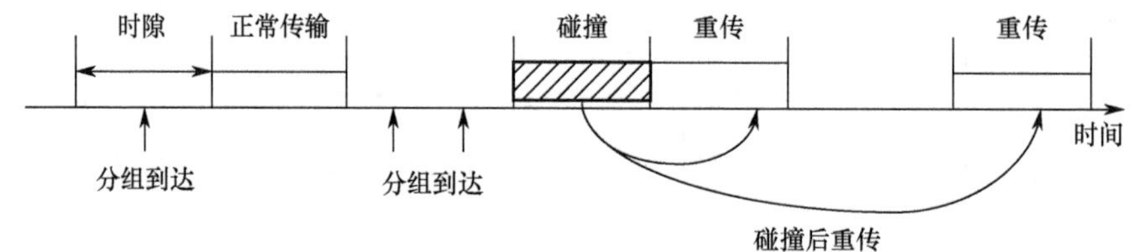

图 5-10　时隙 ALOHA 系统

利用前面的假设条件，假定系统有无穷多个节点（假设 B）。从图 5-10 可以看出，在一个时隙内到达的分组包括两部分：一部分是新到达的分组；另一部分是重传的分组。设新到达的分组是到达率为 λ（分组数/时隙）的 Poisson 过程，假定重传的时延足够随机，可以近似认为重传分组的到达过程和新分组的到达过程之和是到达率为 G（$G>\lambda$）的 Poisson 过程。由于此时易受破坏区间的长度是一个时隙，因此该分组被成功传输的概率为

$$P_{\text{suce}} = P\left[\text{在易受破坏区间（1个时间单位）内没有传输}\right] = \mathrm{e}^{-G} \tag{5-14}$$

系统的吞吐量（S）为

$$S = GP_{\text{suce}} = G\mathrm{e}^{-G} \tag{5-15}$$

由于分组的长度为一个时隙宽度，因此系统的吞吐量在数值上和一个时隙内成功传输的分组数是相等的，即和一个时隙内分组被成功传输的概率在数值上相等。对式（5-15）求最大值，其最大吞吐量为 $1/\mathrm{e}\approx 0.368$ 分组/时隙，对应的 G=1 分组/时隙。很明显，时隙 ALOHA 系统的最大吞吐量是纯 ALOHA 系统最大吞吐量的 2 倍。ALOHA 协议的吞吐量−到达率曲线如图 5-11 所示。

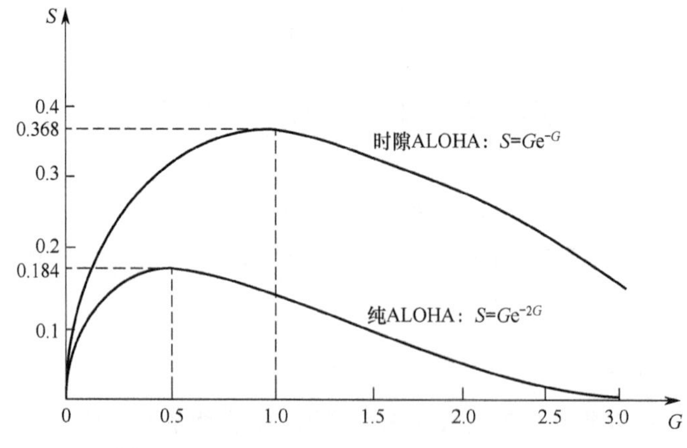

图 5-11　ALOHA 协议的吞吐量−到达率曲线

【例 5-1】 若干终端用纯 ALOHA 协议与远端主机通信，信道的传输速率为 2.4kb/s，每个终端平均每隔 3min 发送一帧，帧长为 200bit，该系统最多可容纳多少个终端？若采用时隙

ALOHA 协议，结果如何？

解　设可容纳的终端数为 N，每个终端发送数据的传输速率是 $\frac{200}{3\times 60}\text{b/s}\approx 1.1\text{b/s}$，由于纯 ALOHA 系统的最大系统通过率为 $1/2\text{e}$，因此 $N=\frac{2400\times 1/2\text{e}}{1.1}\approx 401$ 个。

在采用时隙 ALOHA 协议时，由于时隙 ALOHA 系统的最大系统通过率为 $1/\text{e}$，因此 $N=\frac{2400\times 1/\text{e}}{1.1}\approx 803$ 个。

3．时隙 ALOHA 协议的稳定性分析

从图 5-11 可以看出，对于时隙 ALOHA 系统，当 $G<1$ 时，系统空闲的时隙较多；当 $G>1$ 时，碰撞增多，从而导致系统性能下降。因此，为了达到最佳的性能，应将 G 维持在 1 附近。

当系统达到稳态时，应该满足新分组的到达率等于系统的离开率，即 $S=\lambda$。将 $S=\lambda$ 曲线与对应的吞吐量－到达率曲线相交，可以看到有两个平衡点，如图 5-12 所示。

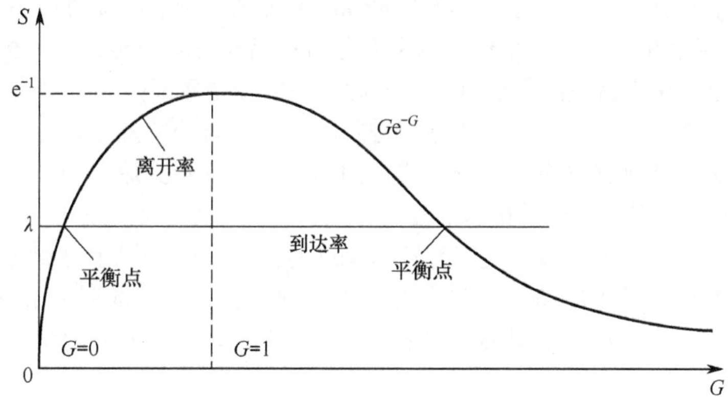

图 5-12　时隙 ALOHA 系统在稳态时的平衡点

从该图无法判定哪个平衡点是稳定的、哪个平衡点是不稳定的，因此，将通过进一步分析时隙 ALOHA 系统的动态行为，来了解系统的稳定性及其控制方法。

为了分析系统的动态行为，先采用假设 A（无缓存的情况）来进行讨论。时隙 ALOHA 的行为可以用离散时间马尔可夫链来描述，其系统状态为每个时隙开始时刻等待重传的节点数 n。令：

（1）n 表示在每个时隙开始时刻等待重传的节点数；

（2）m 表示系统中的总节点数；

（3）q_r 表示碰撞后等待重传的节点在每个时隙内重传的概率；

（4）q_a 表示每个节点有新分组到达的概率；

（5）λ 表示 m 个节点的总到达率（每个节点的到达率为 $\frac{\lambda}{m}$），其单位为分组/时隙；

（6）$Q_\text{r}(i,n)$表示在 n 个等待重传的节点中，有 i 个节点在当前时隙传输的概率；

（7）$Q_\text{a}(i,n)$表示在 $m-n$ 个空闲节点中，有 i 个新到达的分组在当前时隙中传输的概率。

显然，每个节点有新分组到达的概率 $q_a=1-e^{\frac{-\lambda}{m}}$ 。在给定 n 的条件下，有

$$Q_r(i,n)=\binom{n}{i}(1-q_r)^{n-i}q_r^i \tag{5-16}$$

$$Q_a(i,n)=\binom{m-n}{i}(1-q_a)^{m-n-i}q_a^i \tag{5-17}$$

令 $P_{n,n+i}$ 表示时隙开始时刻有 n 个等待重传的节点、到下一时隙开始时刻有 $n+i$ 个等待重传节点的状态转移概率。其状态转移概率为

$$P_{n,n+i}=\begin{cases}Q_a(i,n), & 2\leqslant i\leqslant m-n\\ Q_a(1,n)\left[1-Q_r(0,n)\right], & i=1\\ Q_a(1,n)Q_r(0,n)+Q_a(0,n)\left[1-Q_r(1,n)\right], & i=0\\ Q_a(0,n)Q_r(1,n), & i=-1\end{cases} \tag{5-18}$$

式中，第 1 式表示有 i（$2\leqslant i\leqslant m-n$）个新到达的分组在当前时隙中进行传输，此时必然会发生碰撞。无论原来的所有处于等待重传状态的节点是否进行传输，都将使系统的状态从 n 转换到 $n+i$。第 2 式表示在 n 个等待重传节点中有分组在当前时隙中传输的情况下，空闲节点中有一个新到达的分组在当前时隙中进行传输，此时必然发生碰撞，并且使 $n\to n+1$。第 3 式包含两种情况：第一种是仅有一个新到达分组进行传输，所有等待重传的分组没有发生传输的情况，此时新到达的分组将被成功传输，式中的第一项表示新到达分组被成功传输的概率；第二种是没有新分组到达，等待重传节点没有分组传输或有两个及两个以上分组传输的情况，式中的第二项表示在等待重传节点没有分组传输或有两个及两个以上分组传输的概率。无论在哪种情况下，网络中处于等待重传状态的节点数都不会变化，此时有 $n\to n$。第 4 式表示等待重传的节点有一个分组被成功传输的概率。该系统的马尔可夫链的状态转移图如图 5-13 所示。

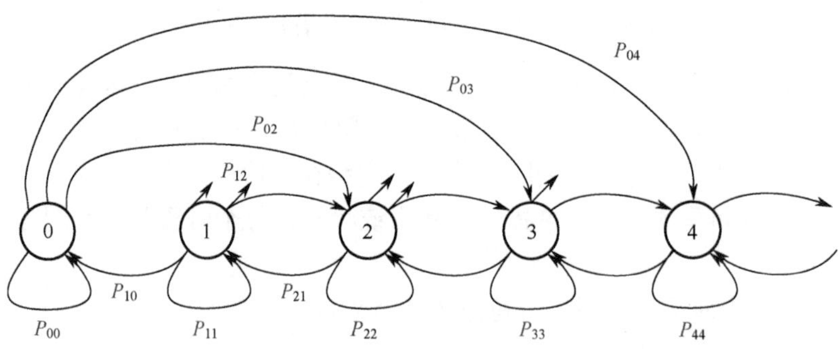

图 5-13　该系统的马尔可夫链的状态转移图

从图 5-13 可以看出，系统不会出现 0→1 的状态转移，这是因为此时系统中仅有一个分组，必然会被成功传输。而且，在每次状态减少的转移中，状态只能减少 1，这是因为一次成功传输只能减少一个分组。在稳态情况下，对于任意状态 n 而言，从其他状态转入的频率应当等于从该状态转出的频率，即

$$\sum_{i=0}^{n-1} p_i P_{i,n} + p_n P_{n,n} + p_{n+1} P_{n+1,n} = \sum_{j=n-1}^{m} p_n P_{n,j} = p_n \sum_{j=n-1}^{m} P_{n,j} \tag{5-19}$$

式中，p_i（$0 \leqslant i \leqslant m$）为其稳态概率。

由于从 n 转移到各种可能状态的概率之和为 1，即 $\sum_{j=n-1}^{m} P_{n,j} = 1$，从而有

$$p_n = \sum_{i=0}^{n+1} p_i P_{i,n} \tag{5-20}$$

再利用 $\sum_{i=0}^{m} p_i = 1$ 和式（5-18）就可以求出 p_0 和 p_n。

从前面的讨论和式（5-18）可以看到，如果重传的概率 $q_{\mathrm{r}} \approx 1$，那么会导致发生大量的碰撞，从而使系统中的节点长时间处于等待重传的状态。为了进一步了解系统的重传概率对系统动态行为的影响，定义系统状态偏移量为

D_n=当系统状态为 n 时，在一个时隙内等待重传队列的平均变化量

=(在该时隙内平均到达的新分组数)−(在该时隙内平均成功传输的分组数）

$$= (m-n) q_{\mathrm{a}} - 1 \times P_{\mathrm{suce}} \tag{5-21}$$

式中

$$P_{\mathrm{suce}} = Q_{\mathrm{a}}(1,n) \cdot Q_{\mathrm{r}}(0,n) + Q_{\mathrm{a}}(0,n) \cdot Q_{\mathrm{r}}(1,n) \tag{5-22}$$

式中，第一项是一个新到达分组被成功传输的概率，第二项是重传队列中有一个分组被成功传输的概率。系统状态偏移量可以反映在整个时隙内系统状态的变化量：若 $D_n<0$，则表明系统中等待重传的节点变少，系统状态转移图的整体趋势向左，系统将趋于稳定；若 $D_n>0$，则表明系统中等待重传的节点变多，系统状态转移图的整体趋势向右，系统将趋于不稳定。

当系统状态为 n 时，定义一个时隙内平均传输的分组数为 $G(n)$，则有

$$G(n) = (m-n) q_{\mathrm{a}} + n q_{\mathrm{r}} \tag{5-23}$$

将式（5-16）和式（5-17）代入式（5-22），化简可得

$$P_{\mathrm{suce}} = \left[\frac{(m-n) q_{\mathrm{a}}}{1-q_{\mathrm{r}}} + \frac{n q_{\mathrm{r}}}{1-q_{\mathrm{r}}} \right] (1-q_{\mathrm{a}})^{m-n} (1-q_{\mathrm{r}})^{n} \approx G(n) \mathrm{e}^{-q_{\mathrm{a}}(m-n)} \mathrm{e}^{-q_{\mathrm{r}} n} \approx G(n) \mathrm{e}^{-G(n)} \tag{5-24}$$

分组到达率 $(m-n)q_{\mathrm{a}}$ 与系统状态 n 的关系曲线和分组离开率 P_{suce} 与一个时隙内平均传输的分组数 $G(n)$ 的关系曲线，即时隙 ALOHA 系统的动态性能曲线如图 5-14 所示。图中的横轴有两个坐标：一个是系统状态 n，另一个是一个时隙内平均传输的分组数 $G(n) = (m-n)q_{\mathrm{a}} + nq_{\mathrm{r}}$。

从图 5-14 可以看出，D_n 就是分组到达率曲线与分组离开率曲线之差。两条曲线有三个交叉点，即三个平衡点。在第一个交叉点与第二个交叉点之间，由于分组离开率大于分组到达率，所以 $D(n)$为负值，因而会导致系统的状态减少。或者说，$D(n)$的方向为负，因而对第二个交叉点的任何负的扰动都会导致系统状态趋于第一个交叉点。而在第二个交叉点与第三个交叉点之间，$D(n)$为正值，即分组到达率大于分组离开率，因而该区域内的状态变化会导致系统状态趋于第三个交叉点。因此可以得出以下结论：第一个交叉点和第三个交叉点是稳定平衡点，而第二个交叉点是不稳定平衡点。从图 5-14 还可以看到：第一个交叉点的吞吐量较大，而第三个交叉点的吞吐量很小。因此，第一个交叉点是希望的稳定平衡点，而第三个

交叉点是不希望的稳定平衡点。

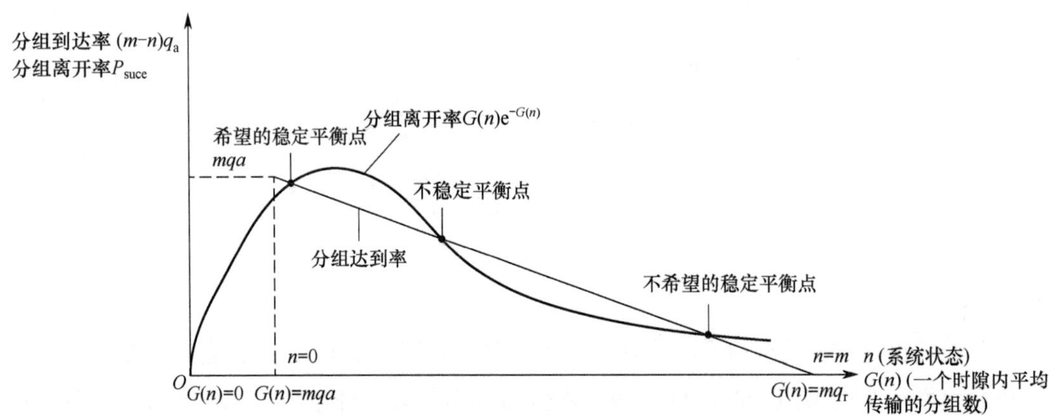

图 5-14 时隙 ALOHA 系统的动态性能曲线

如果重传概率 q_r 增大，那么重传时延将会缩短。对应于图 5-14 中的横坐标，若 n 保持不变，则 $G(n)=(m-n)q_a+nq_r$ 的取值将增大，$G(n)$对应的曲线 $G(n)e^{-G(n)}$ 的值将会减小，即曲线向左压缩，第二个交叉点左移。这样，退出不稳定平衡点的可能性增大，但到达不希望的稳定平衡点的可能性也增大，因为此时很小的 n 值都可能会使系统进入不稳定区域。如果 q_r 减小，那么重传时延将会延长。若保持图 5-14 的横坐标 n 不变，则 $G(n)$的取值减小，曲线 $G(n)e^{-G(n)}$ 的值将会增大，即曲线向右扩展。在向右扩展一定程度后，系统将仅有一个稳定平衡点。

在假设 B 的情况下，由于系统中有无穷多个节点，因此此时 $G(n)=\lambda+nq_r$，图 5-14 的到达过程对应的到达率变为常量。在这种情况下，不希望的稳定平衡点消失，只有一个希望的稳定平衡点和一个不稳定平衡点。当系统状态超过不稳定平衡点时，系统的吞吐量趋于 0，时延将会趋于无穷大。

通过上述分析可以发现，重传概率 q_r 对系统的动态行为有很大的影响。下面将讨论如何调整重传概率来使系统处于希望的稳定状态。

4. 稳定的时隙 ALOHA 协议——伪贝叶斯算法

所谓稳定的多址接入协议，是指对于给定的到达率，多址接入协议可以保证每个分组的平均时延是有限的，或者说对于给定的到达率，系统是稳定的。使系统稳定的到达率的最小上界称为系统的最大稳定吞吐量。很显然，由上述定义可知，普通的时隙 ALOHA 协议对于任何大于 0 的到达率都是不稳定的，也就是说，最大稳定吞吐量为 0。

从前面的讨论可以看出，当 P_{suce} 近似等于 $G(n)=1$ 时，可获得最大稳定吞吐量。如果可以动态地改变 q_r 使 $G(n)$总是为 1，那么系统就可以一直获得最大稳定吞吐量。由于 $G(n)$是 n 的函数，因此只要能正确地估计 n 的值，就可以使 $G(n)$=1。由于 n 是未知的值，因此只能通过反馈信息来估计。

假定 n 可以准确估计且 $G(n)$=1，则根据 Poisson 到达的近似，可得在一个时隙内成功传输的概率为 $1/e\approx0.368$，时隙空闲的概率为 $1/e\approx0.368$，碰撞的概率为 $1-2/e\approx0.264$。因此，为了使系统达到期望的最大稳定吞吐量性能，在调整重传概率 q_r 时，应使碰撞的概率小于空闲的概率。

伪贝叶斯算法（Pseudo-Bayesian Algorithm）可使系统的稳定吞吐量达到最大值，它的核心思想是：尽可能使 $G(n)$=1，从而使系统的稳定吞吐量达到最大值。其基本思路是：假定系统有无穷多个节点，新到达的分组被立即认为是等待重传的分组（这是与普通时隙 ALOHA 协议的差别），即所有的分组都以相同的方式处理。根据时隙开始点状态（等待重传的节点数）的估计值 $\hat{n}_k$ 确定重传概率 $q_r(\hat{n}_k)$，并根据当前时隙的传输状态（空闲、成功或碰撞）来估计下一时隙开始点的状态 $\hat{n}_{k+1}$。在理想情况下，假定在时隙开始点有 n 个等待重传的分组，则当前时隙总的传输速率为 $G(n)=nq_r$，成功传输 1 个分组的概率是 $\binom{n}{1}q_r(1-q_r)^{n-1}=nq_r(1-q_r)^{n-1}$。根据 $G(n)=nq_r=1$ 的要求，应有 $q_r=\dfrac{1}{n}$。伪贝叶斯算法的具体步骤如下。

（1）估计当前时隙（第 k 个时隙）开始点等待重传的节点数 $\hat{n}_k$，则各节点在第 k 个时隙发送的概率为 $q_r=\min\left\{1,\dfrac{1}{\hat{n}_k}\right\}$（要求 $q_r\leqslant 1$）。

（2）根据第 k 个时隙的传输结果，估计第 k+1 个时隙开始点的等待重传的节点数 $\hat{n}_{k+1}$

$$\hat{n}_{k+1}=\begin{cases}\max\{\lambda,\hat{n}_k+\lambda-1\}, & \text{第}k\text{个时隙空闲或传输成功}\\ \hat{n}_k+\lambda+(\mathrm{e}-2)^{-1}, & \text{第}k\text{个时隙碰撞}\end{cases} \tag{5-25}$$

式中，加入 λ 是考虑到新的到达，取 max 表示对 $\hat{n}_{k+1}$ 的估计不会小于新到达分组的贡献。若传输成功，则新的估计要将 $\hat{n}_k$ 减 1。若碰撞，则新的估计要将 $\hat{n}_k$ 增大 $(\mathrm{e}-2)^{-1}$，目的是适当地减小重传的概率。若时隙空闲，则将 $\hat{n}_k$ 减 1，这样可适当地增大重发的概率，以免有太多的空闲时隙。这样可以维持系统的真实状态值 n 和估计值 $\hat{n}_k$ 之间的平衡，也就是说，在空闲和碰撞的情况下，平均队长不应该改变。因为在 Poisson 近似下，空闲的概率为 $1/\mathrm{e}$，碰撞的概率为 $(\mathrm{e}-2)/\mathrm{e}$，则这两种情况下平均队长的改变为 $-\dfrac{1}{\mathrm{e}}+\dfrac{1}{\mathrm{e}-2}\cdot\dfrac{\mathrm{e}-2}{\mathrm{e}}=0$。

该伪贝叶斯算法对于任何 $\lambda<1/\mathrm{e}$ 的到达率都是稳定的。当 n 较大时，若 $n=\hat{n}_k$，则有 $q_r=1/n$，$G(n)=1$，其成功的概率为 $1/\mathrm{e}$。根据式（5-21）的定义，有 $D(n)=\lambda-1/\mathrm{e}$，当 $\lambda<1/\mathrm{e}$ 时，$D(n)<0$，此时系统是稳定的。当系统状态估计的初值 $\hat{n}_k$ 与实际系统的状态 n 相差较大时，系统会进入稳态。因为当 $n\gg\hat{n}$ 时，$\hat{n}_k$ 较小，系统碰撞概率很大，必然导致 $\hat{n}_k$ 迅速增大，从而使 $\hat{n}$ 趋于 n。当 $\hat{n}\gg n$ 时，$\hat{n}_k$ 较大，系统空闲的概率很大，成功传输的概率很大，必然导致 $\hat{n}_k$ 迅速减小，从而使 $\hat{n}$ 趋于 n。

要准确地分析时隙 ALOHA 协议的平均传输时延是很困难的，这里仅给出纯 ALOHA 协议和时隙 ALOHA 协议中帧的平均传输时延与吞吐量的关系曲线，如图 5-15 所示。这是在忽略传播时延且重发间隔在(1,5)个单位时间范围内均匀分布的条件下得到的。从两条曲线的对比可以看出，当吞吐量很小时，纯 ALOHA 协议的性能要稍好些。但当吞吐量增大（尤其是当 S 接近于 0.18）时，纯 ALOHA 协议的平均传输时延会大幅延长，而时隙 ALOHA 协议却可以在更大的吞吐量下工作。

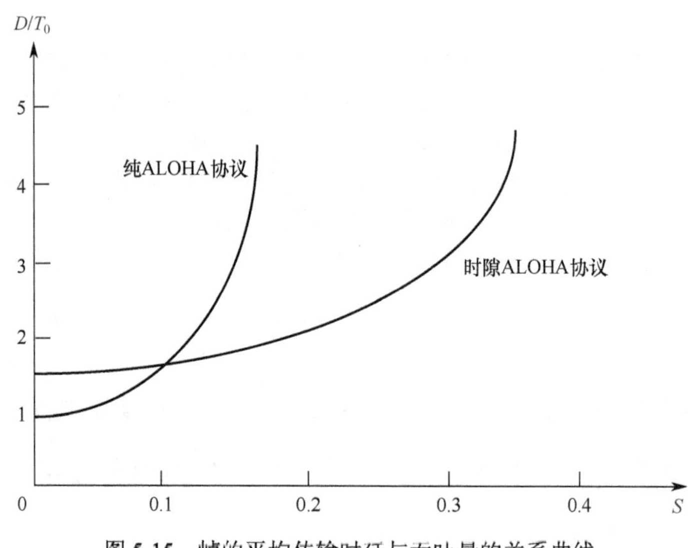

图 5-15　帧的平均传输时延与吞吐量的关系曲线

5.3.2　载波侦听型多址接入协议

在前面讨论的 ALOHA 协议中，网络中的节点不考虑当前信道是忙还是闲，一旦有分组到达，就独自决定将分组发送到信道。显然这种控制策略存在一定的盲目性，即使是有改进的时隙 ALOHA 协议，其最大吞吐量也只能达到约 0.368。若想进一步提高系统吞吐量，还应设法进一步减小节点间发送冲突的概率。为此，除缩小易受破坏区间（这也是有限度的）外，还可以从降低发送的盲目性着手，在发送之前先观察信道是否有用户在传输（或进行载波侦听）来确定信道的忙闲状态，然后决定分组是否发送，这就是被广泛采用的载波侦听型多址接入协议 CSMA（Carrier Sense Multiple Access）。CSMA 协议是从 ALOHA 协议演变而来的一种改进型协议，它采用了附加的硬件装置，每个节点都能够检测（侦听）到信道上有无分组在传输。如果一个节点有分组要传输，那么它首先检测信道是否空闲；如果信道有其他分组在传输，那么该节点将等信道变为空闲后再传输，这样可以减少要发送的分组与正在传输的分组之间的碰撞，提高系统的利用率。

CSMA 协议可细分为几种不同的实现形式：非坚持型（non-persistent）CSMA、1-坚持型 CSMA 和 p-坚持型 CSMA。所谓非坚持型 CSMA，是指当分组到达时，若信道空闲，则立即发送分组；若信道处于忙状态，则分组的发送将被延迟，且节点不再跟踪信道的状态（节点暂时不检测信道），延迟结束后节点再次检测信道状态，并重复上述过程。如此循环，直到将该分组发送成功为止。所谓 1-坚持型 CSMA，是指当分组到达时，若信道空闲，则立即发送分组；若信道处于忙状态，则该节点一直检测信道的状态，直至检测到信道空闲后，立即发送该分组。所谓 p-坚持型 CSMA，是指当分组到达时，若信道空闲，则立即发送分组；若信道处于忙状态，则该节点一直检测信道的状态，在检测到信道空闲后以概率 p 发送该分组。下面的讨论中将重点讨论非坚持型 CSMA 的性能。

众所周知，由于电信号在介质中有传播时延，因此在不同的观察点上检测到同一信号的出现或消失的时刻是不相同的。所以，在 CSMA 多址接入协议中，影响系统性能的主要参数是（信道）载波的检测时延（τ），它包括两部分：发送节点到检测节点的传播时延和物理层检测时延（从检测节点开始检测，到检测节点给出信道忙或闲的结论所需的时间）。设信道的传输速率为 C（b/s），分组长度为 L（bit），则归一化的载波侦听（检测）时延为 $\beta=\tau\cdot\dfrac{C}{L}$。

1. 非时隙 CSMA 多址接入协议

非时隙 CSMA 多址接入协议的工作过程如下：当分组到达时，若信道空闲，则立即发送该分组；若信道忙，则分组被延迟一段时间，然后重新检测信道。

若信道忙或发送时与其他分组发生了碰撞，则该分组变成等待重传的分组。每个等待重传的分组将重复地尝试重传，重传间隔相互独立且服从指数分布。其具体的控制算法描述如下。

（1）若有分组等待发送，则转到第（2）步，否则处于空闲状态，等待分组的到达。

（2）检测信道：若信道空闲，则开始发送分组，发送完毕后返回第（1）步；若信道忙，则放弃检测信道，选择一个随机时延的时间长度 t 并开始进行时延（此时节点处于退避状态）。

图 5-16 所示为非坚持型非时隙 CSMA 多址接入协议的控制过程示意图。

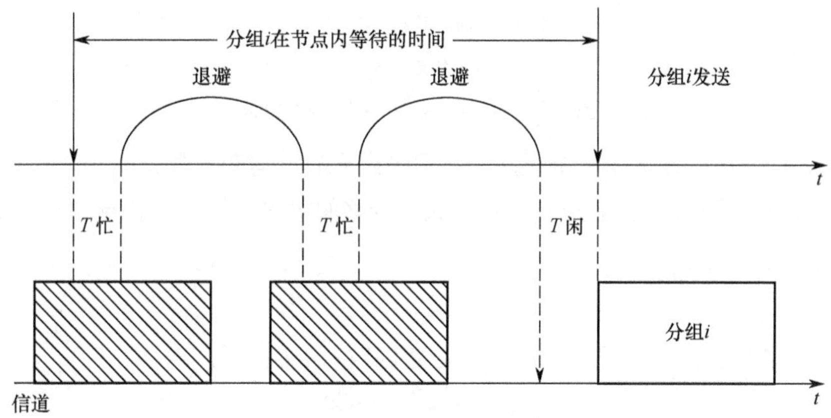

图 5-16　非坚持型非时隙 CSMA 多址接入协议的控制过程示意图

非坚持型非时隙 CSMA 多址接入协议的主要特点是在发送数据前先检测信道，一旦检测到信道忙，就主动地退避一段时间（暂时放弃检测信道），其系统吞吐量为

$$S=\frac{Ge^{-\beta G}}{G(1+2\beta)+e^{-\beta G}} \tag{5-26}$$

2. 时隙 CSMA 多址接入协议

时隙 CSMA 多址接入协议把时间轴分成宽度为 β 的时隙（注意：时隙 ALOHA 协议中时隙的宽度为一个分组的长度，这里的时隙宽度为归一化的载波检测时间），如果分组到达一个空闲时隙，那么它将在下一个空闲时隙开始传输，如图 5-17（a）所示。如果某节点的分组到达时信道上有分组正在传输，那么该节点将变为等待重传的节点，它将在当前分组传输结束后的后续空闲时隙中以概率 q_r 进行传输，如图 5-17（b）所示。

可以用马尔可夫链来分析时隙 CSMA 多址接入协议的性能。设分组长度为 1 个单位长度，其总的到达过程是速率为 λ 的 Poisson 到达过程，网络中有无穷多个节点，信道状态 0、1、e 的反馈时延最大为 β。又设系统的状态为每个空闲时隙结束时刻等待重传的分组数 n，则状态转移的时间间隔为 β 或 β+1，如图 5-17（c）所示。

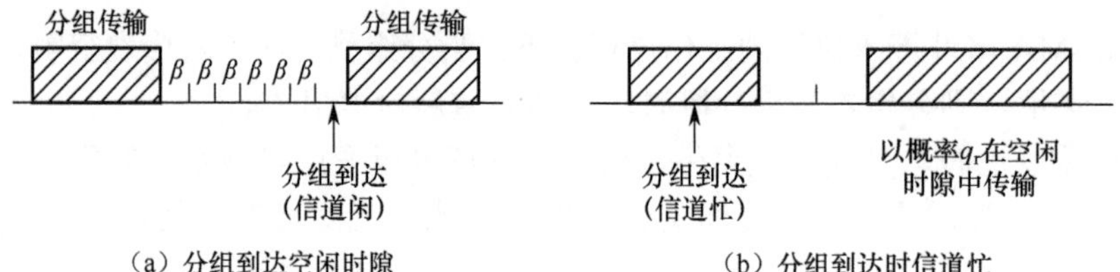

（a）分组到达空闲时隙　　（b）分组到达时信道忙

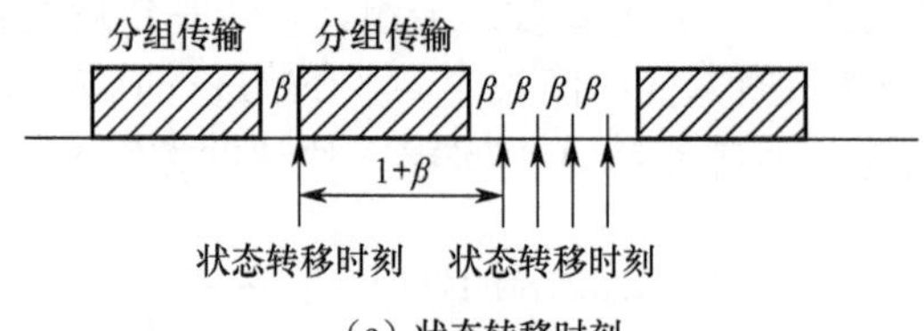

（c）状态转移时刻

图 5-17　时隙 CSMA 多址接入协议

类似于式（5-21），定义在一个状态转移间隔内 n 的平均变化数为

$$\begin{aligned}D_n &= E\{\text{状态转移间隔内到达的分组数}\} - E\{\text{状态转移间隔内平均成功传输的分组数}\}\\ &= \lambda \cdot E\{\text{状态转移间隔}\} - P_{\text{suce}}\end{aligned} \tag{5-27}$$

式中

$$\begin{aligned}E\{\text{状态转移间隔}\} &= \beta \cdot P(\text{时隙空闲}) + (1+\beta)\left[1 - P(\text{时隙空闲})\right]\\ &= \beta + 1 - P(\text{时隙空闲})\\ &= \beta + 1 - \mathrm{e}^{-\lambda\beta}(1-q_{\mathrm{r}})^n\end{aligned} \tag{5-28}$$

时隙空闲的概率等于前一时隙内无分组到达且 n 个等待重传的节点没有分组在当前时隙中发送的概率。分组传输的条件是：在前一时隙内有一个分组到达且 n 个等待重传的节点没有分组在当前时隙中发送，或在前一时隙内没有新分组到达但 n 个等待重传的节点在当前时隙中有一个分组传输。因此有

$$\begin{aligned}P_{\text{suce}} &= \lambda\beta \mathrm{e}^{-\lambda\beta}(1-q_{\mathrm{r}})^n + \mathrm{e}^{-\lambda\beta} n q_{\mathrm{r}} (1-q_{\mathrm{r}})^{n-1}\\ &= \left(\lambda\beta + \frac{q_{\mathrm{r}}}{1-q_{\mathrm{r}}} n\right)\mathrm{e}^{-\lambda\beta}(1-q_{\mathrm{r}})^n\end{aligned} \tag{5-29}$$

将式（5-28）和式（5-29）代入式（5-27），得

$$D_n = \lambda\left[\beta + 1 - \mathrm{e}^{-\lambda\beta}(1-q_{\mathrm{r}})^n\right] - \left(\lambda\beta + \frac{q_{\mathrm{r}}}{1-q_{\mathrm{r}}} n\right)\mathrm{e}^{-\lambda\beta}(1-q_{\mathrm{r}})^n \tag{5-30}$$

当 q_{r} 较小时，有 $(1-q_{\mathrm{r}})^{n-1} \approx (1-q_{\mathrm{r}})^n \approx \mathrm{e}^{-q_{\mathrm{r}} n}$，进而有

$$D_n \approx \lambda\left(\beta + 1 - \mathrm{e}^{-g(n)}\right) - g(n)\mathrm{e}^{-g(n)} \tag{5-31}$$

式中，$g(n)=\lambda\beta+q_{r}n$，它反映的是到达分组数和重传分组数之和，即试图进行传输的总分组数。

使 D_n 为负的条件为

$$\lambda<\frac{g(n)\mathrm{e}^{-g(n)}}{\beta+1-\mathrm{e}^{-g(n)}} \tag{5-32}$$

式中，右边的分子为每个状态转移区间内平均成功传输的分组数，分母为状态转移区间的平均长度，两者相除表示单位时间内的吞吐量。吞吐量与 $g(n)$ 的关系如图 5-18 所示，从图中可以看出，最大的吞吐量为 $\frac{1}{1+\sqrt{2\beta}}$，它对应于 $g(n)=\sqrt{2\beta}$。CSMA 协议与 ALOHA 协议一样，也存在着稳定性的问题。图 5-19 所示为典型的随机分配多址接入协议的性能曲线。从图中可以看出，非坚持型 CSMA 协议可以大大减小碰撞的概率，使系统的最大吞吐量达到信道容量的 80%以上。时隙非坚持型 CSMA 协议的性能则更好；1-坚持型 CSMA 协议由于没有退避措施，因此在业务量很小时数据的发送机会较多，响应也较快，但若节点数增大或总的业务量增加时，碰撞的概率急剧增大，系统的吞吐量性能急剧变差，其最大吞吐量只能达到信道容量的 53%左右。但总体说来，CSMA 协议的性能优于 ALOHA 协议的性能。

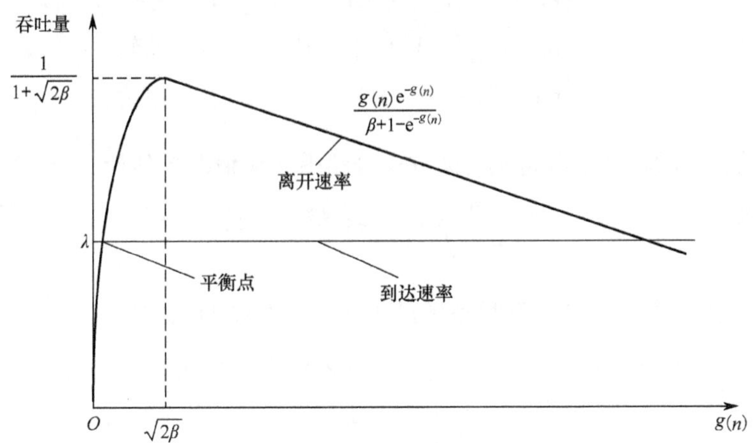

图 5-18 吞吐量与 $g(n)$ 的关系

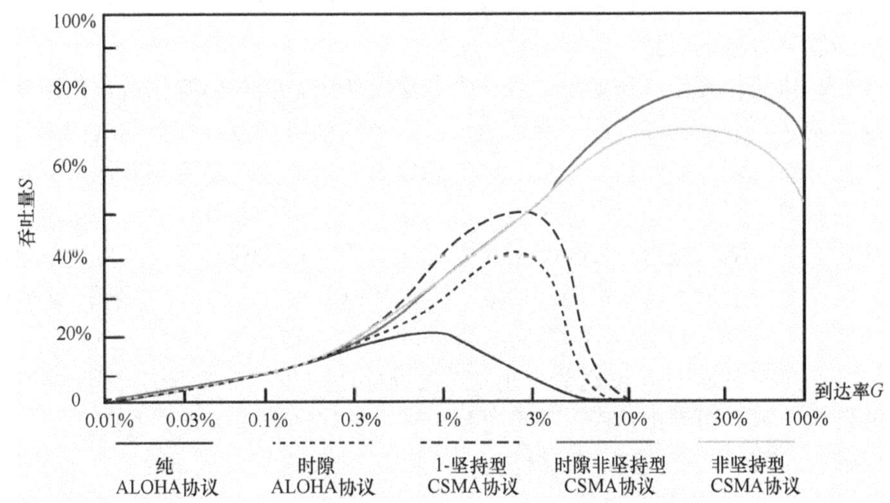

图 5-19 典型的随机分配多址接入协议的性能曲线

3．稳定的时隙 CSMA 多址接入协议

假定所有新进入系统的分组立即变成等待重传的分组，设每个状态转移时刻的等待重传分组数为 n，n 的估计值为 $\hat{n}$，在每个空闲时隙结束时，每个等待重传的分组独立地以概率 q_r 发送，q_r 是 $\hat{n}$ 的函数。稳定的时隙 CSMA 多址接入协议的基本出发点是根据 n 确定 q_r，使得 $g(n)=\sqrt{2\beta}$，从而使系统的吞吐量达到最大。在给定 n 的条件下，在当前时隙开始发送的平均分组数为 $g(n)=nq_r$，根据 $g(n)=\sqrt{2\beta}$ 得 $q_r=\dfrac{\sqrt{2\beta}}{n}$。

在给定 n 的一个估计值 $\hat{n}$ 的情况下，q_r 应这样选择

$$q_r(\hat{n})=\min\left[\frac{\sqrt{2\beta}}{\hat{n}},\sqrt{2\beta}\right] \tag{5-33}$$

取最小值是为了防止当 $\hat{n}$ 太小时 $q_r(\hat{n})$ 太大。更新 $\hat{n}$ 的规则为

$$\hat{n}_{k+1}=\begin{cases}\hat{n}_k\left[1-q_r\left(\hat{n}_k\right)\right]+\lambda\beta & \text{时隙空闲}\\ \hat{n}_k\left[1-q_r\left(\hat{n}_k\right)\right]+\lambda(1+\beta) & \text{成功传输}\\ \left(\hat{n}_k+2\right)+\lambda(1+\beta) & \text{发生碰撞}\end{cases} \tag{5-34}$$

式中，等号后的第一项反映了等待重传队列中分组数变化情况的估计，第二项反映了新到达的分组数。可以证明，只有当 $\lambda<\dfrac{1}{1+\sqrt{2\beta}}$ 时，该算法才是稳定的。

4．有碰撞检测功能的载波侦听型多址接入（CSMA/CD）协议

前面讨论的 CSMA 协议由于在发送之前进行载波侦听，因此减小了发生碰撞的概率。但传播时延的存在导致碰撞是不可避免的，只要发生碰撞，信道就会被浪费一段时间。CSMA/CD 协议比 CSMA 协议增加了一个功能，就是边发送边侦听。只要侦听到信道上发生了碰撞，碰撞的节点就必须停止发送，这样信道很快就空闲下来，因而提高了信道的利用率。这种边发送边侦听的功能称为碰撞检测。

CSMA/CD 协议的工作过程如下：当一个节点到达时，它先侦听信道，判断信道是否空闲。若信道空闲，则立即发送分组；若信道忙，则继续侦听信道，直至信道空闲后立即发送分组。在发送分组的同时侦听信道 δ 秒，以便确定本节点的分组是否与其他节点发生碰撞。如果没有发生碰撞，那么该节点会无冲突地占用该总线，直至传输结束。如果发生碰撞，那么该节点停止发送，随机延迟一段时间后重复上述过程（在实际应用时，发送节点在检测到碰撞后，还要产生一个阻塞信号来阻塞信道，防止其他节点没有检测到碰撞而继续传输）。

总体来说，CSMA/CD 协议比 CSMA 协议的控制规则增加了如下三点。

（1）“边说边听”——任意发送节点在发送数据帧期间要一直侦听信道的碰撞情况。一旦检测到碰撞发生，就立即中止发送，而不管目前正在发送的数据帧是否发送完毕。

（2）“强化干扰”——发送节点在检测到碰撞并停止发送后，立即改为发送一小段“强化干扰信号”，以增强碰撞检测的效果。

（3）“碰撞检测窗口”——任意发送节点若能完整地发送完一个数据帧，则停顿一段时间（两倍的最大传播时延，称为碰撞检测窗口）并侦听信道情况。若在此期间未发生碰撞，则可认为该数据帧已经发送成功。

上述第（1）点可以保证尽快确认碰撞发生和尽早中止碰撞发生后的无用发送，这有利于提高信道利用率；第（2）点可以提高网络中所有节点对碰撞检测的可信度，保证了分布式控制的一致性；第（3）点有利于提高一个数据帧发送成功的可信度。若接收节点在此窗口内发送应答帧（ACK 或 NAK），则可保证应答传输成功。

下面分析 CSMA/CD 协议的性能。为了简化分析，首先假定一个局域网（LAN）工作在时隙状态下，以每个分组传输的结束时刻作为参考点，将空闲信道分为若干微时隙，用分组长度进行归一化后的微时隙的宽度为 β，所有节点都同步在微时隙的开始点进行传输。若在一个微时隙的开始点有分组发送，则经过一个微时隙后，所有节点都检测在该微时隙上是否发生碰撞。若发生了碰撞，则立即停止发送。

这里仍用马尔可夫链的方法进行分析，分析的方法与时隙 CSMA 协议相同。设网络中有无穷多个节点，每个空闲时隙结束时的等待重传的分组数为 n，每个等待重传的节点在每个空闲时隙后发送的概率为 q_{r}，在一个空闲时隙发送分组的节点数为 $g(n)=\lambda\beta+q_{\mathrm{r}}n$。在一个空闲时隙后可能有三种情况：一是仍为空闲时隙；二是一个成功传输（归一化的分组长度为 1）；三是一个碰撞传输。它们所对应的到达下一个空闲时隙结束时刻的区间长度分别为 β、$1+\beta$ 和 2β。因此，两个状态转移时刻的平均间隔为

$$E\{\text{状态转移时刻的平均间隔}\}=\beta+g(n)\mathrm{e}^{-g(n)}+\beta\cdot\left\{1-\left[1+g(n)\right]\mathrm{e}^{-g(n)}\right\} \tag{5-35}$$

式中，第一项表示在任何情况下基本的间隔为 β，第二项是成功传输对平均间隔的额外贡献，第三项是碰撞对平均间隔的额外贡献。

定义在一个状态转移区间内 n 的变化量为

$$D_n=\lambda\cdot E\{\text{状态转移时刻的平均间隔}\}-1\times P_{\mathrm{suce}} \tag{5-36}$$

式中

$$P_{\mathrm{suce}}=g(n)\mathrm{e}^{-g(n)} \tag{5-37}$$

要使 $D_n<0$，则有

$$\lambda<\frac{g(n)\mathrm{e}^{-g(n)}}{\beta+g(n)\mathrm{e}^{-g(n)}+\beta\left\{1-\left[1+g(n)\right]\mathrm{e}^{-g(n)}\right\}} \tag{5-38}$$

从式（5-38）可以看出，不等式的右边为分组离开系统的概率，其最大值为 $\dfrac{1}{1+3.31\beta}$，对应的 $g(n)=0.77$。因此，若 CSMA/CD 协议是稳定的（如采用伪贝叶斯算法），则系统稳定的最大分组到达率应小于 $\dfrac{1}{1+3.31\beta}$。

5．有碰撞避免功能的载波侦听型多址接入（CSMA/CA）协议

CSMA/CA 协议是有碰撞避免（Collision Avoidance，CA）的载波侦听型多址接入协议，它是对 CSMA 协议的一种改进。通常在无线系统中，一台无线设备不能在相同的频率（信道）

上同时进行接收和发送，所以不能采用碰撞检测（CD）技术。因此，只能通过碰撞避免的方法来减小碰撞的概率。IEEE 802.11 无线局域网（WLAN）的标准就采用了 CSMA/CA 协议，它不仅支持全连通的网络拓扑，还支持多跳连通的网络拓扑。

IEEE 802.11 标准中的 CSMA/CA 协议的基本工作过程如下。一个节点在发送数据帧之前先对信道进行预约，假定发送节点 A 要向接收节点 B 发送数据帧，发送节点 A 先发送一个请求发送帧 RTS（Request To Send）来预约信道，所有收到 RTS 的节点将暂缓发送。而真正的接收节点 B 在收到 RTS 后，发送一个允许发送的应答帧 CTS（Clear To Send）。RTS 和 CTS 均包括要发送分组的长度，在给定信道传输速率及 RTS 和 CTS 长度的情况下，各节点就可以计算出相应的退避时间，该时间通常称为网络分配矢量（Network Allocation Vector，NAV）。CTS 有两个作用：一是表明接收节点 B 可以接收发送节点 A 的数据帧；二是禁止 B 的邻节点发送，从而避免 B 的邻节点的发送对数据传输造成影响。RTS 和 CTS 很小，如它们可分别为 20 字节和 14 字节，而数据帧最长可以达到 2346 字节，相比之下，RTS 和 CTS 的开销不大。RTS/CTS 的传输过程如图 5-20 所示。

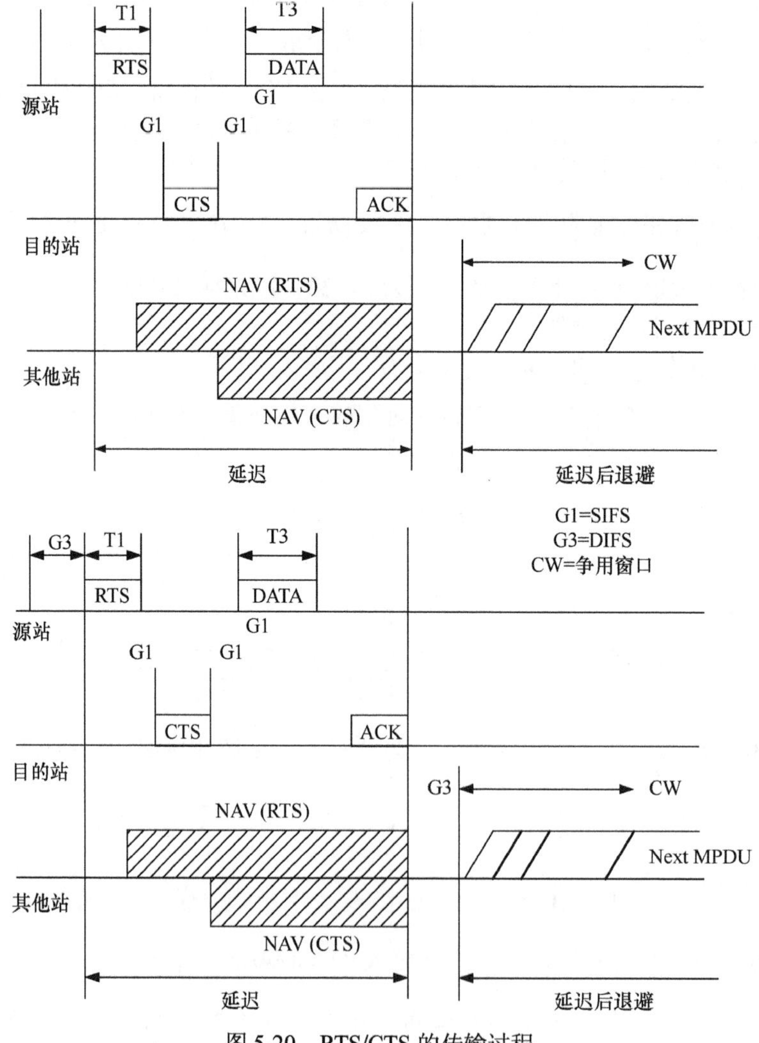

图 5-20 RTS/CTS 的传输过程

为了尽量避免碰撞，IEEE 802.11 标准给出了三种不同的帧间间隔（Inter Frame Space，IFS），它们的长短各不相同。参照图 5-20 给出只使用一种 IFS（假定对图中的 SIFS、DIFS 不加以区分）时的 CSMA/CA 接入算法。

（1）发送帧的节点先侦听信道。若发现信道空闲，则继续侦听一段时间 IFS，判断信道是否仍为空闲。若是，则立即发送数据。

（2）若发现信道忙（无论是一开始就发现，还是在后来的 IFS 时间内发现），则继续侦听信道直到信道变为空闲。

（3）一旦信道变为空闲，此节点就时延 IFS。若信道在时间 IFS 内仍为空闲，则按二进制指数退避算法（一个分组的重发退避时延的取值范围与该分组的重发次数构成二进制指数关系，随着重发次数因碰撞而增大，其退避时延的取值范围按 2 的指数增大）时延一段时间。只有在退避期间信道一直保持空闲，该节点才能发送数据。这样做可使在网络负荷很大的情况下发生碰撞的概率大大减小。

IEEE 802.11 标准定义了三种不同的帧间间隔：

- SIFS，短帧帧间间隔（Short IFS），典型的数值为 10μs；
- PIFS，点协调（PCF）功能中的帧间间隔，比 SIFS 长，在点协调方式轮询时使用；
- DIFS，分布式协调（DCF）功能中的帧间间隔，是最长的帧间间隔，典型数值为 50μs，在分布式协调方式中使用。

5.4　冲突分解算法

对于有竞争的多址接入协议，如何解决碰撞从而使所有碰撞用户都可以成功传输是一个非常重要的问题。从前面的讨论可以看出，通过调整等待重传队列长度的估值来改变重传概率，可以进一步减缓碰撞。而另一种更有效的解决碰撞的方式就是冲突分解（Collision Resolution）。冲突分解的基本思想是：如果系统发生碰撞，那么让新到达的分组在系统外等待，在参与碰撞的分组都成功传输之后，再让新分组传输。

下面针对 ALOHA 协议进行讨论，以两个分组碰撞的情况来简要说明冲突分解的过程和好处。

【例 5-2】 设 2 个分组在第 i 个时隙发生碰撞，若每个分组都独立地以1/2 的概率在第 i+1 个和第 i+2 个时隙内重传，则求这次冲突分解过程的吞吐量。

解　在第 i+1 个时隙内有一个分组被成功传输的概率为1/2。若成功，要想另一个分组在第 i+2 个时隙内成功传输，则需 2 个时隙解决碰撞。若第 i+1 个时隙空闲或再次碰撞，则每个分组再独立地以概率 1/2 在第 i+2 个和第 i+3 个时隙内重传。这样在第 i+2 个时隙内有一个分组被成功传输的概率为1/4。若成功，要想另一个分组在第 i+3 个时隙成功传输，则此时需 3 个时隙解决碰撞。以此类推，需要 k 个时隙完成冲突分解的概率为 $2^{-(k-1)}$。设一个分组被成功传输所需的平均时隙数为 $E[t]$，由于每个分组需传输 i 次才能成功（其中 i–1 次重传，1 次正确传输），而分组正确传输的概率是1/2，因此有

$$E[t]=\sum_{i=1}^{+\infty} i\times\left(\frac{1}{2}\right)^{i-1}\times\frac{1}{2}=\sum_{i=1}^{+\infty} i\times\left(\frac{1}{2}\right)^{i}=2$$

若一个分组被成功传输，则另一个分组在下一个时隙必然成功传输，所以平均需要 3 个时隙才能成功发送 2 个分组，因而在冲突分解的过程中，吞吐量为 2/3 。

例 5-2 说明通过冲突分解可以有效地提高系统的吞吐量。有很多方法可以决定碰撞节点如何进行重传，下面给出两种具体的冲突分解算法：树形分裂算法和 FCFS 分裂算法。

5.4.1　树形分裂算法

假设在第 k 个时隙发生碰撞，碰撞节点的集合为 S，所有未介入碰撞的节点进入等待状态。S 被随机地分成两个子集，用左集（L）和右集（R）表示。左集（L）先在第 k+1 个时隙中传输，若第 k+1 个时隙中传输成功或空闲，则 R 在第 k+2 个时隙中传输。若在第 k+1 个时隙中发生碰撞，则将 L 再分为左集（LL）和右集（LR），LL 在第 k+2 个时隙中传输。若第 k+2 个时隙中传输成功或空闲，则 LR 在第 k+3 个时隙中传输。依此类推，直至集合 S 中所有分组都成功传输。从碰撞的时隙（第 k 个时隙）开始，直至 S 集合中所有分组成功传输结束的时隙称为一个冲突分解期（Collision Resolution Period，CRP）。

【例 5-3】 三个节点在第 k 个时隙发生碰撞后的分解过程如图 5-21 所示，图中集合的分割采用随机的方式，即在每次集合分割时，集合中的节点通过抛硬币的方法决定自己属于左集还是右集。

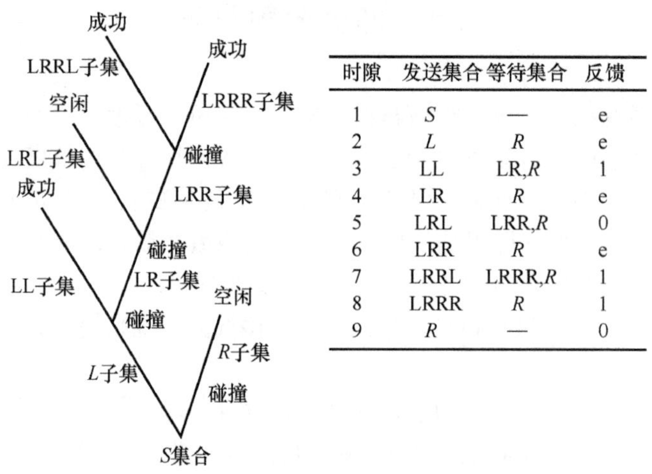

时隙	发送集合	等待集合	反馈
1	S	—	e
2	L	R	e
3	LL	LR,R	1
4	LR	R	e
5	LRL	LRR,R	0
6	LRR	R	e
7	LRRL	LRRR,R	1
8	LRRR	R	1
9	R	—	0

图 5-21　三个节点在第 k 个时隙发生碰撞后的分解过程

该过程用了 8 个时隙来完成冲突分解。该算法中，在给定时隙结束时立即有 0、1、e 反馈信息的情况下，各节点可构成一个相同的树，确定自己所处的子集并确定何时发送自己的分组。在冲突分解过程中，当计数器的值为 0 时，发送该分组。若计数器的值为非 0，则在冲突分解过程中，每次时隙发生碰撞时，计数器的值加 1，每次成功传输或时隙空闲时，计数器的值减 1。

在 CRP 中，处理的分组是介入碰撞的分组，而 CRP 中还会不停地有新分组到达。对于 CRP 中新到达的分组，有两种处理方法。方法一是在当前 CRP 结束后立即开始一个新的 CRP，新的 CRP 所处理的分组就是当前 CRP 中到达的新分组。这种方法的问题是，若当前 CRP 中到达了很多分组，则在新的 CRP 中，可能要碰撞很长时间才能通过分解得到一个很小的子集。方法二是在当前 CRP 的结束时刻，立即将到达的分组分为 j 个子集（j 的选择应使每个子集中的分组数稍大于 1），然后对每个子集进行冲突分解。该方法的最大吞吐量可以达到 0.43 个分组/时隙。

通过仔细观察树形分裂算法可以发现，若在一次碰撞（如第 k 个时隙）后，下一个时隙（第 k+1 个时隙）是空闲的，则第 k+2 个时隙必然会再次发生碰撞。这表明将碰撞节点集合中的所有节点都分配到了右集（R），自然会再次发生碰撞。改进的方法是：当碰撞后出现空闲时隙时，不传输第二个子集（R）中的分组，而是立即将 R 再次分解，然后传输分解后的第一个子集（RL），若再次空闲，则再次进行分解，然后传输 RLL 集合中的分组，依此类推。通过这样的改进，可以使每个时隙的最大吞吐量达到 0.46 个分组/时隙。

5.4.2　FCFS 分裂算法

先到先服务（First Come First Service，FCFS）分裂算法的基本思想是根据分组到达的时间进行冲突分解，并力图保证先到达的分组最先成功传输。

设以前到达的分组都已发送完毕，从 $T(k)$开始的长度为 $\alpha(k)$ 的区间内到达的分组在第 k 个时隙中传输，该区间被称为指配区间。从 $T(k)+\alpha(k)$ 到当前传输时刻称为等待区间。该算法的主要功能是根据冲突分解的情况，动态地调整指配区间的长度和起始时刻。FCFS 分裂算法示意图如图 5-22 所示。

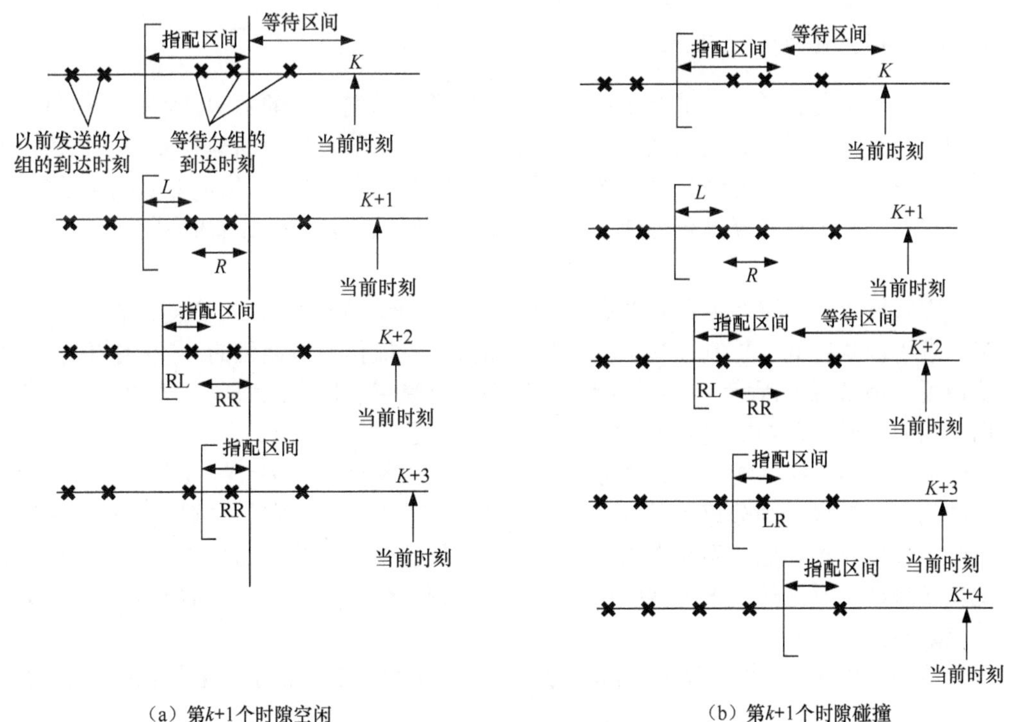

图 5-22　FCFS 分裂算法示意图

如图 5-22（a）所示，在$\left[T(k),T(k)+\alpha(k)\right]$范围内到达的分组在第 k 个时隙内传输。若第 k 个时隙中发生了碰撞，则将指配区间分为两个相等的部分：左集（L）和右集（R）。其中，$L=\left[T(k+1),T(k+1)+\alpha(k+1)\right]$，$T(k+1)=T(k)$，$\alpha(k+1)=\frac{1}{2}\alpha(k)$，且 L 首先在第 k+1 个时隙内传输。若第 k+1 个时隙空闲，则必然在第 k+2 个时隙内发生碰撞。这里采用前面树形分裂算法的改进方案，由于 R 区间必定包括 2 个以上的分组，因此在第 k+1 个时隙结束时刻立即分解，得 RL 和 RR 两个相等的区间，其中，$\mathrm{RL}=\left[T(k+2),T(k+2)+\alpha(k+2)\right]$，$T(k+2)=T(k+1)+\alpha(k+1)$，$\alpha(k+2)=\frac{\alpha(k+1)}{2}$。这样如果在第 k+2 个时隙内传输成功，那么相应的第 k+3 个时隙中也将传输成功，此时一个 CRP 结束。

如果第 k+1 个时隙中发生了碰撞，那么这说明 L 区间至少有 2 个分组（由于 L 区间的碰撞没有给出任何关于 R 区间的信息，因此，将 R 区间划入等待区间内，这次冲突分解不再考虑 R 区间）。将 L 分为 LL 和 LR，其中$\mathrm{LL}=\left[T(k+2),T(k+2)+\alpha(k+2)\right]$，$T(k+2)=T(k+1)$，$\alpha(k+2)=\frac{1}{2}\alpha(k+1)$。在图 5-22（b）中，LL 和 LR 在第 k+2 个和第 k+3 个时隙都会成功传输，一个 CRP 结束。

5.5 预约多址接入协议

5.5.1 时隙预约多址接入

在前面介绍的几种随机多址接入技术中，可以看到它们共同的关键技术是如何最大限度地减少冲突，从而尽量提高信道利用率和系统吞吐量。本节要讨论的预约多址接入协议的要点就是最大限度地减少或消除随机因素，避免由发送竞争所带来的对信道资源的无秩序竞争，使系统能按各节点的业务需求合理地分配信道资源。所以，预约方式有时又称为按需分配方式。

预约方式要求在网络节点之间“隐式”或“显式”地交换预约控制信息。依据这些信息，各网络节点可以执行同一控制算法，以达到分布式控制操作的协调目的。预约控制信息的传输需要占用信道资源，因此，预约控制信息的多少反映了多址接入协议开销的多少。依据这种开销形式的不同，预约方式可分为隐式预约方式和显式预约方式。

在随机分配多址接入协议中，当分组发生碰撞时，整个分组都会被破坏。若分组较长，则信道的利用率较低。当分组较长时，可以在分组传输之前以一定的准则发送一个很短的预约分组，为分组预约一定的系统资源。如果预约分组被成功传输，那么该分组可在预约到的系统资源（频率、时隙等）中无冲突地传输。由于预约分组所浪费的信道容量很小，因而提高了系统效率。

设分组的长度为 1，预约分组的长度为 v，在预约区间内，预约分组的最大通过量为 S_{r}，则在单位时间内分组的最大通过量为 $S=\frac{1}{1+v/S_{\mathrm{r}}}$。

5.5.2　时隙预约多址接入协议

时隙预约多址接入协议的帧格式如图 5-23（a）所示，它采用与 TDMA 类似的帧结构，一帧中有一个预约区间（其长度 $A = mv$），该预约区间由 m 个小的预约时隙组成，该区间为每个节点固定分配一个预约时隙。一帧中的另一部分为数据区间，它由若干分组的传输时隙（时隙的长度等于每个分组的长度）组成。这种多址接入协议常用于卫星通信系统中，在卫星通信系统中，传播时延很大，若采用随机竞争的方式，则会导致冲突分解过程很慢。设卫星链路的来回传播时延为 2β，则最小帧长应大于 2β，这样在当前帧中传输的预约分组将用于预约下一帧中的分组传输的时隙。或者说，在当前帧中进行预约的分组在下一帧中才能进行传输，如图 5-23（b）所示。

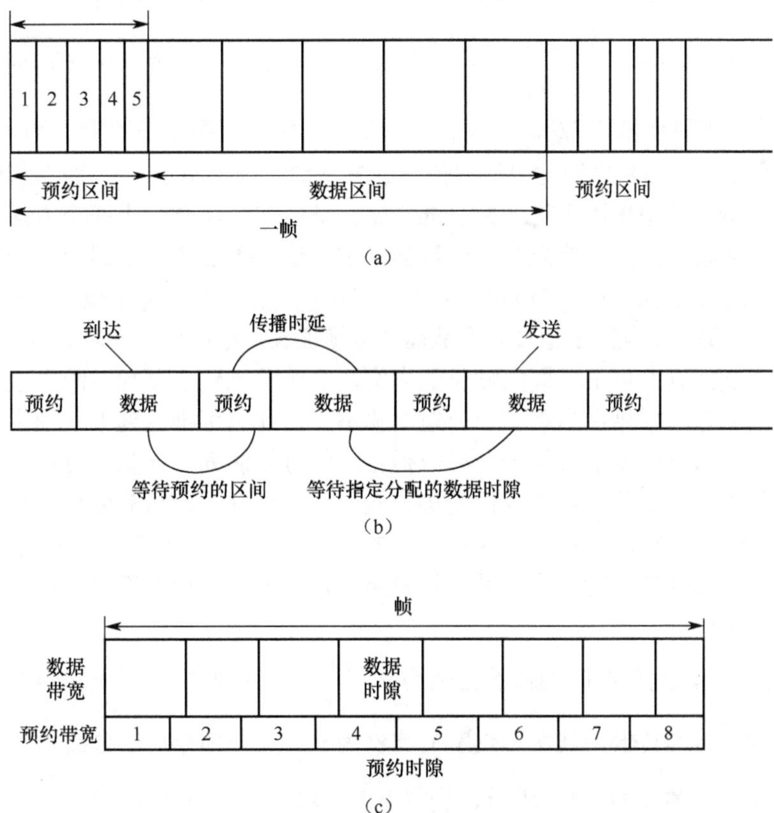

图 5-23　时隙预约多址接入协议

假定每个预约时隙是预约一个分组传输的时隙，这时系统可达到的最大吞吐量为 $1/(1+v)$。如果假定每个预约时隙是预约多个分组传输的时隙，这时帧较长，那么预约区间所占的比例很小，因而系统的利用率将趋于 1。

假定分组的到达是 Poisson 到达，分组的平均长度 $\bar{X}=1$（$1/\mu=1$）。若每个预约的分组可以在当前帧中预约多个分组的传输，则该系统等同于采用预约方式的单用户闸门型系统。传播时延的影响使得在卫星通信系统中当前帧中预约的分组只能在下一帧中进行传输，因此在卫星通信系统中，第 i 个分组的平均等待时延为

$$E\{W_i\}=E\{R_i\}+\frac{E\{N_i\}}{\mu}+2A \tag{5-39}$$

式中，R_i 为第 i 个用户到达时的剩余服务时间，N_i 为第 i 个用户到达时处于等待状态（排队）的分组数，$A=mv$ 为预约区间的平均长度。式中的 $2A$ 表示在卫星通信系统中，分组必须经历两个预约区间后才能进行传输。利用第 4 章中式（4-84）的结果，可以得到系统的平均等待时延为

$$W=\frac{\lambda\overline{X}^2}{2(1-\lambda)}+\frac{A}{2}+\frac{2A}{1-\lambda} \tag{5-40}$$

在式（5-40）的求解过程中忽略了卫星通信系统的来回传播时延 2β。由于通常卫星信道的来回传播时延 2β 的值远远大于预约区间的平均长度 A 的取值，因此只有当 λ 非常接近 1 时，W 的值才可能大于 2β（$W=\frac{\lambda\overline{X}^2+(1-\lambda)A+4A}{2(1-\lambda)}$，只有当 λ 趋于 1 时，W 才可能得到一个比较大的值，此时认为该值可以和 2β 做比较且大于 2β）。然而在实际系统中，λ 的值是不应该趋于 1 的，所以由式（5-40）求得的卫星通信系统的平均时延并不是一个很好的近似值。

在上面的分析过程中采用了可变帧长的方案，该方案可能会带来两个方面的问题：一是如果某些节点在接收预约分配信息时发生错误，那么这些节点将无法跟踪下一个预约区间，即出现不同用户之间的不同步，这时系统将无法工作；二是系统中会出现不公平的现象，非常繁忙的节点可能在每帧中预约了很多时隙从而使得帧很长，这样会使许多节点无法接入系统。

为了解决上述问题，可采用固定帧长的方案，每个节点仍在预约时隙中进行预约，每个节点有一个预约时隙。如果在当前帧中分组传输不完，那么可推迟到下一帧中进行传输。这样从概念上讲，在系统中就形成了一个已获得预约的分组队列，该队列可以采用某种服务规则进行服务，如先到先服务、轮询或优先等方式。只要已获得预约的分组队列不空，在每个数据时隙中就有分组传输，并且服务规则和分组长度无关，且平均时延与服务规则无关。

直接对该系统的性能进行分析仍是比较复杂的，对原模型稍做修改，可以得到一个很好的简单近似分析结果。

假定帧长为 2β，则预约区间占的比例为 $\gamma=\frac{mv}{2\beta}$。现在假定把系统的带宽分为两部分：一部分用于预约分组的传输，其所占带宽的比例为 γ；另一部分用于分组的传输，其所占带宽的比例为 $1-\gamma$，如图 5-23（c）所示。从图中可以看出，每个预约分组的传输时间为 $\frac{2\beta}{m}$，接收到预约分配信息（应答）所需的时延为 2β。而一个新到达的分组平均要等待 $\frac{2\beta}{2}$ 才能开始进行预约分组的传输，因此一个分组从它到达系统到获得预约分配信息（或加入已获得预约的公共分组队列）的平均时延（也称为预约时延）为 $\frac{2\beta}{2}+\frac{2\beta}{m}+2\beta=3\beta+\frac{2\beta}{m}$。

假定已获得预约的公共分组队列是 Poisson 到达，其平均分组的传输服务时间 $\frac{\overline{X}}{1-\gamma}=\frac{1}{\mu}$，则 $\rho=\frac{\lambda}{\mu}=\frac{\lambda\overline{X}}{1-\gamma}$。该队列可用 M/G/1 队列来描述，它对应的等待时延为 $\frac{\lambda\overline{X^2}}{2(1-\rho)}$。因此，系统

总的等待时延为该等待时延与预约时延之和，即

$$W = 3\beta + \frac{2\beta}{m} + \frac{\lambda \overline{X^2}}{2(1-\rho)} \tag{5-41}$$

这种多址接入协议采用了专门的预约区间，为每个节点分配了一个预约时隙，这样就给节点数的增大和减小带来了困难。随着 m 的增大，预约将耗费越来越多的资源，可以采用下列改进方案。

（1）在预约的小时隙中采用竞争的方式，用于预约的小时隙数比节点数 m 要小得多。这样，当 m 较大且 λ 较小时，可以减小时延。

（2）不设专门的预约小时隙，当发送节点要发送一条消息（每条消息通常包括多个分组）时，发送节点在某个空闲时隙以该消息的第一个分组作为预约分组进行预约，如果预约成功，那么该节点就预约了后续各帧中相应的时隙，直至消息中的所有分组传输完毕。

（3）在一帧中为每个节点预先固定地分配一个时隙。当该节点无分组传输时，其他节点可以通过竞争的方式使用该时隙。但当该节点要使用该时隙时，它在自己的时隙上发送。如果发生碰撞，那么将不再允许其他节点使用该时隙。这种方法比较公平，但时延较大。

5.6　分组无线电网络

5.6.1　无冲突矢量

在分组无线电网络（Packet Radio Network，PRNET）中，每个节点不是与所有节点都直接相连的，或者说网络是多跳连通的，这是分组无线电网络与前面讨论的卫星通信网络、蜂窝移动通信网络、有线局域网的一个重要差别。

若用图来描述一个网络，则一个分组无线电网络的拓扑结构如图 5-24 所示。该拓扑结构可以用一个图 G=(N,L)来表示。其中，N 是节点的集合（每个节点用一个编号来表示），L 是链路的集合。对于每条链路(i, j)（起点为 i，终点为 j），若 $(i,j) \in L$，则意味着 i 可以到达 j，用 $i \rightarrow j$ 表示（j 可以直接收到 i 的分组）。在有些情况下有 $i \rightarrow j$，但没有 $j \rightarrow i$（j 不能到达 i），因而 $(j,i) \notin L$，即 i 与 j 之间的链路是单向链路（或是非对称的）。图 5-24 所示为一个具有对称链路的分组无线电网络的拓扑结构。该图由 5 个节点组成，节点的集合为 N={1, 2, 3, 4, 5}，其链路的集合为 L={ (1, 2), (1, 3), (2, 4), (4, 3), (3, 5)}。

在 PRNET 中，i 发送的分组能被 j 正确接收的充要条件是：

（1）存在 $i \rightarrow j$ 的链路；

（2）当 i 发送时，没有其他节点 k 在发送；

（3）i 发送时，j 本身未发送，即节点 j 处于接收状态。

由于 PRNET 具有多跳连通特性，因此在 PRNET 中可以同时有多条链路传输而不会相互影响。但某些链路不能同时传输，否则会在节点 1 和节点 4 处发生碰撞。为了避免不同链路传输之间的碰撞，定义一个无冲突的链路集合，在该集合中，所有链路都可以同时传输，且在各接收节点处不会发生碰撞。例如，{(1, 2), (3, 4)}和{(2, 1), (5, 3)}都是无冲突的链路集合。

把图 G 中的所有链路按顺序排列，并将无冲突的链路集合与该链路序列构成的矢量相联系。如果某链路属于该无冲突的链路集合，那么在该矢量中，该链路对应的分量取 1。如果

某链路不属于该无冲突的链路集合，那么在该矢量中，该链路对应的分量取 0。这样构成的矢量称为无冲突矢量（Collision Free Vector，CFV）。表 5-1 所示为与图 5-24 对应的无冲突矢量。

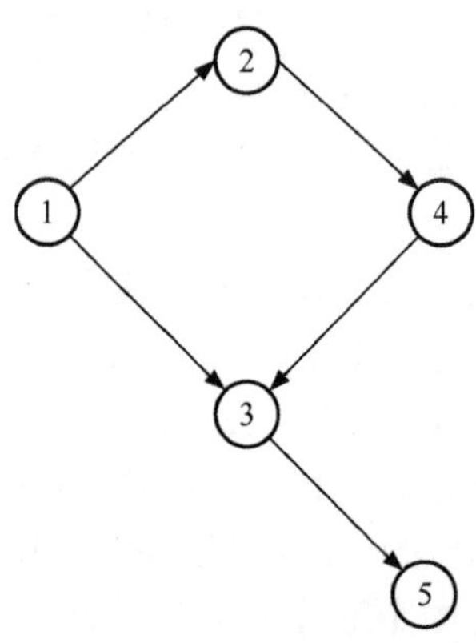

图 5-24 分组无线电网络的拓扑结构

表 5-1 与图 5-24 对应的无冲突矢量（CFV）

链 路	(1, 2)	(2, 1)	(1, 3)	(3, 1)	(2, 4)	(4, 2)	(3, 4)	(4, 3)	(3, 5)	(5, 3)
CFV1	1	0	0	0	0	0	1	0	0	0
CFV2	1	0	0	0	0	0	0	0	1	0
CFV3	0	1	0	0	0	0	0	1	0	0
CFV4	0	1	0	0	0	0	0	0	0	1
…										

5.6.2 时分复用（TDM）在分组无线电网络中的应用

在分组无线电网络中，选择一组无冲突的链路集合$\left(X_1, X_2, \cdots, X_J\right)$，以 TDM 的方式在一帧中为每个无冲突的链路集合分配一个时隙，如图 5-25（a）所示。在该方式的每个时隙中，传输的链路都不会发生碰撞，此时每条链路的利用率即为每条链路在这一组 CFV 中出现的次数除以 CFV 的数目（J）。

上述方法可以进一步推广，可以在一帧内为一个无冲突的链路集合分配多个时隙，例如，X_1可占 2 个时隙，X_3可占 3 个时隙等，如图 5-25（b）所示。此时，每条链路的利用率即为一帧中每条链路出现的总次数除以一帧的时隙数。

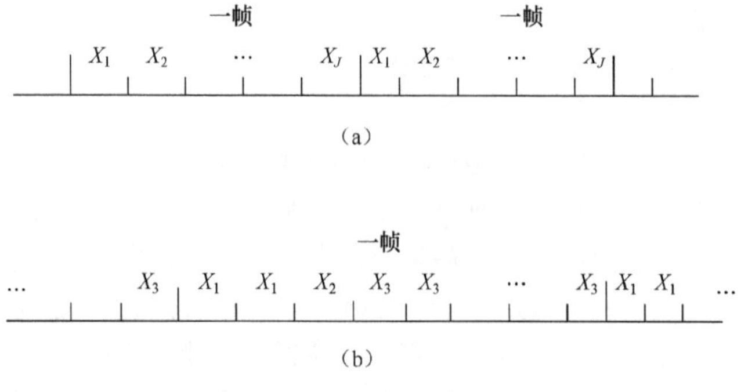

图 5-25 TDM 在 PRNET 中的应用

在 PRNET 中应用 TDM 方式的主要缺点是：当负载较小时，时延较大。此外，在 PRNET 中，节点通常是移动的，或者说网络拓扑是动态变化的，这会导致无冲突的链路集合经常改变，这就要求 TDM 的帧结构不断变化。要使 TDM 的帧结构可不断适应网络拓扑的变化，这通常是很困难的。另外，当网络节点增多时，无冲突的链路集合的数目随着节点数目的增大呈指数增长，这将大幅增加求解无冲突的链路集合的难度。

习 题 5

5.1 固定分配多址接入协议的优点和缺点是什么？

5.2 在 ALOHA 协议中，为什么会出现稳定平衡点和不稳定平衡点？重传频率对系统的性能有何影响？

5.3 设信道的传输速率为 9600b/s，分组长度为 804bit，当 G=0.75 时，纯 ALOHA 系统的吞吐量为多少？

5.4 n 个节点共享一个 9600b/s 的信道，每个节点以每 100s 产生一个 1000bit 分组的平均速率发送分组。试求在纯 ALOHA 系统和时隙 ALOHA 系统中允许的系统用户数 N 的最大值。

5.5 什么是稳定的多址接入协议？使用伪贝叶斯算法的时隙 ALOHA 协议是不是稳定的多址接入协议？若是，则其稳定的最大吞吐量是多少？

5.6 CSMA 协议的基本原理是什么？与 ALOHA 系统相比，为什么 CSMA 系统有可能获得更大的系统吞吐量？

5.7 CSMA 系统主要依据什么问题的处理决策来区分三种类型的 CSMA 协议？说明它们各自的关键技术和特点。

5.8 CSMA 接入方法有什么应用环境限制？在卫星通信信道上能采用 CSMA 接入方法吗？为什么？

5.9 假设有以下两个 CSMA/CD 网络：网络 A 是 LAN（局域网），传输速率为 5Mb/s，电缆长 1km，分组长度为 1000bit；网络 B 是 MAN（城域网），电缆长 50km，分组长度为 1000bit。网络 B 需要多大的传输速率才能使得其吞吐量与网络 A 的相同？

5.10 K 个节点共享 10Mb/s 的总线电缆，用 CSMA/CD 协议作为访问协议（以太网 LAN）。总线长 500m，分组长为 L bit，假设网络上的 K 个节点总有业务准备传输（重负荷情况），P 是竞争时隙中的一个节点发送分组的概率。令 K=10，传播速度是 3×10^8m/s，求竞争周期的平均时隙数、竞争周期的平均持续时间及以下两种情况下的信道利用率：

（1）L=100bit；

（2）L=1000bit。

5.11 试给出图 5-26 所示网络中的无冲突矢量集合。

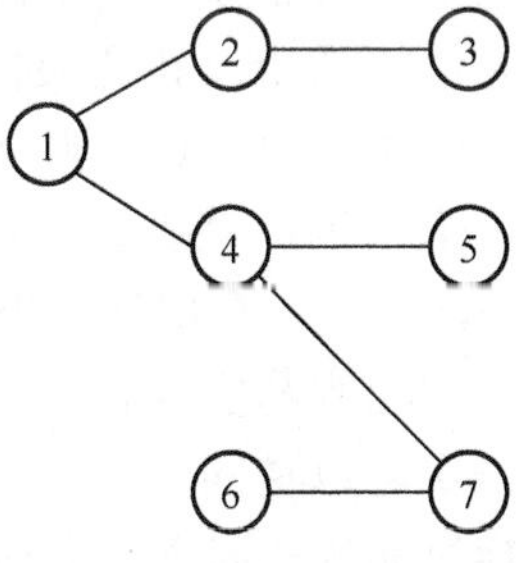

图 5-26　习题 5.11 图

第6章 交换技术

通信网采用某种传输交换体制，并为用户的消息或分组选择最佳的传输路径，从而使用户的消息或分组在一个子网内跨越多个网络时能快速、可靠、安全地传输给对方，同时避免网络中的某条链路、某个子网或整个网络发生拥挤和阻塞，保证网络稳定运行，这些都属于交换技术的范畴。

6.1 交换技术概述

现代通信网使用交换设备来连接用户，交换设备根据用户请求来完成两个用户间信道的建立和拆除。在通信技术的发展过程中，多种交换方式相继出现，如电路交换、报文交换、分组交换、异步传输模式（ATM）等。

电路交换采用公共控制方式，在源端和目的端之间实时地建立线路连接，专供两端用户通信。通信期间，信道一直被通信双方用户占用，通信结束后立即释放。端对端物理电路由若干条中间电路交换机连接起来的传输链路组成，链路可以是时分复用系统中的时隙，也可以是频分复用系统中的频带。电路交换支持语音通信，特别适用于语音通信之类的交互式实时通信。电路交换网也可用来传输数据，其信息传输时延小且一次接续的传输时延不变。信息在数据通路中的传输是透明的，即交换机不对用户数据进行存储、分析和处理。交换机在处理信息方面的开销较小，信息传输效率较高，信息编码方法和信息格式不受限制。但是，其电路接续时间较长，短报文通信效率低，网络资源（线路和交换设备）不能被充分利用，当其被通信双方占用时，只能拒呼，造成呼损的结果。电路交换对传输信息量较大、通信对象又比较确定的用户来说，是非常合适的。统计结果表明，通信过程的一半以上时间，线路都是空闲的，而且通信双方需要在信息传输速率、编码格式、同步方式、通信规程等方面完全兼容，这限制了不同速率、不同编码格式、不同通信规程的用户终端设备之间的互通。

报文交换是适用于公众电报和电子信箱业务的交换技术，其基本原理是“存储—转发”。当一个报文数据信息传输到交换点时，接通用户和交换机，把信息存储起来，交换机根据报文中的目的地址确定路径，经过自动处理，再将信息发送到待发的线路上排队。一旦输出线路空闲，就立即将该报文送到下一个交换机，最后送到终点用户。报文交换的主要特征是用户信息要经由交换机进行存储和处理，报文以存储转发方式通过交换机，故其输入/输出电路的速率、电码格式等可以存在差异，因而容易实现各种不同类型终端间的相互通信。由于没有电路接续过程，因此不同的用户报文可以在同一条线路上多路复用，提高了线路利用率，无须呼叫对方，没有呼损，可由交换机实现一点多址传输，即实现所谓的同文报通信。报文交换的主要缺点是时延大且其变化范围大，如果报文很长，那么要进行高速处理和大容量存储，故设备庞大且昂贵。

利用报文交换的“存储—转发”原理，分组交换采用不同数据长度的终端，通过非专用的许多逻辑子信道，将信息分为等长的数据分组或信息包，再加上包含目的地址、分组编号、控制比特等的分组头，沿不同路径进行数据的快速交换，在接收端用分组编号重新组装成原始信息。分组交换的基本思想是实现通信资源的共享，网络中任意一对终端间存在好几条通路，同一信息的各分组可实现并行传输，因而大大缩短了信息通过网络的时间，从而满足了语音通信等实时通信业务对电路交换的要求，而且具备报文交换的线路利用率高的特性。分组通信的实质是依靠高处理能力的计算机来充分利用宝贵的通信信道资源。

具体而言，分组交换具有如下优点。

（1）能向用户提供不同数据终端间灵活的通信环境。这些数据终端可以具有不同的传输速率、不同的编码格式、不同的同步方式和不同的通信规程。

（2）能实现线路的动态统计时分复用，在一条物理线路上可以同时提供多条信息通路，中继线和用户线的利用率都很高。

（3）信息的传输时延较小且变化范围不大，较好地满足实时通信的要求，为实现快速响应的交互式通信提供了可能。

（4）可靠性好。每个分组在网络中传输时，可以在用户线和中继线上分段独立实施差错控制，使得传输中的误码率大大降低，可达 10^{-10} 以下。另外，由于网络中传输信息路径可变动，能自动避开故障通路，因此不会因局部故障而中断通信。

分组交换的不足之处在于要想保证分组正确传输，需加控制信息（分组头），这会增加开销，从而降低了传输效率。尤其是较长的报文，分组交换的传输效率还不如报文交换和电路交换。分组交换技术复杂，而且要求交换机有较好的信息处理能力。

分组交换是数据通信与计算机相结合的产物，分组交换网的节点就是一部专用计算机。因此，当计算机的信息处理速度足够快时，分组处理传输时间就很短，可以进行实时通信，一般分组通过网络的时间可以达到小于 0.2s。

6.2 分组交换

6.2.1 分组交换原理

用分组装拆设备 PAD 将用户数据分成等长的数据块（称为分组或包），按照统计时分复用（动态分配）的方法按需分配信道，通过网络进行交织传输。分组交换包含的子过程如下。

1. 统计时分复用（STDM）

统计时分复用（Statistical Time Division Multiplexing，STDM）是一种在用户有数据要传输时才分配资源的按需分配（动态分配）信道的方法，其原理如图 6-1 所示。

终端、线路、接口除要实现对时分复用（TDM）的用户数据进行分组或将其还原成原信息数据流等功能外，还要实现以下两个功能：

（1）对数据进行缓冲存储；

（2）对信息流进行控制。

这两个功能用来解决用户争用线路资源时产生的冲突，是用具有存储功能和处理能力的专用通信计算机信息接口处理机（IMP）来实现的，能为各用户终端动态地分配通信线路资源。图 6-1 显示了 n 个终端根据统计时分复用方式来共享线路传输资源的情况。每个终端在发送数据时，按需分配线路资源，而不是像预分配资源的 TDM 那样，依据线路传输的时间，轮流给每个用户分配一个固定的时隙。一旦停发数据，线路就另作他用。因此，这种动态分配线路资源的方式可在同样传输能力的条件下传输更多的信息。另外，根据用户实际需要分配资源，可允许每个用户的传输速率高于其平均传输速率，最高可达到线路总传输能力。例如，4 个用户信息在速率为 9.6kb/s 的线路上传输，平均传输速率为 2.4kb/s。对预分配的 TDM，每个用户的最高传输速率为 2.4kb/s。对于 STDM，每个用户的最高传输速率则可高达 9.6kb/s。

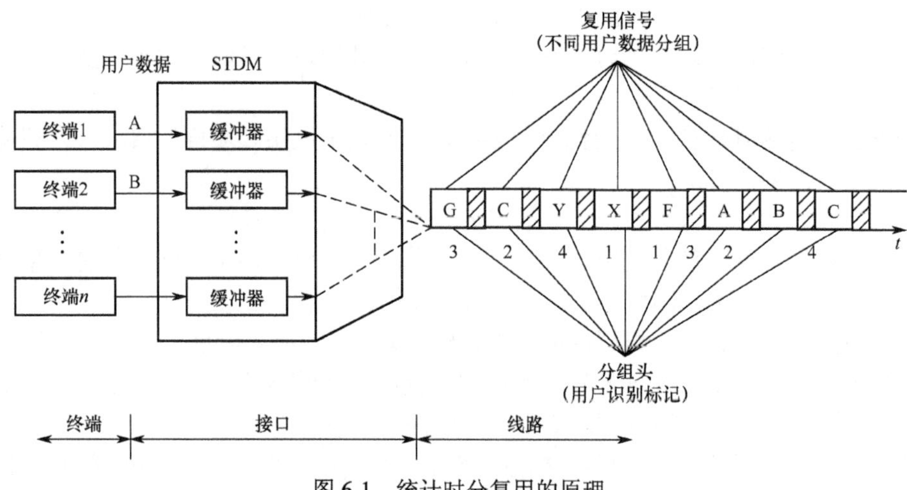

图 6-1 统计时分复用的原理

执行统计时分复用功能的接口专用计算机接收到来自终端的用户数据之后，首先将其存入输入缓冲器，形成一个数据组，并加上“标记”。然后，各数据组按到达的次序排队，形成一条通信线路队列，按照 FIFO 原则连续地从队列中取出数据组向线路上发送，直至缓冲器为空，待队列中出现了新的数据组时又立即发送。最后，在统计时分复用方式下，传输线路上形成了各用户数据组的交织传输。虽然没有给各用户分配物理上的专用子信道，但由于各数据分组有编号标记，因此在传输线路上能将其严格区分开来。这就相当于在逻辑上把线路分成许多子信道，称为逻辑信道（逻辑信道号可以独立于终端编号）。逻辑信道为终端用户提供独立的数据通路，它作为线路的一种资源，可以在终端要求通信时由 STDM 分配给用户。该过程可以用图 6-2 表示，图中的逻辑信道号 255、254、201 兼作各终端送出数据的标记。对于同一个终端，每次呼叫可以分配不同的逻辑信道号。但在同一次呼叫接续中，来自某一终端的数据的逻辑信道号应相同。用线路的逻辑信道号做“标记”比用终端号更加灵活方便，这样，一个终端可以同时通过网络建立多条数据通路。STDM 给每条数据通路分配了一个逻辑信道号，并在 STDM 中建立了终端号和逻辑信道号的对照表，因此，根据逻辑信道号就能识别是哪个终端发来的用户数据。

2．分组的形成和传输

为了提高复用效率，将终端用户数据截断成段，并在每段加上由逻辑信道号等控制信息组成的归一化的短信息单元，称为分组或包。分组的形成过程与其典型格式如图 6-3 所示。分组头在分组中所占的比例要适当，在保证误码性能的前提下，应尽量减小额外开销。

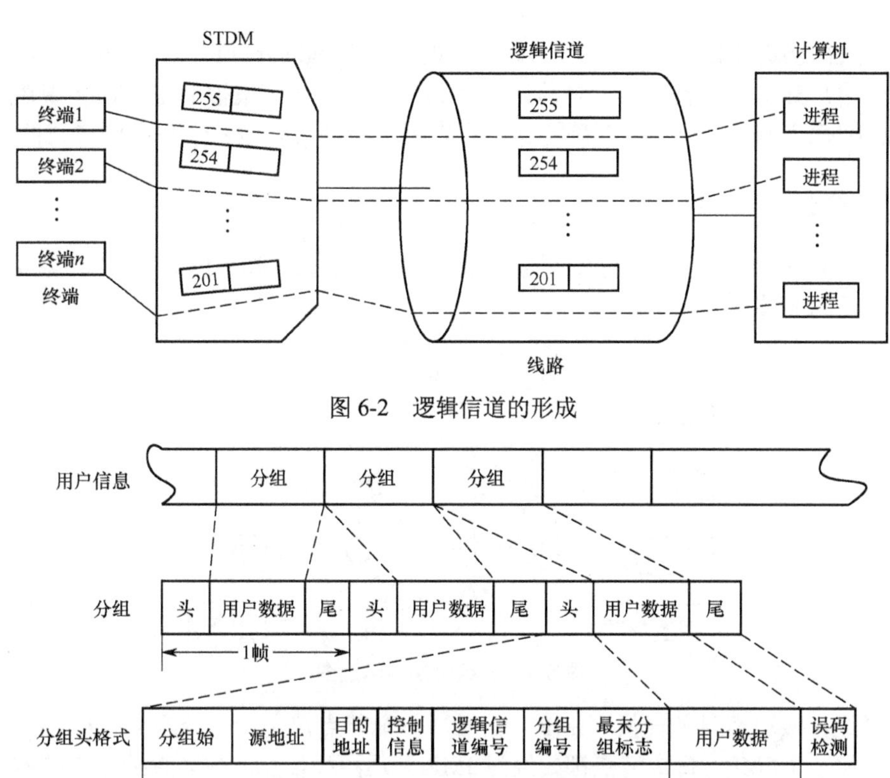

图 6-2　逻辑信道的形成

图 6-3　分组的形成过程与其典型格式

为了保证分组在网络中可靠地传输和交换，除用户数据分组外，还要有用于网络通信联络的控制分组。分组头中的控制信息应该能反映各种不同结构分组的类别。

来自字符型终端的用户数据通过分组装拆设备 PAD 生成分组，接着由分组传输设备 PT 将分组装配成具有帧头、帧尾的帧，形成完全的帧格式并发送到线路上。但是，在 PT 中保留所发帧的备份，等待网络的证实。同时 PAD 继续接收终端字符，并生成分组。当网络交换机收到第 1 帧后，会进行正确性检查，然后，通过反向信道给 PT 回送证实信息，PT 得知分组已被正确接收后，就自动清除备份。若全部用户信息发送完毕且 PAD 从网络中确认所有分组均已被正确接收，则传输停止。分组证实可由网络完成，也可在本地进行证实，这取决于用户要求和网络设计。一旦通信的乙方的 PT 和 PAD 从网络接收到了要求发送的信息，PT 就进行帧还原，去掉帧头和帧尾；PAD 执行分组拆卸功能，将发送字符终端送来的分组中的用户数据，以字符为单位分别送给接收终端。

3．分组的交换

源终端发送的用户数据以分组形式，沿着各自的逻辑子信道，经过网络节点和中继线到达其目的终端的用户。网络中按一定拓扑结构连接的节点由一台或多台分组交换机构成。分组交换机具有许多端口，从某一端口接收分组，并根据分组头中的终点地址等信息来选择另一端口并发送出去。当然，也可通过同一端口同时接收和发送数据。一个采用分组交换的公共数据网，对用户来说有两种业务方式。

一种是数据报（Datagram）方式，该方式是将每个数据分组当成一份独立的报文，沿不同的路径通过网络送往目的节点。另一种是虚电路（Virtual Circuit）方式，在虚电路方式中，在两个通信用户开始相互收发数据之前，网络为用户提供一条虚拟的电路，实现逻辑上的连接。交换机在每个节点对一次呼叫确定路径，实际电路则可以是若干条不同链路的组合。

6.2.2 分组交换网

图 6-4 所示为分组交换网示意图，是一个连接 8 台数据终端（PCM 语音终端或计算机）或终端控制器的 8 节点分组交换网。

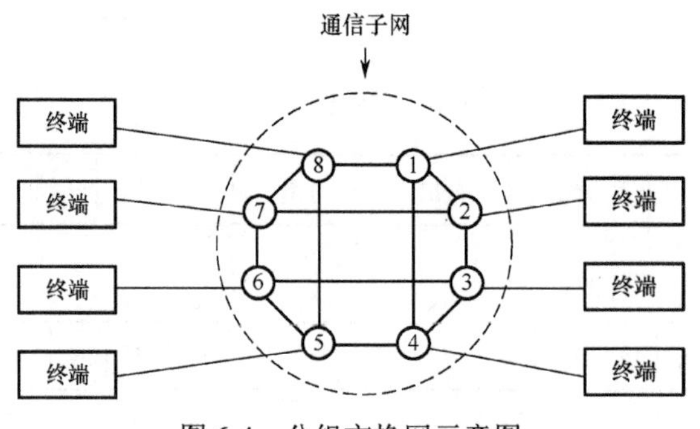

图 6-4 分组交换网示意图

各终端经由接口信息处理机（IMP）进网，每个节点都是一个分组交换中心，包含一台分组交换机和一个 IMP。每个节点都要经过 IMP 处理两种信息：与之直接相连的本地终端信息和来自其他节点的远地信息。将本地节点分组和异地节点分组一起按到达次序置入队列（缓存器），排队等候处理。IMP 对队列最前面的分组进行目的节点地址识别，若该分组的目的节点地址码与本节点的地址码相符，则将其送进 PAD 设备进行分组拆装。否则，就执行路径选择程序把分组送到该去的节点，置于相应的信道输出队列中并输出。显然，上述过程属于 OSI 模型的高功能层范畴，通常把信息格式及应答程序统称为传输链路规程或链路协议。图 6-5 所示为节点存储-转发流程图的一种方案。

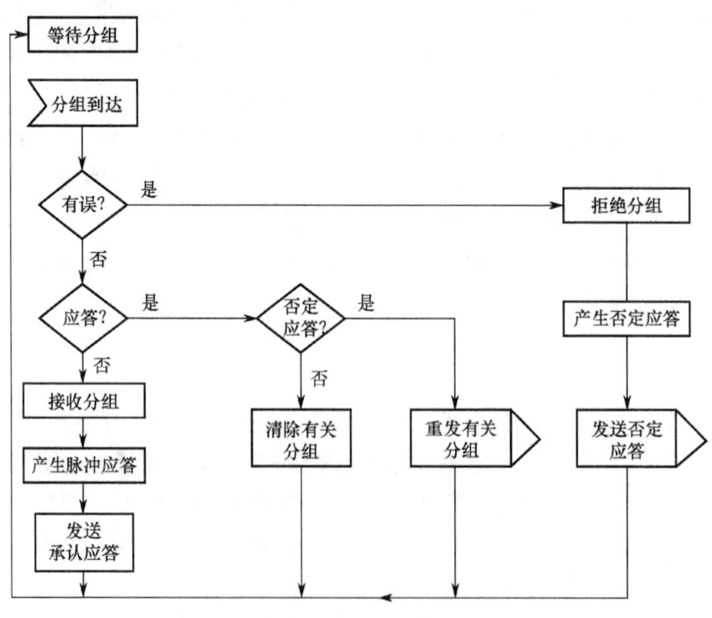

图 6-5 节点存储-转发流程图的一种方案

一个分组交换网的源节点到目的节点中间往往存在许多虚电路（VC），每条 VC 包含多个存储-转发节点。图 6-6 所示为一个 5 节点网，其源节点（S）和目的节点（D）之间的 3 条虚电路 VC1、VC2、VC3 皆从源节点 1 出发。VC1 穿越节点 2、4，到达节点 3，包含 1、2、4 这三个存储-转发节点。VC2 从节点 2 到达节点 3，包含 1、2 这两个存储-转发节点。VC3 从节点 4 到达节点 3，包含 1、4 这两个存储-转发节点。显然，VC1、VC2 在链路（1, 2）上重叠，VC1、VC3 在链路（4, 3）上重叠，因此，表示一个分组交换网的有效模型实为许多虚电路相互重叠和相互作用的互联队列构成的排队网。在这里只考虑任意一条 VC，可将其视为如图 6-7 所示的 M 个串接队列模型（每条虚电路的 M 的取值不同），它是单队列模型的发展，并称为流水线排队网。其虚电路上的平均分组到达率为 λ，称其为净外部到达率。每个服务机构的服务率分别为 μ_1，μ_2，…，μ_M，可将其视为一个服务机构（一条传输链路），是一个队列服务的最简单模型。每一队列的时延由排队时延（等待时间）和传输时延（服务时间）组成，传输时延取决于分组长度和传输链路容量（此处忽略了传播时延）。虚电路中的第 i（$1\leqslant i\leqslant M$）个队列的传输速率或容量为 μ_i 分组/s，此处不考虑沿虚电路的每条链路上的数据链路控制。在研究一条虚电路的情况下，仍然可能出现两条或多于两条 VC 共占一个节点和传输链路的情形，于是就产生了有多个分组的队列。所以，在图 6-7 所示的模型中，实际上沿虚电路到达的是各个队列的多个分组流，而在沿其自身虚电路向前移动时，离去的也是多个分组流。这些非本路的外加分组要占用链路的部分容量，使每个虚电路用户的可用容量减小了，这就是说，模型中相应的服务率 μ_i 变小了。

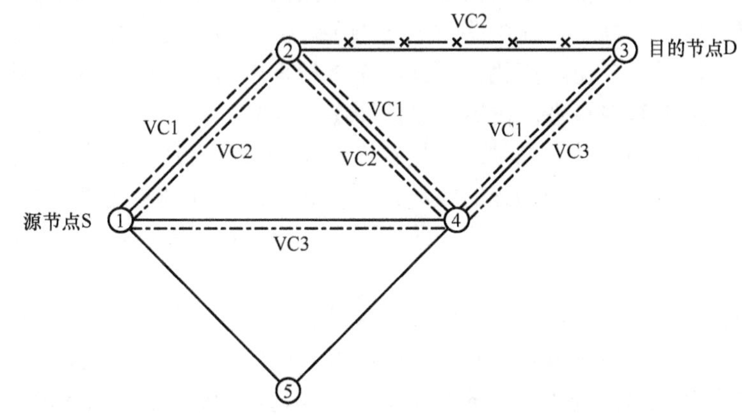

图 6-6 网络中的虚电路

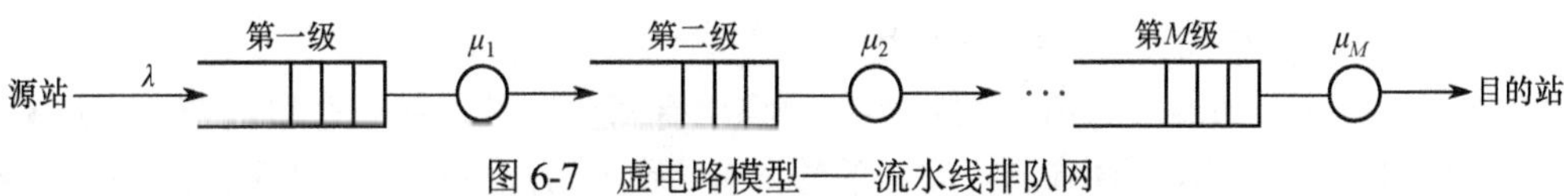

图 6-7 虚电路模型——流水线排队网

图 6-7 所示的模型分析过程一般很复杂，为此要做如下假设。

当不同的分组流统计复接到一条特定的出站链路上时，其中任意分组流的流量相对总分组流的流量很小，而且所有分组流的分组长度分布相同，这可认为一个分组沿其路径到达每个队列（$M\leqslant 16$）时，其长度是随机变化的。

若一个分组在穿越虚电路的一串队列过程中，每到一个新队列，分组长度（队长 L）按指数分布（其均值为 $1/\mu_i$）随机独立地变化，则图 6-7 所示的单一虚电路模型实际上就是多个相互独立的 M/M/1 队列的级联，根据排队论可求得这些队列的不同参数。因为分组长度的指数分布意味着从任意队列离去的分组满足泊松分布，下一节点相应为泊松到达。这样，流水线排队网就成了串接开放排队网的一个特例。

6.3 分组交换的路由

在通信网络中，网络层主要负责将两个终端系统经网络中的节点用数据链路连接起来，组成通信通路，实现两个终端系统之间数据的透明传输（所谓透明传输，是指发送端发送到网络接口的任何信息都会按照其原始的形式传输到接收端，网络不会修改其内容或将与该信息无关的内容发送给接收者）。网络层的功能包括寻址和选择路由，建立、保持和终止网络连接等。路由算法是网络层的核心问题，其主要功能是指引分组通过通信子网到达正确的目的节点，它包括两个方面的功能：第一是为不同的源节点和目的节点对（SD）选择一条传输路由；第二是在路由选择好以后，将源节点用户的消息正确地传输给目的节点。

在分组交换网中，每个分组都可以单独选择路由，也可以由若干分组构成的序列选择相同的路由。如果子网内部采用数据包的传输方式，那么对每个分组都要重新做路由选择。对于相同的源节点和目的节点来说，上次选择的最佳路由可能由于网络拓扑、负荷和拥塞等情况的变化而被改变。然而，如果子网内部采用虚电路的传输方式，那么仅需在建立虚电路时做一次路由选择，以后数据就在这条路由上传输了。由于网络的拓扑结构在运行中可能发生变化，而且信息的流量也在随时变化，因此一个能根据网络当前运行情况来选择路由的合适算法，将在很大程度上影响网络传输的可靠性和通信效率。

现在，网络设计者面临的问题是：采用什么策略来选择合适的路由，依据什么信息来进行这种选择，应该如何执行这种选择的策略，用什么标准来评判所选路由的好坏。这些都是后面需要讨论的问题。关于路由选择的目的和要求，归纳起来大致有以下几点。

（1）能正确、迅速、合理地传输分组信息。

（2）能适应由网络内节点或链路故障而引起的拓扑变化，能使分组在网络发生故障的情况下仍可到达终点。在发生故障时，允许某些链路的通信因过载而时延增大。

（3）能适应网络流量的变化，使各路由的流量均匀，使整个网络的通信设备负载平衡，充分发挥效率。

（4）算法尽量简单，以减小网络开销。

下面通过一个简单的例子，来看路由选择对网络性能的影响。

【例 6-1】 有一个如图 6-8 所示的网络，网络中有两个源节点和一个目的节点。所有链路的容量均为 10 个单位，两个源节点 1 和 2 的输入业务量分别为 λ_1 和 λ_2，试讨论：（1）当 $\lambda_1=\lambda_2=5$ 个单位时；（2）当 $\lambda_1=5$ 个单位、$\lambda_2=15$ 个单位时，路由选择对网络性能的影响。

解 （1）如果节点 1 选择 1→3→6，节点 2 选择 2→5→6，那么由于每条链路的业务量都只有链路容量的一半，因此时延很小。如果节点 1 选择 1→4→6，节点 2 选择 2→4→6，那么链路 4→6 运载的业务量为 10 个单位，达到了链路的最大容量，因而时延会很大。

（2）此时 $\lambda_1=5$ 个单位，$\lambda_2=15$ 个单位，节点 2 的输入业务量为 15 个单位。由于每条链路的容量仅为 10 个单位，因此在仅使用一条路由的情况下，节点 2 至少要丢弃 5 个单位的输入业务量。如果节点2将输入业务量在2→4→6和2→5→6之间分摊，节点1选择1→3→6，那么每条链路上的输入业务量都不超过链路容量的75%，因而分组的时延较小。

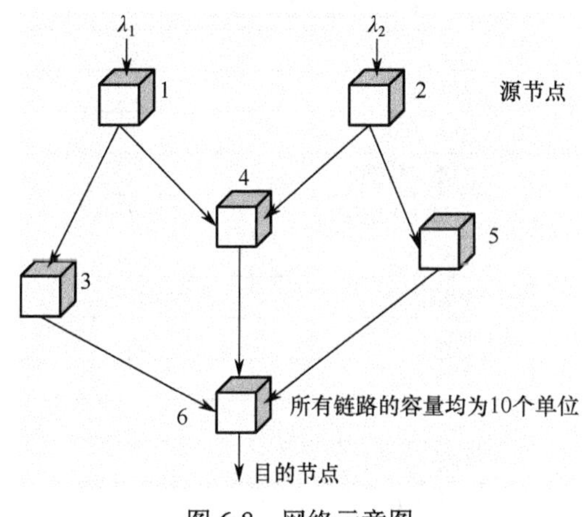

图6-8 网络示意图

从图6-8可以看出，当节点1和节点2输入的流量很大时，根据不同路由选择方法，网络可接纳的通过量为10～30个单位。

由此可以看出：一种路由算法在高的业务负载的情况下，在保证相同时延的条件下可以增大网络的通过量；在轻负荷和中等负荷的情况下，可以减小每个分组的平均时延。

6.3.1 路由算法的分类

路由算法执行两项主要功能：源节点和目的节点之间的路由选择；选定路由之后将分组传输到它们的目的地。第二项功能比较简单，它使用称为路由表的数据结构（路由表记录了从源节点到目的节点的路由信息，通常包括到目的节点必须经过的下一个节点或输出链路，以及该路由的有关质量和利用率的度量值）。一般在每个节点都设置一张路由表，用来决定分组的输出路由。路由表应根据网络的运行情况随时进行修改、更新。每个网络都有反映自己特色要求和修改路由表的原则，这些原则体现为一种算法。网络节点应根据所规定的算法，经过运算才能确定路由的选择。第一项功能通常包括一组在不同节点上运行的算法，这些算法相互之间交换必需的信息来互相支持，从而共同或单独决定一条传输路由。

路由算法的分类有多种方法，表6-1所示为路由算法的基本要素，这些要素可以用来对路由算法进行分类。(1) 如果按路由算法是否能随网络的业务量或拓扑的变化自适应地进行调整来划分，那么路由算法可分为两大类：非自适应路由算法和自适应路由算法。非自适应路由算法不根据实测或估计的网络当前业务量和拓扑结构来进行路由选择，例如，从某一节点i到节点j的路由对于节点i和j而言都是事先计算好的，在网络启动时就下载到网络节点（路由器）中，这一过程也称为静态路由选择，这种策略的最大优点是简单、开销小。(2) 如果按路由决策的方法来分，可分为两大类：集中式路由算法和分布式路由算法。集中式路由算法是指网络的路由是由路由控制中心计算的，该中心周期性地收集各链路的状态，经过路由计算后周期性地向各网络节点提供路由表。分布式路由算法是指网络中的所有节点通过相互交换路由信息，来独立地计算到达各节点的路由。(3) 如果按应用场合来分，可分为两大类：广域网路由和互联网路由。广域网中的路由主要用来解决一个子网内的路由问题，而互联网中的路由主要解决不同子网之间的路由问题。

表 6-1 路由算法的基本要素

分 类	要 素
决策地点	每一节点（分布式）
	中央节点（集中式）
	源节点
	节点子集
决策时间	分组（数据报）
	会话（虚电路）
性能准则	链路数
	设施代价
	时延
	吞吐量
网络信息源（与路由选择有关的信息）	无
	本地
	相邻节点
	路由上的节点
	所有节点
路由选择策略	静态，简单类算法
	自适应，更新时间：连续变更、周期性变更、主要负载改变时、拓扑改变时

6.3.2 对路由算法的要求

一种理想的路由算法应具有以下特点。

（1）正确性：算法必须是正确的。沿着各节点（路由器）中路由表所指引的路由，分组一定能够最终到达目的节点（路由器），并且，分组到达目的节点后不会再向其他节点（路由器）转发该分组。

（2）计算简单：算法应使用节点上最少的运行资源，这样可以节省开销、减小时延，而且应该尽量少使用节点间链路的带宽。如果为了计算合适的路由而必须使用其他节点发来的大量状态信息，那么额外开销会较大。

（3）自适应性：又可称为“稳健性”或“鲁棒性”（robustness），即算法能够适应网络业务量和拓扑的变化。当网络总的业务量发生变化时，算法能自适应地改变路由。当节点、链路出现故障或修复后重新开始工作时，算法应能及时找到一条替换的路由。

（4）稳定性：算法必须收敛，当业务负载和拓扑变化时，没有过多的振荡。所谓振荡，是指算法得出的整个或部分路由在多条可能路由之间来回不停地变化，而不会稳定在一条可能的路由上。

（5）公平性：算法对所有用户必须是等同的。例如，若仅考虑使某一对用户的端到端时延最小，则它们就可能占用相对较多的网络资源，这样就明显不符合公平性的要求。

（6）最优性：路由算法应该能提供最佳路由，从而使平均分组时延最小、吞吐量最大或可靠性最高。这里的“最佳”是由多个因素决定的，如链路长度、数据率、链路容量、传输时延、节点缓冲区被占用的程度、链路的差错率、分组的丢头率等。显然不存在一种绝对最佳的路由算法，所谓“最佳”，只能是相对于某种特定准则要求下得出的较合理的选择而已。

实际上没有一种算法能全部满足上述要求，有的要求甚至可能是矛盾的。例如，要使吞吐量最大，就可能会增大时延。然而，路由选择的效能可能导致时延随吞吐量的增大而增大，而且一种好的算法可能在一个较好的吞吐量门限的情况下，网络的时延较小，而在这个门限值以上时的时延过大，这时就必须进行流量控制，以保证网络尽量工作在门限值以下。

6.3.3 路由算法的实现——路由表

节点上的路由表指明了该节点应该如何选择分组的传输路由，在如图 6-9 所示的网络拓扑举例中，节点上的路由表举例如表 6-2 所示。

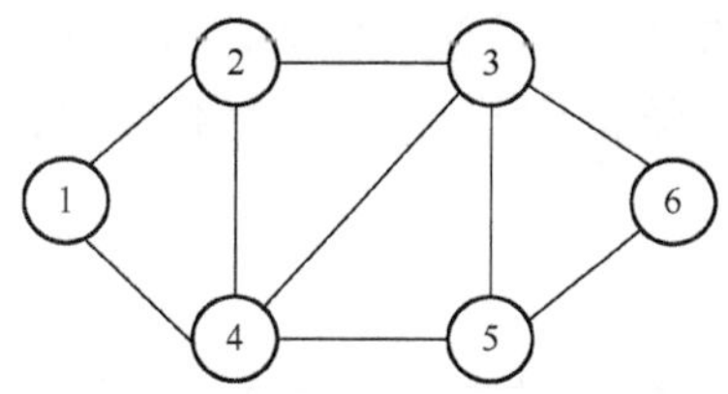

图 6-9 网络拓扑举例

表 6-2 节点上的路由表举例

节点 1 上的路由表						节点 4 上的路由表					
目的节点	2	3	4	5	6	目的节点	1	2	3	5	6
下一个节点	2	2	4	4	2	下一个节点	1	2	3	5	5

上述路由选择的原则是使到达目的节点的链路数（中转的次数或跳数）最少。当存在两条以上具有相同链路数的最少链路数路由时，可以选择其中任意一条。路由表对每个目的节点指出分组应发向的下一个节点（输出链路）。

在分布式路由计算过程中，各节点中关于某一对节点的路由信息可能不一致。不一致的路由表可能导致乒乓效应，产生环路等现象。例如，若节点 i 上的路由表指出到目的节点 m 的最佳路由是通过下一个节点 j，而节点 j 上的路由表又指出下一个最佳节点是 i，则分组就会在节点 i 和 j 之间来回发送。当采用分布式路由算法时，特别是在适应网络变化的过程中，很难消除暂时出现的路由环路。

路由表建立起来之后，在进行路由选择时只是简单地查找路由表中的信息，无须再计算。然而对自适应路由选择来说，会有相当数量的计算来维持这张路由表。

通常路由表还包含一些附加信息，如基于最少链路数准则的算法可能包括到达目的节点的估计链路数，这样表 6-2 所示的路由表要修改为表 6-3 所示的形式。

表 6-3 包含最少链路数的节点 1 上的路由表

目的节点	2	3	4	5	6
下一个节点	2	2	4	4	2
链路数	1	2	1	2	3

6.3.4 路由选择与流量控制的关系

路由算法确定数据从源节点到目的节点传输的路由，而流量控制算法限制允许到达某数据链路或网络某部分的业务量，以防止这些链路或网络的某部分过分拥挤。这两种算法往往要分别研究，但实际上它们是密切相关的，因为若路由算法把太多的业务量引导到同一区域内，则可能引发拥挤，从而需要采用流量控制算法。

路由选择与流量控制（简称流控）之间的关系如图 6-10 所示。流控用来控制网络的吞吐量，网络的吞吐量影响路由的选择，路由的选择又影响网络分组传输的时延，而这一时延又影响流控所允许进入网络的业务量，可能进一步影响时延。路由选择和流控总是处于这种动态的交互协调之中。路由算法应当将网络中的分组时延维持在很低的水平上。由于存在时延，流控算法通过平衡吞吐量和时延的关系，采取必要措施来拒绝一些可能会引起网络阻塞的业务，好的流控算法应当允许更多的业务流进入网络。时延和吞吐量之间的严格平衡将由流控算法决定，而路由算法将决定不同的吞吐量对应的时延曲线。

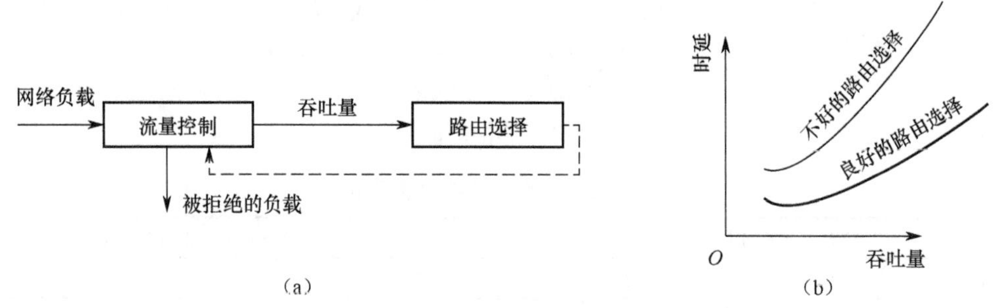

图 6-10　路由选择和流量控制之间的关系

6.4　常用的路由算法

不同的应用场合对路由算法有不同的要求，正如前面讨论的那样，广域网中的路由主要解决子网内分组的传输路由问题，它主要包括三种路由算法：广播、最短路由和最佳路由。而在互联网中则主要采用分层的网络，另外还有一类网络是 Ad Hoc 网络，它是一种分布式的 PRNET 网络，该网络使用了多种形式的路由算法。下面分别介绍这几种网络中的路由算法。

6.4.1　广域网中的路由算法

1．广播（Broadcast）

广播是通信网中最常用的路由算法，它用来传播公共信息拓扑变化信息（包括节点链路的变化和故障等信息）。广播分组的接收节点通常是全网的所有成员，如果接收节点仅为一个或部分网络节点，那么称为多播（multicast）。广播时采用的路由算法可以有多种，如泛洪（flooding）路由算法、生成树（spanningtree）的广播等。当然也可以逐一地把要广播的分组按照点对点的路由算法（unicast）发送给每个目的节点，但这种方法可能会浪费大量的网络资源，并且广播节点需要知道全网所有节点的路由信息。

泛洪路由算法的基本思想是源节点（发起广播的节点）将消息以分组的形式发给其相邻的节点，相邻的节点再转发给它们的相邻节点，继续下去，直至分组到达网络中的所有节点。为了减少分组的传输次数，需要两条附加规则。

（1）若节点 B 从节点 A 收到一个广播分组，则 B 不会将该广播分组再转发给 A。

（2）每个节点仅将相同的广播分组转发给相邻节点最多一次。具体的实现方法是：源节点广播的每个分组都有一个标识符（ID）和序号，每发送一个新的分组，序号加 1。每个节点在收到一个广播分组后，要检查该分组的标识符和序号，若该分组的序号大于记录中具有相同标识符分组的最大序号，则中转该分组并记录其标识符和序号。所有小于或等于记录序号的分组都会被丢弃，而不被中转，分组的广播过程如图 6-11（a）所示。图中箭头上的标号表示该分组被中转的次数，A 是广播的发起节点，设 L 为网络的链路数，则该方法的分组传输次数在 L～$2L$ 范围内。为了减少广播分组传输的次数，可以采用图 6-11（b）所示的方法，首先构造一个生成树，在该生成树分组仅需传输 N–1 次（N 为网络的节点数）。

2. 最短路由（Shortest Path Routing）

许多实际的路由算法如路由信息协议（Routing Information Protocol，RIP）、开放式最短路由优先（Open Shortest Path First，OSPF）等都基于最短路由这一概念。分组交换网络的各种路由算法实质上都是建立在某种形式的最小费用准则的基础上的，譬如把准则定为“最短路由”，那就有了所谓的“最短路由算法”。这里所说的“最短路由”并不单纯意味着一条物理长度最短的通路，它可能表示的是从源节点到目的节点的中转次数最少。

最短路由的关键是如何定义“费用”。如果最关心分组的时延，那么可以把“费用”与时延相关联。此时每条链路的“费用”明显与两个参数有关：链路的容量和链路上的业务强度，前者决定信道的传输时延，后者决定分组的发送等待时延。因此，若能将上述两个参数的值折算为该链路的费用或“长度”值（时延的大小），则最少费用算法等效为最小时延路由算法。所以，所谓的“最短”取决于对链路长度的定义。长度通常是一个正数，它可以是物理距离的长短、时延的大小、各个节点队列的长度等。若长度取 1，则最短路由就是最小跳数（中转次数）的路由。另外，链路的长度可能是随时间变化的，它取决于链路拥塞的情况。6.5 节将详细讨论最短路由算法。

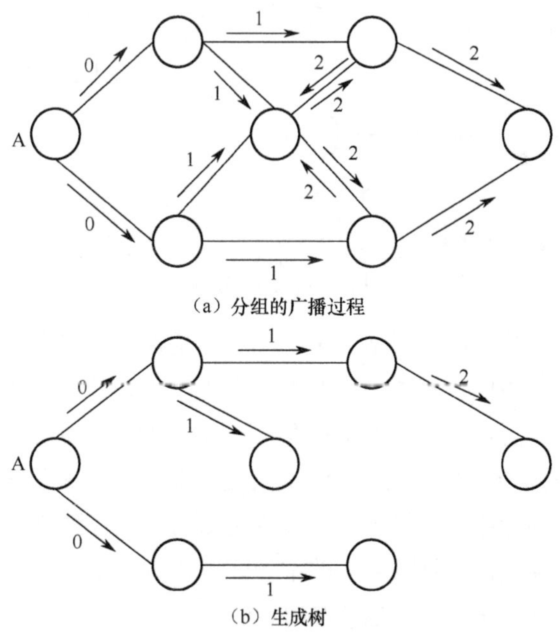

图 6-11　广播的基本工作示意图

3．最佳路由（optimal routing）

上述最短路由关心的是一个节点对之间的一条路由的选择和求解，因而有两个方面的缺陷：一是仅为每对节点提供一条路由，因而限制了网络的通过量；二是适应业务变化的能力受到防止路由振荡的限制。而最佳路由是在全网范围中寻找所有可能的传输路由，从而使得源节点到目的节点的信息流的时延最小、流量最大，而不局限于一条所谓的最短路由。因此，采用最佳路由（基于平均时延最佳化）可以克服最短路由的上述缺陷，它可以将节点对之间的流量分配在多条路由上，从而可使网络的通过量最大、时延最小。

6.4.2 互联网中的路由算法

为了实现网络之间的互联，通常采用三种设备：网关、网桥和路由器。实现广域网（WAN）至广域网（WAN）之间互联的设备称为网关（Gateway），它通常在网际子层，完成相当复杂的网络层的任务，包括协议转换、路由功能等。实现局域网（LAN）与局域网（LAN）在MAC层互联的设备称为网桥（Bridge）。实现LAN与WAN或LAN与LAN之间在网络层互联的设备称为路由器（Router），它提供高级的路由功能。一个典型的互联网络如图6-12（a）所示。

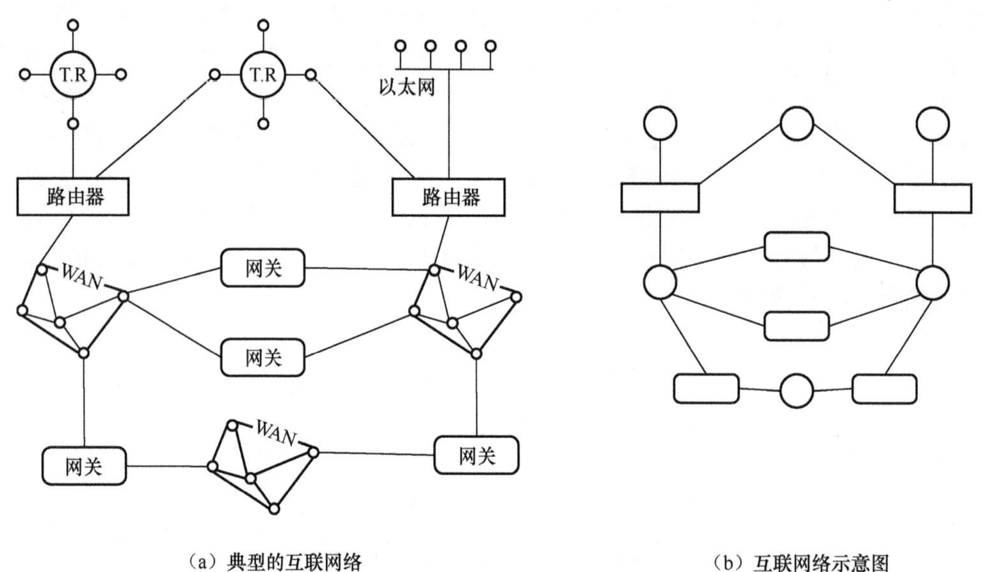

（a）典型的互联网络　　（b）互联网络示意图

图6-12　互联的网络示意图

可以用两种观点来看待互联的网络。第一种观点是将互联的设备视为一个附加的网络节点，它与网络中其他节点的地位等同，所有节点组成一个更大的网络，网络中的每个节点都维持一个到达各节点的路由表（这个表通常很大）。第二种观点是把每个子网视为一个节点，如图6-12（b）所示，这样将网络分为两层：高层是由互联设备和子网组成的网络；低层是各子网的内部网络。在这种分层的网络中，网关或路由器只维持到达各个子网的路由表，各个子网仅维持子网内的路由表，这样路由表的维护开销相对较小，且易于操作。分层的缺点是所形成的路由对整个网络而言不一定是最佳的。

从上面的讨论可以看到，随着网络的增大，路由表中存储的内容也将不断地增大。增大的路由表不仅占用路由器的内存，而且需要更多 CPU 时间来扫描表格，还需要更大的链路容量来传输关于路由表的状态报告。因此，为了在充分利用有限资源的同时，还可以实现网络扩展，必须进行分级路由选择。

所谓分级路由选择，是指将路由器划分为区域，每个路由器仅知道如何在其所属区域内选择路由，以及分组在该区域要到达的目的端的全部细节，但并不知道其他区域的内部结构。当不同的网络相连时，很自然地将每个网络视为独立的区域，以便让一个网络中的路由器免于知道其他网络的拓扑结构，从而有效地减少了每个路由表的存储内容。

对于大型的网络而言，通常需要分成多级。图 6-13 所示为在有 5 个区域的两级结构中分级路由的一个例子。路由器 1A 的整个路由表有 17 个表项，如图 6-13（b）所示。在图 6-13（c）中，所有其他区域都被抽象为一个单独的路由器，大大节省了存储空间。因此，到区域 2 的所有业务都经过 1B—2A 这条路由，其余业务都经过 1C—3B 这条路由。分级路由选择将路由器 1A 的路由表从 17 个表项减少到 7 个表项。如果区域数和区域内的路由器的比例增大，那么节省的存储空间也会按比例增大。

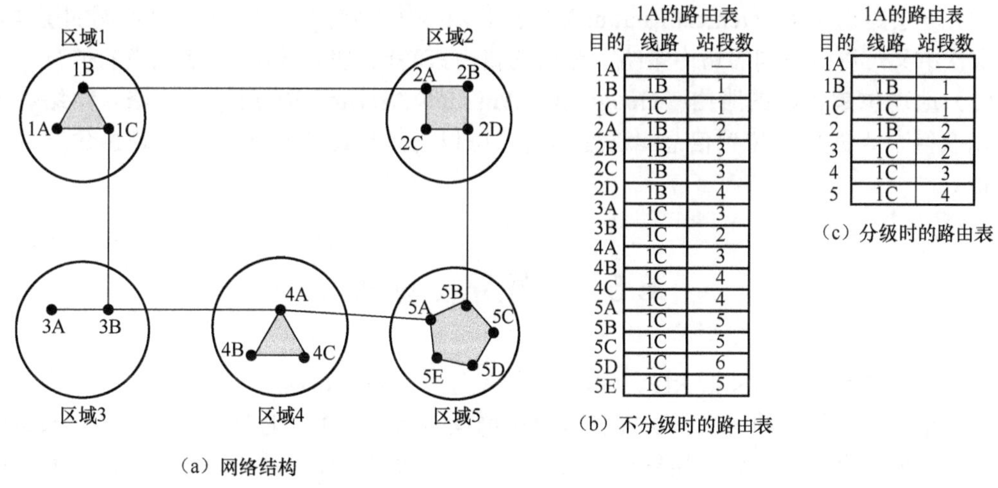

（a）网络结构

1A的路由表

目的	线路	站段数
1A	—	—
1B	1B	1
1C	1C	1
2A	1B	2
2B	1B	3
2C	1B	3
2D	1B	4
3A	1C	3
3B	1C	2
4A	1C	3
4B	1C	4
4C	1C	4
5A	1C	4
5B	1C	5
5C	1C	5
5D	1C	6
5E	1C	5

（b）不分级时的路由表

1A的路由表

目的	线路	站段数
1A	—	—
1B	1B	1
1C	1C	1
2	1B	2
3	1C	2
4	1C	3
5	1C	4

（c）分级时的路由表

图 6-13　分级路由

6.4.3　Ad Hoc 网络中的路由算法

Ad Hoc 网络并不是一个全新的概念，实际上，20 世纪 70 年代由美国国防高级研究计划局提出并应用的分组无线网（PRNET）可以视为 Ad Hoc 网络的先驱，提出分组无线网的初衷是用于军事目的，而 Ad Hoc 网络技术却扩展到了更多领域。传统的路由算法（如距离矢量算法和链路状态算法等）基本上是为有线网络设计的，没有考虑网络的动态特性。而且在传统的路由算法中，网络管理的开销随着网络规模的增大而迅速增大。上述这些因素是移动 Ad Hoc 网络中要关注的重要因素，而且移动 Ad Hoc 网络还面临着无线信道的不可靠性、高速移动环境下链路频繁中断、故障及节点的能量有限等问题。很显然，传统的路由算法不可能直接应用到 Ad Hoc 网络中，更重要的是，传统的路由算法都存在着一些致命的缺陷，如路由闭环、收敛速度慢，因此，必须研究新的路由策略来适应移动 Ad Hoc 网络的特殊性。为了适应移动 Ad Hoc 网络对路由算法的新要求，目前移动自组织网（Mobile Ad Hoc Network，MANET）已经在距离矢量算法和链路状态算法的基础上，提出了许多改进型的路由协议。同时，也有许多协议是直接在有线网络的基础上改进得到的。总体来说，可以把目前单播的 Ad Hoc 路由算法分为以下三种，如表 6-4 所示。

表 6-4 Ad Hoc 网络路由算法的分类

Ad Hoc 网络路由算法			
平面式路由算法		分层路由算法	地理位置辅助的路由算法
Proactive Routing （表驱动路由）算法	Reactive Routing （按需路由）算法	ZRP HSR	GeoCast LAR
DSDV WRP FSR FSLS	AODV DSR TORA SSR	CGSR LANMAR	DREAM GRSR

（1）平面式路由（Flat Routing）算法。网络中的所有节点都处于同一层次上，各节点在网络中获得的路由信息基本相同，根据其设计的具体原则可进一步将平面式路由算法分为表驱动路由（Proactive Routing）算法和按需路由（Reactive Routing）算法。

（2）分层路由（Hierarchical Routing）算法。网络按一定的规则分为多个不同的层次，在不同层次中又可以有不同的路由策略，分层的路由策略比较容易进行网络规模的扩充。

（3）地理位置辅助的路由（Geographic Position Assisted Routing）算法。网络中的节点可以获得节点的地理位置信息，通过此信息可以有效地减少路由算法中路由建立或维护的开销。

6.5 最短路由算法

许多实际的路由算法（如 RIP、OSPF）等都是基于最短路由这一概念的，而“最短”的含义取决于对链路长度的定义。长度（可以是物理距离的长短、时延的大小、各个节点的队列长度等）通常是一个正数，如果长度取 1，那么最短路由就是最小跳数（中转次数）的路由。另外，链路的长度可能是随时间变化的，它取决于链路的拥塞情况。最短路由算法的理论基础是图论，本节将首先讨论图论的基本概念，然后讨论常用的最短路由算法。

每个网络都可以抽象成一个图。一个图 G 由一个非空的节点集合 N 和节点间的链路 A 组成，即 $G=(N, A)$。链路可以是有方向的，也可以是无方向的。若节点 i 和 j 之间仅有 $i \to j$ 的链路，则称该链路是有方向的（或单向链路）。若节点 i 和 j 之间同时有 $i \to j$ 及 $j \to i$ 的链路，则称该链路是无方向的（或双向链路）。

通常在一个网络中考虑业务流量问题时，必须要考虑业务的流向问题，这样就需要使用方向图的概念。方向图 $G=(N, A)$对应的无方向图是 $G'=(N', A')$，其中 $N'=N$，如果$(i, j) \in A$ 或$(j, i) \in A$ 或两者同时成立，那么$(i, j) \in A'$。

定义如下几个术语。

关联（incident）：它表示链路与节点的关系。一条链路(n_1, n_2)关联的两个节点是 n_1 和 n_2。这里讨论的图不允许一条链路关联的两个节点相同（节点不允许有一条自环的链路）。

方向性行走（Walk）：是一个节点的序列(n_1，n_2,⋯，n_l)，该序列中关联的链路(n_i，n_{i+1})（$1 \leqslant i \leqslant l-1$）是 G 中的一条链路。

方向性（Path）：指无重复节点的方向性行走。

方向性环（Cycle）：指开始节点和目的节点相同的方向性（Path）。这里需要注意的是，(n_1，n_2，n_1)在方向图中是一个环，但在无方向图中，如果(n_1，n_2)是一条无方向性链路，那么(n_1，n_2，n_1)不可能是一个环。

强连通方向图：指对于每一对节点 i、j，都有一条方向性路由。

连通的方向图：指如果方向图对应的无方向图是连通的，那么该方向图是连通的。

给每条链路(i,j)指定一个实数 d_{ij} 作为其长度，则一条方向性路由 $p=(i, j, k,\cdots, l, m)$的长度就是各链路长度之和，即 $d_{ij}+d_{jk}+\cdots+d_{lm}$。最短路由问题就是寻找从 i 到 m 的最小长度方向性路由。

最短路由问题有着非常广泛的应用。例如，若定义 d_{ij} 为使用链路(i, j)的成本，则最短路由就是从 i 到 m 发送数据成本最低的路由。若定义 d_{ij} 为分组通过链路(i, j)的平均时延，则最短路由就是最小时延路由。若定义 d_{ij} 为 $-\ln P_{ij}$，P_{ij} 是链路(i,j)的可用概率，则寻找最短路由就是寻找从 i 到 m 最可靠的路由。

6.5.1　集中式最短路由算法

本节讨论三种标准的集中式最短路由算法：Bellman-Ford 算法、Dijkstra 算法和 Floyd-Warshall 算法。其中，Bellman-Ford 算法和 Dijkstra 算法是点对多点的最短路由算法，而 Floyd-Warshall 算法则是多点对多点的最短路由算法。

1. Bellman-Ford 算法

典型的 Bellman-Ford 算法（简记为 B-F 算法）是一种集中式的点对多点的路由算法，即寻找网络中一个节点到其他所有节点的路由。在图 6-14 所示的网络中，假定节点 1 是目的节点，要寻找网络中其他所有节点到目的节点 1 的最短路由。假设每个节点到目的节点至少有一条路由，用 d 表示节点 i 到节点 j 的长度。如果(i,j)不是图中的链路，那么 $d_{ij}=+\infty$。

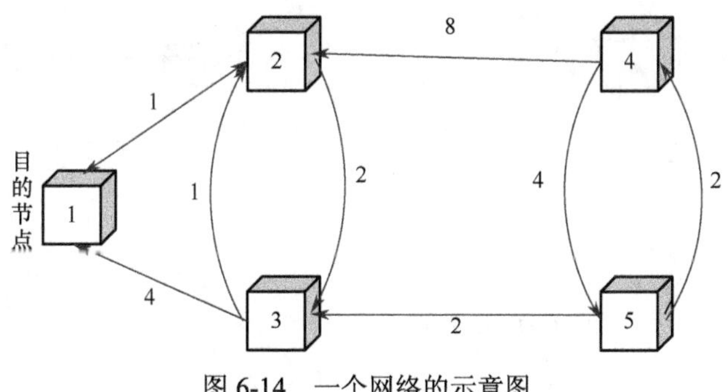

图 6-14　一个网络的示意图

定义：最短（$\leqslant h$）行走（walk）是指在下列约束条件下从给定节点 i 到目的节点 1 的最短 walk。

（1）该行走（walk）中最多包括 h 条链路，即 walk 中包含的链路数至多为 h。

（2）该行走（walk）仅经过目的节点 1 一次。

最短（≤h）行走（walk）长度用 D_i^h 表示（这样的 walk 不一定是一条路由，它可能包含重复节点，但在一定的条件下它将不包含重复节点）。对所有的 h，令 D_1^h=0。B-F 算法的核心思想是通过下面的公式进行迭代

$$D_i^{h+1}=\min_j[d_{ij}+D_j^h] \qquad 对所有的\, i\neq 1 \tag{6-1}$$

下面给出从 h 步 walk 中寻找最短路由算法的步骤。

第一步：初始化，即对所有的 i（$i\neq 1$），令 $D_i^0=+\infty$；

第二步：对所有的节点 j（$j\neq i$），先找出一条链路的最短（h≤1）的 walk 长度。

第三步：对所有的节点 j（$j\neq i$），再找出两条链路的最短（h≤2）的 walk 长度。

第四步：如果对所有 i，都有 $D_i^h=D_i^{h-1}$（继续迭代，以后不会再有变化），那么算法在 h 次迭代后结束。

【例 6-2】 请描述图 6-15 中节点 4 到节点 1 的路由迭代过程。

解 在第一步中，由于仅可使用一条链路，因此 $D_4^1=+\infty$。在第二步中，在仅使用两条链路的情况下，节点 4 通过节点 2 到达目的节点 1 的 $D_4^2=8+D_2^1=9$。在第三步中，节点 4 不能通过引入新的链路来减少 walk 的长度，因此其路由不变。在第四步中，节点 4 通过节点 5 到达目的节点 1 的 $D_4^4=4+D_5^3=8$，要小于节点 4 通过节点 2 到达目的节点 1 的 $D_4^3=9$，因此节点 4 最终选择通过节点 5 作为到达目的节点 1 的路由。具体过程如图 6-15 所示。

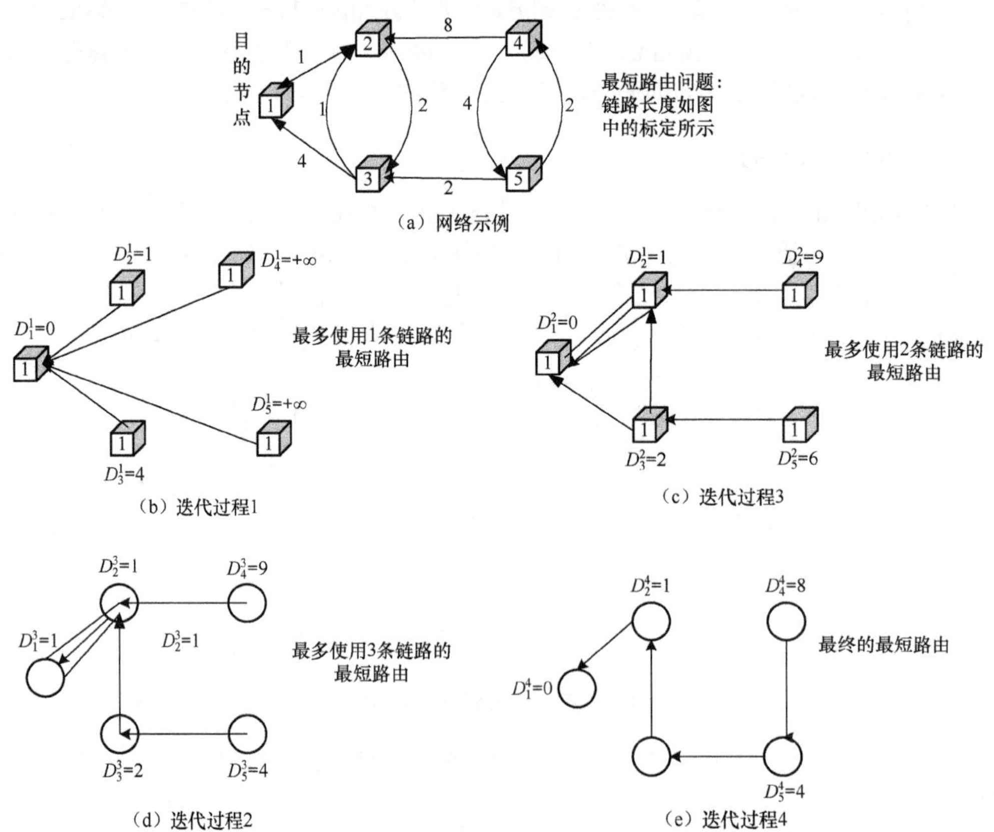

图 6-15　B-F 算法的迭代过程

上述算法计算的就是最短 walk 的长度，下面来看如何直接构造最短路由。

假定所有不包括节点 1 的环都具有非负的长度，用 D 表示从节点 i 到目的节点 1 的最短路由长度。根据前面的讨论，当 B-F 算法结束时，有

$$D_i = \min_j [d_{ij} + D_j] \qquad 对所有 i \neq 1$$

$$D_1 = 0 \tag{6-2}$$

该式称为 Bellman 方程，它表明从节点 i 到目的节点 1 的最短路由长度，等于 i 到达该路由上第一个节点的链路长度，加上该节点到达目的节点 1 的最短路由长度。从该方程出发，只要在所有不包括 1 的环具有正的长度（而不是 0 长度）的情况下，可以很容易地找到最短路由（而不是最短路由长度）。具体方法如下。

对于每个节点 $i \neq 1$，选择一条满足 $D_i = \min_j [d_{ij} + D_j]$ 的最小值的链(i, j)，利用这 N–1 条链路组成一个子图，则 i 沿该子图到目的节点 1 的路由即为最短路由，最短路由生成树的构造如图 6-16 所示。

利用上面的构造方法可以证明：若没有 0 长度（或负长度）的环，则 Bellman 方程式（6-2）（它可以视为一个含有 N 个未知数的 N 个方程的系统）有唯一解（若有不包括节点 1 的环的长度为 0，则 Bellman 方程不再具有唯一解。注意：路由长度唯一，并不意味着路由唯一）。

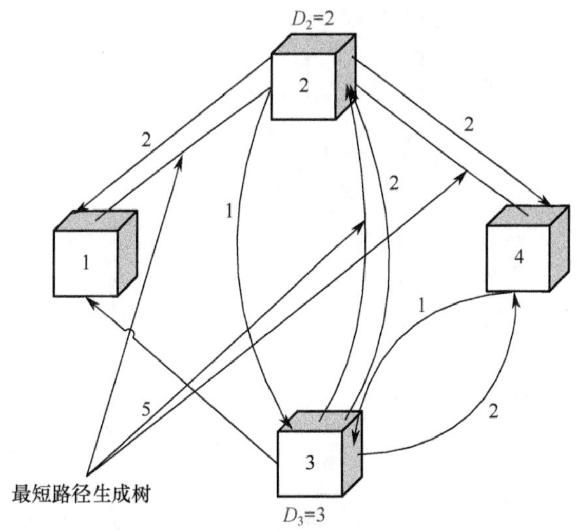

图 6-16 最短路由生成树的构造

利用该结论可以证明：即使初始条件 D_i^0（$i \neq 1$）是任意数（而不是 $D_i^0 = +\infty$），B-F 算法也能正确地工作，对于不同的节点，迭代的过程可以按任意顺序并行进行。

2. Dijkstra 算法

Dijkstra 算法是一种典型的点对多点的路由算法，即通过迭代寻找某一节点到网络中其他所有节点的最短路由。Dijkstra 算法通过对路由的长度进行迭代，从而计算出到达目的节点的最短路由，其基本思想是按照路由长度从小到大的顺序来寻找最短路由。假定所有链路的路由长度均为非负，显然有：到达目的节点 1 的最短路由中最短的肯定是节点 1 的最近的相邻节点所对应的单条链路（由于路由长度非负，所以任何多条链路组成的路由的长度都不可能

短于第一条路由的长度)。最短路由中下一个最短的肯定是节点 1 的下一个最近的相邻节点所对应的单条链路，或者是通过前面选定节点的最短的由两条链路组成的路由，以此类推。

Dijkstra 算法通过逐步标定到达目的节点路由长度的方法来求解最短的路由。设每个节点 i 标定的到达目的节点 1 的最短路由长度估计为 D_i。若在迭代的过程中，D 已变成一个确定的值，则称节点 i 为永久标定的节点，这些永久标定的节点的集合用 P 表示。在算法执行的每一步中，必定是从 P 以外的节点中选择与目的节点 1 最近的节点并加入集合 P 中。具体的 Dijkstra 算法如下。

(1) 初始化，即 $P=\{1\}$，$D_1=0$，$D_j=d_{j1}$，$j\neq 1$（若$(j,1)\notin A$，则 $d_{j1}=+\infty$）。

(2) 寻找下一个与目的节点最近的节点，即求使下式成立的 i（$i\notin P$）

$$D_i=\min_{j\neq P} D_j \tag{6-3}$$

置 $P=P\cup\{i\}$。如果 P 包含所有的点，那么算法结束。

(3) 更改标定值，即对所有的 $j\neq P$，置

$$D_j=\min_i[D_j,d_{ji}+D_i] \tag{6-4}$$

返回第（2）步。

Dijkstra 算法和 B-F 算法应用举例如图 6-17 所示。

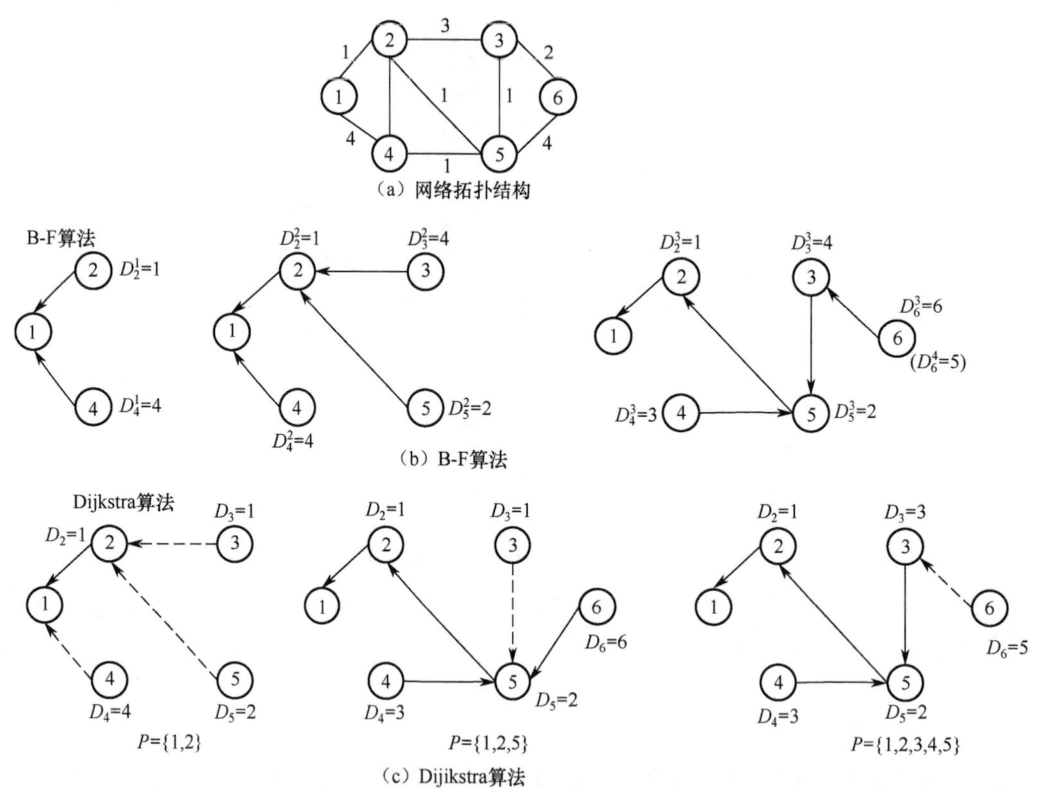

图 6-17 Dijkstra 算法和 B-F 算法应用举例

Dijkstra 算法的迭代过程如图 6-17（c）所示，第一次迭代（第一张子图）到达目的节点 1 的单条链路最近的是链路(2, 1)，$D_2=1$，$P=\{1, 2\}$，其余节点{3, 4, 5}相应地修改其标定值。第二次迭代（第二张子图）的下一个最近的节点是 5，$D_5=2$，$P=\{1, 2, 5\}$，其余节点{3, 4, 6}

相应地修正其标定值。第三次迭代（第三张子图）的下一个最近的节点是 3 和 4，$D_3=3$，$D_4=3$，$P=\{1, 2, 3, 4, 5\}$，剩下节点 6，$D_6=5$。再经过迭代，P 中将包括所有节点，算法结束。

图 6-17 还给出了 B-F 算法的迭代过程。很显然，在最坏的情况下，Dijkstra 算法的复杂度为 $O(N^{-2})$，而 B-F 算法的复杂度为 $O(N^3)$，即 Dijkstra 算法的复杂度要低于 B-F 算法。同时，从 Dijkstra 算法的讨论过程可以看到：

（1）$D_i \leqslant D_j$，对所有 $i \in P$，$j \neq P$；

（2）对于每个节点 j，D_j 是从 j 到目的节点 1 的最短路由，该路由使用的所有节点（除 j 外）都属于 P。

3. Floyd-Warshall 算法（F-W 算法）

前面讨论的 B-F 算法和 Dijkstra 算法求解的都是所有节点到一个特定目的节点之间的最短路由，而 F-W 算法则是多点对多点的路由算法，即 F-W 算法是寻找所有节点对之间的最短路由，其基本思想是在 i 和 j 的路由之间通过添加中间节点来缩短路由的长度。

在 F-W 算法中，假定链路的长度可以是正或负，但不能具有负长度的环。F-W 算法在开始时，以单链路（无中间节点）的距离作为最短路由的估计。然后，在仅允许节点 1 作为中间节点的情况下计算最短路由，接着在允许节点 1 和节点 2 作为中间节点的情况下计算最短路由，以此类推。其具体描述如下。

令 D_{ij}^n 是可以用 $1, 2,\cdots, n$ 作为中间节点的从 i 到 j 的最短路由长度，则算法开始时对所有的 i、j（$i \neq j$），有 $D_{ij}^0 = d_{ij}$。

对于 $n=0, 1,\cdots,N-1$，有

$$D_{ij}^{n+1} = \min[D_{ij}^n, D_{i(n+1)}^n + D_{(n+1)j}^n] \qquad \text{对所有 } i \neq j \tag{6-5}$$

式（6-5）在已知从 i 到 j 的最短路由 D_{ij}^n（以 $1, 2,\cdots, n$ 作为中间节点）的条件下，计算在从 i 到 j 的最短路由上可添加节点 $n+1$ 后的最短路由长度。在允许添加节点 $n+1$ 的情况下，有两种可能情况：一种是最短路由将包含节点 $n+1$，此时的路由长度为 $D_{i(n+1)}^n + D_{(n+1)j}^n$；另一种是节点 $n+1$ 不包括在最短路由中，此时的路由长度等同于用 $1, 2,\cdots, n$ 作为中间节点的路由长度。因此，最终的最短路由长度应取上述两种可能情况下的最小值，即有式（6-5）成立。F-W 算法的复杂度和 B-F 算法的一样，都是 $O(N^3)$。

前面讨论的三种最短路由算法的构造方法都是通过迭代的过程求得最终结果的，但其主要差别是迭代的内容不同。在 B-F 算法中，迭代的是路由中的链路数，即使用 $1, 2,\cdots, N-1$ 条链路。在 Dijkstra 算法中，迭代的是路由长度，即最短长度、次短长度……而在 F-W 算法中，是对路由的中间节点进行迭代的，即一个中间节点、两个中间节点。

6.5.2　分布式最短路由算法

这种路由选择策略是每个节点周期性地从相邻的节点获得网络状态信息，同时也将本节点做出的决定周期性地通知周围的各节点，以使这些节点不断根据新的网络状态更新其路由选择，所以整个网络的路由选择经常处于一种动态变化的状态。各个节点的路由表之间会相互作用是这种路由算法的特点。网络状态发生变化必然会影响许多节点的路由表，因此，要经过一定的时间，各路由表中的数据才能达到稳定的数值。也就是说，分布式最短路由算法的核心思想是

各节点独立地计算最短路由。典型的分布式最短路由算法有距离矢量算法和链路状态算法。

1．距离矢量算法

距离矢量算法（Distance Vector Routing）算法是 B-F 算法的具体实现，它最初用于 ARPANET 路由算法中，也用于 Internet 中，以及 DECnet 和 Novell 的 IPX 的早期版本中。AppleTalk 和 Cisco 路由器中使用了改进型的距离矢量协议。

在距离矢量路由表中，每个路由器维护一张路由表，该表记录了到网络中其他所有节点的路由信息，包括到该目的节点的下一跳节点（本节点通过哪个相邻节点到达指定目的节点）和到达该目的节点所需“距离”的估计值。距离矢量法应用说明如图 6-18 所示，其中网络拓扑如图 6-18（a）所示，节点 J 收到的相邻节点矢量如图 6-18（b）所示，J 的新路由表如图 6-18（c）所示。

表中使用的距离量度可以是跳数、时延，或者某一路由排队的总分组数或其他类似的量度量。每个节点都确知它的每个相邻节点的距离，如果采用时延作为距离的量度，那么每个节点应当能够利用一个特殊的“回声”（ECHO）分组来直接测量该时延。接收节点收到“回声”分组后，对它加上时间标记后就立即送回。

这里以时延作为距离的量度，每隔 T 秒，每个节点向它的所有相邻节点发送一个路由信息分组，该分组包括发送节点已知的到达目的节点的下一跳节点信息和时延估计值。同样，每个节点都会收到它所有的相邻节点发送来的路由信息分组，如图 6-18（b）所示，节点 J 收到了它的 4 个相邻节点 A、I、H、K 的路由信息分组。来自任意相邻节点 X 的路由分组的某一项的取值为 x_1，表明节点 X 到目的节点 I 的时延为 m_X。若本节点 W 确知到达该相邻节点 X 链路(W, X)的时延为 m_X，则可以求得 W 通过 X 到达目的节点 I 的时延为 $m_X + x_1$。本节点 W 可以比较不同相邻节点（如 A、I、H、K）到达相同目的节点（如 G）的时延，其取值分别为(8+18)、(10 +31)、(12+6)和(6+31)，从中选择最短时延（通过 H 的时延最短）的路由。

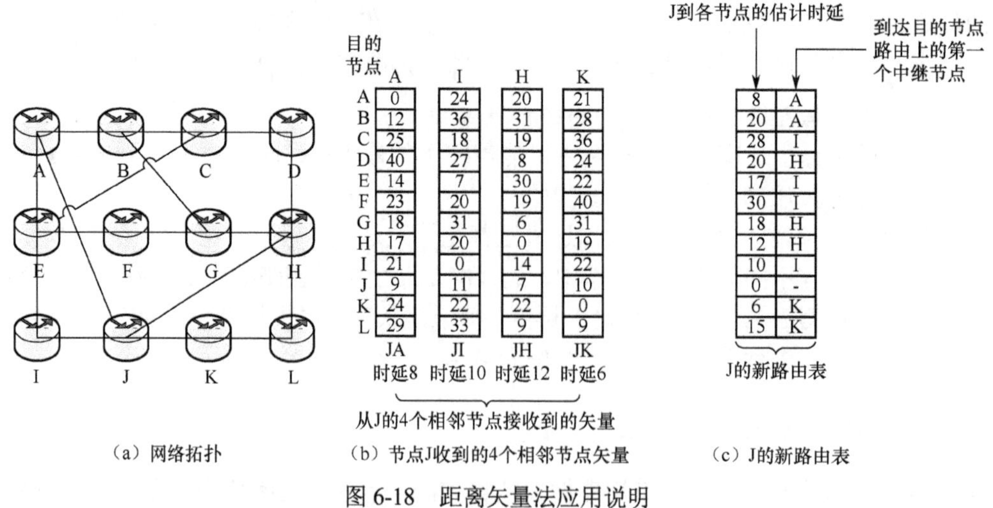

目的节点	A	I	H	K
A	0	24	20	21
B	12	36	31	28
C	25	18	19	36
D	40	27	8	24
E	14	7	30	22
F	23	20	19	40
G	18	31	6	31
H	17	20	0	19
I	21	0	14	22
J	9	11	7	10
K	24	22	22	0
L	29	33	9	9
	JA 时延8	JI 时延10	JH 时延12	JK 时延6

J到各节点的估计时延	到达目的节点路由上的第一个中继节点
8	A
20	A
28	I
20	H
17	I
30	I
18	H
12	H
10	I
0	-
6	K
15	K

（a）网络拓扑　（b）节点J收到的4个相邻节点矢量　（c）J的新路由表

图 6-18　距离矢量法应用说明

（1）计数至无穷问题

距离矢量算法在理论上是可以正常工作的，但在实际运用中却有很大的缺陷。虽然它能得出正确的结论，但速度有可能非常慢。特别是它对好消息反应迅速，却对坏消息反应迟钝。假定一个节点 R 到达一个目的节点 X 的最短距离很大，当 R 收到 A 的路由信息分组时，A

突然报告其到目的节点 X 的时延很短，此时 R 会立即将最短路由切换到通过 A 的链路去往目的节点 X，即通过一次信息交换，好信息立即被处理。此处举一个例子来说明距离矢量算法对好消息的响应速度快，假定有一个网络如图 6-19（a）所示，这里采用的距离为跳数，每一条链路的长度为 1 跳（图中标明了各节点到目的节点 A 的跳数）。假定开始时节点 A 处于关闭状态，因而各节点到 A 的跳数均为无穷大。在 A 开始正常工作以后，B 在收到 A 的一次路由信息分组后，会立即将到达 A 的距离置为 1，同样 C、D、E 在收到相邻节点的路由信息分组后，均会立即将其到目的节点 A 的最短距离修正为正确的取值，因此经过 4 次交换以后，好消息将传遍整个网络，如图 6-19（a）所示。

下面讨论坏消息的传播速度，如图 6-19（b）所示。假定开始时，网络中各节点有到目的节点 A 的正确路由。假定节点 A 发生故障或链路 AB 中断，在第一次路由信息交换的过程中，节点 B 没有收到节点 A 的任何消息，但节点 C 报告它有到节点 A 的路由，距离为 2。由于节点 B 不知道节点 C 是通过本节点到达 A 的，因此 B 会认为节点 C 有多条独立的长度为 2 的到达 A 的路由，这样 B 就认为它可以通过 C 到达 A，其距离为 3。在第二次信息交换过程中，C 已发现它的每个相邻节点都认为到达 A 的长度为 3，因此，C 随机地选择一个相邻节点作为到达 A 的路由，并将到达 A 的距离修改为 4。后续的交换和路由修正过程如图 6-19（b）所示。从图中可以看出，坏消息传播得很慢，没有一个节点会将其距离设置成大于相邻节点报告的最小距离值加 1，所有节点都会逐步地增大其距离值，直至无穷大。该问题称为“计数至无穷问题”（Count to Infinity）问题或“坏消息现象”（Bad News Phenomenon）。在实际系统中，可以将无穷大设置为网络的最大跳数加 1，但是当采用时延作为距离的长度时，将很难定义一个合适的时延上界。该时延的上界应足够大，以避免将长时延的路由认为是故障的链路。

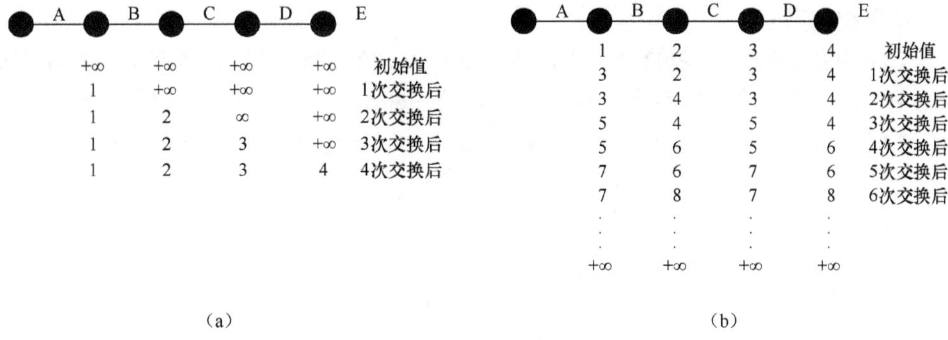

图 6-19　计数至无穷问题举例

（2）水平分裂算法

理论上已经提出了许多解决计数至无穷问题的办法，但这些办法都比较复杂。这里介绍一种水平分裂（Spit Horizon）算法。水平分裂算法与距离矢量算法的工作过程基本一样，不同之处在于如果节点 I 到某一目的节点 J 的距离是通过节点 X 得到的，那么节点 I 将不会向节点 X 报告有关节点 J 的信息（节点 I 向节点 X 报告的到节点 J 的距离为无穷大）。例如，在图 6-19（b）中，节点 C 告诉 D 它到 A 的真实距离，但它告诉 B 它到 A 的距离为无穷大。

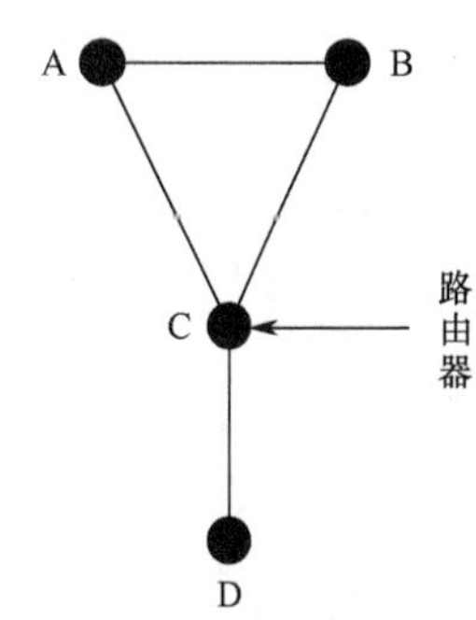

图 6-20　水平分裂不能正常工作的举例

水平分裂算法虽然能够解决一些计数至无穷问题，但有时也不能正常工作。如图 6-20 所示的 4 个节点的子网，在初始化时，A、B 到 D 的距离都为 2，到 C 的距离都为 1。假设链路 CD 故障，如果采用水平分裂算法，那么 A 和 B 都会告诉 C 它们不能到达 D。因此 C 将立即得到结论，D 是不可达的，并通知 A 和 B。不幸的是，由于 A 听到 B 有一条到 D 的长度为 2 的路由，因此，它认为能通过 B 经过 3 个节点到达 D。类似的，B 也认为能通过 A 到达 D，且将到达 D 的距离设置为 3。在以后的路由信息交换中，A 和 B 都会逐渐把到达节点 D 的距离不断增大，直至无穷大。

2. 链路状态算法

在 1979 年之前，ARPANET 都采用距离矢量算法，之后就用链路状态算法取代了距离矢量算法。其主要原因有两个：第一，因为在距离矢量算法中，时延的度量仅仅是队列的长度，而没有考虑后来链路带宽的增长；第二，距离矢量算法的收敛速度较慢，即使采用类似于水平分裂算法这样的技术，也需要耗费过多的时间来记录信息。

链路状态算法的思想非常简单，它包括以下 5 个部分：

（1）发现相邻节点，并获取它们的地址；

（2）测量到达每个相邻节点的链路时延或成本；

（3）构造一个链路状态分组来通告它所知道的所有路由信息；

（4）分发该链路状态分组到所有其他节点；

（5）计算到所有其他节点的新的最短路由。

事实上，完整的拓扑结构和所有的时延都已经分发到网络中的每个节点。随后，每个节点都可以用 Dijkstra 算法来求得其他所有节点的最短路由。下面将详细地讨论上述 5 个步骤。

（1）发现相邻节点

当一个路由器启动时，它的第一个任务就是要知道它的相邻节点是哪个。具体实现的方法是：该路由器在每个输出链路上广播一个特殊的 Hello 分组，在这些链路另一端的路由器将发送回一个应答分组，告知它是谁。所有路由器的名字（地址）必须是唯一的。

当两个或多个路由器通过 LAN 互联时，如图 6-21（a）所示，可把 LAN 视为一个虚拟的节点 N，如图 6-21（b）所示，这时就可以看出来 A 到 C 的路由是 ANC。

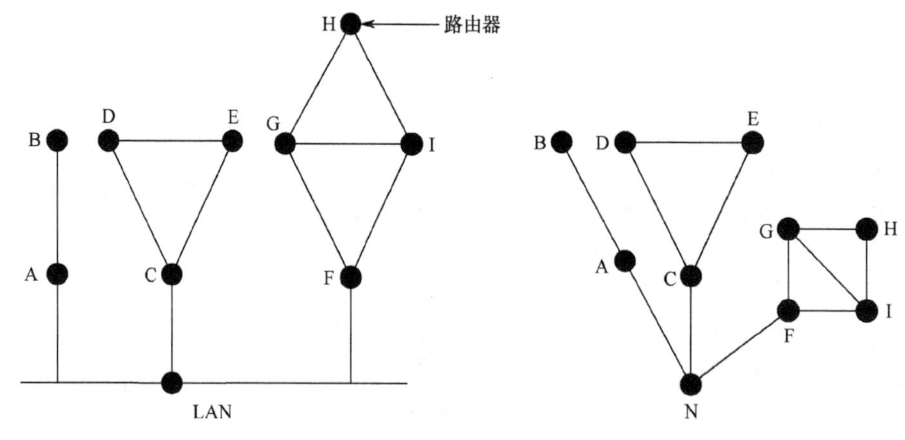

（a）通过LAN互联的路由器　　（b）用虚拟节点N来等效

图 6-21　节点通过 LAN 互联时的模型

（2）测量链路时延或成本

链路状态算法要求每个路由器确知到达相邻节点的时延或对该时延有合理的估计。确定该时延的最直接方法是发送一个特殊的 ECHO 分组给每个相邻节点，并要求每个相邻节点立即发回该分组。将测量的来回时延除以 2 就可以得到该链路时延的估计。为了得到较好的结果，可测量多次后取平均值。

在测量链路时延时，既可以考虑排队的时延（链路负荷），又可以不考虑排队的时延。考虑排队时延的优点是可以获得较好的性能，但是可能会引起路由的振荡。

（3）构造链路状态分组

每个节点都构造一个自己的链路状态分组，包括发送节点的标号、该分组的序号和寿命，发送节点的相邻节点列表及发送节点到这些相邻节点的链路时延。链路状态分组的格式如图 6-22（b）所示。A 节点的链路状态分组中有两个相邻节点 B 和 E，A 到它们的时延分别是 4 和 5，图 6-22（b）给出了每个节点的链路状态分组。

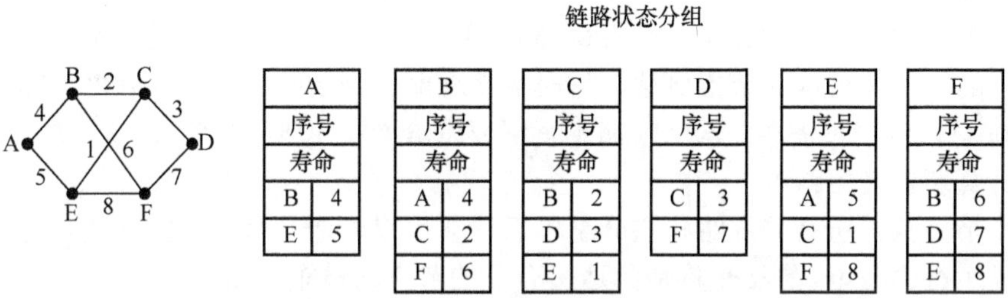

（a）网络拓扑

链路状态分组

A	B	C	D	E	F
序号	序号	序号	序号	序号	序号
寿命	寿命	寿命	寿命	寿命	寿命
B 4	A 4	B 2	C 3	A 5	B 6
E 5	C 2	D 3	F 7	C 1	D 7
	F 6	E 1		F 8	E 8

（b）链路状态分组的格式

图 6-22　链路状态分组

构造链路状态分组是很容易的，困难的是何时构造这些分组。一种方法是周期性地构造这些分组；另一种方法是只有在链路状态发生变化（如故障、恢复工作或特性改变）时才构造这些分组。

（4）分发链路状态分组

该算法中最具技巧性的部分就是如何可靠地分发链路状态分组。当链路状态分组被发布后，首先得到该分组的路由器将改变其路由选择。同时，别的路由器可能还在使用不同的旧版本的链路信息，这样将导致各节点对当前网络拓扑的看法不一致，从而计算出的路由可能出现死循环、不可达或其他问题。

链路状态分组分发的最基本方法是采用泛洪（flooding）方式。为防止每个节点处理和中转过时的链路状态分组，在这些分组中引入了序号。每个节点仅中转序号大于已记录的最大序号的分组。为了防止序号出错，在分组中还引入了寿命，寿命每秒递减一次，如果寿命为 0，那么该分组将被丢弃。

为了提高传输的可靠性，所有链路状态分组都需要应答。为了解决链路状态分组在泛洪中需要发往哪些相邻节点、需要对哪条链路的分组进行应答的问题，每个节点需构造一个如图 6-23 所示的链路状态分组的分组存储数据结构。该图是图 6-22 中节点 B 的数据结构，图中的每一行对应刚刚到达但还没有完全处理的链路状态分组。由于节点 B 有三个相邻节点 A、C 和 F，因此发送标志指明应当发送给哪个相邻节点，应答标志（ACK 标志）指明应答哪个相邻节点。

源节点	序号	寿命	发送标志 A	发送标志 C	发送标志 F	ACK标志 A	ACK标志 C	ACK标志 F	数据
A	21	60	0	1	1	1	0	0	
F	21	60	1	1	0	0	0	1	
E	21	59	0	1	0	1	0	1	
C	20	60	1	0	1	0	1	0	
D	21	59	1	0	0	0	1	1	

图 6-23 链路状态分组的分组存储数据结构

在图 6-23 中，A 的链路状态分组是直接到达 B 的，所以 B 必须发给 C 和 F，并应答 A，如图中的标志位所示。同样，来自 F 的链路状态分组必须发给 A 和 C，并应答 F。然而，当第三个来自节点 E 的分组到达时，情况则有所不同。由于分组已到达两次，一次是通过 EAB，另一次是通过 EFB，所以仅需发给 C，但需同时应答 A 和 F。最后一种情况是：如果来自节点 C 的链路状态分组仍在内存中（如图 6-23 的第 4 行所示）还没有中转，此时由 C 发出的链路状态分组的一个拷贝从 F 节点到达，这时需将这两个相同的分组合并处理，即将 6 个标志位变成 100011，表示仅需要发给 A（而不再需要发给 F），但要应答 C 和 F。

（5）计算新的最短路由

当每个节点获得所有的链路状态分组以后，它可以构造一个完整的网络拓扑，此时每个节点都可以运行 Dijkstra 算法来构造到达所有目的节点的最短路由。

链路状态算法已广泛用于多种实际网络中，如 Internet 中的 OSPF 采用了该算法，ISO 的无连接网络层协议（CLNP）使用的 IS-IS（Intermediate System-to-Intermediate System）协议也采用了该算法。IS-IS 协议中交换的信息是用于计算最短路由的网络拓扑图（而不仅仅是链路状态分组），它还可以支持多种网络协议（如 IP、IPX、AppleTalk 等）。

6.6 软件定义网络

6.6.1 软件定义网络的概念

软件定义网络（Software Defined Network，SDN）起源于 2006 年斯坦福大学的 Clean Slate 研究课题，2009 年，Mckeown 教授正式提出了 SDN 概念。随着网络规模的不断扩大及各种新的业务和服务的不断涌现，在现有网络的基础上要适应这种新的应用需求，就需要在网络设备中不断增加具有新功能的有关协议和软件，这使得网络设备的软件系统变得十分复杂，导致网络的设备非常昂贵，同时网络的运行和维护成本也很高，从而促使人们思考并设计一种全新的、开放的和易于配置的网络系统结构。下一代网络（Next Generation Network，NGN）和软交换系统中有关控制与传输、业务与承载分离的技术和方法已经经历了十几年的研究及发展，更先进的 SDN 思想应运而生。

SDN 又称为可编程网络，其在主要思想和概念上继承了 NGN 与软交换系统中网络控制及数据传输相分离的思想及方法，在网元功能（Network Element Function，NEF）的划分上，将控制与交换单元进行更彻底的分离，使得可以通过软件程序更灵活地配置网络，网络控制功能具备可编程特性。SDN 将网络控制功能集中管理，网络资源的管理和各种业务的路由选择均由网络控制器完成，网络中的交换设备只负责分组的转发，使得网络中的各种设备能够更专注于一种功能，由此得到的网络系统更加便于升级，以及适应各种新型业务的需求。

SDN 将数据与控制相分离的分层思想借鉴了计算机系统的抽象结构，未来的网络结构将存在转发抽象、分布状态抽象、配置抽象这三类虚拟化概念。转发抽象剥离了传统交换机的控制功能，将控制功能交由控制层来完成；控制层将设备的分布状态抽象成全网视图，以便众多应用能够在获得全网信息的基础上进行网络的统一配置；配置抽象进一步简化了网络模型，用户仅需通过控制层提供的应用接口对网络进行简单配置，就可自动完成沿路由转发设备的统一部署。SDN 可以视为在充分继承原有先进的网络技术和方法的基础上，技术发展到一个新阶段的产物，虽然 SDN 目前并没有太多规模的应用，但 SDN 的设计思想一定会影响未来网络系统结构的研究和发展。

6.6.2 SDN 体系结构简介

1. SDN 的结构与功能分层

SDN 体系结构最早由开放网络基金会（Open Networking Foundation，ONF）提出，该结构已经被学术界和产业界广泛认可。ONF 是一个推动 SDN 技术研究和应用的国际组织，主要成员包括微软、谷歌、Verizon、思科、富士通、IBM、NEC、三星和惠普等公司。SDN 的体系结构可以从物理结构和逻辑结构两个方面来考虑。

1）SDN 的物理结构

图 6-24 所示为 SDN 的物理结构，该结构中的网元主要包含 OpenFlow 交换机和控制器，呈现简单与扁平的网络结构特性。

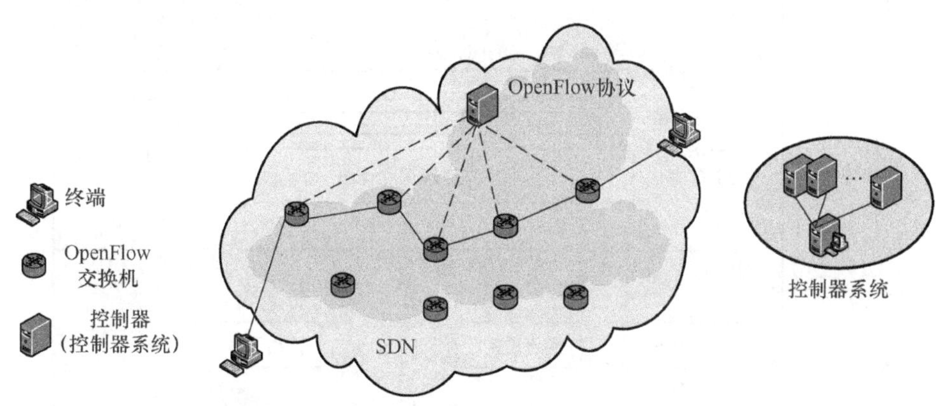

图 6-24 SDN 的物理结构

（1）OpenFlow 交换机。OpenFlow 交换机主要由流表（Flow Table）、安全通道（Secure Channel）、交换矩阵和输入/输出接口等组成。其中，流表负责分组或报文的匹配及转发等操作，安全通道负责与控制器建立连接，而交换矩阵和输入/输出接口则完成分组或报文在端口间的切换与缓冲功能。注意，这里的安全通道是一种依协议建立的虚通道，并不要求是一条物理信道。SDN 系统中的交换机被设计成一个仅完成分组或报文交换的设备，交换机之间通过流表为不同的业务建立传输通道，而建立流表的策略、选路的机制和网络系统资源的配置全部由控制器来实现，由此完全实现了传输与控制分离的思想。

（2）控制器。SDN 中的控制器作为网络的调度中心，负责制定 SDN 网络的功能和管理策略，在网络的运行过程中收集网络的状态信息，根据网络的工作情况调度网络的资源。对于小型的网络，控制器可以是一个类似服务器的设备。而对于大型的网络，控制器可以是由一组服务器组成的控制系统，用协调器完成各服务器间的信息交互和并行工作。因为 SDN 目前还在研究阶段，所以在 SDN 系统的网元中尚没有明确的定义类似 NGN 和软交换系统中的信令网关与媒体网关等支持现有各种业务传输及交互的设备。

2）SDN 的逻辑结构

图 6-25 所示为 SDN 的逻辑结构，该结构分为基础设施层、控制层、应用层。

（1）基础设施层（Infrastructure Layer）。该层主要由网络设备（Network Device）组成，目前主要定义的网络设备是支持 OpenFlow 协议的 SDN 交换机，它保留了传统设备数据面能力的硬件，负责基于流表的数据分组转发，同时也承担网络状态信息的收集工作。在网络发展的过渡阶段，预计网络设备中还会包含类似交换系统中的媒体网关和信令网关等设备。

（2）控制层（Control Layer）。该层主要包含 OpenFlow 控制器及网络操作系统（Network Operation System，NOS），负责处理收集到的网络的状态信息，根据应用层的策略进行具体的网络数据平面资源的调度管理、维护网络拓扑。控制器也是一个平台，该平台向下可以直接与使用 OpenFlow 协议的交换机进行会话，向上则为应用层软件提供开放接口，便于应用程序检测网络状态和下发控制策略。

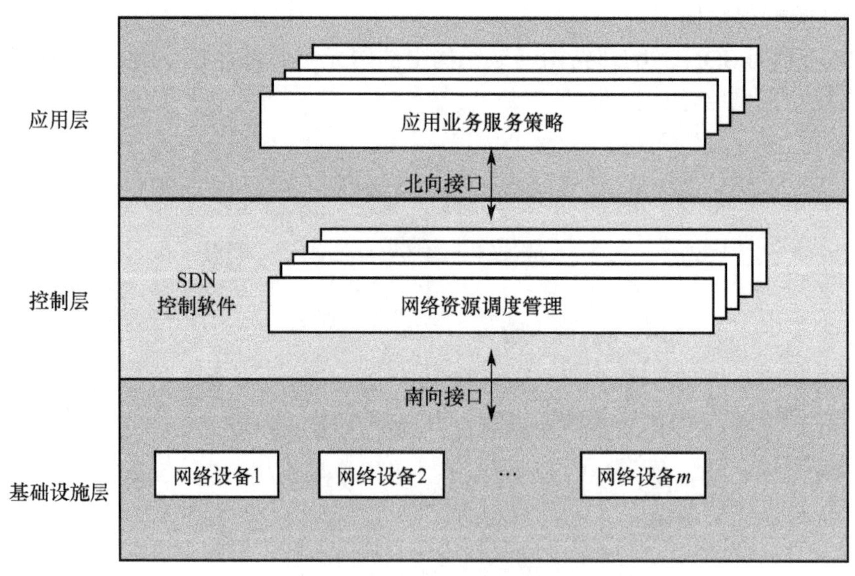

图 6-25　SDN 的逻辑结构

（3）应用层（Application Layer）。该层由众多应用软件构成，这些软件能够根据控制器提供的网络信息执行特定控制算法，并将结果通过控制器转换为流量控制命令，下发到基础设施层的网络设备中。控制器采用的 OpenFlow 协议、网络虚拟化技术和网络操作系统是 SDN 区别于传统网络结构的关键因素。

2. SDN 的主要特点

SDN 网络综合了分组交换网特别是软交换网络技术的优点，以及迎合了未来网络在发展过程中新业务不断涌现的需求和趋势，形成了一种新的体系结构。这种体系结构打破了传统网络设备制造商独立而封闭的控制面结构体系，使得各种网元能够更加灵活地进行组合，对于新的业务需求，网络设备所需要进行的改进在很大程度上将集中在数量较少的控制器内，而这种变化将主要体现在软件的升级上，从而大大简化网络的运行、维护。SDN 的特点主要体现在以下几个方面。

（1）数据面与控制面的分离。简化了原来复杂、昂贵的交换设备，通过控制面功能的集中和规范数据面和控制面之间的接口，可对不同厂商的设备统一、灵活、高效地管理和维护。SDN 网络的控制功能只集中在控制层的控制器中实现，集中化的控制能够在获取全局的网络信息之后根据应用业务的需求进行相应的优化调配，如常见的负载均衡、流量工程和多租户应用等。由于 SDN 是集中控制的，在逻辑上还能将整个 SDN 网络视为一个整体，这样在进行网络配置和维护时将比传统网络的分布式管理更加方便与快捷。

（2）开放网络编程能力。SDN 以 API 的形式将底层网络能力提供给上层，实现对网络的灵活配置和对多类型业务的支持，进一步提高了对网络资源控制的精细化程度与利用效率。由图 6-25 所示的 SDN 的逻辑结构可知，SDN 具有开放的南向接口和北向接口。转发层需要在控制层的管控下工作，与之相关的网络设备信息和控制指令的传输都是通过南向接口实现的；北向接口则是通过控制层向应用层业务开发的可编程接口，通过北向接口，应用层可以操控转发层的底层资源。正是因为有了北向接口和南向接口，才能在 SDN 中实现应用与网络的无缝集成，使得业务应用能够控制转发层的网络设备的运作，从而满足应用相应的需求，如业务的宽带要求、时延要求等。也正是 SDN 接口具有开放特性，才能使网络应用业务快速地迭代、创新。

（3）网络虚拟化。SDN 开放的南向接口和北向接口就像以前的 TCP/IP 一样，忽略了转发层的网络设备的差异，实现了底层的网络对应用层业务的透明化，即实现了底层物理网络与逻辑网络的分离。这样，应用层的业务在操控转发层的网络设备时只需考虑逻辑网络，而不受限于实际物理网络的位置等因素。

因为网络各种业务配置主要集中在控制器中且以软件的方式实现，这不仅具有灵活的网络新业务的扩展能力，而且降低了设备（特别是交换设备）升级配置的风险，从而可有效地提高网络的运营效益，也可为网络运营商和服务提供商提供更好的业务创新平台。SDN 将传输控制、网络资源的优化管理，通过集中式控制的方式来实现，使得网络系统有可能从全局最优的角度来调度配置网络的各种资源。SDN 的这种工作模式从安全的角度来说是存在许多风险的，网络系统的集中控制使得控制器成为最容易被攻击的目标。如何有效地保证 SDN 网络的安全，目前仍然是一个开放的研究问题。

6.6.3 OpenFlow 协议

在 SDN 网络逻辑层的划分中，应用层与控制层之间的接口称为北向接口，控制层与基础设施层之间的接口称为南向接口。南向接口是上传状态信息、下传建立流表、对网络实施资源调度管理、保证系统运行的关键接口。有关南向接口的协议，国际组织提出了相应的标准或建议：ONF 提出了 OpenFlow 协议和 OF-CONFIG 协议，这两种协议具有兼容性；IETF 提出了 ForCES 协议；思科公司提出了 OnePK 协议，思科提出的协议与 OpenFlow 协议具有兼容性。OpenFlow 协议是 SDN 中第一个使用的南向接口协议，目前受到学术界较普遍的关注。此外，由于该协议需要改变现有的网络架构，不像 IETF 提出的 ForCES 协议那样与原来 IP 网的协议间有较好的继承性，因此 OpenFlow 协议最终能否成为 SDN 系统中真正获得实际应用的协议，还要借以时日才能判断。OpenFlow 协议主要定义了控制器与交换机之间的交互方式，交互过程可以运行在安全传输层协议（Transport Layer Security，TLS）或一般的无保护的 TCP 连接之上。

1. OpenFlow 协议的主要消息类型

OpenFlow 协议定义了控制器和交换机的接口标准，并制定了控制器和交换机之间信息交互的具体格式。OpenFlow 协议所定义的三种主要的信息类型如下。

1）控制器到交换机消息

控制器到交换机消息均由控制器向交换机发出，这些消息主要用于探测查询、配置和管理交换机。其主要功能包括：

（1）获取交换机容量信息，控制器通过发送该消息，向交换机查询并了解其交换转发能力等性能方面的参数；

（2）查询和配置交换机参数，控制器可以通过该消息查询并了解交换机当前的系统参数，或对交换机的参数进行配置；

（3）管理交换机工作，利用该消息，控制器可以下发管理交换机工作状态的命令，具体包括添加、删除或修改交换机当前的流表参数，对交换机的端口进行配置等；

（4）转发消息，控制器可命令交换机传递需要其转发的消息，指定某交换机从特定端口将消息进行转发。转发消息可以保证没有直接连接到控制器的交换机也可以实现与控制器的交互。

2）异步消息

异步（Asynchronous）消息是交换机主动发送给控制器的消息，主要用于交换机向控制器报告网络状态的变化。主要功能如下：

（1）向控制器转发数据报文，对于所有利用流表向控制器特定端口发送的数据报文，交换机都会产生异步消息以通知控制器；

（2）流表删除通知，当某个数据流从流表中被删除后，交换机需要将此信息通知控制器；

（3）端口信息变更通知，当交换机的端口状态发生变化时，通过发送该信息给控制器，可使得交换机知道网络的连接状态或拓扑结构状态发生了改变。

3）对称消息

对称（Symmetric）消息表明该消息可以由控制器发给交换机，也可以由交换机主动发给控制器。该消息主要包括 Hello 消息、Echo 消息和 Experimenter 消息这三种。

（1）Hello 消息。Hello 消息是交换机与控制器在建立连接进行初始化前，双方进行握手探询的交互消息。

（2）Echo 消息。Echo 消息包括请求消息和反馈消息两类，收到 Echo 消息的一方必须进行回复，该消息可用来维护连接的工作状态，保证各类消息的可达性。

（3）Experimenter 消息。该消息主要为 OpenFlow 交换机提供标准化的扩展接口，便于实现未来 OpenFlow 协议可能出现的新功能。

2. 流表

OpenFlow 协议是基于流来进行规则匹配和构建传输通道的，在 SDN 网络中传输特定业务流的传输通道是由流表来定义的。OpenFlow 交换机在工作时需要维护一个流表，交换机按流表进行数据转发。流表的下发、建立和维护均由控制器来完成。实际上，流表的概念并非是 SDN 或 OpenFlow 协议的首创，所有面向连接的传输系统都包含流表的概念。在基于电路交换的 TDM 系统中，程控交换机内时隙的交换隐含数据流的交换表，ATM 网络中的交换机内有构建虚连接的交换表，MPLS 系统的标签路由器中同样有标示等价业务类型的标签交换表。

OpenFlow 协议对此进行了扩展，给流赋予了更广泛的内涵。OpenFlow 协议流表的表项（简称流表项）如图 6-26 所示，每个 OpenFlow 流表项都由报头域、计数器和动作三部分组成。其中，报头域的作用是数据包在转发时提供匹配项；计数器的作用是提供匹配流表项的数据包个数或比特数；动作的作用是指定当数据包与流表项的报头域匹配时需要执行的操作。

报头域	计数器	动作

图 6-26 OpenFlow 协议流表的表项

1）报头域

当交换机接收到数据包时，报头域用于与数据包的报头进行比较，若数据包的报头与某一流表项的报头域匹配，则更新该流表项的计数器并执行相应的动作。流表项的报头域主要包含 12 个元组，如图 6-27 所示，报头域包含传统计算机网络的 OSI 七层参考协议中的数据链路层、网络层及传输层的配置信息，给出了可以用于定义流表的字段，包括以太网端口的物理地址、IP 地址、VLAN 的标签等。每个元组都可以是一个确定的值或“ANY”，以支持对该元组任意值的匹配。相比传统网络设备的转发表或路由表，OpenFlow 的流表能支持更加灵活、更加精细的匹配转发功能。

Ingress Port	Ether Source	Ether Dst	Ether Type	VLAN ID	VLAN Priority	IP Src	IP Dst	IP Proto	IP Tos	TCP/UDP Src Port	TCP/UDP Dst Port

图 6-27 流表项的报头域

2）计数器

通过流表项的计数器可以获取针对每个流表、每个数据流、每个端口或每个队列的统计信息，统计信息可以是匹配的数据包数、字节数或数据流持续时间等。计数器维护的统计信息可以用来实现负载均衡或流量工程等功能。

3）动作

动作主要用来指定当交换机接收到与报头域匹配的数据包时应执行的操作，OpenFlow 流表项中的动作不局限于传统网络设备的简单转发的操作。由于 OpenFlow 交换机没有控制功能，因此在动作域需要指明更详细的处理操作，如修改源 MAC 地址、修改源 IP 地址等。每个 OpenFlow 的流表项都可以有零个或多个动作，若无指明动作，则按默认动作——丢弃处理。一般 OpenFlow 流表项的动作可分为必备动作和可选动作两种，如表 6-5 所示，其中必备动作是每个 OpenFlow 交换机都必须默认支持的，而可选动作则不是每个 OpenFlow 交换机都支持的，所以 OpenFlow 交换机拥有的可选动作需要通过 OpenFlow 控制消息告知控制器。

表 6-5 OpenFlow 流表项的动作

类 型	转 发	说 明	
必备动作	转发（Forward）	ALL	转发到不包含入端口的其他所有端口
		CONTROLLER	转发到控制器
		LOCAL	转发到本地网络协议栈
		TABLE	对数据包执行流表项执行的动作
		IN_PORT	从入端口转发出去
	丢弃（Drop）	对无指明动作的流表项，若数据包匹配，则默认丢弃	
可选动作	转发（Forward）	NORMAL	按传统网络设备进行转发处理
		FLOOD	按最小生成树从非入端口的其他所有端口洪泛
	排队（Enqueue）	交换机将数据包插入某个端口的队列中	
	修改域（Modify-filed）	修改数据包的头部字段	

当有数据报文经过 OpenFlow 交换机时，交换机首先会依据流表中的项对报文进行匹配，以确定对该报文的操作。若可以找到匹配的流，则按照预定的转发操作进行处理并更新该流的统计信息。若未找到可匹配的流，则交换机将到达的报文暂时缓存起来，同时将其第一个数据包送往控制器。控制器会根据报头的信息和网络的工作状态与资源状况，进行路由计算并生成新的流表表项，然后给相应的 OpenFlow 交换机下发该表项，交换机再按照该新的表项处理缓存的和后续到达的报文。

6.6.4 OpenFlow 交换机

1. OpenFlow 交换机的基本功能

按照 OpenFlow 协议运行的交换机称为 OpenFlow 交换机。根据 SDN 架构的定义，SDN 交换机只负责简单的数据转发过程。OpenFlow 协议定义了 SDN 交换机作为 SDN 网络架构中的基础转发设备所应具有的基本功能及基本组成部分。图 6-28 所示为 OpenFlow 交换机的系统架构，OpenFlow 交换机的基本组成部分如下。

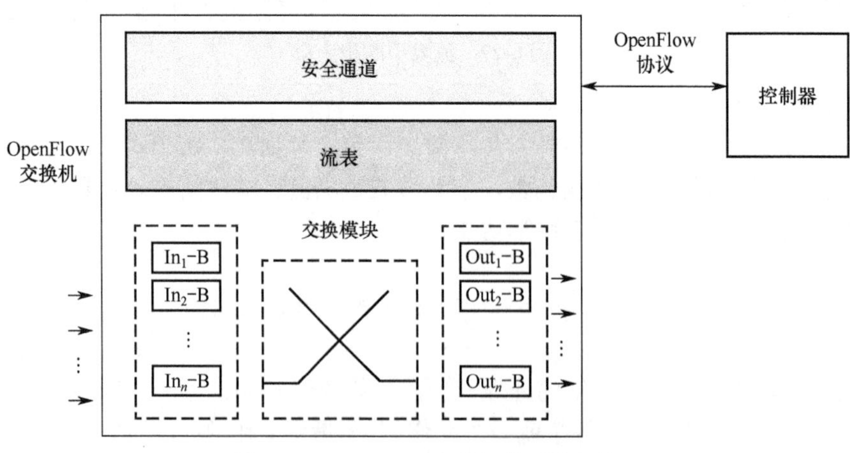

图 6-28 OpenFlow 交换机的系统架构

（1）安全通道。OpenFlow 交换机需要一个安全通道与外部的 SDN 控制器进行安全的交互通信，而安全通道上运行的就是 OpenFlow 协议，使用 OpenFlow 协议消息可以传递

OpenFlow 交换机与 SDN 控制器之间的设备状态信息及管理控制命令。

（2）流表。OpenFlow 交换机的数据转发功能是通过交换机中的流表实现的，流表中可能存在多个流表项，这些流表项可实现多协议、细粒度和高速率的匹配转发。流表是 OpenFlow 交换机的关键组件。

（3）交换模块。交换模块提供 OpenFlow 交换机中的底层基础转发功能，为 OpenFlow 交换机的虚拟化和数据转发功能提供硬件支持。

2. OpenFlow 交换机报文匹配过程示例

当OpenFlow 交换机接收到一个数据包后，将按照优先级的顺序依次尝试匹配交换机中的流表，当有流表匹配后，将更新相应的计数器并执行相应的动作；对于无流表匹配的数据包，会将其封装后转发给控制器。OpenFlow 交换机中的数据包处理过程如图 6-29 所示。

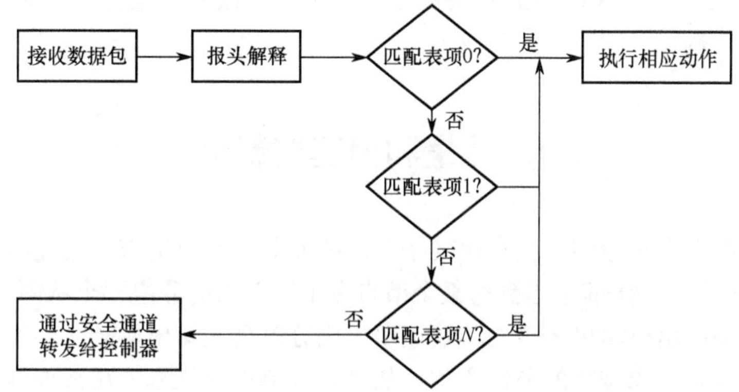

图 6-29　OpenFlow 交换机中的数据包处理过程

习　题　6

6.1　一个理想的路由算法应具有哪些特点？为什么实际的路由算法总是不如理想的路由算法？

6.2　路由算法有哪些类型？所谓“确定型”和“自适应型”的分类，是从什么意义上而言的？

6.3　试述广域网的路由和互联网的路由的区别与联系。

6.4　在距离矢量算法中为什么会出现“计数至无穷问题”？如何解决？

6.5　链路状态算法的基本步骤是什么？它与距离矢量算法相比有何优点？

6.6　一个广域网有 50 个节点，每个节点和其他 3 个节点相连。若采用距离矢量算法，每秒钟交换路由信息 2 次，而节点间的时延用 8bit 编码。试问：为了实现分布式路由算法，每条链路（全双工）需要多少带宽？

第7章　流量控制和拥塞控制

在计算机网络中，链路的容量、交换节点中的缓冲区和处理机等都是网络的资源，用户通过共享资源来享受通信服务。在某段时间内，若用户的通信业务需求超过了某部分网络的资源承载能力，则分组在网络中经历的时延将超过期望值，该部分网络将进入拥塞状态。如果对网络的拥塞不进行控制，那么拥塞会很快扩散，导致局部乃至整个网络的性能恶化，进入拥塞甚至死锁状态。当发生死锁时，网络中几乎没有分组能够传输。如何保证网络稳定运行，即如何避免网络中的某条链路、某个子网或整个信息网络发生拥挤和阻塞，是本章将讨论的问题。

7.1　流量和拥塞控制概论

网络出现拥塞有多种原因。当到达某个节点的业务速率超出节点处理器的处理能力时，分组就会在节点的输入端排队；当到达某个节点多个输入端的分组要求从同一条链路输出时，若业务的总到达率超出该输出链路的传输速率，则分组会在输出端排队。如果该节点的缓冲器容量不够，那么会造成排队的分组丢失，从而导致节点的拥塞。在某种程度上，增大缓冲器容量可以减小这种由于缺少缓冲容量而导致的分组丢失率。此外，节点拥塞的蔓延效应也会导致网络发生拥塞。当某个节点拥塞时，新到达的分组将被丢弃，导致发送端因等待应答超时而进行一次甚至多次重发，这必然会增大网络的负荷，使整个网络中各节点的缓冲器逐渐趋于饱和。随着网络负荷的激增，网络流量骤降，最后达到零值，导致网络进入死锁状态。

网络不仅在拥挤严重时会发生死锁，而且在一定的条件下，在轻负荷时也会发生死锁。图 7-1 所示为三种死锁现象产生的原因。图 7-1（a）是一种直接存储转发死锁现象，图中节点的 A、B 中的缓冲池被欲发往对方的分组占满，彼此都期待对方能接收本端的分组而腾出缓冲空间，但双方都无法做到，因而处于对峙和僵持状态。图 7-1（b）是一种间接存储转发死锁现象，图中一个闭环上的各节点的相关链路缓冲池均被占满，任意一个节点都无法腾出空闲存储空间来接收相邻节点的报文分组，因而处于僵持状态。图 7-1（c）是重装死锁（指节点无法重装报文而引起的死锁）现象，图中的目的节点无法重装报文而出现死锁现象，图中 A、B、C 三个报文的部分分组已占满了目的节点的缓冲池，但均未完成重装工作。报文 A 的 A6 和 A7 两个分组仍分别在节点 N2 和 N3 中排队等待发送，报文 B 的 B4 仍在 N2 中排队，报文 C 的 C4 仍在 N1 中排队。由于三个报文都短缺一些分组而无法重装，因此无法腾出空间来接收剩余的分组数据，形成僵局，出现死锁现象。死锁的直接恶果就是使整个网络（或网络的局部地区）瘫痪，吞吐量降至 0。

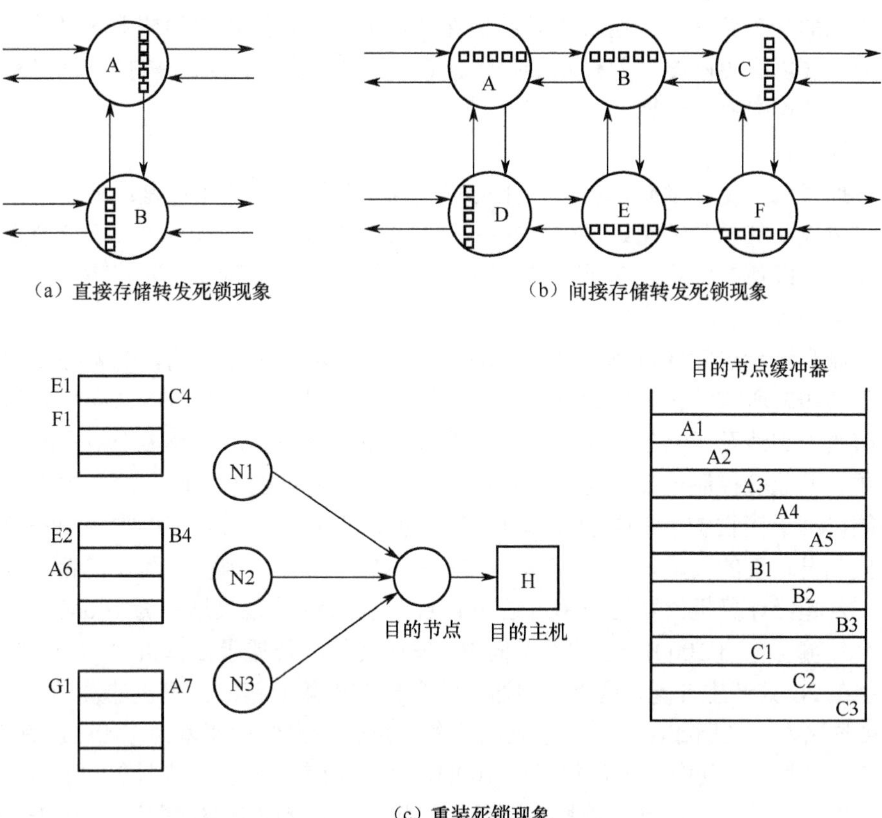

图 7-1　三种死锁现象产生的原因

7.1.1　网络数据流的控制技术分类

网络数据流的控制技术可以分为三类：流量控制、拥塞控制和死锁防止。它们有不同的目的和实施对象，而且各自在不同的范围与层次上实现。

（1）流量控制

流量控制是对网络上的两个节点之间的数据流量施加限制，它的主要目的是控制链路上的平均传输速率，以适应接收端本身的承载能力，以免过载。流量控制包括路径两端的端到端流量控制与链路两端的点到点流量控制。在不断发展的互联网环境中，高速节点与低速节点并存，这就需要通过流量控制来减少或避免分组的丢失及存储器的溢出，从而避免拥塞。

（2）拥塞控制

拥塞控制的目的是将网络内（或网络的部分区域内）的报文分组数目保持在某一量值之下，超过这一量值，分组的平均排队时延将急剧增大。因为一个分组交换网络实质上是一个排队网络，每个节点的输出链路端口都配置了一个排队队列，如果分组到达的速度超过或等于分组发送的速度，那么队列就会无限制地增长，致使分组平均传输时延趋于无穷大；如果进入网络的分组数目继续增大，那么节点缓冲器就会被占满而溢出，使得一些分组丢失。丢失分组的后果是发送端重发，而重发实际上又增大了网络内流通的业务量，最终可能使所有节点缓冲器都被占满，所有通路完全被阻塞，系统的吞吐量趋于 0。

拥塞控制的任务就是避免这种灾难性事件的发生。所有拥塞控制技术的目的都是限制节点中的队列长度以避免网络过载。这类控制技术不可避免地会引入一些控制信息开销，因而实际效果不如理论中那么理想。

（3）死锁防止

当网络拥塞到一定程度时，就会发生死锁现象。死锁发生的条件是：处于同一个封闭环路上的所有节点，其相关链路缓冲器都被积压的报文分组占满，从而失去了该节点所担负的存储转发能力。即使在网络轻负荷的情况下，也可能出现死锁现象。死锁防止技术旨在通过合理地设计网络，使之免于发生死锁现象。

拥塞控制和流量控制的概念经常被混淆，实际上两者是有差异的。拥塞控制的目标是让通信子网能够传输所有待传输的数据，它的触发因素是网络交换节点的队列长度超过预设值或溢出，解决方案涉及网络的多个或所有终端、链路、路由器，涉及多个数据流，是一个全局性的问题。而流量控制的任务是确保不同接收能力的节点能够在同一网络中工作，即一个发送者不能以高于接收者可承受的速率来传输数据，它的触发因素是接收端的资源有限，解决方案是控制发送者的传输速率，使其与接收者匹配。流量控制仅涉及发送者与接收者，例如，假定一台超级计算机的发送速率可达 1Gb/s，一台 PC 的接收速率为 100Mb/s，超级计算机通过一个传输容量为 1000Gb/s 的网络向 PC 发送文件。若超级计算机以 1Gb/s 的传输速率发送，则会在 PC 处产生拥塞，这就需要通过流量控制来降低超级计算机的发送速率，从而适应 PC 的接收速率。又例如，一个分组网络中各链路的最大传输速率为 1Mb/s，有 1000 个大型计算机连入该网络，其中一半计算机以 100kb/s 的传输速率向另一半计算机传输文件。该例中虽然不存在高速发送节点可能使接收端溢出的问题（不存在流控问题），但由于呈现给网络的业务量大于网络业务的处理能力，因此需要采用拥塞控制。

7.1.2 流量和拥塞控制算法的设计准则

流量和拥塞控制算法的设计准则主要包含两个方面：一是网络的吞吐量准则；二是业务流之间的公平性准则。吞吐量准则通过控制网络的吞吐量来逼近网络容量，公平性准则保障业务流能够公平地共享网络资源。

流量和拥塞控制的作用如图 7-2 所示。由图可知，网络传输的分组速率是输入负载或递交给网络的分组速率的函数。理想的情况下，如图中“理想”曲线所示，只要输入负载小于网络容量，网络就会传输全部已递交的分组；当输入负载大于网络容量时，网络会继续以最大容量传输分组（仍是理想情况）。然而，在实际的网络中，如果网络没有拥塞控制，那么仅当输入负载小于某一定值时，网络才能传输全部输入负载（与理想情况相比）；当输入负载超过该定值时，网络的实际吞吐量与理想曲线开始分离（尽管实际吞吐量的变化仍是输入负载的函数）；随着输入负载的进一步增大，无拥塞控制网络的吞吐量开始下降，实际传递的业务量随着输入网络业务量的增大而减小。在某种情况下，足够高的输入负载会导致死锁，即网络中没有或几乎没有成功的分组，因此，流量和拥塞控制算法的设计准则之一就是逼近网络容量。

为了对流量和拥塞控制的作用及在无流量和拥塞控制时网络存在的问题（主要体现在吞吐量与公平性方面）有初步理解，以图 7-3 所示的网络为例进行说明。在该例中，分组的传输规则是：如果分组到达节点时没有可用的缓冲器，那么分组将被丢弃。为了恢复丢弃的分组，若节点或主机在规定的时间内没有收到应答信号，则重发该分组（节点或主机将保留分组副本，直至该分组被接收者确认）。

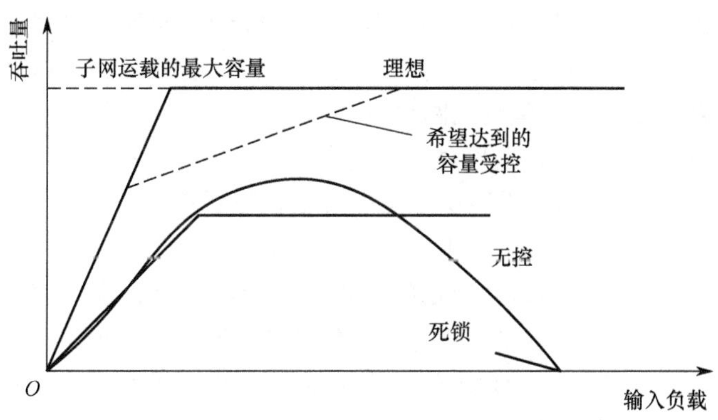

图 7-2　流量和拥塞控制的作用

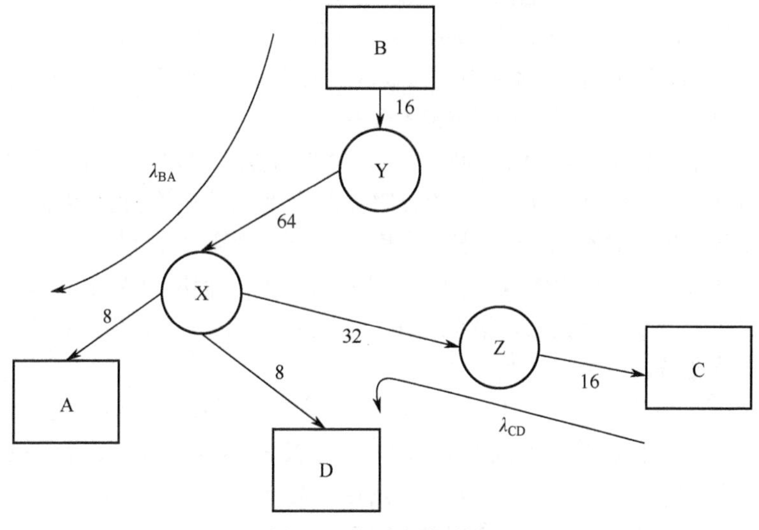

图 7-3　拥塞网络举例

【例 7-1】　在图 7-3 所示的网络中，链路上的数字代表其通信容量，单位为 kb/s。设网络的业务需求如下：主机 B 至主机 A 的业务量为 λ_{BA}（单位为 kb/s），主机 C 至主机 D 的业务量为 λ_{CD}。B 到 A 的路径是 B→Y→X→A，C 到 D 的路径是 C→Z→X→D。试分别讨论如下几种传输方案中网络的状态：（1）λ_{BA}=7kb/s 且 λ_{CD}=0；（2）λ_{BA}=(8+δ)kb/s（$\delta>0$）且 λ_{CD}=0；（3）λ_{BA}=7kb/s 且 λ_{CD}=7kb/s；（4）λ_{BA}=(8+δ)kb/s（$\delta>0$）且 λ_{CD}=7kb/s。

解　方案（1）：此时，B 到 A 的业务请求能够在现有网络容量下得到解决，不会出现拥塞情况。这里主机 A 的发送速率与主机 B 的发送速率相同，链路 B→Y、Y→X、X→A 的传输速率均为 7kb/s。

方案（2）：此时，提交至网络的分组速率高于 X→A 链路能够处理的速率，因此在某一时刻，X 节点的缓冲区满，这将导致从 Y 节点发出的分组被丢弃而不会得到确认。由于 Y 节点保留未确认分组以便重发，因此最后 Y 节点的缓冲区会被占满，这样会导致很有意思的现象：由于 X 节点能够传输 8kb/s，而最初要求传输(8+δ)kb/s，因此，开始时会拒绝发送 δ kb/s。

此时，为重发丢失的δ kb/s，Y→X 链路将传输(8+2δ)kb/s，但 X 节点只能发送 8kb/s，所以会被丢弃 2δ kb/s，丢弃的 2δ kb/s 仍需重发，因此链路将传输(8+3δ) kb/s。由于存在重复发送，因此链路 Y→X 上的业务量不断增大直至总量达到 64kb/s。同样的原因，链路 B→Y 的业务将达到 16kb/s，其中包括新分组和重发分组。由此可见，若要求网络以高于其容量的速率传输分组，则这种过高的要求会大量消耗网络资源。

方案（2）的拥塞问题可以有下列两种解决方法：

① 增大网络的容量，如增大链路 X→A 的容量，以适应 B 节点最大可能的业务量；

② 限制 B 节点的最大业务量，使其不超过 8kb/s。

若已知最大的业务量，则可采用方法①。但是，方法①不仅需要增大网络的投资，而且只有当 B 到 A 的业务量频繁地超过当前链路容量且持续时间较长时，对瓶颈链路的扩容才有经济意义。如果在大部分时间内，B 至 A 的业务量（如 2kb/s）小于网络容量，只是峰值偶尔超过 8kb/s 的突发业务，那么应将 B 的瞬时最高流速限制为 8kb/s，任何高于 8kb/s 的业务都将被延迟，直至脱离过载状态。这两种方法的本质区别在于：第一种方法是一种设计思路，不能实现；第二种方法是用于网络控制的策略，网络可以实时地根据业务需求实施该策略。

方案（3）：与方案（1）相同，不会出现拥塞状态。发往 A 和 D 的总的传输速率为 14kb/s，每个方向的传输速率为 7kb/s，每条网络链路承担 7kb/s。

方案（4）：在本方案中，C 至 D 的路径有足够的容量，可以满足业务需求。存在的问题是：在无控的网络中，B 至 A 与 C 至 D 的分组需共享 X 节点的缓冲区容量。从方案（2）可知，B 至 A 的业务请求会导致 X 节点缓冲区满。反过来，缓冲区满使 C 和 B 发出的分组到达 X 节点后会被频繁丢弃。虽然该情况是由 B 的业务引发的，但所有发往 X 节点的分组都会被丢弃。根据方案（2），X 节点的缓冲区满，最后会导致 Y 节点和 Z 节点也缓冲区满，各链路以各自的容量传输业务。

无论何时，只要 X 节点发送分组至 A 或 D，A 或 D 就要接收并确认此分组。因为 X 从 Y 接收分组的速率是从 Z 接收分组的速率的两倍（Y→X 的容量是 Z→X 容量的两倍），所以 X 发往 A 的分组速率将是发往 D 的分组速率的两倍。因此，在 X 节点的缓冲区中，至 A 的分组与至 D 的分组的比率为 2:1。至 A 的分组以链路 X→A 的最大速率（8kb/s）传输，至 D 的分组传输速率是此速率的一半，即 4kb/s。

对比方案（3）和方案（4），可以发现当λ_{BA}从 7kb/s 提高到(8+δ)kb/s 时，会出现：

（1）吞吐量降低，网络传输的总业务量从 14kb/s 降至 12kb/s；

（2）对 C 的业务量待遇不公平，由 C 发往 D 的业务速率从 7kb/s 降至 4kb/s，这样，虽然是由于 B 的业务引起的问题，但 C 的损失却超过了 B。

解决方案（4）的拥塞问题的方法类似于解决方案（2）的拥塞问题的方法，即在方案（2）中讨论的两种方法仍然适用。另外，可以采用第三种方法：在节点 X 处，为 D 的业务保留一定数量的缓冲区。这样，无论 B 是否过载，都能够保证来自 C 的分组具有进入 X 节点缓冲区的入口，从而使分组得到公平的待遇。当然，保留资源与分组交换的首要目的（理想的资源共享）矛盾，由此可见，牺牲一部分资源共享的利益，是保证网络公平合理的代价。因此可以看出缓冲区的管理是非常重要的，缓冲区满可能引起整个网络瘫痪。下面通过一个例子讨论公平性的问题。

【例 7-2】 图 7-4 所示的网络有 n 条链路、n+1 个用户，其中 n 个用户都要求使用一条链路，另一个用户要求使用全部 n 条链路。每个用户要求的数据率为 1 单位/s，每条链路的容量为 1 单位/s。若要求使用 n 条链路的这个用户被完全禁止，则其余用户都可以被接纳，得到全网总的吞吐量为 n 个单位。若同样地对待所有用户，则每个用户可得到的最大吞吐量为 1/2 单位，系统总的吞吐量为$(n+1)/2$。如果 n 较大，那么相当于只能到达前面总吞吐量的一半，即满足系统的公平性要求，是以降低系统的总吞吐量为代价的。

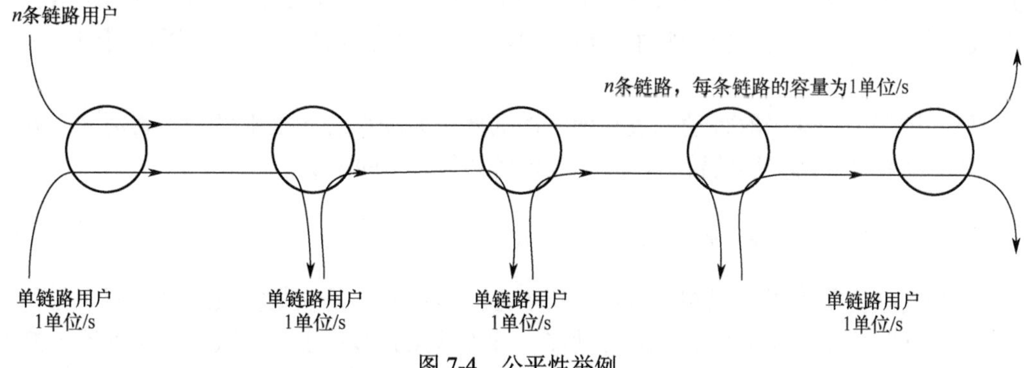

图 7-4　公平性举例

通过前面的讨论，可以将流量和拥塞控制的功能概括为以下 4 个方面：

（1）防止由于业务过载而导致的网络吞吐量降低及分组时延增大现象的发生；

（2）避免死锁；

（3）在用户或业务之间合理地分配资源；

（4）节点之间的传输速率匹配。

7.1.3　拥塞控制的基本原理

拥塞控制的基本原理是：寻找使输入业务对网络资源的要求小于网络可用资源成立的条件。例如，增加网络的某些可用资源（如在输入业务繁忙时增加一些链路、增大链路的带宽重构路由，使超载的业务量可从其他路径分流），减少一些用户对某些资源的需求（如拒绝接收新的连接建立请求、要求用户减轻其负荷，这属于降低服务质量）。

拥塞控制是一个动态控制的问题，从控制论的角度可以分为两类：一类是开环控制；另一类是闭环控制。开环控制就是预先评估网络可能的拥塞因素，设计相关的控制算法，避免网络拥塞。当网络进入运行状态后，不再更新控制算法与参数。例如，当前多数路口的红绿灯间隔时间是依据各条道路的流量统计设定的，如果各条道路的流量不变，红绿灯可以发挥很好的交通流量控制功能。但实际情况是不同时段的道路流量不同，时常看到的现象是某个方向上因红灯排队的车辆比另一个方向上的多，因此，开环控制无法适应动态变化的网络业务需求。闭环控制建立在反馈控制的概念基础上，其控制过程包括以下几部分：

（1）监测网络，收集网络信息，发现拥塞的发生时刻、发生地及缘由；

（2）将拥塞信息传输到拥塞控制的决策点；

（3）决策点依据拥塞控制方案及拥塞信息确定拥塞控制参数，并将拥塞控制参数传输至执行拥塞控制的节点；

（4）执行节点依据拥塞控制参数调整相关的操作，避免拥塞或纠正拥塞，有时拥塞监测点和决策点为同一节点，有时决策点和执行节点为同一节点。

有多种度量方式可用来监视子网的拥塞状态，主要包括因缺少缓冲区空间而丢失的分组的比例、平均队列长度、超时和重发分组的数量、平均分组时延等。这些因素在数值上的增大意味着发生拥塞概率的增大。

一般在监测到拥塞发生时，要将拥塞发生的信息（控制分组）传输到产生分组的信源。当然，这些额外的控制分组会在子网中传输，这样在子网拥塞时又增大了子网的负荷。另一种方法是在路由器转发的分组中保留一位或一个字段，用该比特或阻断的值表示网络的状态（拥塞或没有拥塞），也可以由一些主机或路由器周期性地发送控制分组，以询问网络是否发生拥塞。

此外，过于频繁地采取行动以缓和网络的拥塞也会使系统产生不稳定的震荡，而迟缓地采取行动又不具有任何实用的价值，因此应采用某种折中的方法。

7.1.4 流量和拥塞控制所经历的层次

流量和拥塞控制可以出现在所有协议层次上，但主要还是在数据链路层、网络层和运输层。分段（逐跳）流控是数据链路层的功能，称为节点到节点之间的流控；端到端流控主要在运输层，称为全局流控；拥塞控制则主要集中在网络层。

7.2 流量和拥塞控制技术

流量和拥塞控制技术按执行流控与拥塞方式的不同可分为：集中式流量和拥塞控制、分布式流量和拥塞控制。在集中式流量和拥塞控制方案中，网络中有一个特定的网控节点执行某种控制算法，为各节点动态配置分组流量的分配值，然后将新的分配值传输给网络中的相关节点。而分布式流量和拥塞控制方案则将网络的流量和拥塞控制任务分配给若干网络节点，这些网络节点可控制其自身及网络中部分其他节点的业务流量。当拥塞发生时，拥塞控制节点调配数据流的流量有许多具体的实现方式，下面着重讨论窗口式流量和拥塞控制、漏斗式速率控制算法。

7.2.1 窗口式流量和拥塞控制

窗口式流量和拥塞控制的思想类似于数据链路层的返回 n-ARQ 算法，在一个会话（session）过程中，发送端 A 在未得到接收端 B 的应答的情况下，最多可以发送 W（窗口宽度）个消息、分组或字节。接收端 B 收到后，回送给发送端 A 一个 permit（它既可以是应答，又可以是分配消息），A 收到后方可发送新的数据。通过调整窗口宽度，可以动态调整发送节点的分组或字节的发送速率。下面首先介绍在窗口式流量和拥塞控制中应该注意的问题，然后集中讨论具体的窗口式流量和拥塞控制技术。

1．滑动窗口控制机构的设置

通信子网中的任意节点对之间都可能构成源/目的节点对。若子网的节点数为 m，则一个节点可能与其他 m–1 个节点结合，最多形成 m–1 个源/目的节点对。如果在一个节点内为每个源/目的节点对都设置一个滑动窗口控制机构，那么将使节点的控制机构变得相当复杂，占用许多缓冲存储空间。降低这种复杂度的途径就是采用动态方法：在每个节点中只为当前通信业务的源/目的节点对设置滑动窗口控制机构，并相应地分配缓冲区。每个源/目的节点对实际上就是一条虚拟的路径，可见，滑动窗口控制机构应当随着每一条虚拟路径的建立而建立，这与为每一条数据链路建立一个滑动窗口控制机构是一样的。

2．窗口宽度的确定

一个源节点可能与许多不同节点构成源/目的节点对，如果源/目的节点对之间的距离比较大（如经过多条链路或多个子网），那么相应的两个节点之间的端到端时延就比较长，从源节点发出一个分组到它收到应答这段时间内连续发出的分组数就会比较大。因此为了有效地利用通信子网的传输能力，源/目的节点对之间的窗口宽度 *W* 应当设置得比较大。相反，如果源/目的节点对之间的跳数比较少，那么窗口宽度 *W* 应该相应地设置得小一些。可见，窗口宽度应当根据源/目的节点对之间的距离来选择，而不能简单地设定为同样的数值。为此，可以在每个源节点内设置一张说明窗口宽度和节点距离关系的对应表，根据这种对应关系动态选择合适的窗口宽度，以便建立适应的滑动窗口控制机构。

理想的窗口宽度应当这样选择：源节点从发送第一个分组到收到目的节点对该分组的确认，源节点的滑动窗口控制机构应该刚好发完窗口宽度允许的最后一个分组，在这种情况下，源节点就能以最佳的速率不间断地发送分组。

3．报文的重装

目的节点在全部收完一个报文的所有分组后，才能着手重装报文，然后提交给目的主机。这时，该源/目的节点对上的一个报文才算传输成功，目的节点给源节点返回一个确认应答。可见，端到端流控功能还包括目的节点进行报文重装的功能，特别是当通信子网采用自适应型路由策略和采用网内数据报传输方式时，报文重装的功能更为重要。在这两种情况下，源节点发出的报文分组可能沿不同的路径到达目的节点，因而可能造成分组到达的次序与发送次序不一致。如果某一分组在中转过程中丢失，那么目的节点就无法将报文重装出来。此时，目的节点应在返回的应答中报告这一情况，源节点在确知后，应立即重发被丢弃的那个分组。为此，源节点缓冲区必须保留全部未应答的数据分组，以便在需要重传时使用。

下面讨论具体的窗口式流量和拥塞控制技术。

1．端到端的窗口流控

为了便于讨论，进行以下定义。

W：窗口宽度，即流控窗口为 *W* 个分组，如果接收端希望收到的分组序号为 *k*，那么发送端可以发送分组序号为 $k \sim k+W-1$ 的分组。

d：分组传输的往返时延，包括往返的传播时延、处理时延、分组传输时延、应答分组的传输时延。

X：单个分组的传输时间。

图 7-5 所示为 *d*、*X*、*W* 的关系。

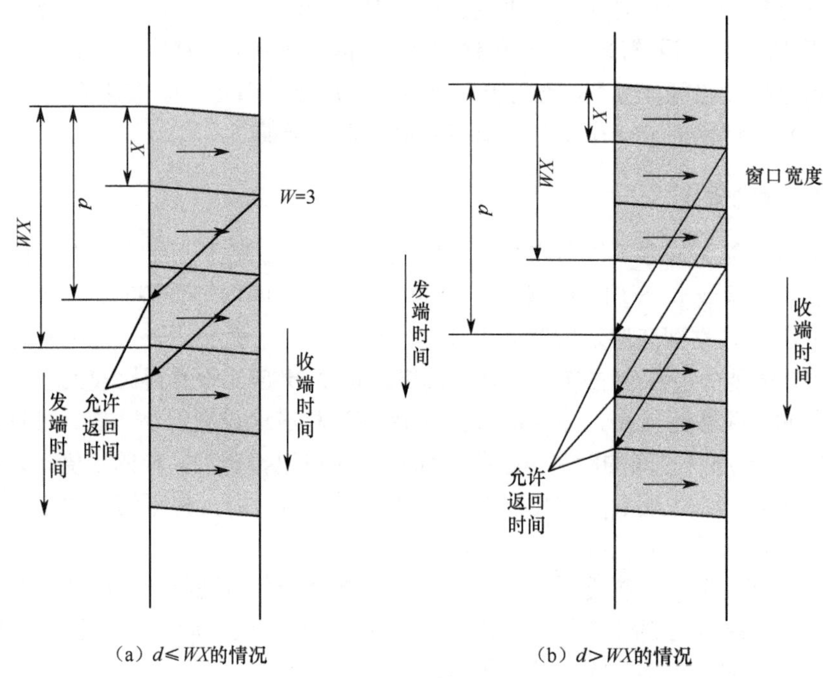

（a）$d \leqslant WX$的情况　　（b）$d > WX$的情况

图 7-5　d、X、W 的关系

在图 7-5（a）中，$d \leqslant WX$，发送端可以以 $1/X$（分组/s）的速率全速发送，流控不会被激活。在图 7-5（b）中，$d>WX$，在 d 时间内最多只能传输 W 个分组，即分组传输的速率为 W/d（分组/s）。显然，对于给定的往返时延 d，最大的分组传输速率 r 为

$$r = \min\left\{\frac{1}{X}, \frac{W}{d}\right\} \tag{7-1}$$

分组传输的往返时延与分组传输速率的关系曲线如图 7-6 所示。从图中可以看出，d 增大表明网络中的拥塞增加，这将导致分组传输速率 W/d 下降。如果 W 较小，那么拥塞控制反应较快，即在 W 个分组内就会做出反应。这种以很小的开销获得的快速反应是窗口式流量和拥塞控制的主要优势之一。

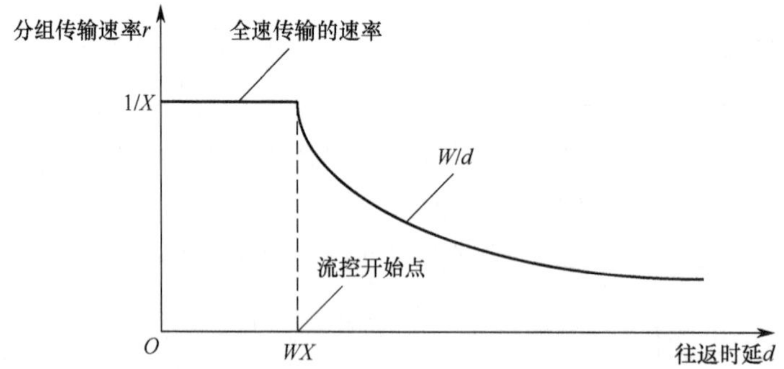

图 7-6　分组传输的往返时延与分组传输速率的关系曲线

下面通过一个具体的例子讨论端到端流控的工作过程。

【例 7-3】 网络拓扑图如图 7-7 所示，采用了端到端窗口式流量和拥塞控制技术。在该系

统中，所有传输的分组的长度均为 53 字节，信源 S 的最大输出速率为 80Mb/s，信道的传输速率为 80Mb/s。如果目的节点 D 可接收信息的速率为 40Mb/s、10Mb/s 和 1Mb/s，那么如何进行流控呢（假定所有节点的处理时延均为 0，各节点均采用存储转发机制）？

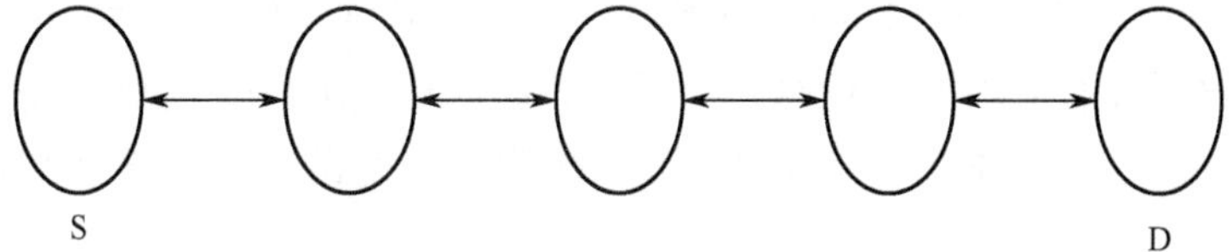

图 7-7　网络拓扑图

解　从图中可以看出，从源节点 S 到目的节点 D 要经过三个节点，由于各节点采用的是存储转发机制，因此从源节点发出一个分组到目的节点返回一个许可的往返时延应等于分组在各链路上的传输时间之和，即

$$d=\frac{8\times 53\times 8\text{bit}}{80\text{Mb/s}}=42.4\mu\text{s}$$

由于目的节点可接收信息的速率为 40Mb/s、10Mb/s 和 1Mb/s，均小于源节点的最大输出速率，因此应有 $WX<d$，所对应目的节点的接收信息速率为 $\frac{WX\times 80\text{Mb/s}}{d}$，$X=\frac{53\times 8\text{bit}}{80\text{Mb/s}}=5.3\mu\text{s}$。因此当 $\frac{WX\times 80\text{Mb/s}}{d}=40\text{Mb/s}$、10Mb/s 和 1Mb/s 时，可分别求得 W 为 4、1 和 0.1。W=0.1 意味着目的节点应当将允许分组延迟（$9\times 42.4\mu\text{s}$）以后发出。在具体实现时，采用 W=1，但要通过增加缓冲的方法使得 d 增大为原来的 10 倍，此时需要控制发送端的速率，以避免造成缓冲区的溢出。

端到端窗口式流量和拥塞控制的主要问题如下。

（1）不能保证每个 session 都有最小的通信速率。

（2）窗口宽度需要合理设定，必须综合考虑每个 session 的最大传输速率、传输时延及信道的最大传输能力、网络的拥塞等因素。

（3）无法保障分组的时延。假定网络中有 n 个活动的 session，各 session 的窗口宽度分别为 $W_1,W_2,\cdots,W_n$，则在网络中流动的总分组数近似等于 $\sum_{i=1}^{n}W_i$。根据 Little 定理有分组的时延 $T=\sum_{i=1}^{n}\frac{W_i}{\lambda}$。式中，$\lambda$ 是各 session 输入的总速率。随着 session 数目的增大，总速率 λ 受链路容量的限制将接近常量，这时时延 T 将正比于 session 的数目或总窗口的宽度，因此，此方法不能把时延维持在适当的水平上。

（4）端到端窗口式流量和拥塞控制在公平性方面较差。一个路径较长的 session，如果窗口较大，那么在经过重负荷的链路时，等待的分组较多；而另一个路径较短的 session，如果窗口较小，那么在经过重负荷的链路时，等待的分组较少。这样就会导致长路径的 session 得到较大比例的服务。

2．虚电路中逐跳窗口流控

虚电路中逐跳窗口流控（Node-by-node Windows for Virtual Circuit）是在虚电路经过的每

个节点中保留 W 个分组的缓冲区。该链路上的每个节点都参与流控，每一条链路的窗口宽度都为 W，每个接收分组的节点都可以通过给发送节点减缓回送允许（应答）分组的方式来避免内存中积压太多的分组。在这种方式下，各个节点的窗口或缓冲区是相关的。假定虚电路经 $(i-1)\to i\to(i+1)$，当节点 i 的缓冲区满时，只有在节点 i 向节点 i+1 发送一个分组后，i 才可能向 i–1 发送一个应答分组。这样就会导致 i 的上游节点 i–1 的缓冲区满，依此类推，最后将导致源节点的缓冲区满。这一从拥塞节点缓冲区满到源节点缓冲区满的过程称为反压（Backpressure）。

3．流控窗口的动态调整

为了能够适应网络的拥塞情况，可以动态地调整窗口宽度。当发生拥塞时，自动减小窗口宽度，以缓解拥塞。实现的基本方法是：通过从拥塞节点到源节点的反馈控制来实现。

方法一：当某节点感觉到拥塞（发现缓冲区短缺或队长过长）时，发送一个特殊分组给源节点。源节点收到后，减小其窗口宽度，在一个适当的时间后，如果拥塞状态已缓解，那么源节点再逐步增大它的窗口宽度。

方法二：收集正常分组从源节点到目的节点的拥塞信息，目的节点利用这些信息，通过一些控制分组来调整窗口宽度。

7.2.2 漏斗式速率控制算法

拥塞发生的主要原因是通信量往往是突发的，如果主机能够以一个恒定的速率发送信息，那么拥塞将会少得多。除前面讨论的窗口式流量和拥塞控制之外，还有一种管理拥塞的方法——业务整形，即强迫分组以某种有预见性的速率来传输。

1．业务整形

业务整形能够调整数据传输的平均速率（及突发性）。与之相比，前面讨论的滑动窗口协议只限制了一次能够传输数据的数量，而非传输的速率。当在虚电路网络中应用业务整形方法时，在虚电路建立阶段，用户和子网之间共同协商一个关于该电路的业务流模型，只要用户按照协商的业务流模型发送分组，那么子网将确保按时传输这些分组。业务流模型的协商虽然对文件传输不很重要，但对实时数据（如音频和视频数据）的传输却很重要，因为这些实时业务不能容忍拥塞的出现。当子网同意某一业务流模型的用户接入时，子网要对该用户的业务流进行监视，以确保守法用户的传输、限制违法用户的传输。业务整形的思想同样适用于数据报网络。

2．漏斗算法

以生活中的一个例子来看基于业务整形的流量控制算法。假设有一个装水的漏斗，如图 7-8（a）所示，不管注水的流量如何，只要漏斗中有水，漏斗就以恒定的速率向外流水。而且，当漏斗装满水时，如果仍向其注水，那么将导致注入的水从漏斗中溢出。只有当漏斗为空时，输出的速率才为 0。这种思想也可以应用到分组传输的过程中，如图 7-8（b）所示。从概念上讲，每台主机都可以通过一个类似于漏斗的接口与网络相连，即漏斗是一个容量有限的内部队列。当分组到达队列时，如果队列满，那么分组将被丢弃。只要队列的长度不为 0，分组就会以恒定的速率进入网络。也就是说，当队列的长度达到最大值时，如果主机还试图发送分组，那么这些分组将会被丢掉。实际上，这种策略相当于将用户产生的突发式分组流变成一个有规则的分组流，从而平滑了用户数据分组的突发性，进而大大减小了拥塞的概率。该算法首先是由 Turner 提出来的，被称为漏斗算法（Leaky Bucket Algorithm）。

漏斗算法有两种实现方式：一种针对分组长度固定的情况（如 ATM 信元）；另一种针对分组长度可变的情况。当分组长度固定时，每隔一个固定的时间间隔，漏斗算法就会输出一个分组。当分组长度可变时，每隔一个固定的时间间隔，漏斗算法就会输出固定数目的字节（或比特）。如果漏斗每次可输出 1024 字节，那么意味着每次可输出两个 512 字节的分组或 4 个 256 字节的分组。假设每次输出的最大字节数为 n，如果队列中的第一个分组长度 $l<n$，那么该分组将被送入网络；如果队列中的第 2 个及后面的若干分组的长度之和小于 $n-1$，那么这些分组都可以一次发送。如果某一分组的长度 $l>n$ 且满足 $kn \leqslant l \leqslant (k+1)n$，那么该分组必须用 $k+1$ 个时间间隔来传输，才能保证每个间隔输出的平均字节数小于规定的数值。

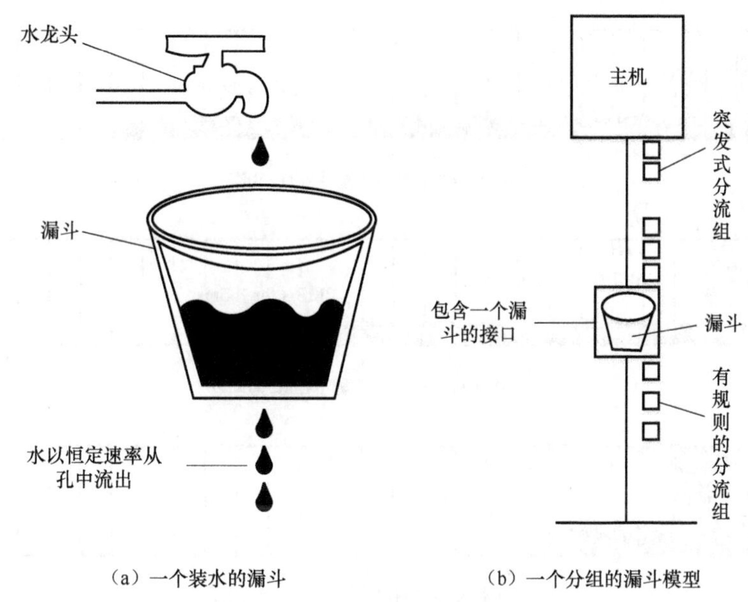

图 7-8　漏斗算法

漏斗算法通过业务整形改变了分组进入网络的速率，使网络易于管理。当网络有可能进入拥塞状态时，网络控制节点可以通过调节各漏斗的输出速率，达到避免拥塞和控制拥塞的目的。

【例 7-4】　有一台计算机能以 25MB/s 的速率发送分组，而且网络也可以以该速率运行。但是，网络中的路由器只能在很短的时间内处理这样的速率，在长时间内，路由器只能以不超过 2MB/s 的速率工作。假定漏斗的输出速率 ρ=2MB/s，漏斗的容量 C=1MB，输入数据的突发长度为 1MB，试求经过漏斗后，输入数据的输出速率及持续时间。

解　由于输入数据的突发长度为 1MB，刚好等于漏斗的容量，所以该突发数据都可以进入漏斗。输入数据的速率是 25MB/s，突发长度是 1MB，所以共持续 $\dfrac{1\text{MB}}{25\text{MB/s}}$=40ms，如图

7.9（a）所示。由于漏斗的输出速率 ρ=2MB/s，因此突发数据将被整形，以 2MB/s 的恒定速率输出，持续时间为 $\dfrac{1\text{MB}}{2\text{MB/s}}$=500ms，如图 7-9（b）所示。

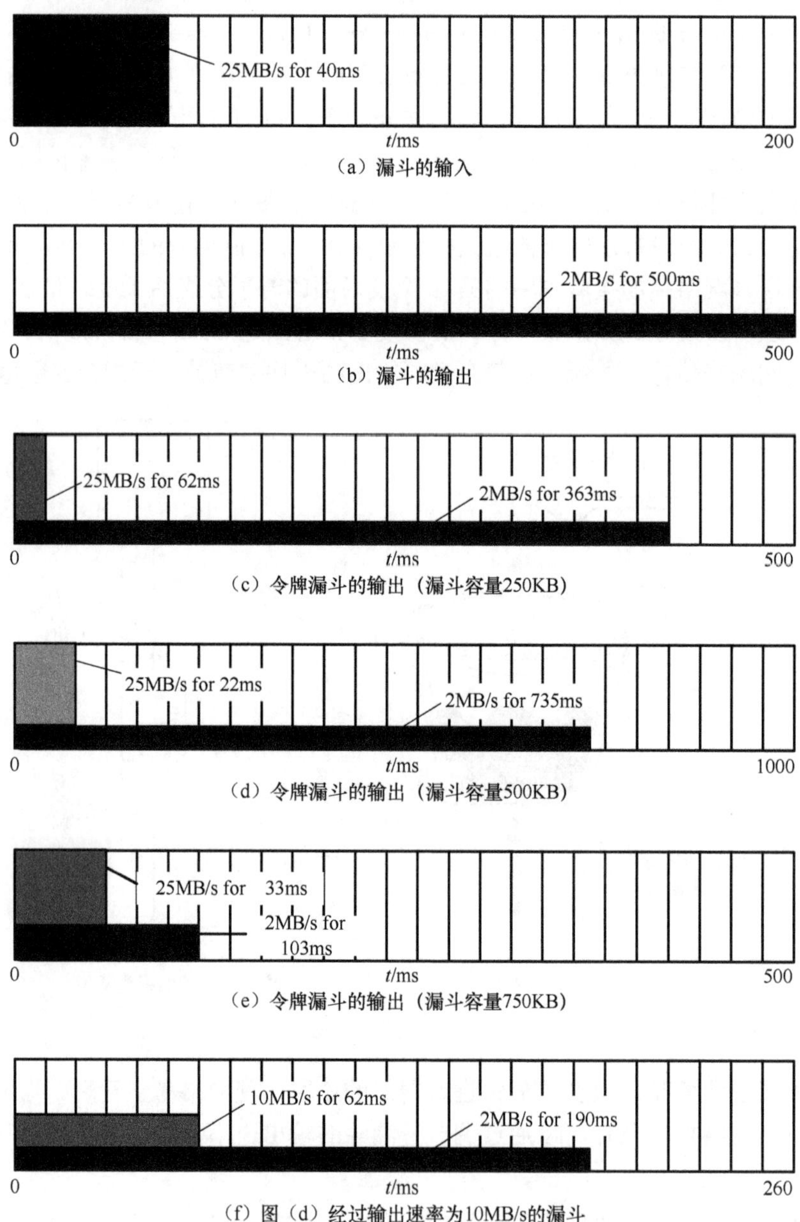

图 7-9　不同接入速率控制算法所对应的输入/输出数据流示意图

3. 令牌漏斗算法

前面讨论的漏斗算法强迫节点的输出保持在一个固定的平均速率，但有时希望输出的业务流具有一定的突发性。通常，在很多应用环境中，当较大的突发业务到来时，希望输出可以相应加快。尤其是当网络有空闲资源时，希望突发业务迅速通过，为后续业务腾出网络资源空间，因此，人们提出了令牌漏斗算法（Token Bucket Algorithm）。在令牌漏斗算法中，漏斗中保留的不再是数据分组，而是令牌。系统每隔 ΔT 个单位时间产生一个令牌，并送入漏斗。当漏斗满时，产生的新令牌将被丢弃。对于数据分组而言，只有当其获得了令牌时，才可以发送。当数据长度固定时，每获得一个令牌就可以发送一个分组。当有多个分组要发送时，可以获取漏斗中存在的多个令牌，根据获得的令牌数来决定一次可以发送的分组数。

【例 7-5】　如图 7-10（a）所示，漏斗中共有 3 个令牌。此时，某台主机产生了 5 个新的分组。由于此时只有 3 个可用令牌，因此在这次发送的过程中只能发送 3 个分组，而另外 2 个分组必须等待获得新的令牌后才能发送，如图 7-10（b）所示。

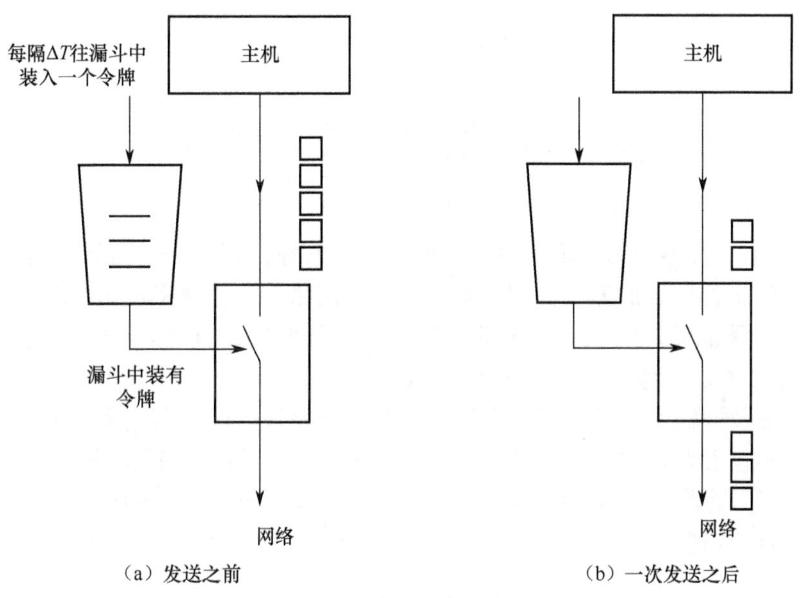

图 7-10　令牌漏斗算法举例

如果分组长度可变，一个令牌表示一次可发送 k 字节，那么只有当该分组获得的多个令牌的允许发送的字节数之和大于其长度时，该分组才可以发送。令牌漏斗算法的工作原理如图 7-11 所示。令牌漏斗的令牌输出速率取决于用户的需求，如果令牌池的容量为 W，那么每次可输出 0～W 个令牌；如果用户无需求，那么漏斗无输出。如果漏斗满（共有 W 个令牌在令牌池中），并且节点输入的突发业务超过了 W 个分组，那么漏斗一次可输出 W 个令牌，允许一次发送 $W \times k$ 字节，但后续令牌的输出速率仅为 $\frac{1}{\Delta T}$ 个令牌/单位时间。要实现令牌漏斗算法，只需设置一个令牌计数器变量。这个计数器每隔 ΔT 个单位时间就加 1，每发送一个分组就减 1。当计数器为 0 时，不能再发送分组。在字节计数方式中，计数器每隔 ΔT 个单位时间增大 k 字节，每发送一个分组便减去分组的字节长度。

需要注意的是：令牌漏斗算法虽然允许业务流具有一定的突发性，但对其突发业务的持续时间有所限制，即避免了由长时间的突发业务导致的网络拥塞。通过下面的例子可以看到对突发持续时间的限制。

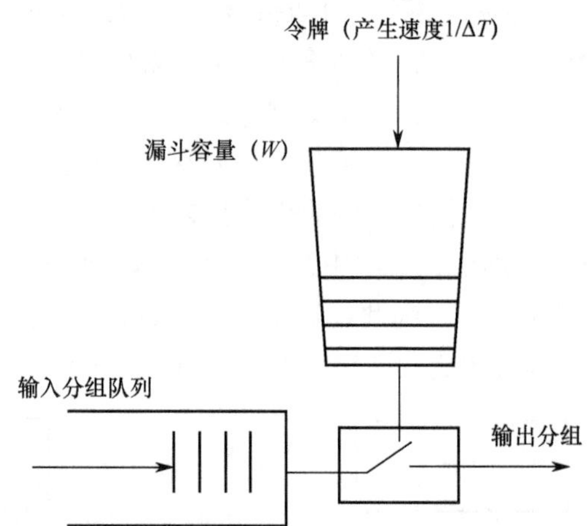

图 7-11 令牌漏斗算法的工作原理

【例 7-6】 有一个容量为 250KB 的令牌漏斗，当令牌漏斗中无积累的令牌时，令牌到达的速率允许用户以 2MB/s 的速率向网络输出数据，网络的传输速率可达 25MB/s。当 1MB 突发数据到达时令牌池满，求业务流的输出速率及持续时间。同时，讨论当令牌漏斗容量为 500KB 和 750KB 时，业务流的输出速率及持续时间。

解 在突发数据输出时又有新的令牌产生，设突发数据以最高速率输出的持续时间为 S 秒，令牌漏斗的容量为 C 字节，令牌的产生速率为 ρ B/s，最大的输出速率为 M B/s。显然，在 S 秒内，可输出的业务量为（$C+\rho S$）B。同时，在 S 秒内，以最高速率输出的突发字节数为 MS，因此可以得到

$$C+\rho S = MS \rightarrow S = \frac{C}{M-\rho}$$

将参数代入，即 C=250KB，M=25MB/s，ρ=2MB/s，可得突发数据以全速率输出的持续时间约为 11ms，剩余的时间内到达的突发业务将以 2MB/s 的速率输出。持续时间为 $\dfrac{1\text{MB}-S\times 25\text{MB/s}}{2\text{MB/s}} \approx 363\text{ms}$，其结果如图 7-9（c）所示。

当令牌漏斗容量为 500KB 和 750KB 时，类似于上面的方法，可以得到其结果分别如图 7-9（d）和 7-9（e）所示。

如果想使业务流更平滑，那么可以在令牌漏斗之后再加一个漏斗。这个漏斗允许的分组传输速率应该比令牌漏斗在无令牌积累情况下允许的分组传输速率高，但要比网络最高可支持的速率低。图 7-9（f）所示为一个容量为 500KB 的令牌漏斗后面再连一个 10MB/s 的漏斗的输出流示意图，即将图 7-9（d）的输出再经过输出速率为 10MB/s 的漏斗。

为了进一步理解令牌漏斗算法，现在讨论该算法的性能。假定分组的长度固定，分组的到达过程是到达率为 λ 的 Poisson 过程（注意这里没有考虑强突发性的分组到达）。令牌产生的间隔为 $\Delta T=\dfrac{1}{r}$，令牌漏斗的容量为 W，当漏斗满时，产生的新令牌将被丢弃。

可以用离散时间的马尔可夫链来分析该系统。令系统的状态为 i，i 表示令牌的使用和需

求情况。当 i=0, 1,⋯, W 时，它表示漏斗中还有 $W-i$ 个令牌可用，且没有未获得令牌的分组在等待，即 i 相当于漏斗中的剩余空间。当 i=W+1, W+2,⋯时，意味着有 $i-W$ 个未获得令牌的分组在等待且没有可用的令牌。令系统的状态转移发生在 0, ΔT, 2ΔT, ⋯时刻，即状态转移恰好发生在令牌产生之后。由于分组到达服从 Poisson 分布，因此在 ΔT 内有 k 个分组到达的概率为

$$\alpha_k = \frac{e^{\frac{-\lambda}{r}}(\frac{\lambda}{r})^k}{k!} \tag{7-2}$$

则状态转移概率为

$$P_{0i} = \begin{cases} a_{i+1} & i \geqslant 1 \\ a_0 + a_1 & i = 0 \end{cases} \tag{7-3}$$

由于当前的状态为 0，因此意味着令牌池中有 W 个可用令牌且没有分组等待，则在 ΔT 内如果有分组到达，那么必然会消耗令牌池中的令牌。但值得注意的是，假定状态的转移时刻是在恰好有一个新令牌产生之后，由于有令牌消耗，令牌池已经不是满的了，因此新产生的这个令牌可以注入令牌池。所以式（7-3）中的上式为 ΔT 内有 i+1 个分组的概率，式（7-3）中的下式为有一个分组到达或没有分组到达的概率。因为如果没有分组到达，由于令牌池满，新令牌无法注入，因此状态保持不变；而如果有一个分组到达，那么其消耗的一个令牌会在状态转移时刻之前由一个新的令牌补充。

对于 $j \geqslant 1$，有

$$P_{ji} = \begin{cases} a_{i-j+1} & j \leqslant i+1 \\ 0 & \text{其他} \end{cases} \tag{7-4}$$

由式（7-3）和式（7-4）可得令牌漏斗系统的状态转移图如图 7-12 所示。

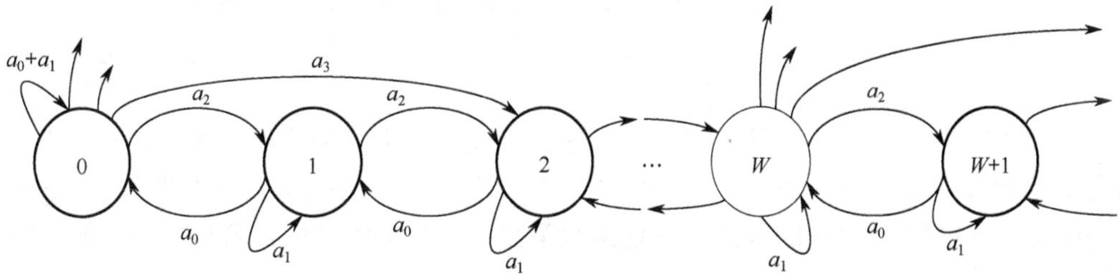

图 7-12　令牌漏斗系统的状态转移图

全局平衡方程为

$$P_0 = a_0 P_1 + (a_0 + a_1) P_0 \tag{7-5}$$

$$P_i = \sum_{j=0}^{i+1} a_{i-j+1} P_j \qquad j \geqslant 0 \tag{7-6}$$

式中，P_i 为状态 i 的概率。

这些公式可以通过递归的方式来求解，即

$$P_1 = a_2 P_0 + a_1 P_1 + a_0 P_2 \tag{7-7}$$

$$P_2 = \frac{P_0}{a_0}\left[\frac{(1-a_0-a_1)(1-a_1)}{a_0} - a_2\right] \tag{7-8}$$

依此类推，可写出 $P_3, P_4, \cdots$的表达式。

另外，在稳态的情况下，令牌产生的平均速率（对所有的状态进行平均）应等于分组的到达率 λ。令牌产生的平均速率为$(1-P_0a_0)\gamma$ ，则有

$$\lambda = (1-P_0a_0)\gamma$$

$$P_0 = \frac{\gamma-\lambda}{\gamma a_0} \tag{7-9}$$

令牌漏斗系统中一个分组获得一个令牌的平均时延为

$$T = \frac{1}{\gamma}\sum_{j=0}^{+\infty} P_j \max\{0, j-W\} = \frac{1}{\gamma}\sum_{j=W+1}^{+\infty} P_j(j-W) \tag{7-10}$$

7.3 实际系统中的流量和拥塞控制算法

本节讨论实际系统中的几种流量和拥塞控制算法，并讨论一些其他算法。

7.3.1 ARPANET 中的流量和拥塞控制

ARPANET 中的流量和拥塞控制部分基于端到端窗口式流量和拥塞控制方法，它把通过子网连接的节点对之间的分组流视为通过逻辑管道的一个 session（会话）。对于每个逻辑管道而言，窗口宽度为 8 条消息（每条消息由 1～8 个分组组成）。每条消息有一个编号，指明它在窗口中的位置，目的节点收到一条消息后，向源节点返回一条准备接收下一条消息（Ready For Next Message，RFNM）的允许分组。发送端收到 RFNM 后，将释放该消息的空间，以便接收新的消息。如果在规定的时间内发送端没有收到 RFNM，那么发送端要发送一个控制分组来询问目的节点是否收到相应的信息。

由于 ARPANET 中分组的传输可能会乱序，因此对于由多个分组组成的消息，接收端应当有足够的缓存空间来重装消息。具体做法是源节点发送一条预约缓存的消息（Request for Allocation，REQALL）给目的节点，以使接收节点预留足够的空间，若目的节点同意预留，则发回一个分配（Allocate，All）消息。

在 ARPANET 中进行速率调整的方法是：一个 session 中通过的每个节点都为该 session 计算一个流速的上限，称为 ration。该 ration 是根据节点的处理能力、相关联的链路传输容量、缓存空间等因素动态调整的。该 ration 和路由更新消息一起在全网中广播，源节点根据收到的各节点的 ration，应使自己的流速低于该 session 中各节点计算的最小 ration。

7.3.2 SNA 网络中的流量和拥塞控制

SNA 网络中的流量和拥塞控制基于对每个虚电路的端到端流控，该算法称为虚拟路径调步（Virtual Route Pacing，VRP）。该算法中的窗口宽度根据业务的情况动态调整。最小窗口宽度等于路径上的链路数，最大窗口宽度为其 3 倍。在具体实现时，每个分组头包含两个拥塞标识比特，用来表示路径上的拥塞情况，在源节点上这两个拥塞标识比特均初始化为 0。

当分组通过路径上的中间链路时，若发现虚电路出现“中等程度的拥塞”，则它将第一个拥塞标识比特置为 1。当某节点出现“严重拥塞”时，将这两个拥塞标识比特都置为 1。当分组到达目的节点时，根据拥塞标识比特的取值来调整窗口宽度：若没有拥塞，则增大窗口宽度；若有中等拥塞，则减小窗口宽度；若有严重拥塞，则将窗口宽度置为最小值。

7.3.3　PARIS 网络中的流量和拥塞控制

PARIS（Packetized Automatic Routing Integrated System，分组自适应路由集成系统）网络是一个高速分组交换网，它综合传输语音、图像和数据等信息，网络中采用自适应的最短路由，每条链路长度的标识都基于该链路可运载的负荷大小。

速率控制基于漏斗算法，用户在接入网络时，要向网络节点提供它的业务特征（如平均速率、峰值速率、平均突发长度），网络节点把这些信息变成一个“等效容量”，即每个 session 对其路径上各条链路的带宽需求。该网络节点在所有能接纳该 session 的路由中，计算出一条最短路由。如果没有合适的路径，那么该用户的 session 将被拒绝。

一个 session 接入网络后，其漏斗参数的选取取决于该 session 的需求和路径上的负荷。每个 session 都可以发送比漏斗算法允许发送的分组（称为 green 分组）数更多的分组，这些超出的部分称为 red 分组，网络将尽力保证 green 分组的传输。在网络拥塞时，这些 red 分组比 green 分组更容易被网络丢弃，并且网络还要保证 red 分组对 green 分组的丢失影响最小。

流量和拥塞控制的目的是限制网络中分组传输的平均时延与缓冲区溢出，并公平地处理各 session。首先，本章介绍了几种常用的数据流控制技术：流量控制技术、拥塞控制技术和死锁防止技术，并对其在网络中所处的位置及功能进行了详细的描述。然后，着重讨论了窗口式流量和拥塞控制与漏斗式速率控制算法。在窗口式流量和拥塞控制中，算法根据网络的拥塞情况动态地调整窗口宽度，从而达到调整流量和控制拥塞的目的：在漏斗式速率控制算法中，通过限制和平滑输入业务的突发性，使得输出业务的突发性及速率在可控制的范围内，从而实现对网络拥塞的控制。最后，给出了几种实际网络中的流量和拥塞控制策略。

习　题　7

7.1　分组交换网中会出现哪几种死锁现象？它们的根源是什么？

7.2　分组交换网可在几个层次上实现流控？试比较各层次上流控措施的优点和缺点，以及改善网络性能的效果。

7.3　试述流量控制和拥塞控制的区别与联系。

7.4　假定有一个网络如图 7-13 所示，该网络由 5 个节点组成，链路 C→O、O→B、O→D 的容量为 1，链路 A→O 的容量为 10。有两个 session：第一个 session 经过 C→O→D，其输入 Poisson 到达率（输入速率）为 0.8；第二个 session 经过 A→O→B，其输入 Poisson 到达率（输入速率）为 f。假定中心节点 O 的缓冲区较大（但它是有限的），它采用先到先服务的准则为两个 session 服务。如果节点 O 的缓冲区满，那么输入分组将被丢弃，这些分组将由发送节点重发，发送节点重发的速率与其输出链路的容量成正比。试画出该网络总的通过量与输入速率 f 的关系曲线。

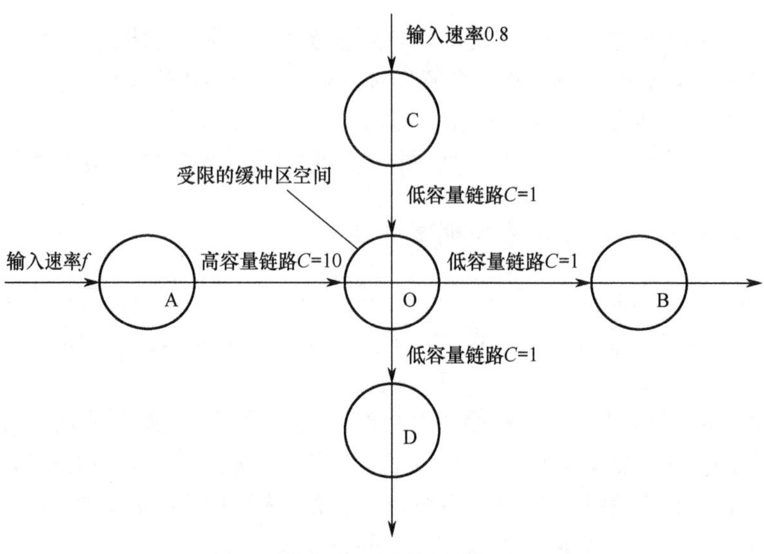

图 7-13 习题 7.4 图

7.5 假设有一个网络如图 7-14 所示。在该网络中仅有一条从节点 1 到节点 3 的虚电路，采用逐跳窗口流控。分组在链路(1, 2)上的传输时间为 1s，在链路(2, 3)上的传输时间为 2s。忽略处理和传播时延，允许分组的传输时间在各条链路上均为 1s，节点 1 可不停地产生分组，在 t=0 时，节点 1 和 2 有 W 个允许分组，节点 2 和 3 的缓存中没有分组，试求出 0～10s 内分组在节点 1 和节点 2 开始传输的时间。

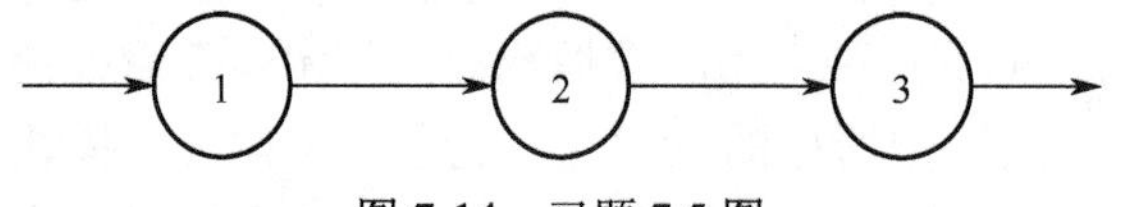

图 7-14 习题 7.5 图

7.6 一台计算机连接到一个传输速率为 6Mb/s 的网络上，计算机与网络节点之间采用令牌漏斗进行业务整形，令牌注入漏斗的速率为 1Mb/s。假定漏斗在开始时有 8MB 的令牌容量，那么计算机以全速 6Mb/s 发送数据可持续多长时间？

第8章 支 撑 网

随着通信技术的发展，现代通信网的构成发生了很大的变化，其结构越来越复杂，功能越来越细化。按功能的不同，现代通信网可以分为业务网、传送网和支撑网。支撑网是为保证业务网的正常运行、增强通信网功能、提高整个通信网的服务质量而形成的专门网。支撑网包括No.7信令网、同步网和电信管理网。支撑网中传输的是相应的控制、监测等信令。本章中的电信管理网指的是电信运营商经营的通信网络。在本章的学习中，应重点掌握No.7信令网、同步网和电信管理网的工作原理及我国目前在支撑网方面的发展状况。

8.1 No.7 信令网

随着通信技术的发展，通信网的类型不断地增多，每个网络的信令由本身网络来传输和处理已经不再适应通信网迅速发展及互联互通的形势，因此需要建立一个公共的信令来统一传输和处理各种网络中的信令。信令网是为满足通信技术的发展、通信网功能的提升和通信业务扩展等需要，把相关控制功能进行综合而成的网，在规范相关通信网的发展过程中起重要作用。

8.1.1 信令的基本概念

1. 信令的定义

信令是在电话机或其他终端与交换局、交换局与交换局、交换局与各种业务控制点、交换局与操作维护中心等之间，为了建立呼叫连接及各种控制而传输的专门信息，是控制交换机动作的操作命令。因此，可以说信令是为了通信双方建立连接和特殊的应用而设立的。在电话通信网中采用的各种信令都是用于控制呼叫连接的，包括各种状态监视和呼叫控制。随着现代通信网的发展，以及综合业务数字网、智能网及移动电话通信网的发展，要求传输的信令内容越来越多。

信令方式以协议或规约的形式体现，实现信令方式功能的设备称为信令设备。各种特定的信令方式和相应的信令设备构成通信网的信令系统。信令系统在通信网的各节点（交换机、用户终端、操作维护中心和数据库等）之间传输控制信息，以建立或终止各设备之间的连接。

2. 信令的分类

（1）按工作区域分

按工作区域的不同，信令可分为用户线信令和局间信令。

① 用户线信令是用户和交换机之间的信令，其在用户线上传输，主要包括用户向交换机发送的监视信号和选择信号，以及交换机向用户发送的铃流和忙音等信号。用户线信令一般较少，而且简单。

② 局间信令是交换机和交换机之间的信令，在局间中继线上传输，用来控制呼叫接续和拆线。局间信令可分为具有监视功能的线路信令和具有选择、操作功能的局间信令。局间信令相对较多，而且复杂。

（2）按传输信道分

按传输信道的不同，信令可分为随路信令和公共信道信令。

① 随路信令是信令随同语音在同一条话路中传输的信令。

② 公共信道信令由一条与话路分开的信令链路传输，以时分复用的方式在一条高速数据链路上集中传输。公共信道信令一般用于由程控交换机组成的通信网。公共信道信令传输的速度快，具有提供大容量信令的潜力，可改变或提高信令的灵活性，便于开放新业务，在通话时可随意处理信令，成本低。因此，公共信道信令得到了越来越广泛的使用。

（3）按功能分

按功能的不同，信令可分为管理信令、线路信令和路由信令。

① 管理信令具有操作功能，用于对电话通信网进行管理和维护，如检测和传输网络拥塞、提供呼叫计费信息、远距离维护信令等。

② 线路信令用于监视主叫、被叫的摘机和挂机状态及通信设备的忙闲状态，即提供对各种状态的监视功能。

③ 路由信令是指主叫所拨的被叫号码，用于选择通信的路由。

8.1.2 No.7 信令系统的体系结构

No.7 信令系统是国际标准化的公共信道信令系统，是能满足目前和未来呼叫控制、遥控、管理和维护等信令传输要求的通信网系统，并能在特定的业务网和多种业务网中实现多个方面的应用。它不仅适用于国际通信网，也适用于国内通信网。作为一个具有广泛应用前景的公共信道信令系统，No.7 信令系统是目前通信网中使用的主流信令系统。

1. No.7 信令系统的主要优点

No.7 信令系统在现代通信网中得到了广泛的应用，是因为它具有如下优点。

（1）信令传输速度快：信令数据链路上通常采用的是 PCM 传输系统中的一个时隙，速率为 64kb/s。

（2）信令容量大：一条信令数据链路能传输几百甚至上千条话路的信令。

（3）灵活性好：根据通信网的发展，在需要通信网增加新功能时，可以根据通信网和用户的具体要求，改变或增加信令内容。

（4）可靠性好：No.7 信令对输出的信息采用循环冗余校验，可发现传输过程中的任何错误，极大地提高了信息传输的可靠性。另外，No.7 信令有严密的信令结构，并规定了在发生各种故障时如何处置（如控制倒换、使用备用信令链路），以确保 No.7 信令仍能正确传输，可靠性好。

（5）适用范围广：No.7 信令系统不仅适用于电话通信网及电路交换的数据网，而且适用于综合业务数字网，特别是在适应通信的增值业务方面，具有较好的灵活性和相关优势。

（6）具有提供网络集中服务的功能：No.7 信令系统可以在交换局和各种业务服务中心（如运行、管理、操作维护中心和业务控制点）之间传输与电路无关的数据信息，以实现网络的运行、管理、维护和提供多种用户补充服务（如 800 型呼叫和信用卡等业务）的功能。

2. No.7 信令系统的功能结构

No.7 信令网的体系结构可以分为高功能层和传送层两大部分。高功能层包括高级接续业务系统和网络管理系统，传送层用传输和交换用户信息的传送网来实现其功能。以 No.7 信令系统为主体的通信网体系结构采用了紧凑的 4 级功能结构，该功能结构由消息传输部分（Message Transfer Part，MTP）和用户部分（User Part，UP）组成，MTP 又可以分为三级，分别是信令数据链路级（MTP-1）、信令链路功能级（MTP-2）和信令网功能级（MTP-3）。这三级与 UP 一起构成 No.7 信令系统的 4 级功能结构，如图 8-1 所示。

MTP 的功能是作为一个公共传输系统在相应的两个 UP 之间可靠地传输信令消息，因此在组织一个信令系统时，MTP 是必不可少的。UP 是使用 MTP 传输能力的功能实体，每个 UP 都包含其特有的用户功能或与其有关的功能。

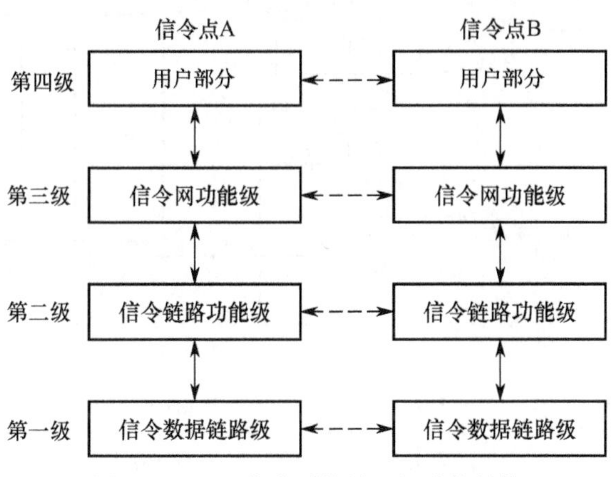

图 8-1　NO.7 信令系统的 4 级功能结构

（1）第一级（MTP-1）

MTP-1 是信令数据链路级，为信令传输提供双向数据链路，它规定了一条信令数据链路的物理特性、电气特性、功能特性和接入方法。在采用数字传输通道时，每个方向的传输速率都为 64kb/s。

（2）第二级（MTP-2）

MTP-2 是信令链路功能级，它规定了在一条信令链路上传输信令消息的功能及相应的程序。第二级和第一级共同保证信令消息在两个信令点之间的可靠传输。

（3）第三级（MTP-3）

MTP-3 是信令网功能级，它由信令消息处理和信令网管理两部分组成。信令消息处理是指根据消息信号单元中的地址消息（路由标记），将信令传输至合适的信令点或用户部分。信令网管理是指对信令路由和信令链路进行监视，当遇到故障时，完成信令网的重新组合；当遇到拥塞时，完成控制信令流量的功能及程序，以保证信令消息仍能可靠传输。

（4）第四级（UP）

UP 由不同的用户部分组成，每个用户部分都定义了实现某一类用户业务所需的相关信令功能和过程。

3．No.7 信令系统的构成

No.7 信令系统强大的功能为现代通信网的发展提供了强有力的支持，其强大的功能得益于完善的系统构成。

No.7 信令系统是一个多功能的模块化系统，可以满足国际、国内通信网的多种应用需求。按功能结构的不同，No.7 信令系统可分为消息传输部分（MTP）、信令连接控制部分（Signaling Connection Control Part，SCCP）、事务处理能力应用部分（Transaction Capability Application Part，TCAP）、电话用户部分（Telephone User Part，TUP）、综合业务数字网用户部分（ISDN User Part，ISUP）、智能网应用部分（Intelligent Network Application Part，INAP）、操作/维护及管理部分（Operations and Maintenance Application Part，OMAP）和移动应用部分（Mobile Application Part，MAP）等，如图 8-2 所示。

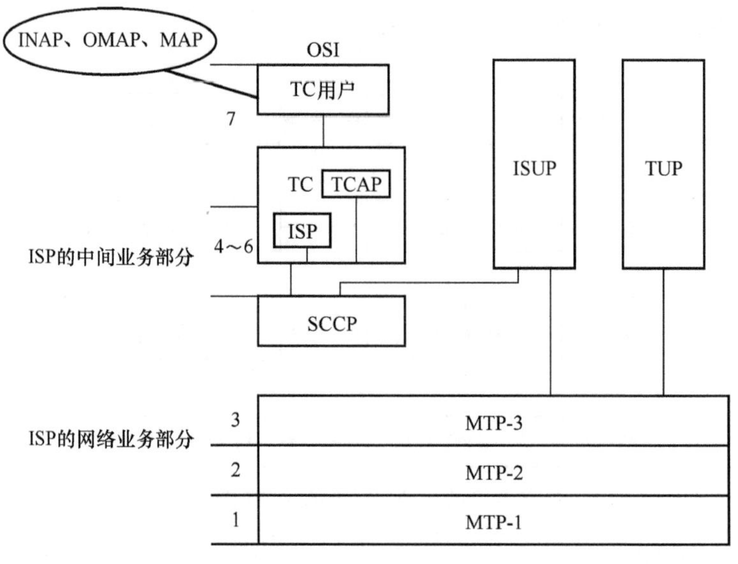

图 8-2 NO.7 信令系统的构成

（1）电话用户部分（TUP）

TUP 是 ITU-T 最早研究提出的用户部分之一，它规定了电话通信呼叫接续处理中所需的各种信令的格式、编码及功能程序，主要是针对电话网的应用的。TUP 将根据发端交换局呼叫接续处理要求，产生所需的消息信令并经 MTP 传输给接收局；同时还接收由 MTP 传输过来的到达本端局的各种消息，分析处理后通知话路部分做出相应的处理。

（2）信令连接控制部分（SCCP）

设置 SCCP 的目的是加强信息传输部分的功能。SCCP 的主要目标是解决上层应用需求与 MTP-3 提供的服务之间不匹配的问题。

在 4 级功能结构中，MTP 存在如下缺陷：①MTP 只使用目的信令点编码（Destination Point

Code，DPC）进行寻址，DPC 的编码在一个信令网内有效，但不能进行网间直接寻址；②MTP 最多只支持 16 个用户部分，不能满足日益增多的新业务的需求；③MTP 只能以逐段转发的方式传输信令，不支持端到端的信令传输；④MTP 不能传输与电路无关的信令，不支持面向连接的信令业务。

SCCP 为 MTP 提供附加的寻址和选路功能，以便通过 No.7 信令在通信网中的交换局与专用中心之间传输电路相关和非电路相关的信令信息或其他类型的信息，建立无连接和面向连接的信令业务。SCCP 利用 DPC，加上子系统号码可提供寻址功能，同时还提供全局码译码功能。

SCCP 在 4 级功能结构中是用户部分之一，在 7 层协议结构中，其主要作用是为基于 TCAP 的业务提供运输层服务，加强消息传输功能。SCCP 具有传输非电路相关信息的能力，可满足 ISDN 的多种补充业务的信令要求及为传送网的维护运行和管理数据信息提供可能。它与 MTP 的三层一起提供对应于 OSI 参考模型中网络层的功能。

（3）事务处理能力应用部分（TCAP）

随着移动通信技术和智能网技术的引入，通信网日趋复杂，网络中建立了许多独立于交换系统的数据库。对数据库的操作要满足原则特性，即要么操作成功，要么操作失败，并且失败操作不能改变数据库的状态。

事务处理能力（Transaction Capability，TC）是指网络中分散的一系列应用在相互通信时采用的一组规约和功能，它为访问网络中的数据库提供标准接口，是目前通信网提供智能网业务、支持移动通信和信令网的运行管理与维护等功能的基础。目前的 TC 用户有操作、维护和管理部分，移动应用部分及智能网应用部分。这三部分分别定义了支持信令网管理的信令和协议、支持移动业务的信令和协议、支持智能网业务的信令和协议。

在传输数据业务量较小而实时性很强的信息（如对业务控制点的询问）时，宜采用 SCCP 无连接服务；在信息的数据量很大但无实时性要求（如传输与业务量有关的统计数据和文件）时，宜采用 SCCP 面向连接服务。

（4）综合业务数字网用户部分（ISUP）

设置 ISUP 是为了规定在 ISDN 环境中提供语音或非话交换所需的功能和程序，以支持基本的承载业务与补充业务。该部分除具有 TUP 的全部功能外，还具有支持非话呼叫、先进的 ISDN 业务和智能网业务所需的附加功能。

（5）智能网应用部分（INAP）

智能网应用部分（INAP）是为了适应智能网的发展和业务处理的具体需求而设置的。

（6）移动应用部分（MAP）

移动应用部分（MAP）是为了适应无线移动通信网的发展和业务处理的具体需求而设置的。

8.1.3　No.7 信令网的概念及分类

No.7 信令网系统是目前最先进、应用前景最广阔的一种国际标准化公共信道信令系统，该系统是将一组话路所需的各种控制信号在一条与话路分开的公共信号数据链路上进行传输的。

1. No.7 信令网的组成

No.7 信令网由三部分组成：信令点（Signaling Point，SP）、信令转接点（Signaling Transfer Point，STP）、信令链路。

（1）信令点。SP 是处理控制消息的节点，它可以是各种交换局（如电话交换局、数据交换局、ISDN 交换局）和各种服务中心（如操作维护中心与业务控制点等）。

（2）信令转接点。通常把能将信令消息从一条信令链路转发到另一条信令链路的信令节点称为 STP。STP 可以只具有 MTP 的功能（称为独立的 STP），也可以具有 UP 的功能（UP 和 STP 合在一起，称为综合的 STP）。

（3）信令链路。在两个 SP 之间传输信令消息的链路称为信令链路，直接连接两个 SP 的若干信令链路构成一个信令链路组。由信令链路组直接连接的两个 SP 称为邻近 SP，非直接连接的 SP 称为非邻近 SP。信令链路由 No.7 信令功能级中的第一级、第二级（信令数据链路级和信令链路功能级）组成。目前有两种信令链路，一种是 64kb/s 的数字信令链路，另一种是 4.8kb/s 的模拟信令链路。

2. 信令工作方式

按照通话电路与信令链路的关系，信令工作方式可分为对应工作方式（也称为直联方式）和准对应工作方式（也称为准直联方式）。

在图 8-3 所示的信令工作方式中，交换局的设备分为两个实体：交换网络和信令部分。连接交换网络的是电路，在电路中传输的是业务信息；连接信令部分的是信令链路，在其上传输的是使业务通道建立和拆除的信令。如果两个交换局有通信的可能，那么称它们具有信令关系。

（1）对应工作方式。两个相邻交换局之间的信令消息通过直达的公共信令链路来传输，而且该信令链路是专门为连接这两个交换局的话路群服务的，这种工作方式称为对应工作方式，如图 8-3（a）所示。

（2）准对应工作方式。在这种工作方式下，两个交换局之间的信令消息可以通过两段或两段以上串接的信令链路来传输，并且只允许通过事先预定的路由和信令转接点，不能通过直达信令链路来传输，如图 8-3（b）所示。

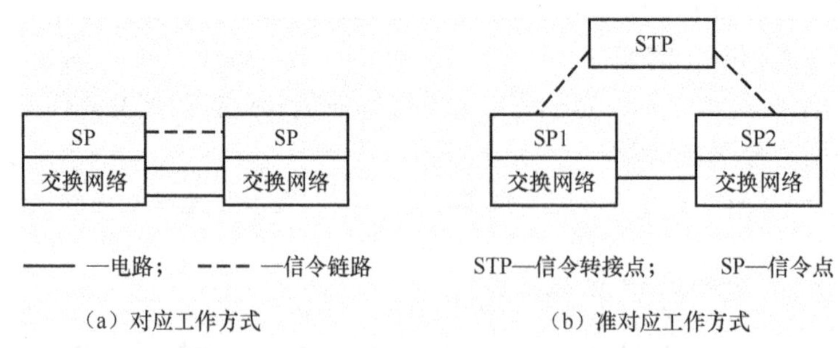

图 8-3 信令工作方式

3. No.7 信令网的分类

按网络结构的等级，信令网可分为无级信令网和分级信令网，如图 8-4 所示。

（1）无级信令网

无级信令网是指信令网中不引入 STP，各 SP 之间采用直联工作方式的信令网，所有的 SP 均处于同一等级，如图 8-4（a）所示。由于无级信令网在容量和经济上无法满足通信网的需求，因此未被广泛采用。

（2）分级信令网

分级信令网是指含有 STP 的信令网，分级信令网又可分为具有一级 STP 的二级信令网和具有二级 STP 的三级信令网，如图 8-4（b）和图 8-4（c）所示。分级信令网的一个重要特点是每个 SP 发出的信令消息一般需要经过一级或 n 级 STP 的转接。只有当 SP 之间的信令业务量够大时，才设置直接信令链路，以使信令消息快速地传输并减小 SP 的负荷。

分级信令网具有容纳 SP 多、增加 SP 容易、信令路由多、容量大的特点。目前大多数国家采用二级信令网，一些 SP 较多的国家采用三级信令网，我国采用的是三级信令网。

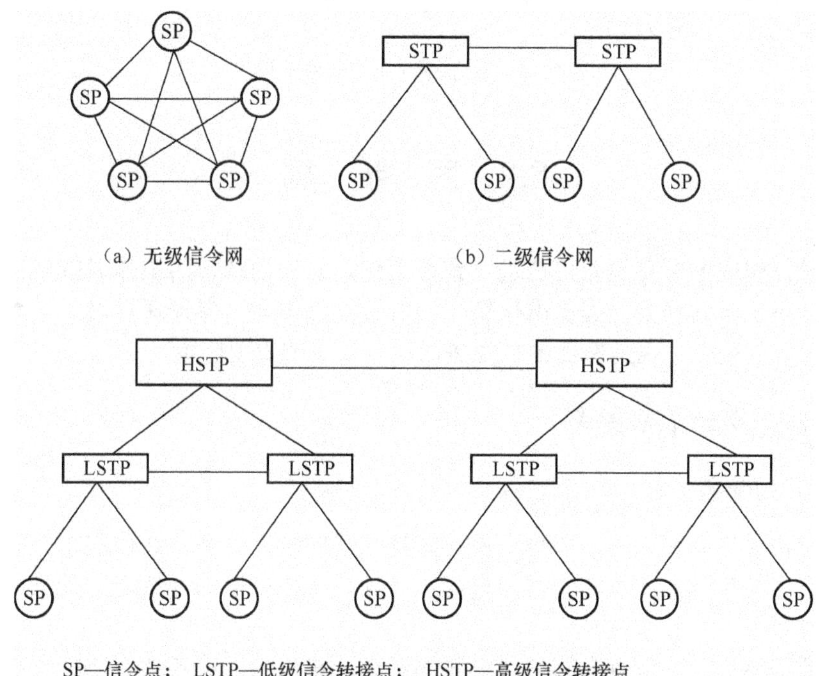

图 8-4　信令网的分类

8.1.4　我国信令网的基本结构

我国地域广阔、交换局多，根据我国网络的实际情况，确定信令网采用三级信令网，我国信令网等级结构示意图如图 8-5 所示。第一级是信令网的最高级，称为高级信令转接点 HSTP；第二级是低级信令转接点 LSTP；第三级是信令点 SP。

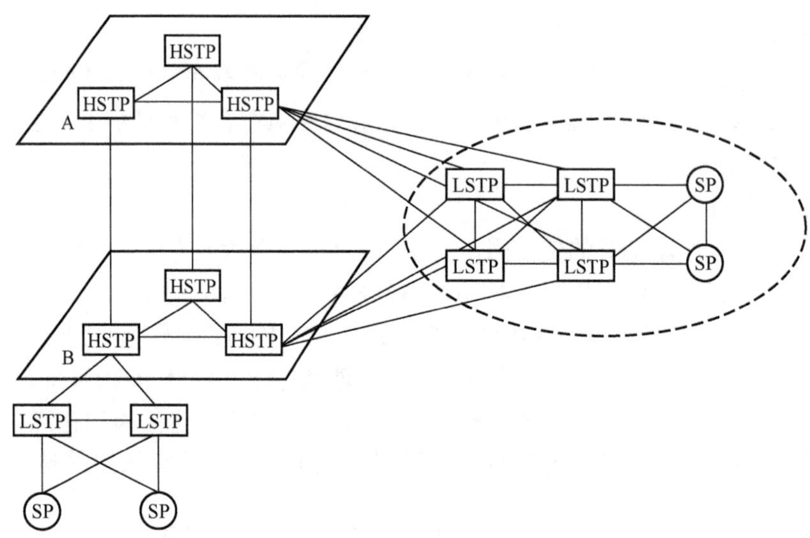

图 8-5 我国信令网等级结构示意图

8.2 同 步 网

为保证通信网中的所有设备可协调一致地工作，必须由统一的工作时钟来控制。同步网根据通信网设备工具的需要，提供准确统一的时钟参考信号，保证通信网可同步工作。它是通信网正常运行的基础，也是保证各种业务网运行质量的重要因素。

8.2.1 同步网的基本概念

1. 同步网的概念

同步是指信号之间在频率、相位上保持某种严格的特定关系。通信中的“同步”是指数字信号的发送方与接收方在频率、时间、相位上保持某种严格的、特定的关系，以保证正常的通信得以进行。

在数字通信网中，各节点之间的时钟频率不会严格一致，或者数字比特流在传输中受到相位漂移和抖动的影响，数字交换机的缓冲器将产生上溢或下溢，导致传输的比特流出现滑动损伤。滑动（也称滑码）发生的频率和程度取决于两局的时钟频率与局间的数字传输码率。为了满足在网中传输各类信息的要求，要有效地控制或减小滑动。控制滑动的措施就是进行同步，通信网中的所有节点设备必须同步工作在相同的平均频率上，因此需要向通信网中的设备统一提供同步基准参考信号。数字网同步主要是指网内各数字交换局的时钟同步。

2. 同步网的任务

所谓网同步，是指通过适当的措施使全网中的数字交换系统和数字传输系统工作于相同的频率。因此，要求数字网中各种设备的时钟具有相同的频率，以相同时标来处理比特流。

此外，在数字通信中还要求在传输和交换过程中保持帧同步。所谓帧同步，就是在节点设备中正确地识别帧标志码，正确地划分比特流的信息段。帧同步是建立在数字网的网同步的基础上的。

网同步除有上述时钟频率的同步问题外，还有一个相位同步的问题。所谓相位同步，是指发送信号和接收信号之间的相位比特应对齐，相位补偿可用缓冲存储器来实现。

因而，网同步的主要任务有：使来自他局的群数字流帧建立并保持帧同步；同步各交换局的时钟频率，以减少各局因频差而引起的滑动现象；将相位漂移转化为滑动。

以前我国电信设备采用的是以交换机为同步中心、自上而下的主从同步方式。这种同步方式已经很难适应目前通信网发展的要求，暴露了很多缺陷与不足，因此需要单独建立同步网。

8.2.2　同步网的同步方式

数字网的网同步方式分为准同步方式和同步方式，其中，同步方式包括主从同步方式、互同步方式，主从同步方式又分为直接主从同步方式、等级主从同步方式。同步概念示意图如图 8-10 所示。

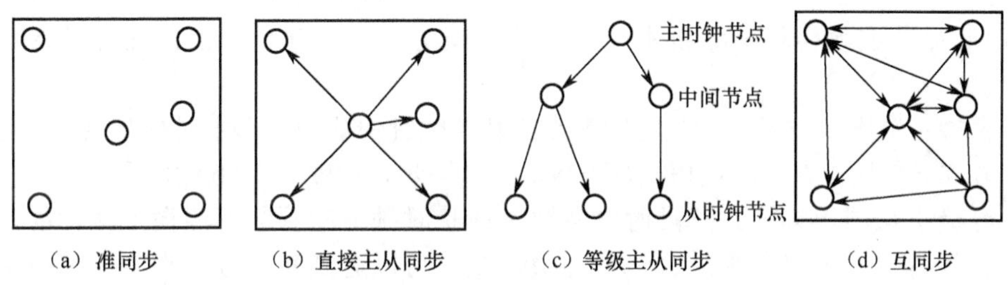

图 8-6　同步概念示意图

1. 准同步方式

准同步方式又称为独立时钟法，在各个数字设备节点处均设立互相独立、标称速率相同的高稳定度时钟，它们的频率精度要求保持在极小的频率容差中。由于它们的频率并不完全相同，因此经过时间上的积累，可能会导致信码丢失或增加假信码。如果各信息的码元是互相独立表达信息的，那么这种码元的增加或丢失无非会引入一些噪声，对通信的影响并不是很大。在准同步方式中，由于没有时钟间的控制问题，因此网络简单灵活，其缺点是对时钟性能要求很高、费用昂贵。

准同步方式主要用于国际电话网中或幅员辽阔的国家的国内网中，在国际电话网中采用准同步方式可以绕过国家之间的从属关系。幅员辽阔的国家的国内网采用准同步方式，可以使网络的结构灵活，并可避免时钟信号或控制信号的长距离传输。

2. 同步方式

在数字通信网中，采用的同步方式有主从同步方式和互同步方式。

（1）主从同步方式

主从同步是指数字网中的所有节点都以一个规定的主节点时钟作为基准，对除主节点外的所有节点，或者是从直达的数字链路上接收主节点送来的时钟基准，或者是从经过中间节点转发后的数字链路上接收主节点送来的时钟基准，把节点的本地振荡器相位锁定到所接收的时钟基准上，可使节点时钟从属于主节点时钟。主从同步方式的时钟基准由树形结构传输链路的数字信息来传输。图 8-6（b）和图 8-6（c）所示为主从同步示意图。

主从同步方式的优点如下。

① 避免了准同步网中固有的周期性滑动。

② 锁相环的压控振荡器只要求较低的频率精度，与准同步方式相比，大幅降低了费用。

③ 控制简单，特别适用于星形网或树形网。

主从同步方式的缺点如下。

① 系统采用单端控制，任何传输链中的扰动都将导致时钟基准发生扰动。这种扰动将沿着传输链路逐段积累，影响网中定时信号的质量。

② 一旦主节点基准时钟和传输链路发生故障，就会造成从节点时钟基准的丢失，导致全系统或局部系统丧失网同步能力，因此主节点基准时钟必须采用多重备份手段，以提高可靠性。

由于主从同步方式的优点多，而缺点又均可采取措施加以克服，因此我国的同步网基本采用主同步方式。主同步网主要由主时钟节点、从时钟节点及传输基准时钟的链路组成。各从时钟节点通过锁相环电路将本地时钟信号锁定在主时钟频率上，并有以下两种同步方式。

① 直接主从同步方式。各从时钟节点的基准时钟都从同一个主时钟节点中获得，这种方式一般用于在同一通信楼内设备的主从同步，如图 8-6（b）所示。

② 等级主从同步方式。基准时钟是通过树状时钟分配网络逐级向下传输的，在正常运行时，通过对各级时钟进行逐级控制就可以达到网内各节点时钟都锁定于基准时钟的目的，从而使全网时钟统一。图 8-6（c）所示为等级主从同步方式的工作原理。

等级主从同步方式的优点如下。

① 各同步节点设备的时钟都直接地受控于主时钟统一，因而可以不产生滑动。

② 除对作为基准时钟的主时钟源的性能要求较高外，其余从时钟源与准同步方式的独立时钟相比，对性能的要求都较低。

等级主从同步方式的缺点如下。

① 在传输基准时钟信号的链路和设备中，任何故障或干扰都将影响同步信号的传输，而且产生的扰动会沿传输途径逐段积累，从而产生时钟偏差。

② 当等级主从同步方式用于较复杂的数字网络时，必须避免形成时钟传输的环路。

由于等级主从同步方式的同步网具有网络系统灵活、时钟费用低、时钟稳定性好等优点，因此目前等级主从同步方式已被一些国家采用。我国的数字同步网采用的就是等级主从同步方式。

（2）互同步方式

互同步技术是指数字网中没有特定的主节点和时钟基准，网中每个节点的本地时钟都通过锁相环受所有接收到的外来数字链路定时信号的共同加权控制，因此节点的锁相环是一个具有多个输入信号的环路，而互同步网构成多输入锁相环相互连接的一个多路反馈系统。在互同步中各节点时钟的相互作用下，如果网络参数选择得合适，那么网中所有节点时钟最后将达到一个稳定的系统频率，从而实现了全网的同步工作。

互同步系统的优点如下。

① 当某传输链路或节点时钟发生故障时，网络仍然处于同步工作状态，不需要重组网络，从而简化了管理工作。

② 可以降低对节点时钟频率稳定度的要求，设备较便宜。

③ 较好地适用于分布式网络。

互同步系统的缺点如下。

① 稳态频率取决于起始条件、时延、增益和加权系统等，因此容易受扰动。

② 由于系统稳态频率具有不确定性，因此很难与其他同步系统兼容。

③ 由于整个同步网构成一个闭环反馈系统，因此系统参数的变化容易引起系统性能的变化，甚至导致系统不稳定。

3. 外时间基准同步方式

外时间基准同步方式是指数字通信网中所有节点的时间基准都依赖于该节点所接收到的这种外时间基准信号的频率精度（频率精度很高，大多采用铯钟），传输路径与数字链路无关。但是这种信号只有在外时间基准信号的覆盖区才能采用，在非覆盖区无法采用。同时，外时间基准信号还需采用专门的接收设备。

目前常用的外时间基准信号是全球定位系统（Globe Positioning System，GPS）。GPS 可以提供三维定位信息和时间信号，它提供跟踪协调世界时的时间信号（Universal Time Coordinated，UTC），其跟踪精度低于 100ns。收到的 GPS 信号经处理后，可作为外时间基准信号。通过将本地时钟信号锁定到外时间基准信号的相位上，可达到全网定时信号同步的目的。若与铷钟的良好稳定度相结合，则可使定时信号的精确度与稳定度接近铯钟，而铷钟的价格和寿命均优于铯钟，因而可以在各同步区配置受 GPS 控制的铷钟作为基准钟，而在区内各同步点配置从钟，从而形成混合同步网。混合同步网与单纯的主从同步网相比，减小了串接时钟数，缩短了定时信号传输链路的长度，使整个同步网的性能得以改善，管理同步信号的分配也变得容易。

8.2.3 同步网结构

利用前面讲过的基本网络同步技术，可采用下列结构组建同步网。

1. 全同步网

在全同步方式下，同步网受一个或几个基准时钟的控制。当同步网内只有一个基准时钟时，同步网内的其他时钟都同步到该基准时钟上。

在这类同步网中，一级时钟作为主钟为网络提供基准定时信号，该信号可通过定时链路传输到全网。二级时钟是它的从钟，从与之相连的定时链路提取定时，并滤除传输带来的损伤，然后将基准定时信号向下级时钟传输。三级时钟从二级时钟中提取定时，这样就形成了主从全同步网结构，如图 8-7 所示。

当全同步网中存在几个基准时钟时，网络的其他时钟受这几个基准时钟的共同控制，结构如图 8-8 所示。

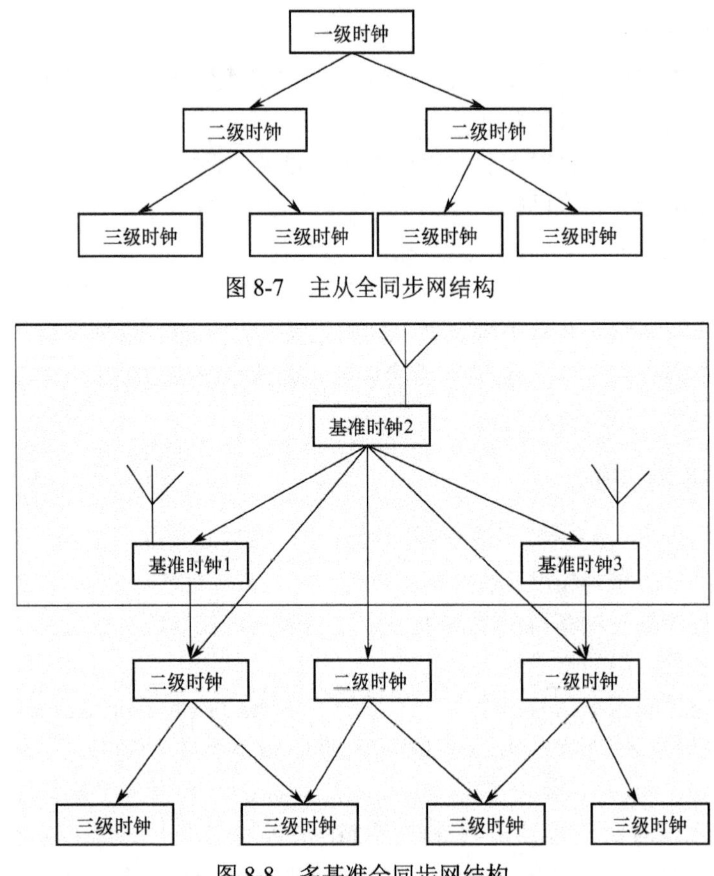

图 8-7　主从全同步网结构

图 8-8　多基准全同步网结构

在这种结构的全同步网中存在着几个基准时钟，在基准时钟层面上需要采用一定的方法对基准时钟进行校验，以保证基准时钟之间的同步，目前一般采用如下两种方法。

（1）在所有基准时钟上装配 GPS 接收机，使所有基准时钟通过 GPS 接收机跟踪 UTC，保持与 UTC 一致的长期频率准确度，从而达到全网同步运行的目的。

（2）在基准时钟层面上，基准时钟采用类似互同步的方法，每个基准时钟都与其他基准时钟相连，并进行对比计算，以获得一个更准确的综合频率基准。然后调整每个基准时钟，使网络同步运行。

由于 GPS 现已广泛应用，因此第一种方法被大量采用。其优点是实现方法简单，只需配备 GPS 接收机，而且成本低，但其缺点是可靠性差。

2．全准同步网

在全准同步方式下，所有时钟都独立运行，不受其他时钟的控制。网络采用分布式结构，网内时钟没有高级和低级之分，全准同步网以各时钟为中心划分出多个独立的同步区，各时钟只负责本区内设备的同步。在各时钟之间不需要定时链路的连接，没有局间定时分配。

3．混合同步网

在混合同步方式下，同步网被划分为若干同步区，每个同步区是一个子网，在子网内采用全同步方式，在子网间采用准同步方式。每个子网都采用主从同步方式，一般设置一个基准时钟来为网络提供基准定时。各级时钟提取定时，并逐级向下传输。

8.2.4　我国同步网

1．我国同步网的组网方式及等级结构

我国采用的是分布式的、多个基准时钟控制的全同步网。在进行国际通信时，以准同步方式运行，其定时准确度可达1×10^{-12}s。我国数字同步骨干网的组织示意图如图 8-9 所示，采用的是多基准的全同步网方案。

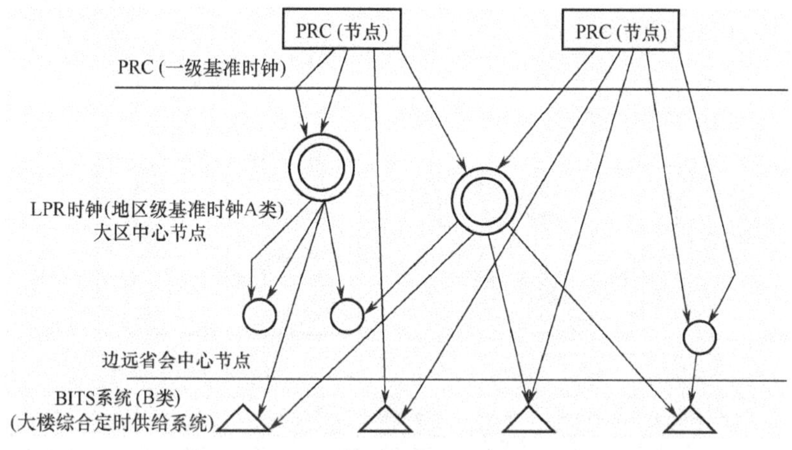

图 8-9　我国数字同步骨干网的组织示意图

第一级是基准时钟，由铯原子钟或 GPS 配铷钟组成。它是数字网中最高等级的时钟，是其他所有时钟的唯一基准。

第二级是有保持功能的高稳定时钟（受控铷钟和高稳定度晶体钟），分为 A 类和 B 类。上海、南京、西安、沈阳、广州、成都这 6 个大区中心及乌鲁木齐、拉萨、昆明、哈尔滨、海口这 5 个边远省会中心配置二级标准时钟，即地区级基准（Local Primary Reference，LPR）时钟，此外还增配 GPS 定时接收设备，它们均属于 A 类时钟。全国各省/市/自治区中心的长途通信大楼内安装大楼综合定时供给（Building Integrated Timing Supply，BITS）系统，以铷钟或高稳定度晶体钟作为 B 类时钟。

A 类时钟通过同步链路直接与基准时钟同步，并与中心局内的大楼综合定时供给系统的时钟同步。B 类时钟通过同步链路受 A 类时钟的控制，间接地与基准时钟同步，并与局内综合定时供给设备的时钟同步。当 GPS 信号正常时，若各省/市/自治区中心正常，则各省/市/自治区中心的二级时钟以 GPS 信号为主构成 LPR，作为省/市/自治区中心内同步区的基准时钟。当 GPS 信号发生故障或质量下降时，各省/市/自治区中心的 LPR 经地面数字电路跟踪北京或武汉大区的基准时钟，实现全网同步。

各省/市/自治区中心的 LPR 均由 BITS 系统构成。BITS 系统接收上面传来的同步信号（或 GPS 接收机送来的信号），经滤除抖动、瞬断和漂移处理后，同步于该 BITS 系统。BITS 系统可以为楼内需要同步的所有通信设备提供近乎理想的同步时钟信号。

局内同步时钟传输链路一般采用 PDH 2.048Mb/s 链路。由于 PDH 传输系统对于 2.048Mb/s 信号传输具有定时透明和损伤小的特点，因此成为局间同步时钟传输链路的首选。在缺乏 PDH 链路而 SDH 已具备传输同步时钟的条件下，可以采用 STM-N 中的码流传输同步时钟信号。

为了加强管理，将全国的同步网分为若干同步区，如图 8-10（a）所示。同步区是同步网中最大的子网，可作为一个独立的实体。目前我国的同步是以省和自治区来划分的，各省和自治区中心设二级基准时钟源作为省内和自治区内的基准时钟源，组成省内和自治区内的数字同步网，也可以接收与其相邻的另一个同步区的基准作为备用，如图 8-10（b）所示。

第三级时钟是具有保持功能的高稳定度晶体钟，设置在各省内的汇接局（Tm）和端局，其频率偏移率可低于二级时钟。通过同步链路与第二级时钟或同等级的时钟同步，需要时可设置局内综合定时供给设备。

第四级时钟是一般晶体钟，通过同步链路与第三级时钟同步，设置在远端模块、数字终端设备和数字用户交换设备中。

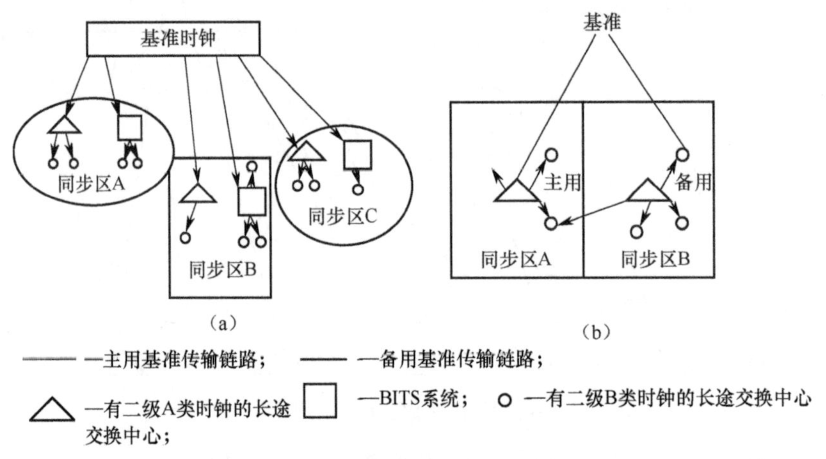

图 8-10　同步区示意图

2. BITS 作为同步时钟基准或备用时钟基准的应用

在装设 BITS 的大楼内，凡纳入全省/市/自治区中心数字同步网的各网络单元都以 BITS 作为首选的同步时钟基准或备用时钟基准，具体应用如下。

（1）数字交换机的同步。在已配置 BITS 的交换中心，可直接从 BITS 输出同步时钟基准。对有外同步定时输入口的交换机，从外同步定时输入口输入时钟基准；对没有外同步定时输入口的交换机，可通过数字中继口输入时钟基准。

（2）移动通信网的同步。移动通信网实际上也是一个数字交换网，其同步时钟接入方法可参照固定交换的方法：在有 BITS 的地方，移动交换机应同步于 BITS，其备用路由可选用本地长途交换机或上级的移动交换机。

（3）SDH 网络同步。对任意一个 SDH 网络，应至少有一个节点工作于外同步定时状态。在由 BITS 设置的 SDH 节点上，应首先采用 BITS 定时时钟信号作为外同步信号。

8.3　电信管理网

电信网络管理的目标是最大限度地利用通信网资源、提高通信网的运行质量和效率、向用户提供良好的通信服务。电信管理网是建立在基础电信网络和业务网之上的管理网络，是实现电信网络与通信业务管理的载体。电信管理网是支撑网的重要组成部分。

8.3.1 TMN概述

随着电信技术的飞速发展，电信业务层出不穷，电信网络的规模越来越大，设备的种类越来越多。同时，为了降低网络成本，网络运营者纷纷引入多种厂家设备，使电信网络管理越来越复杂。另外，为了给用户快速、灵活地提供高质量、高可靠的电信服务，网络运营者也需要先进的技术和自动化的管理手段，因此，电信网络管理的重要性日益突出。

1. TMN的定义

ITU-T在M.3010建议中指出，电信管理网（Telecommunication Management Network，TMN）的基本概念是提供一个有组织的网络结构，以取得各种类型的操作系统之间、操作系统与电信设备之间的互联。它是采用商定的具有标准协议和信息的接口进行管理信息交换的体系结构，提出TMN体系结构的目的是支撑电信网络和电信业务的规划、配置、安装、操作及组织。

TMN是一个综合、智能、标准化的电信管理系统，是一种独立于电信网络而专门进行网络管理的网络，它使得电信网络的运行、管理和维护（Operation Administration Maintenance，OAM）过程实现了标准化、简单化和自动化。所谓综合，具有两个方面的含义：一方面，TMN对某一类网络进行综合管理，包括数据的采集，性能监视、分析，故障报告、定位及对网络的控制和保护；另一方面，对各类电信网络实施综合性的管理，即利用一个具备一系列标准接口的统一体系结构，提供一种有组织的网络结构，使各种类型的操作系统（网管系统）与电信设备互联起来，以提供各种管理功能，实现电信网络的标准化和自动化管理。

从理论与技术的角度来看，TMN是一组原则和为实现这些原则中定义的目标而制定的一系列标准及规范。从逻辑与实施方面考虑，TMN是一个完整、独立的管理网络，它有各种不同应用的管理系统，按照TMN的标准接口互联而形成网络，这个网络在有限点上可与电信网络互通，与通信网的关系是管与被管的关系，是管理网与被管理网的关系。

TMN由操作系统、工作站、数据通信网、网元组成，TMN与电信网络的总体关系如图8-11所示。网元是指网络中的设备，可以是交换设备、传输设备、交叉连接设备、信令设备。数据通信网则提供传输数据、管理数据的通道，它往往借助电信网络来建立。操作系统代表实现各种管理功能的处理系统。工作站代表实现人机界面的装置。

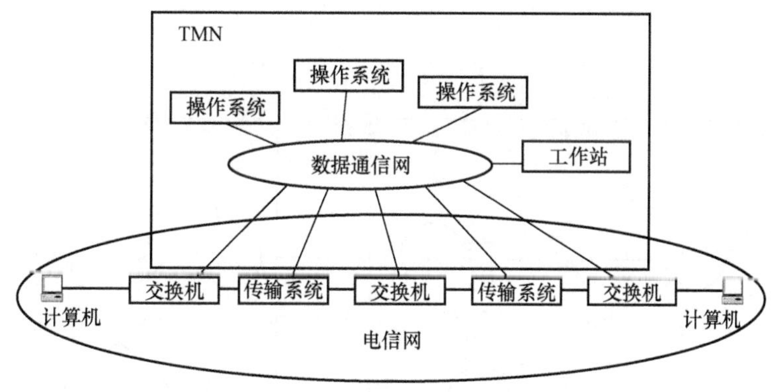

图8-11 TMN与电信网络的总体关系

TMN的通信协议栈是以OSI参考模型为基础的，此外，TMN采用了面向对象的设计方法，通过对对象进行管理来实施对通信资源的管理。并且，TMN采用了管理者/代理的概念，通过代理来实施对被管对象的管理。

2．TMN 的发展趋势

TMN 的提出至今已经有几十年了，其本身也在不断地发展和完善，TMN 标准的制定及研究方向与电信工业的建设发展、运营管理方式、管理要求有十分密切的联系。总体来说，电信管理目前有以下几个发展趋势。

（1）业务管理。在市场的驱动下，各电信运营商逐步从网络管理向业务管理过渡，业务管理主要包括快速的业务引入与应用、多种业务的选择、高质量的客户服务、管理自身网络的能力。

（2）综合管理。网络信息必须能够从低层传输到高层，高层根据获取的网络信息做出相应的决策，决策信息再反向传输给各管理层。同时，在各网络运营系统之间、采用不同技术的网络管理系统之间应能够相互操作。

（3）电子传单的逐步应用。系统与系统之间的内部连接通过管理者/代理及公共的数据标准，应用电子传单技术的 X 接口可以完成连接功能。

8.3.2 TMN 的体系结构

TMN 的体系结构包括三个方面，即功能体系结构、信息体系结构和物理体系结构。

1．TMN 的功能体系结构

TMN 的功能体系结构包括 5 个基本功能块，即操作系统功能（Operation System Function，OSF）块、协调功能（Mediation Function，MF）块、网络元功能（Network Element Function，NEF）块、Q 适配功能（Q-Adapter Function，QAF）块和工作站功能（Work Station Function，WSF）块。每个功能块又包含许多功能元件，目前共有 7 种功能元件，即管理应用功能元件、管理信息库元件、信息转换功能元件、表述功能元件、人机适配元件、消息通信功能元件和高层协议互通功能元件。功能块在参考点上进行划分，功能块之间利用数据通信功能（Data Communication Function，DCF）来传输信息。TMN 功能体系结构如图 8-12 所示，主要描述了 TMN 内的功能分布。

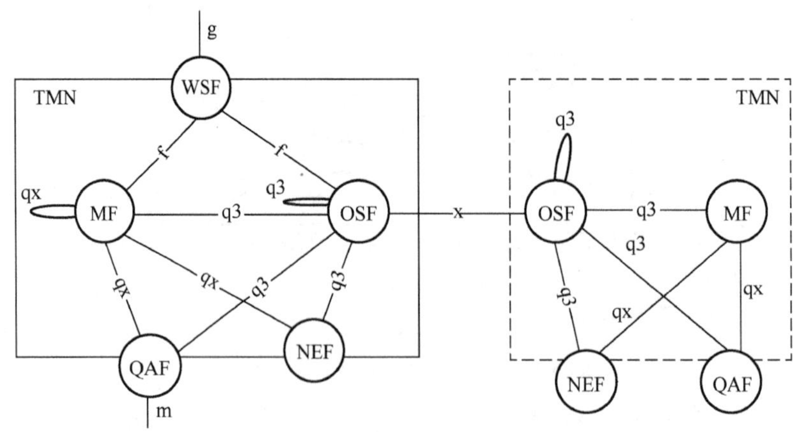

图 8-12　TMN 功能体系结构

（1）操作系统功能

OSF 块主要对系统通信进行管理，支持和控制不同通信管理功能的实现，OSF 处理与电信网络管理相关的信息，支持和控制电信网络管理功能的实现。OSF 在逻辑上可划分成事务管理 OSF（最高层）、服务管理 OSF、网络管理 OSF、单元管理 OSF 和网元层（最低层），目的是形成一个具有强大处理能力的管理中心，为 TMN 提供服务。OSF 块包括管理信息库、管理应用功能、人机适配和信息转换功能等功能元件。

（2）网络元功能

NEF 主要提供网元（Network Element，NE）与 TMN 之间的通信功能，达到对电信网络监视和控制的目的。该模型提供了被管电信网络所需的电信功能和支持功能，其中，电信功能不是 TMN 的组成部分，但通过 NEF 可以把它们呈现给 TMN。NEF 所提供的对 TMN 的支撑部分是 TMN 的组成部分。NEF 块包括管理信息库、管理应用功能等功能元件。

（3）Q 适配功能

QAF 用来将那些不具备标准 TMN 接口的 NEF 和 OSF 连到电信管理网上。QAF 块包括管理信息库、管理应用功能、信息转换功能和高层协议互通等功能元件。

（4）协调功能

MF 根据 OSF 的要求，对 NEF（或 QAF）的信息进行适配、筛选、压缩、变换、翻译和格式化等，防止进入 OSF 的信息过载。MF 既可在一个单独的设备中实现，又可作为 NE 的一部分来实现，同时还可实现级联应用等。MF 块包括管理信息库、管理应用功能、信息转换功能、人机适配和高层协议互通等功能元件。

（5）工作站功能

WSF 为管理信息的用户提供一种解释 TMN 信息的手段，其功能包括终端的安全接入和注册，识别和确认输入，格式化和确认输出，支持菜单、屏幕、窗口和分页，接入 TMN 屏幕开发工具，维护屏幕数据库，用户输入编辑等。WSF 块包括管理信息库和表述功能等功能元件。

（6）数据通信功能

TMN 利用 DCF 进行信息的交换和传输，DCF 可以提供选路、转接和互通功能，这些功能相当于 OSI 参考模型的低三层功能。

参考点的概念是基于区分不同的功能块而提出的，是功能块的分界点，两个功能块可在其公共参考点上进行信息交换。TMN 有 5 类不同的参考点，即 q、f、x、m、g 参考点。

（1）q 参考点用以区分 OSF、QAF、MF 和 NEF。通常将 NEF 和 MF、QAF 和 MF、MF 和 MF 之间的参考点记为 qx，将 NEF 和 OSF、QAF 和 OSF、MF 和 OSF、OSF 和 OSF 之间的参考点记为 q3。

（2）f 参考点是连接 WSF 与 MF 的参考点。

（3）x 参考点是连接 TMN 与另一个管理网络（TMN 或其他型管理网）的参考点。

（4）m 参考点是连接 QAF 与非 TMN 型管理网的参考点，它位于 TMN 之外。

（5）g 参考点是连接用户和工作站的参考点，g 参考点也位于 TMN 之外。

2．TMN 的信息体系结构

TMN 的信息体系结构主要用来描述功能块之间交换的不同类型的管理信息的特征。

面向对象的管理是 TMN 的核心。TMN 信息体系结构的主要特点是面向对象的信息模型，它的基本思路是通过对网络资源和管理方法进行抽象，采用面向对象的技术，按照 OSI 的管理方法来实现对网络实体的管理。

① 网络管理信息模型。利用所建立的信息模型可以描述与规划网络管理中所需要交换和处理的信息及其行为。信息模型规定了管理系统所涉及资源的特性及其表示方法。信息模型一旦建立，从管理系统的角度来看，资源就可以用其参数完全确定了。

② 管理对象的抽象。管理对象是网络管理信息模型的核心，是对网络管理活动中所涉及的资源和信息的抽象。管理对象所描述的资源可以是物理的，也可以是逻辑的。可以用一个管理对象描述一个或多个物理资源，也可以用多个管理对象描述一个物理资源。

（1）管理者/代理

电信环境的管理是一个信息处理的应用过程。由于被管理的环境是分布的，因此网络管理也是一个分布式的应用过程。在 TMN 中，管理目标的实现是按照管理者/代理的模型来组织的。

在一个特定的管理体系中，管理过程将担任两个可能的角色之一，即管理者或代理者。代理者直接执行管理者的管理命令，图 8-13 所示为管理者、代理者及被管理对象之间的交互作用。

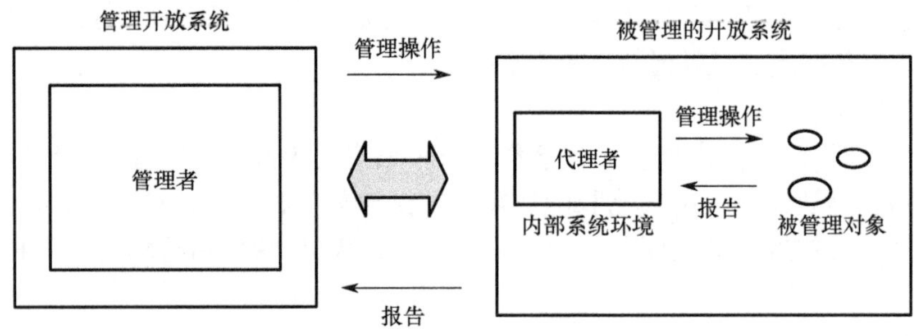

图 8-13 管理者、代理者及被管理对象之间的交互作用

（2）信息模型

在 OSI 信息建模过程中，将网络资源抽象为管理对象，用管理对象来表示所管理的网络资源和它们的相关属性、操作、通信与行为，再用一套规范的抽象语法记法将这些管理对象及其属性表述出来，这样就构成了 OSI 管理系统的信息模型。为了便于对复杂的电信网络进行管理和操作，TMN 管理功能可划分成不同的管理层，构成了 TMN 管理层模型，如图 8-14 所示。

① 单元管理层。它直接行使对个别网元的管理职能，主要包括：对下层一系列网元进行控制和协调；为网络管理层和下层网元之间进行通信提供协调（网关）功能；记录有关网元的统计数据等。本层经由参考点 q3 与上层（网络管理层）互联。

② 网络管理层。它对所辖区域内的所有网元行使管理职能，包括控制协调网元活动、提供控制网络能力、就网络性能与使用等和上层（服务管理层）进行交流。本层经由参考点 q3 与服务管理层互联。

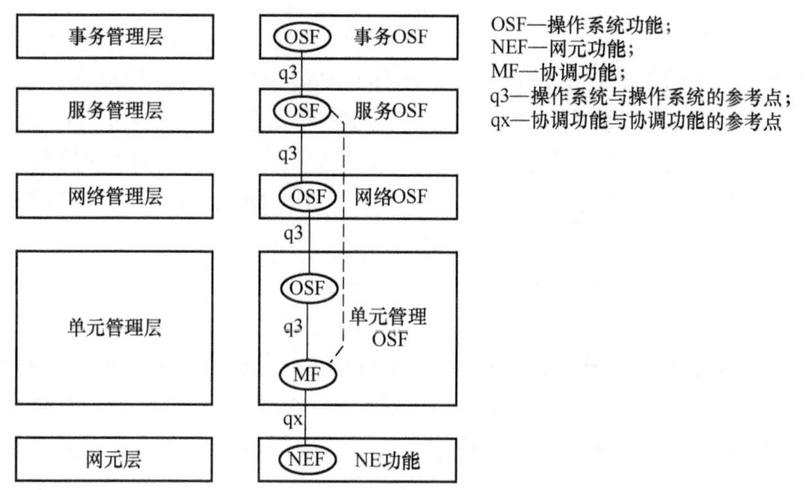

图 8-14 TMN 管理层模型

③ 服务管理层。处理服务的合同事项，主要是为网络提供逻辑服务功能，如是否提供服务，以及计费、故障报告、维护统计数据。本层经由参考点 q3 与事务管理层互联。

④ 事务管理层。是最高逻辑功能层，负责总的服务和网络方面的事务，主要涉及经济方面。不同网络运营者之间的协议也在该层表达，本层设定目标任务，但不管具体目标的完成。

TMN 通信模型是建立在 OSI 参考模型基础上的，用以描述 TMN 实体间的信息交换过程。操作系统的管理者与 NE 内的被管理者利用消息通信功能（Message Communication Function，MCF）和 DCF 进行信息交换，如图 8-15 所示。

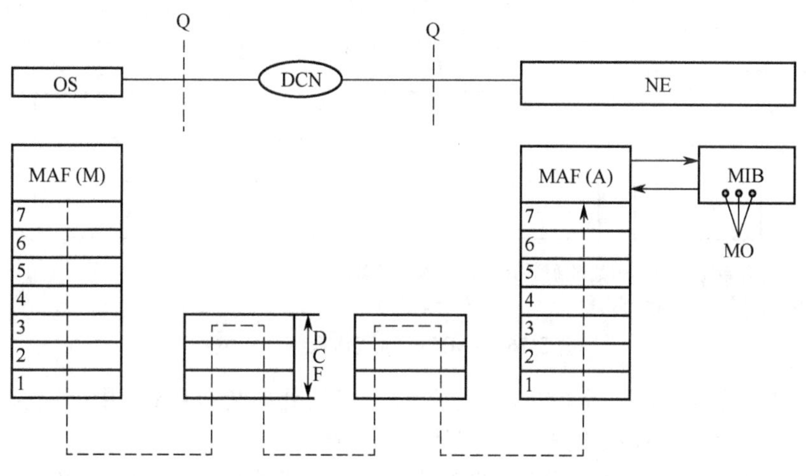

图 8-15 TMN 通信模型

3. TMN 的物理体系结构

TMN 的物理体系结构完全基于两个基本的功能概念：一是 TMN 物理模块是一个或多个功

能相似模块的物理混合体；二是 TMN 接口是参考点的物理实现。由此可定义通信物理模块间的联系，采用物理体系结构的目的是表明物理实体与功能组件之间的对应关系。

TMN 功能能够通过物理配置来实现，TMN 的物理体系结构提供传输和处理网管信息的功能与过程，它描述功能块的物理分布。TMN 的物理体系结构由物理构造模块和接口组成，物理构造模块是不同类型的物理节点，而接口规定了在物理构造模块之间交换信息的类型和格式。

TMN 的物理体系结构描述的是 TMN 内的物理实体配置及其相互关系，与 TMN 的 5 个基本功能块相对应，每个 TMN 功能块都定义了物理实体，它们是 OS、NE、工作站（Work Station，WS）、协调设备（Mediation Device，MD）、Q 适配器（Q-Adapter，QA）等。在由 TMN 功能体系结构向物理体系结构映射的过程中，TMN 功能块之间的参考点映射成了 TMN 实体之间的接口，如 q3 参考点映射成了 Q3 接口等。TMN 的物理体系结构模型如图 8-16 所示。

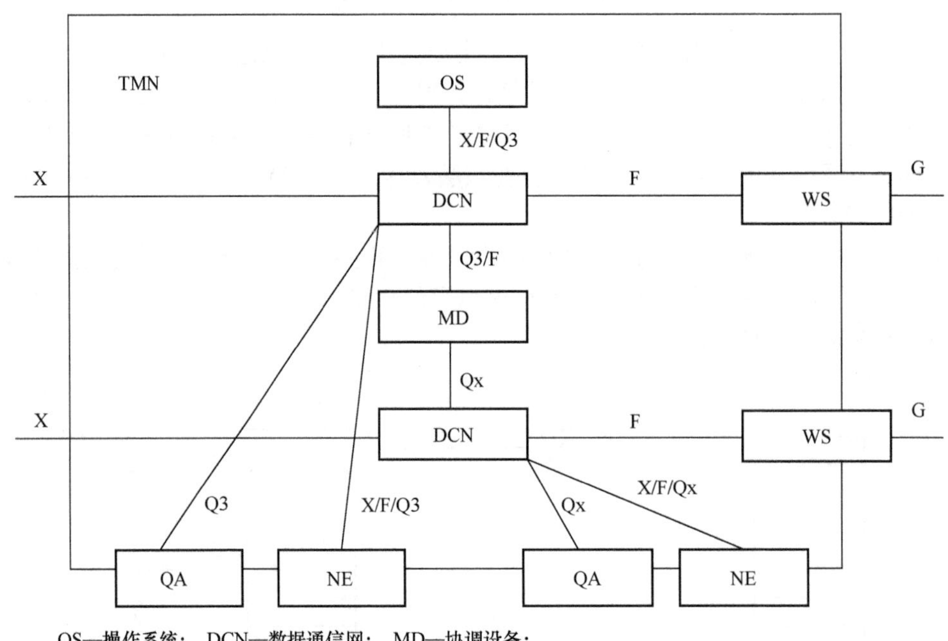

图 8-16　TMN 的物理体系结构模型

（1）OS 是操作系统，执行 OSF，用于管理信息的处理及 OAM 应用过程的管理控制，一般是以 UNIX 操作系统为核心的一个大型计算机系统。

（2）MD 是执行协调功能的设备，即协调设备，主要提供 OS 和 NE 间的协调功能，也可提供 QAF、WSF 及 OSF。MD 用分级方式实现，引入 MD 可简化系统的设计，MD 应按 OS 的要求，对来自 NE 或 QA 功能块的管理需求进行回应处理，具有部分管理功能。MD 一般是一个小型计算机系统。

（3）QA 用来完成网管系统或网元与非 TMN 接口的适配互联。

（4）NE 由执行 NEF 的电信设备及其支持设备组成，处于 TMN 和电信网络的交界面，具有为两个网络服务的功能，既用于交换或传输的电信过程，又用于电信网络管理。因此，NE

应具有一定的 OSF，带有 CPU、软件存储器等智能化设置。

（5）WS 是执行 WSF 的设备，主要完成 f 参考点信息与 g 参考点信息间的转换。实际上，WS 就是由智能处理器控制的可视终端，用户是通过 WS 来管理网络的。

（6）DCN（Data Communication Network，数据通信网）主要实现 OSI 参考模型低三层的功能，所有与 TMN 应用功能有关的数据都要通过 DCN 进行传输。DCN 可用由专用线（如专用局域网中的数据通道、公用电话交换网、公用数字数据网等）构成的通信通道来提供。

图 8-16 中的各个结构件之间的接口 Q3、Qx、X、F 是为不同类型设备的互联而设置的，标准接口是实现 TMN 的关键。在 TMN 中，功能块通过参考点来区分，在物理体系结构中，功能块演变为物理构造模块，参考点演变为接口，物理构造模块通过接口进行连接，每个接口都有其相应的协议栈，协议栈规定了通过接口传输的数据单元的格式及数据单元的传输过程，对接口的标准化也就是对协议的标准化。TMN 中的接口有 Q、R、C、X、M 接口，其中 Q 接口分为 Q1、Q2 和 Q3 接口，目前 Q1 和 Q2 接口已合并为 Qx 接口，Q3 接口对应于 q3 参考点，是 TMN 中最重要的接口。它具有 OSI 参考模型第一层至第七层的全部功能，其中第一层至第三层的 Q3 接口协议由 Q.811 定义，称为低层协议，第四层的 Q3 接口协议由 Q.812 定义，称为高层协议。Q.812 中应用层的两个协议是公共管理信息协议（Common Management Information Protocol，CMIP）和文件传输、存取与管理（File Transfer Access and Management，FTAM）。其中，CMIP 用于面向事务处理的管理业务，FTAM 用于文件的传输、存取和管理。与 Internet 上常用的 FTP 相比，FTAM 更安全可靠，并支持自动的断点续传功能。Q3 用于 TMN 中功能较复杂的单元间管理信息的互联，这样的单元包括 OS、MD、QA 和交换机、SDH 网元等。

（1）Qx 接口对应于 qx 参考点，一般只包含 OSI 参考模型第一层至第三层的功能，用于 MD 和功能单元 QA、NE 之间的互联。MD 具有 Q3/F 接口和 Qx 接口间的转换功能，经 MD 的接口转换，OS 和 WS 仍可以和只具有 Qx 接口的 QA 和 NE 交换管理信息。

（2）F 接口具有 OSI 参考模型的第一层至第三层和第七层的功能，用于 OS 和 MD 与 WS 间的互联。

（3）X 接口用于两个 TMN 子网 OS 设备间的互联，它具有 OSI 参考模型七层结构的功能。

（4）Q、F、X 接口均具有 OSI 参考模型第一层至第三层的功能，这三层功能主要用于数据传输。

8.3.3　TMN 的逻辑模型

TMN 主要从管理层次、管理功能和管理业务三个方面来界定电信网络的管理，TMN 的逻辑分层体系结构如图 8-17 所示。

TMN 的网络可以划分为 4 个管理层次：商务管理层（Business Management Layer，BML）、业务管理层（Service Management Layer，SML）、网络管理层（Network Management Layer，NML）和网元管理层（Element Management Layer，EML）。每一层都有相应的功能实体来实现它的功能，分别取名为 BM-OSF、SM-OSF、NM-OSF 和 EM-OSF。需要强调的是，各层的 OSF 都包括故障管理、配置管理、计费管理、性能管理和安全管理等功能（Fault Configuration Accounting Performance and Security management，FCAPS），但各层 FCAPS 所完成的具体功能各不相同。

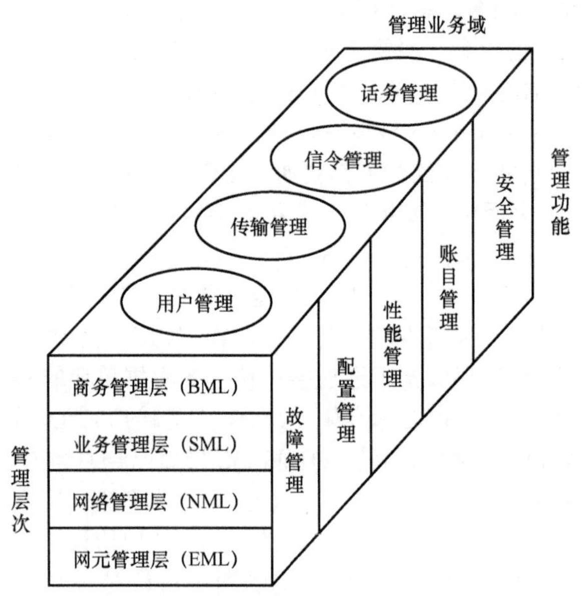

图 8-17 TMN 的逻辑分层体系结构

1. 商务管理层

商务管理层提供支持用户决策的管理功能，其用户是电信运营公司的最高管理者，这是网络管理的最高层次，它管理的往往是一个电信运营公司的决策者所关心的事情。商务管理层应支持电信企业对各业务资金投入的决策过程，特别是需重点提供的业务、主要的市场范畴及资金效率，也应该支持企业发展目标的确定过程，如成本、利润、增长率等，甚至包括人力资源系统，它是企业的 MIS。

2. 业务管理层

业务管理层管理的是对用户提供的各种业务，如处理各种业务订单、投诉、故障单、计费及 QoS 测量等。同网元管理和网络管理相比，它对网络上具体应用技术的依赖性较小，包括业务提供、业务控制与监测及计费等，其用户是业务的运营管理者。业务管理层的主要功能包括：

（1）为所有业务事项（提供和终止业务、计费、故障报告等）提供与用户的基本联系点，可使业务提供者、网络管理层及商务管理层进行交互；

（2）维护统计数据；

（3）业务之间进行交互。

3. 网络管理层

网络管理层管理的是整个网络。从范围上来讲，它涉及整个网络中所有网元及网元之间的连接，如交换设备和传输设备。从内容上来讲，它关心的是独立于具体厂商的带有普通意义的指标和信息。它还提供对网络中各种业务的支持功能，包括网络话务监视和控制、网络保护及路由调度等网络的管理功能。其用户是网络的管理者，从全网的角度对管理域内的网络进行管理，其内容包括：

（1）从全网的角度来控制和协调所有网元的活动；

（2）具有提供、中止或修改网络的能力；

（3）就网络性能、使用和可用性等项目与业务管理层进行交互。

4. 网元管理层

网元管理层管理若干网元的组合，它关心的往往是与具体网元相关的状态和操作等，提供最基本的、非集中式的底层管理功能，如性能数据的收集、筛选及分析、告警收集等，其作用是为高层提供获取系统资源的手段。因此网元管理层经常与特定的设备厂商相关，其用户是设备操作和维护人员。网元管理层主要有以下三种功能：

（1）控制和协调一系列网元；

（2）为网络管理层与下面的网元层之间提供协调功能；

（3）维护涉及网元的统计数据，记录有关的数据。

TMN 的管理功能如下。

根据 OSI 的管理功能分类方法，并适应 TMN 的需要加以扩展，形成了 5 类管理功能。即配置管理、性能管理、故障管理、计费管理和安全管理。这些管理功能主要是指业务管理层、网络管理层和网元管理层的管理。

（1）配置管理

配置管理是 TMN 标准体系描述的网络管理的 5 大功能之一，是其他功能的基础。配置管理是指管理网络上各种工作设备、备份设备及其之间的关系，对配置进行管理就是要准确、及时地获取这些配置数据。为了保证可及时获取数据，需要将网络设备的配置数据保存到网管服务器中，为保证数据的准确性，要求网络设备与网管服务器之间的配置数据具有一致性。

配置管理由一组定义、监控、收集和修改设备配置信息的功能所组成。通过配置管理，TMN 可以实现对电信网络中数据的存储。也只有通过准确的配置管理，性能管理与故障管理才能发挥其运行效力。

配置管理涉及网络的实际物理安排，主要实施对 NE 的控制和识别、数据交换，以及为传送网增减网元、通道或电路。其功能包括 3 个方面：

① 保障功能，包括设备投入业务所必需的程序，一旦设备投入业务，TMN 中就会有它的信息；

② 状况控制功能，TMN 能够在需要时立即监测网元的状况并实施控制；

③ 安装功能，这一功能支持电信网络中设备的安装，使得在增减各种电信设备时，TMN 内的数据库能及时地更新设备信息。

（2）性能管理

性能管理是指实施对设备和网络的性能监视、性能分析和性能控制。性能管理需要监视并分析网络上的性能参数（如话务量、丢失包的数目、设备负载等），以得到反映全网的独立于设备和厂商的运行质量报告。在此基础上可进行性能容量分析、异常分析及各种性能预测分析，并最终进行改善网络性能的操作。性能管理功能包括以下 3 个方面：

① 性能监测功能，指连续收集有关网元性能的数据；

② 负荷管理和网络管理功能，从各网元收集负荷数据，并在需要时向各网元发送命令，

重新组合电信网络或修改操作，以调节异常的负荷；

③ 服务质量现测功能，从各网元收集服务质量数据，并支持服务质量的改进工作。

（3）故障管理

故障管理是网络管理的功能之一，是对电信网络的运行异常情况进行报告、检测、汇总分析、存储和故障显示的一组功能。故障管理在网络管理中是非常重要的，网络管理是否成功，关键在于故障管理功能是否完善。

根据对故障控制实施时间与故障发生时间的先后顺序，可以将传统的故障管理策略分成两大类：预防性策略和修复性策略。预防性策略通过尽可能完备的设计方案来避免问题的出现，增加各种限制条件并通过事先设定的预防算法过滤某些可能发生故障的潜在因素，系统一旦被采纳和运行，就没有任何其他故障控制动作和处理措施了。修复性策略是在故障发生以后实施的，以恢复机制为主，是基于反馈机制提出的。

故障管理的核心目标是保证电信网络在运行过程中尽量避免故障发生，同时以最快的速度修复所发生的故障。故障管理功能包括以下 4 个方面。

① 可生存性质量保证，建立评判可靠性的原则，指导设计冗余设备配置策略，以及故障管理策略。

② 告警检测，是指以接近实时的方式对网元故障进行监视，当故障发生时应采取的策略，以及在故障管理领域中其他功能组的策略。网元会产生一个指示，网管系统基于这个指示确定故障的性质和严重级别。

③ 故障定位，当初始的失效信息无法进行故障定位时，需要启动进一步的故障定位过程。故障定位包括故障诊断和故障报告两个子功能块。故障诊断是指启动故障诊断进程，以确定故障发生的原因。在设备中，故障诊断进程可以驻留在通信设备中，也可以驻留在网管系统中。故障诊断进程可以是独立进行工作的进程，也可以是在测试功能支持下进行工作的进程。故障报告则是指提出故障诊断的结果，主要是建立故障报告表、故障信息查询、故障报告状态改变通知、故障报告策略等。

④ 故障校正，执行故障校正预案，启动设备/网络的备用系统，提供各种报告（如自动恢复报告、重新加载报告），还可以支持人工维修等。

（4）计费管理

计费管理的主要目的是正确计算和收取用户使用网络服务的费用，同时要进行网络资源利用率的统计与网络的成本效益核算。对于以营利为目的的网络经营者来说，计费管理功能无疑是非常重要的。

计费管理功能可以测量网络中各种业务的使用情况和使用的费用，并对电信业务的收费过程提供支持，从网元中收集用户的计费数据，并形成用户计费单。这项功能要求数据传输可靠有效，而且要有冗余数据传输能力，以保证计费信息的准确性，包括收集用户对资源和业务的使用信息并生成计费单。由于业务各不相同，使用的技术手段也各不相同，因此计费方式也会不同。

在计费管理中，首先，要根据各类服务的成本、供需关系等因素制定资费政策，资费政策还包括根据业务情况所制定的折扣率；其次，要收集计费数据（如使用的网络服务、占用的时间、通信距离、通信地点等）来计算服务费用。计费管理功能包括以下 3 个方面：

① 统计网络及其所包括的资源的利用率，以使网络管理者确定不同时期和时间段的费用；

② 根据用户使用的特定业务在若干用户之间分摊费用；

③ 计算用户应支付的网络服务费用。

（5）安全管理

安全管理主要提供对网络及网络设备进行安全保护的功能，主要包括接入、用户权限管理、安全审查及安全告警处理等方面。安全管理可以分为管理信息的安全和安全信息的管理两个方面：管理信息的安全是指应有足够的技术手段来保证敏感的管理信息不被泄密、破坏和伪造等，管理信息的传输和存储都必须是安全可靠的；安全信息的管理是指对系统自身安全信息的管理，包括账号、公钥、密钥等。

根据 TMN 标准的要求，安全管理的管理范围与目标就是控制进网和保护网络及网管系统，防止有意及无意的滥用、未经许可的接入、通信的丢失。安全机制应具有灵活性，以适应控制和查询特权的范围，这是由操作系统、业务提供者及需要独立管理的客户等多样化的方式决定的。安全管理功能包括以下 5 个方面：

① 支持身份鉴别，规定身份鉴别的过程；

② 控制和维护授权过程；

③ 控制和维护访问权限；

④ 支持密钥管理；

⑤ 维护和检查安全日志。

8.3.4　TMN 的网络结构和设备配置

1．网络结构

TMN 的网络结构包含两个方面的内容，即实现不同网络管理业务的 TMN 子网之间的互联方式和完成同一网络管理业务的 TMN 子网内各 OS 之间的互联方式。至于采用何种网络结构，通常与电信运营企业的行政组织结构、管理职能、经营体制、网络的物理体系结构、管理性能等因素有关。

我国电信运营企业的组织结构大体包括三级：总公司、省公司、地区分公司。同时，网络结构也可粗略地分为全国网、省级网、本地网这三级，目前我国特定业务网的管理网的网络结构一般都采用三级结构，TMN 的分级网管结构如图 8-18 所示。

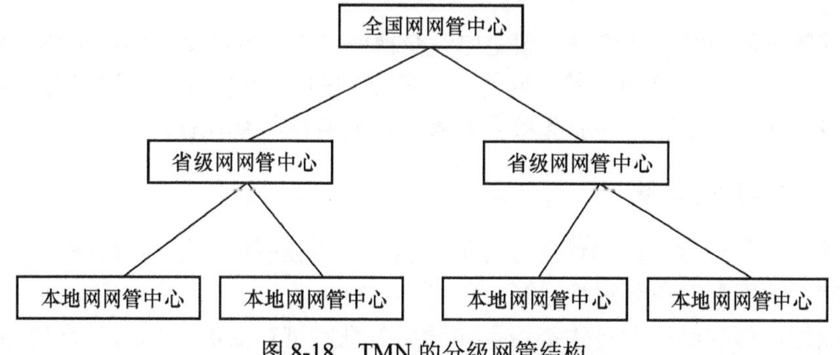

图 8-18　TMN 的分级网管结构

TMN 的目标是将现有的固定电话网、传输网、移动通信网、信令网、同步网、分组网、数据网等不同业务网的管理都纳入 TMN 的管理范畴，实现综合网管。由于目前各业务网都已建立了相应的管理网，因此采用分布式管理结构，用分级、分区的方式构建全国电信管理网，实现各管理子网的互联是合理的选择。图 8-19 所示为一种逻辑上的子网互联结构。

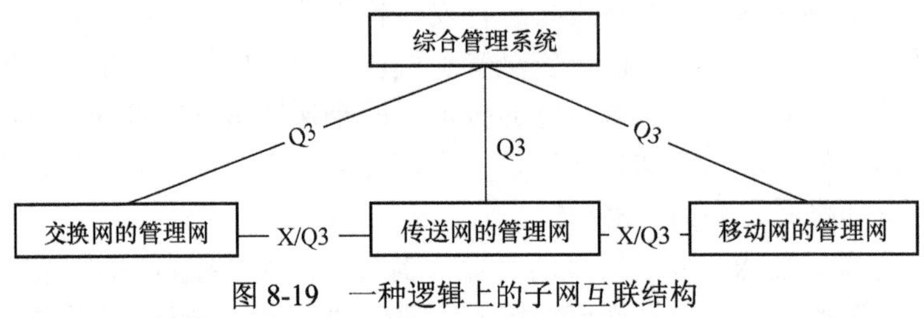

图 8-19 一种逻辑上的子网互联结构

2. 设备配置

由 TMN 的物理体系结构可知，构成 TMN 的物理设备主要有 5 种：OS、MD、WS、QA 和 NE。另外，还有为构成 TMN 专用的 DCN 所需的网络互联设备。

通常，OS、MD、WS 采用通用计算机系统来实现。对实现 OS 的计算机系统，主要要求其有高速处理能力和 I/O 吞吐能力；对实现 WS 的计算机系统，侧重要求 F 接口功能的实现，并具有图形用户界面，以方便管理操作；对实现 MD 的计算机系统，则强调通信服务能力，同时要具备 QAF 功能；QA 主要实现不同管理协议的转换；NE 主要是指各种电信设备，如交换设备、传输设备、智能设备、业务控制设备等，它主要实现相应的电信业务，但 NE 中相应的 TMN 接口硬件和实现 Agent 功能的软件系统则属于 TMN 的范畴。

在 TMN 中，DCN 负责为 OS、QA、NE、MD 之间管理信息的传输提供物理通道，完成 OSI 参考模型中的低三层功能。为保证可靠性，DCN 应具有选路、转校和互联功能。

结合数据通信和计算机网络技术的发展趋势，从可靠性、安全性、可扩展性等方面，以及我国电信网络地域辽阔等特点出发，DCN 的组网方案应以计算机广域网技术为基础，如 X.25、DDN（Digital Data Network，数字数据网）、PSTN 等，网络设备主要由路由器、广域网通信链路和各级网管中心的局域网组成。因此，从网络的物理体系结构来看，TMN 实际上是一个广域计算机通信网。

8.3.5 我国电信管理网系统

目前我国的电信网络有传输网、固定电话交换网、移动电话交换网、DDN、数据通信网、数字同步网、No.7 信令网及电信管理网等，这些不同的专业网络都有各自的网络管理系统，并对其各自专业网的网络运行和业务服务起着一定的监控与管理作用。

1. 传输网的监控与管理

传输网的目标是对数字传输设备进行集中监控。传输网的监控与管理的主要功能有：性能监测与控制、故障管理和配置管理等。

（1）性能监测与控制：对传输链路及传输设备性能进行监测，如对光纤传输系统的运行状况、误码秒、严重误码秒、光中继机复用设备的运行状况等进行监测。根据监测结果进行性能控制，如对业务量及业务流量进行控制、控制交叉连接和通路倒换等。

（2）故障管理：对告警信息进行收集、处理、显示及对具体故障进行定位等。

（3）配置管理：当在传输网中撤除或增加某一设备时，应自动配置传输电路、设置设备初始数据、进行保护倒换等。

对应我国长途传输网的线路设置（国家一级干线和省内二级干线），传输网也分为两级（全国监控中心和省监控中心），其物理配置及结构如图 8-20 所示。

目前，我国传输系统设备主要有两大类：一类是 PDH；另一类是 SDH。当前 SDH 系统发展得较快，并且 SDH 系统设备将成为我国传输系统的主流设备。

SDH 标准作为一种通信传输的国际标准，对整个通信技术的发展有着深远的意义，传统的 PDH 技术正逐步被 SDH 技术所取代。从当前实际系统的应用而言，PDH 系统又起着相当重要的过渡作用。当前高层网（如 No.7 信令网、智能网等）的数字传输手段基本依靠 PDH 系统，因此，建立 PDH 的集中监控系统对目前国家一级干线上的传输系统管理非常重要。

SDH 管理网是 TMN 的一个子集，它由多个 SDH 管理子网组成。SDH 管理子网由一组嵌入控制电路（Embeded Control Circuit，ECC）的本地通信网（Local Communication Network，LCN）互联构成。SDH 管理子网采集到的数据经由网关传输给 MD 或 OS。通常，SDH 管理网内的各网元经 ECC 互联，而局内也可由 LCN 互联。ECC 的主要管理功能是检索有关兼容功能的网络参数，进行网址管理，确定数据通信通道节点间的消息路由，检索某节点处的 DCC 运行状态及接入 DCC 的能力。将网管功能经 ECC 下载至 NE，从而实现分布式管理。

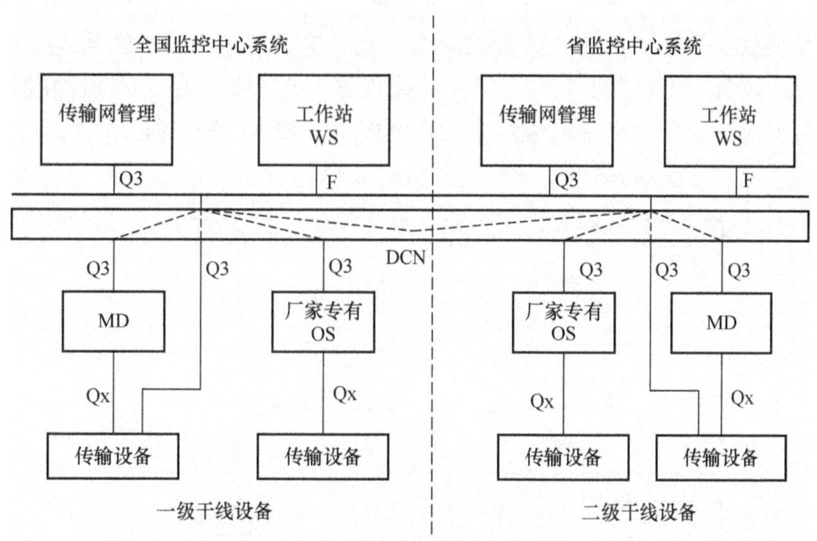

图 8-20 传输网的物理配置及结构

按照 TMN 管理层模型，SDH 管理网应有 5 个管理等级。若从网络角度来看，则可以不考虑事务管理层和服务管理层，因此，从上到下仅有网络管理层、单元管理层和网元管理层。

网络管理系统主要实施对所辖网络的电路供给，以及对网络监视和网络分析统计等功能的集中管理；对维护、告警和保护等功能实现地区性的分布式控制管理。通常，网络管理层具备 TMN 所要求的主要应用管理功能。

单元管理系统直接控制设备，管理控制功能包括上层分配（如保护规划、告警滤除、协议转换等），主要目的是减少直接流入上层的信息流。该层功能常被设计成某些操作系统和硬件平台上执行的软件包，平台规模及其能力是可以随需要而改变的。

网元本身也具有一些管理功能，特别是在分布式管理系统中，常将许多管理功能用软件下载给网元。这时，提高了网络对发生事件的敏感性，可以实时完成用于保护目的的通道恢复，使业务传输不受影响。

2. 固定电话交换网的网络管理系统

（1）长途电话通信网络管理系统

1996 年，原邮电部电信总局软件中心按照 TMN 的概念开发了一套长途电话通信网络管理系统，这套系统的管理范围是我国公用电话网 C3 以上的长途网。该系统的主要功能是进行话务管理，属于 TMN 网络管理层的 OS。

（2）话务管理的主要任务

话务管理的目标就是使网络达到尽可能高的呼叫接通率，提高网络的运行质量和效率，向用户提供良好的通信服务。因此，话务管理的主要任务是：

① 监测网络运行状态；

② 收集全网话务流量、流向数据；

③ 分析呼叫接通率，提供分析报告；

④ 在网络出现过负荷和拥塞时，实施话务控制和网络控制。

长途电话通信网络管理系统分为两级，通过骨干 DCN 实现全国网网管中心和省级网网管中心的广域网连接，形成一个统一的管理网络。长途电话通信网络管理系统的结构示意图如图 8-21 所示。该系统在北京设立一个国家网络管理中心，在各省（市/自治区）设立省级网网管中心，实现对全国长途电话通信网络的 400 多个交换系统的监视与控制。

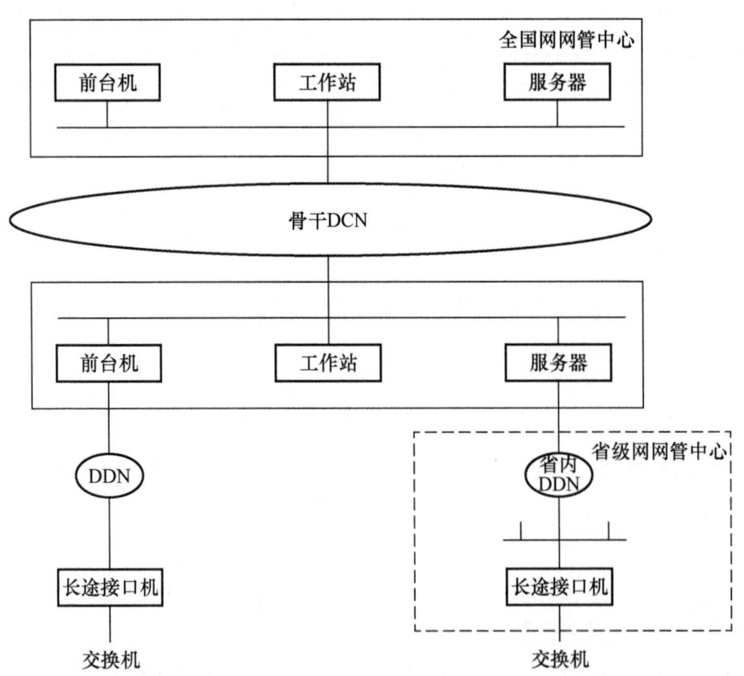

图 8-21　长途电话通信网络管理系统的结构示意图

（3）话务系统可实现的管理功能

① 告警管理。实时地检测长途电话通信网络和交换设备的重大故障告警，对告警进行

屏幕显示并形成统计报表。收集交换机的EI端口告警，对照交换电路静态数据库和传输链路静态数据库，确定传输故障的系统与区段。

② 性能管理。面向运行的话务系统周期性地采集交换网的话务负荷、流量、流向数据，对每个周期的数据做超门限处理，对严重的超门限数据（全阻、呼叫接通率为零）做进一步分析，找出重大的网络事件并自动告警提示。通过话务数据分析可确定服务质量，在必要时实施一定的话务控制措施，对重大的通信网络事件进行话务疏通。

③ 配置管理。话务系统可提供对交换机数据的管理功能，在网管中心可集中管理和实施交换机的目的码数据与路由数据的修改，集中实施电路资源的调度，提供对网络电路的调整功能。

④ 网络管理系统本身的维护和管理。

（4）本地电话通信网的网络管理和集中监控系统

本地电话通信网的网络管理和集中监控系统的主要功能是实现本地电话通信网网管和交换机的集中操作与维护。本地电话通信网网络管理和集中监控系统与省级网网管中心相连，形成全国网网管中心、省级网网管中心及本地网网管中心三级结构逐级汇接的网络管理方式。

本地电话通信网的网络管理和集中监控系统应采用客户/服务器体系结构，通过计算机通信网收集各专业监控系统的网管与告警数据，监测全网的运行情况，合理安排路由，及时发现并解决网内的问题。

3. DDN网管系统

我国DDN的网络结构包括一级干线网、二级干线网和本地网这三级。对应于DDN的三级网络结构，DDN的管理网可分为两级：全国网网管控制中心和省级网网管控制中心。全国网网管控制中心负责对一级干线网进行管理和控制，省级网网管控制中心负责对本省/市/自治区网络进行管理和控制。对较大的本地网，可设DDN本地网网管控制中心。

（1）DDN网管系统控制功能的基本要求

① 方便地进行网络结构和业务的配置；

② 实时地监视网络运行情况；

③ 对网络进行维护测量并定位故障区段；

④ 进行网络信息的收集、统计和报告。

在我国现已运行的DDN中，设备类型并不统一，为了更好地管理全国的DDN、保证先进的业务功能实现，需要建立一个统一的DDN网管系统。此网管系统的主要功能应包括：网络拓扑、配置和维护。

我国已运行的DDN设备都带有厂家配置的网管系统，这些网管系统包括网元层管理、网络层管理和部分业务层管理的功能。由于DDN骨干网和省级网采用了不同厂家的网管设备，它们不能互通，而DDN业务又迫切需要开通一级干线网到省级网的业务，因此提出了DDN兼容网管的要求。DDN兼容网管系统的配置如图8-22所示。

（2）DDN兼容网管系统基本功能的要求

① 各级网管中心（Network Management Center，NMC）对所辖范围内的网络进行管理；

② 兼容网管通过厂商专有的各 NMC 对 DDN 设备进行控制；

③ 兼容 NMC 与全国 NMC 可以使用同一个硬件环境，也可以在分开的设备上工作；

④ 要求全国 NMC、省内 NMC 对兼容网管信息有中转功能。

在实现上述 4 项功能要求的基础上，可以实现在 DDN 兼容网管系统上对各厂家网管系统的接口，在各厂商已提供的网元管理和网络管理的基础上可实现兼容管理功能。

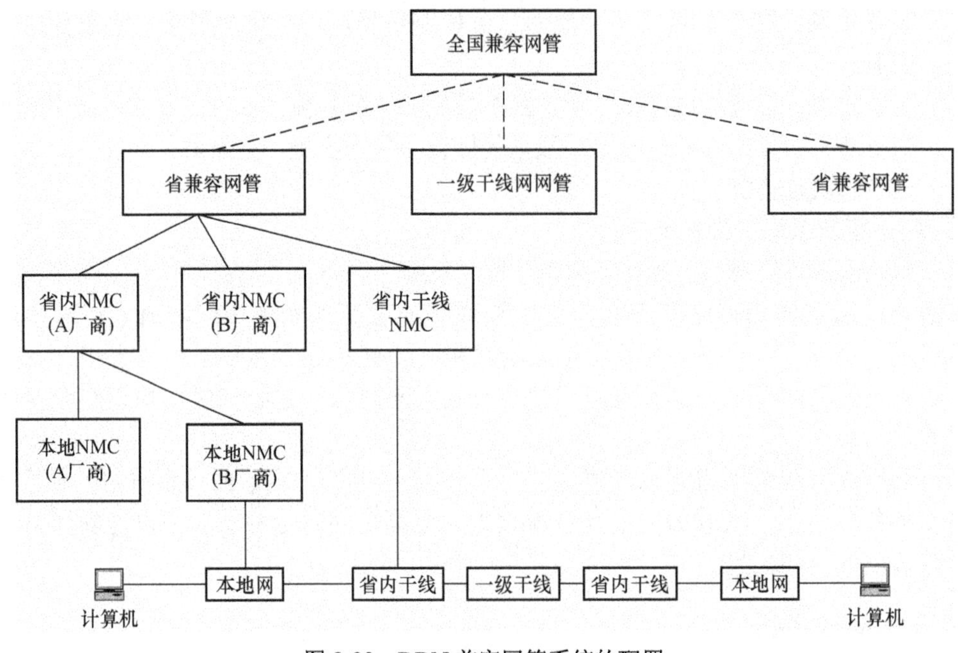

图 8-22 DDN 兼容网管系统的配置

4. 数字同步网监控系统

与我国 4 级数字同步网对应，同步网管分为三级。数字同步网网管结构由全国网网管中心、省级网网管中心、本地网网管中心、同步时钟节点、连接链路组成，连接链路采用 X.25 交换型虚链路，在分组网无法到达的地方可以使用 PSTN 补充。

数字同步网网管功能包括故障管理、性能管理、配置管理和安全管理。

（1）故障管理，涉及设备自身故障、设备性能劣化、链路故障、链路传输性能下降、链路定时性能降级等。

（2）性能管理，包括最大时间间隔误差、时间偏差、频率偏差、原始相位等数据的收集、整理、存储和处理。

（3）配置管理，包括设备内部冗余配置中的主备倒换、对输入信号的判决门限的设置与修改、对定时参考输入信号的分析和强制倒换。

（4）安全管理，包括操作级别的管理，以及口令的设置、修改和保护等。

5. No.7 信令网监控系统

对应我国信令网的结构，信令网监控系统分为全国一级中心和省级一级中心，No.7 信令网网管系统结构如图 8-23 所示。在引进 STP 设备时，同时引进了 No.7 信令网网管系统，但是鉴于信令网的特殊地位，我国已经决定不再引进 No.7 信令网网管系统，而是要立足国内自主开发省内 LSTP 网管软件。

No.7 信令网网管系统的故障管理包括实时显示当前告警信息、对告警信息进行处理；性能管理是指信令汇总产生的性能计数信息以图形和文本的方式显示信令网的话务负荷情况，对各种门限进行监测；配置管理包括创建及拆除信令链路、信令链路组、信令路由、信令路由组，闭塞解闭信令链路、信令链路组、信令路由，改变信令路由的优先级，显示信令网资源信息。

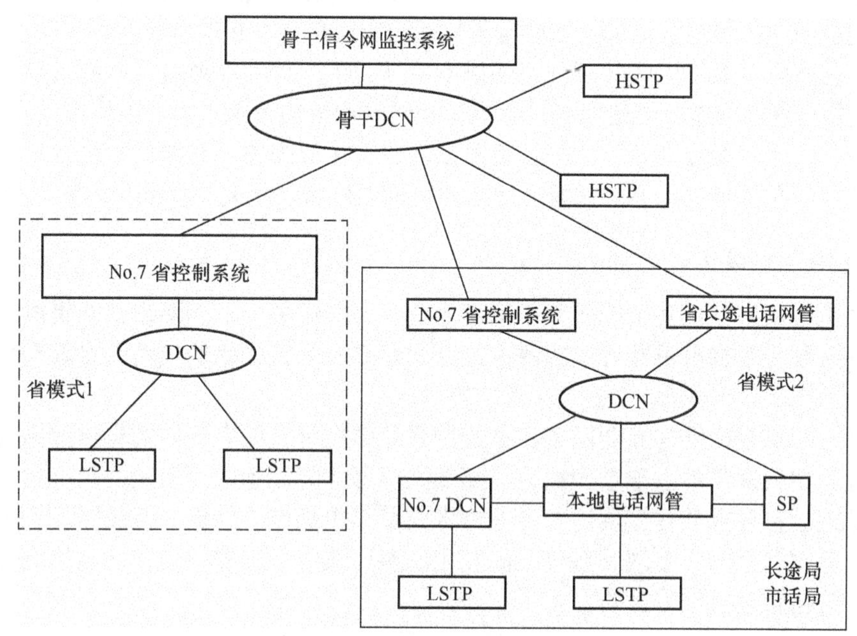

图 8-23 No.7 信令网网管系统结构

6. IP 通信网网管系统

Internet 从出现到飞速发展，其在网络管理和网络安全方面依然存在先天不足，为了满足 Internet 应用快速增长和电信级服务的要求，以 LETF 为代表的 Internet 业界做出了巨大的努力，目前基本采用 HP OPEN VIEW 套件解决方案及第三方软件管理 IP 通信网，采用 SNMP 和 MIB 技术实现。IP 通信网网管包括如下几个方面。

（1）故障管理。作为 Internet 运营部门，要防止网络设备运行故障，包括拨号服务器、路由器、交换机的故障等，同时要保证支持服务提供的认证服务器、AAA 服务器、邮件服务器的安全与正常运行。这些服务器是 Internet 正常提供服务的基本设备，目前在技术上可以提供统一平台，综合实时监视 Internet 上主要网络设备和服务器的告警故障。

（2）性能管理。为了保证并提高服务质量，网络管理员十分关心网络性能、应用性能和服务器性能。目前在技术上可以提供如下统计报告：网络/设备报告、线路报告、服务器报告、拨号服务器报告、数据类型统计报告和服务类型报告。

（3）安全管理。IP 通信网的安全管理设备包括防火墙软件和相应探测软件，防止黑客破坏服务器、路由器、交换机及认证服务器、AAA 服务器、邮件服务器等。

（4）配置管理。目前尚未有统一的软件可以完成 Internet 上各设备的配置工作，但是 CiscoWorks 可以完成其路由器、以太网交换机的配置工作；3Com 的 Total Control Manager 可以完成其拨号服务器的配置工作；而提供上网服务的认证服务器、AAA 服务器、邮件服务器的配置没有统一的软件可以完成，但是只要有权限，完全可以在一台机器上对主要服务器实现远程管理。

8.3.6 TMN 的发展趋势

作为电信企业的后台支撑系统，网络管理系统最关键的问题是要为前台的业务运营和信息处理提供全面完善的系统保障。随着电子技术的发展与计算机的广泛运用，NGN 提供了更多的业务，因此融合是下一代管理网络的根本特征。下一代管理网络可以创造融合性的新业务，可以降低运营的成本。电信网络技术层次和网络规模的不断扩大、电信市场竞争的加剧、端到端服务的提出、企业信息的共享及信息处理流程化的需要，对电信网络管理的发展提出了更高的要求。总体来说，下一代管理网络的电信网络管理将向以下几个方向发展。

1．综合化与集成化

未来的电信网络是由几个或十几个不同专业、不同设备的不同网络共同组成的一个集合体，系统与系统之间有着千丝万缕的联系，因此建立一个集成化的电信网络管理系统显得十分重要。

在这样一个综合网管与专业网管相结合的系统中，可将原有分散的电信网络管理系统集中进行管理。如果网络中出现重大故障，那么大屏幕就能显示故障发生的地方和故障原因，便于及时处理。在各专业网管层，有专业技术人员集中操作、维护。集成网络管理系统可以很好地解决分别建立的多个网管系统之间互相割裂而遗留下来的问题，从而达到资源共享、信息互换、简化管理操作等目的。

2．网元级管理向网络级管理转化

目前电信运营企业的网络管理系统大部分仍采用网元级管理，为实现更高效率的集中化管理，必须深入研究各个专业网络管理系统之间的互操作性和互通性。网络设备的完整性关系到业务网的运营管理效率，而涵盖网元级和网络级两个管理层次的网管产品对网管运营非常必要，网元级管理和网络级管理系统的配套应用的最明显的特点是可使电信运营企业的管理效率大幅提高。

3．Web 化

随着网络技术的迅速发展，网络规模不断扩大，网络的异构问题也逐渐突出，传统的高度集中的网络管理模式已不能适应复杂网络管理的各种需要，现代电信网络管理应更多地与 Internet 相结合。

4．智能化

由于电信网络的规模越来越大，网络的技术越来越复杂，开放的业务越来越多，因此网络管理的内容也越来越复杂，要求也越来越高。在这种情况下，需要经验丰富的、高水平的网络管理人员来管理电信网络，但这样的管理人员较少，因此需要有智能化的网络管理功能来支持网管中心的管理人员。

5. 面向业务的网络管理

现代化电信网络越来越注重用户使用网络资源的满意程度，传统技术管理的对象是不同类型的设备，而业务管理的目的是为用户提供一种全面的端到端的服务。例如，某集团用户租用了电信运营企业的通道，那么电信运营企业就应该考虑为用户提供全面了解和掌握所租用部分电信设备的相关服务信息，并且可以按照服务质量确定资费，这就是现代化电信网络应该为用户提供的两种服务。但是要满足这种要求情况下的技术条件，就必须要有一个综合化的电信网络管理系统，实时地为业务管理提供必要的数据。

习 题 8

8.1 支撑网的作用是什么？主要由哪些网络构成？

8.2 No.7 信令系统的主要优点有哪些？

8.3 简述 No.7 信令系统的功能结构及各部分的构成。

8.4 简述我国 No.7 信令网的基本结构和各级连接方式。

8.5 简述数字通信网同步的意义，并比较各种网络的同步方式。

8.6 给出我国同步网的等级结构，各级主要采用哪些同步措施？

8.7 说明在 TMN 的体系结构中，功能体系结构、信息体系结构和物理体系结构各自的功能与相互之间的关系。

8.8 举例说明在 TMN 中，管理者、代理和被管理对象的含义、物理分布及它们之间的关系。

8.9 在 TMN 中，为什么 Q3 接口最重要？画图说明 Q3 接口在 TMN 中的位置。

8.10 简述我国 TMN 的网络结构和设备配置。

第 9 章　通信网络安全

网络安全是指网络信息系统的数据、软/硬件设备受到保护，能有效地避免因偶然或恶意的入侵而遭遇泄露、更改、破坏，系统能连续、可靠地运行并提供保证质量的网络服务。

9.1　网络安全概述

通信模型如图 9-1 所示，通信一方通过互联网将信息传输给另一方，通信双方（称为交易的主体）必须协调努力共同完成信息交换。

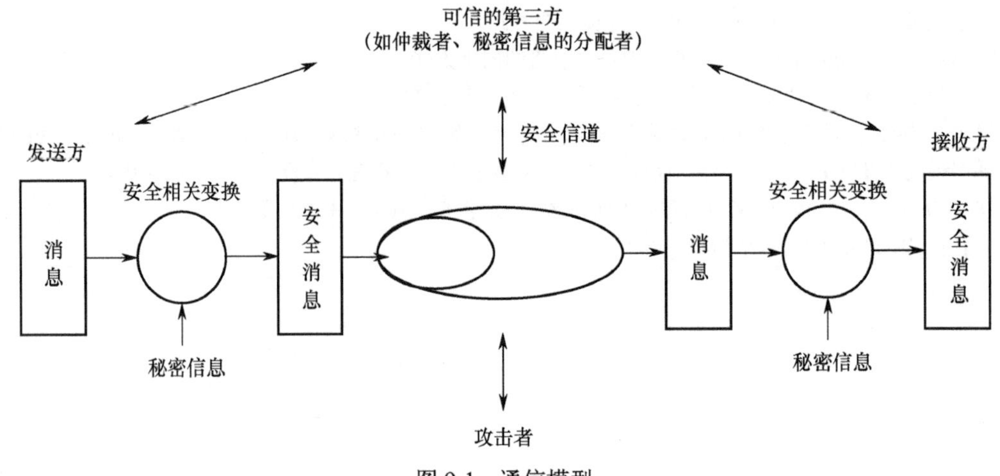

图 9-1　通信模型

在这样的模型中，计算机网络受到的威胁大体包括以下两种。

1．计算机网络实体受到的威胁

网络实体一般指网络中的关键设备，如路由器、服务器设备或软件系统。网络实体受到的威胁是指被恶意程序侵害，例如，恶意程序（如木马、间谍软件、网络蠕虫、计算机病毒）加入计算机程序，从而越权编辑或编译正常程序，导致服务器工作异常或崩溃。

2．计算机网络信息受到的威胁

计算机网络信息受到的威胁是指传输的信息被截获、窃听或更换。一般而言，所有用来保证安全的方法都包含以下两方面：一方面是被发送信息的安全变换，如对信息加密，通过某种变换使窃密者无法读懂信息，或将基于信息的编码附于信息后，用于验证发送方的身份；另一方面是通信双方共享一些秘密信息，这些信息不被泄露，为攻击者所知，公钥密码只需发送方或接收方拥有秘密信息。

总体来说，计算机网络的安全问题包括：网络设备安全、网络信息安全、网络软件安全，最终目标是保护网络信息安全。从广义上讲，网络安全的研究涉及网络上信息的保密性、完整性、可用性、不可否认性、可控性的相关技术和理论。

网络安全的概念涉及方方面面，这里主要从网络安全通信的特性、网络入侵与攻击、网络信息安全保护三个方面简单介绍通信过程中涉及的安全术语。

1. 网络安全通信的特性

（1）机密性（Confidentiality）：只有确定的通信双方才能解读传输报文的内容。窃密者即使截获报文，对于已经进行加密（Encrypted）的报文也无法知晓其中的信息，即不能解密（Decrypted）和理解截获的报文。

（2）报文完整性（Message Integrality）：在通信过程中必须保障通信内容未被修改。

（3）端点鉴别（End-point Authentication）：接收方和发送方应能确定对方身份，保证对方身份正确无误。

（4）运行安全性（Operational Security）：通信系统可持续可靠、正常地运行，网络服务不中断。

2. 网络入侵与攻击

网络入侵与攻击的手段及种类繁多，技术涉及面广，总体而言可以总结为以下几种。

（1）网络监听（Sniffer）：将网络设定为监听模式，可监控数据流程、网络状态和信息传输，并可根据需要截获通信过程中的信息。

（2）网络扫描（Scanning）：网络扫描是指使用者将网络扫描设备连接到任何一台联网的计算机，借助特定设计的网络扫描软件扫描信息并将扫描到的信息传输到使用者的计算机中。

（3）网络入侵（Hacking）：侵入特定网络系统，获得相应权限，入侵的目的通常是利用被入侵者现有的网络资源为自己牟利。

（4）网络后门（Backdoor）：即后门程序，一般是指那些绕过安全性控制而获取对程序或系统访问权的程序。程序员在开发阶段往往通过自建后门程序来简化程序维护工作，然而后门程序存在隐患，若被不法人员知道或在发布正式软件前未删除，则容易被犯罪者利用，针对漏洞进行攻击。不法攻击者也可能在已经攻破的计算机上种植一些便于自己访问的后门，以便后期再次窃密。

（5）网络隐身（Stealth）：隐身的目的是防止被发现实施攻击或监听，在入侵完毕后清除登录日志及其他相关日志，这样就不会被管理员轻易发现，从而达到隐身的效果。

除此之外，黑客可能通过假扮正常用户、窃取关键信息或所攻击目标的相应权限，从而进一步进行网络欺骗。常用的欺骗方式有口令攻击、恶意代码注入、IP 欺骗、电子邮件欺骗、会话劫持及攻击–拒绝服务（Denial of Service，DoS）等，并且随着网络复杂性的加剧，网络欺骗的方式更加多元化。

3. 网络信息安全保护

当前采用的网络信息安全保护主要包括以下两个方面。

1）主动防御保护

主动防御保护就是在保证本地网络安全的情况下，主动采取各种手段进行主动性抵抗，对潜在的攻击进行预测和识别，采取必要的措施阻止攻击者利用不同的技术手段入侵等。主动防御是一种前摄性防御，一般通过以下技术来实现。

（1）身份鉴别：身份鉴别重在保证身份的一致性，验证过程明确表明来访者身份，需要符合验证依据、验证系统和安全的要求。

（2）权限设置：权限设置定义鉴别后用户的访问范围，界定对信息资源的操作范围。

（3）数据加密：数据加密是对数据隐私进行保护的最有效的方式，借助不同的加密方式，可有力保证信息的机密性。

（4）存取控制：控制主体对客体的访问权限。存取控制多种多样，包括数据标识、访问权限设置、风险分析、控制类型、人员限制等，它是内部网络信息安全的重要保障。

（5）虚拟专用网技术：在公共网的基础上进行逻辑分割，从而虚拟地构建特殊通信环境，并使其具有私有性和隐蔽性。

2）被动防御保护

与主动防御相反，被动防御属于系统的自我防御，属于网络筑起的安全壁垒，用来保护通信系统的安全。被动防御保护技术的种类很多，主要有以下几种。

（1）防火墙（Firewall）：一般在公共网与专用网、外部网与内部网之间的接口上形成特殊的庇护网，其基本技术是包过滤技术。

（2）口令验证：通过口令验证完成用户身份认证，密码检查器包含能检查口令集中的薄弱子口令的口令验证程序，从而阻止不法黑客登录信息系统。

（3）安全扫描器：对本地或远程计算机上的网络漏洞进行自动扫描和检测，安全扫描器还可提供查看网络信息系统运行情况的功能。

（4）入侵检测系统（Intrusion Detection System，IDS）：IDS 是指根据制定的安全策略，能检测系统安全检查点状况的系统。IDS 能够对可能的入侵行为进行检测，对运行状况、资源进行监控，从而保证当前网络系统资源的完整性、机密性和可用性。

（5）物理保护与安全管理：依照各项条例、管理办法或标准对软/硬件实体进行有效的协调和控制，提高管理的规范性、人为管控的合理性。

（6）审计跟踪：通过详细审计网络信息系统的运行情况，并保存审计记录文件或日志文件，为系统漏洞做准备，减小被入侵的概率。

9.2 加密传输体系

通信网络安全与信息的加密传输息息相关，可通过加解密算法和相应的密钥来保证通信双方的保密性。在现代密码中，密码设计者通常遵循柯克霍夫（Kerckhoffs）原则：“即使密码系统的任何细节已为人悉知，只要密钥（Key）未泄露，它就应是安全的。”这说明加解密算法作为工具不应成为通信双方协商的保密工具，加密的安全性完全依靠密钥。

9.2.1 对称加密

对称加密是 20 世纪 70 年代公钥密码产生之前唯一的加密方式，被称为传统加密或单钥加密。对称加密指发送方通过使用密钥及加密算法将明文信息转为密文，而在接收方，使用相同的密钥和解密算法能够将密文译成明文信息；或者通信双方的密钥虽然不同，但可由任意一个密钥简单地推出另外一个密钥，这种密码机制称为单密钥的对称密码，又称为私钥密码。经典的对称加密算法有数据加密标准（Data Encryption Standard，DES）、高级加密标准（Advanced Encryption Standard，AES）、三重数据加密 3DES（Triple DES）等。

对称加密方案一般具有 5 个基本元素，如图 9-2 所示。

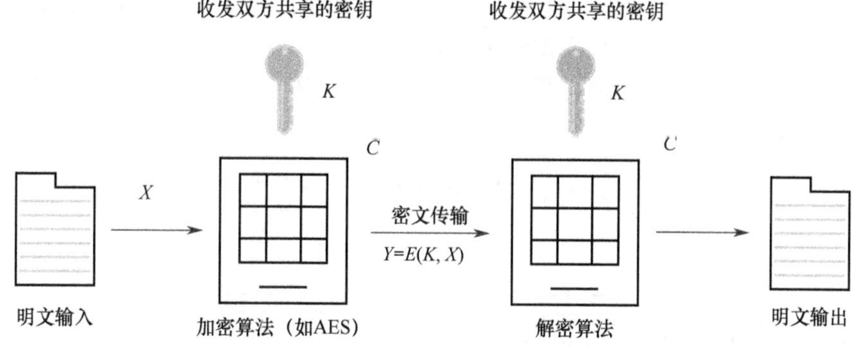

图 9-2 对称加密方案

（1）明文：原始可理解的信息或数据，属于发送方欲传达的信息。

（2）密钥：密钥是加密过程的重要组成部分，通过不同的密钥进行加密，加密后的密文不同。可以用一个统一的密钥，也可分别用加密密钥和解密密钥。

（3）密文：属于信道传输的信息，是明文在密钥加密后的输出信息，密文是随机信息，一般是无法理解或解读的。

（4）加密算法：在对明文进行加密操作时采用的规则，如各种代替和替换。

（5）解密算法：接收方对密文进行解密的规则或方法，可认为是加密的逆运算过程。输入密文和密钥，输出原始明文。

对称加密系统之所以简单且安全，是因为其需符合以下两个条件。

（1）加密算法足够可靠。就算攻击者拥有一个或多个密文或对应的明文信息，对密文信息或密钥也是不可知的。

（2）通信双方需要在安全可靠地获得密钥的同时保证密钥的安全性。如果加密算法和对应密钥同时泄露，那么借助取得的密钥就能获取所有的通信信息。

对称加密并不需要算法保密，仅需要密钥保密。不需要对加密算法保密，这使得制造商可利用较低成本的芯片实现数据加密算法。这些芯片可广泛地使用，许多产品中都有这种芯片。因此，采用对称加密，首要的安全问题就是密钥的保密性。

发送方产生明文信息 $X=[X_1, X_2,\cdots, X_n]$，其中每个元素都代表一个字母，由 26 个大写或小写字母组成。在实际通信过程中比较常见的方法是用二进制的{0, 1}表示，密钥格式与此类似。密钥由产生方通过安全信道分发给通信对方，密钥可以由发送方生成，也可以由第三方生成，通过安全可靠的方式告知发送方和接收方，最后产生密钥信息 K。

加解密的总体流程如下。

（1）加密算法 E 根据明文 X 和密钥 K 生成密文 $Y=[Y_1, Y_2, \cdots, Y_3]$，即

$$Y=E(K, X) \tag{9-1}$$

式中，明文 X 是输入变量，密文 Y 是输出变量，密钥 K 决定最终结果。

（2）预定接收方拥有密钥 K，采用解密算法 D，可以进行变换

$$X=D(K, Y) \tag{9-2}$$

由此进行逆运算，可以根据密文计算得出明文 X。

加密系统如图 9-3 所示，攻击者通过某种方法得到 Y 但不知道 K 或 X，一方面加密算法 E 和解密算法 D 相对透明，如果只对当前密文对应的信息感兴趣，那么攻击者可能根据明文的估计值 X'来恢复 X；若攻击者想获取更详细、深入的信息，则其可能会借助密钥的估计值 K' 来恢复 K。攻击者善于结合算法或系统的管理手段进行密码的破译，基于密码算法性质进行密码分析（Cryptographic Analysis）和基于穷举密钥进行穷举攻击（Brute Force）是破译密码的两种常用方法。

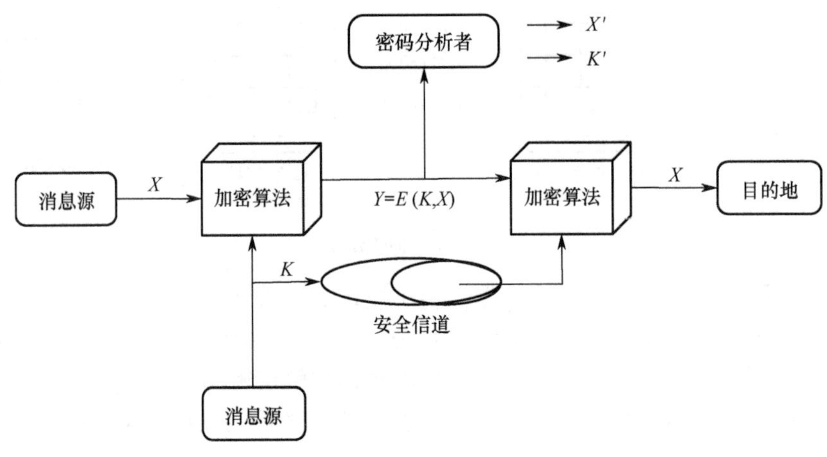

图 9-3　加密系统

9.2.2　非对称加密

对称加密快速且高效，但在密钥交换过程中很容易被嗅探，这是其显著的缺点。

为进一步在加密算法中减少需要保密的成分、提高通信技术的普适性和安全性，非对称加密被提出。香农对加密的含义是：通过一个混合变换把明文空间 M 中有意义的消息均匀地分布在整个消息空间 C 中，所得的随机分布并不需要包含秘密技术。1975 年，Diffie 和 Hellman 首先实现了这一点，他们把这个发现称为公钥密码学。非对称加密又称为公钥加密，产生一个密钥对，其中一个用于加密，另一个用于解密，是对应存在的。

通信双方在通信前若使用对称密码，则需要分别传输一个密钥给对方。而发送方和接收方需要建立一条安全信道，但实现共享密钥相对困难，这需要提供专门的信使并以物理方式传输。而在公钥密码体制中，加密不用密钥而只需对方的公钥，私钥仅在解密阶段使用，而且私钥仅能解密由对应的公钥加密后的信息。通信过程如图 9-4 所示。

（1）发送方和接收方各自生成一对密钥（公钥和私钥）并将公钥向他方公开。

（2）发送方使用接收方的公钥对机密信息进行加密后再发送给接收方。

（3）接收方用自己保存的私钥对加密后的信息进行解密。

在传输过程中，即使攻击者截获了传输的密文，并得到了接收方的公钥，也无法破解密文，因为只有接收方的私钥才能破解密文。

非对称加密与对称加密相比，其安全性更好。对称加密的通信双方使用相同的密钥，如果一方的密钥遭到泄露，那么整个通信过程就会被破解。而非对称加密使用一对密钥，一个用来加密，一个用来解密，而且公钥是公开的，密钥是自己保存的，不需要像对称加密那样在通信之前同步密钥。

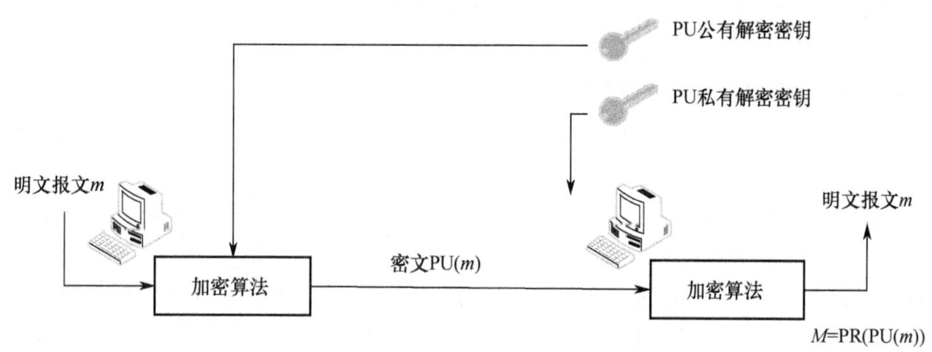

图 9-4　通信过程

相比于对称加密，非对称加密的安全性更好，然而其加密和解密速度较慢，因而花费时间更长。非对称加密一般只适用于少量数据的加密。目前经典的非对称加密算法有 RSA 算法、Elgamal 算法、背包算法、Rabin 算法、D-H 算法、椭圆曲线加密算法等。

9.2.3　混合加密

事实上，非对称密码与对称密码并不是对立的。公钥密码学很好地解决了密钥分配问题，然而公钥密码函数的代数运算量往往较大，比对称密码函数的运行效率低，相比而言，对称密码函数一般更加高效。对于对称密码函数（如 AES）运算，其在 256 个元素的范围内进行运算，基本的运算（如模加和求逆）可以通过“查表”法实现，效率非常高。通常，公钥密码系统比相应的对称密码系统所需的计算量大得多。

利用公钥密码系统的密钥易于分配及对称密码系统执行效率高的优点，将非对称密码与对称密码进行适当的组合，可以取长补短，发挥二者在系统设计方面的优势。例如，当需要加密大量数据时，目前一种标准的方法是采用混合加密。其原理是利用公钥密码系统，加密一个用于加密对称密码的短期密钥，即通信双方建立了共享的短期密钥，并通过对称密码系统使用短期密钥来加密大量数据。在密码协议中，一种广泛应用的公钥与对称密码技术就是数字信封技术，这是 RSA 密码体制与对称密码体制（如 DES、3DES 或 AES）的组合。这个通用的组合（RSA+DES 或 RSA+3DES）是安全套接字层 SSL 协议的基本模式。

9.2.4　密钥管理

无论是公钥还是私钥，都涉及保密问题，既然都要求保密，自然就涉及密钥的管理问题，任何保密问题都是相对的，因此存在另一种有时效的密钥，称为会话密钥（session Key）。一个会话的密钥往往只用于一次会话，也可以以一定的时间间隔变换密钥，根据一定机制进行管理，减小密钥泄露的概率。

1. 基于分发中心的对称密钥分发

密钥分发是指给通信双方分发密钥，并提供密钥安全分发所需要的一些方法或协议的管理功能。需分发的密钥包括双方之间的频繁使用且长期存在的主密钥及临时使用的会话密钥。

总体来说，对于通信双方 A 和 B，密钥分发可采用以下不同的方式实现：

（1）A 选择一个密钥后以物理方式传递给 B；

（2）第三方 C 选择密钥后以物理方式传递给 A 和 B；

（3）A 或 B 通过使用近期的旧密钥，用来对新密钥进行加密，然后将产生的新密钥发送给接收方；

（4）如果 A 和 B 到第三方 C 之间存在加密连接，那么 C 可在该连接上发送密钥给 A 或 B。

前两种方式都需要人工交付一个密钥，然而，人工交付对于网络中的端对端加密是不实用的，在分布式系统中，任何给定的主机或终端都可能需要同时与很多其他主机及终端交换数据，因此需要动态提供大量的密钥。

举例来说，如果端对端加密在网络中或在 IP 层执行，那么网络中每一对想要通信的主机都需要一个密钥，即若有 N 台主机，则需要的密钥数目为 $N(N-1)/2$。如果加密在应用层，那么每一对需要通信的用户（主机、进程或应用）都需要一个密钥，而一个网络可能有上百台主机，却有上千个用户和进程。例如，一个基于节点的网络有 1000 个节点，需要分发大概 50 万个密钥，若相同的网络支持 10000 个应用，则在应用层加密就需要 5000 万个密钥。

方式（3）虽可用于；连接加密或端对端加密，但是，若攻击者成功地获得了一个密钥，则随后的密钥都会泄露，那么所有的密钥都需要重新进行分发。

方式（4）的很多变体已经应用在端对端的加密过程中，在这种方案中，负责为用户分发密钥的密钥分发中心（Key Distribution Center，KDC）是必需的，并且为了进行密钥的分发，每个用户都需要和密钥分发中心共享唯一的密钥。

密钥分发中心是基于密钥层次体系的，最少需要两个密钥层，如图 9-5 所示。

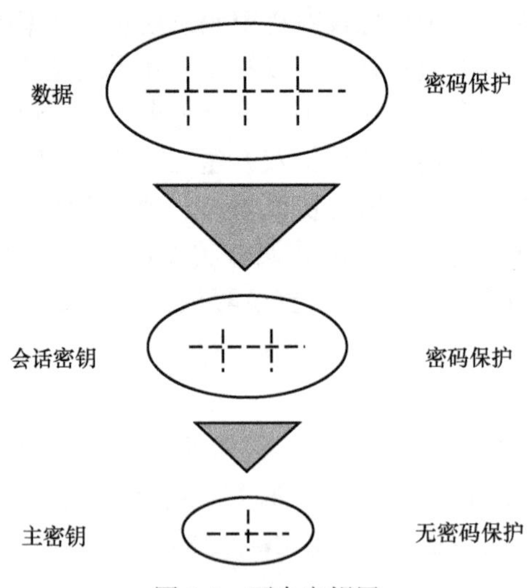

图 9-5　两个密钥层

两个终端系统之间的通信使用临时密钥加密，这个临时密钥通常称为会话密钥。会话密钥一般用于逻辑连接（如帧传输连接或转发）中，然后随同连接的端口一起被丢弃。终端用户从密钥分发中心得到通信所使用的会话密钥，所以，可以用密钥分发中心与终端用户或系统共有的主密钥加密后对会话密钥进行传输。

终端系统或用户和密钥分发中心公用唯一的主密钥。假设有 N 个实体想要逐对地进行通信，那么每次通信过程大概需要 $N(N-1)/2$ 个会话密钥。因此，主密钥（共 N 个）的分发可以通过加密的方式完成，如物理传递。

在密钥分发过程中，采取密钥分发中心和每个用户共享唯一密钥的通用方案，KDC 将作为通信双方的桥梁。在对称加密过程中，发送方和接收方使用相同的密钥，并对其他人保密，因此，频繁更换密钥可有效抵抗攻击者攻击密钥的行径。

大型网络可建立 KDC 的层次体系结构，网络中的一个小区域由本地 KDC 负责，并由本地 KDC 对本地域中的密钥进行分发。通过全局 KDC 对域间两个通信的本地 KDC 进行协商，最终生成共享密钥从而完成加密。这能够减小主密钥分发的开销，同时防止 KDC 故障扩展到整个区域。层次的概念可以依据用户的规模及内部网络的地理位置扩展到三层或更多的层。更多关于对称加密的密钥管理可参看相应的标准。

2．基于非对称加密的对称密钥分发

非对称公钥加密系统经常用于小块数据的加密，对称加密密钥还可采用基于非对称加密的安全通道进行传输。一个简单的对称密钥分发方案如下（PU 代表公钥，PR 代表私钥）：

（1）A 产生一个公私钥对$\{PU_a, PR_a\}$，然后发送包含 PU_a 和 A 的标志符 ID_a 的信息给 B；

（2）B 产生密钥 K_s，用 A 的公钥加密后生成 $E(PU_a, K_s)$，发送给 A；

（3）A 计算 $D(PR_a, E(PU_a, K_s))$，从而恢复密钥 K_s，由于只有 A 能解密该信息，因此只有 A 和 B 知道 K_s；

（4）A 丢弃 PR_a、PU_a，B 丢弃 PU_a。

这是一种简单的协议，在通信开始之前和结束之后都不存在密钥，即密钥被攻破的风险是最小的。然而，窃听者可以截获信息然后转发信息或替换为其他信息，假设窃听者为 X：

（1）A 产生一个公私钥对(PU_a, PR_a)，然后发送包含 PU_a 和 A 的标志符 ID_a 的信息给 B；

（2）X 截获信息后，创建自己的公私钥对(PU_e, PR_e)，发送 PU_e 和 ID_a 给 B；

（3）B 产生密钥 K_s，发送 $E\{PU_e, K_s\}$；

（4）X 截获信息后计算 $D(PR_e, E(PU_e, K_s))$，获取 K_s；

（5）X 发送 $E(PU_a, K_s)$给 A。

在这个过程中，X 知道了密钥 K_s 而 A、B 却毫不知情，在 A 和 B 使用 K_s 的通信过程中 E 能简单地窃听，因此，该协议存在中间人攻击的威胁。基于以下的 RM Needham 和 MD Schroeder 提出的方法，可以防止主动与被动的攻击。

(1)A 用 B 的公钥加密含有 A 的标志符 ID_a 和一个临时交互号 N1 的信息 M1 并发送给 B，其中临时交互号用来唯一地标志该信息传递。

（2）B 通过用 PU_a 加密包含 A 的临时交互号 N1 及 B 产生的新的临时交互号 N2 的信息 M2，并发送给 A。由于只有 B 可以解密信息 M1，因此 N1 在信息 M2 中出现可以使 A 确信该信息来自 B。

（3）A 使用 B 的公钥加密后返回 N2，使 B 可以确信信息来自 A。

（4）A 选择密钥 K_s 后发送 $M=E(PU_b, E(PR_a, K_s))$给 B。用 B 的公钥加密保证只有 B 可以读取该信息，用 A 的私钥加密保证只有 A 能产生并发送该信息。

（5）B 计算 $D(\mathrm{PU_a}, D(\mathrm{PR_b}, M))$，从而恢复密钥 K_s。

该方案可以保证交换密钥过程中的保密性和身份认证。非对称加密的密钥分发过程也可以采用 KDC 方案，KDC 和每个用户共享一个主密钥，用主密钥加密将要分发的会话密钥，而公钥方式被用于分发主密钥，公钥加密和解密存在相对较大的计算负荷，一般这种方法用在一个庞大的用户集中能更好地体现安全、有效的优势。

3．基于非对称加密的公钥分发

公钥的分发方法包括公钥发布、公钥授权和公钥证书。

1）公钥发布

公钥的发布是指通信双方或任意一方直接将公钥通过安全方式发送给另一方，或由第三方通过广播方式发送给各方，如 PGP 用户发送信息时可以将其公钥附加在信息之后。虽然这种公开发布方式很简便，但公钥被伪造的概率很大。例如，用户 B 被某一不法用户 X 假冒，X 向 B 的合法通信方发送公钥或广播公钥，在接收方 A 察觉之前，X 不但可窃取本应由 A 解密的加密信息，而且还可用假冒的密钥进行认证。

通过在系统中建立动态可访问的公钥目录，可提高系统的安全性，这个公开的目录一般由可靠的实体或组织管理：

（1）管理员为每个通信方建立一个目录（姓名、公钥），并维护该目录；

（2）通信方借由目录管理员来注册一个公钥，必须由通信方亲自注册或通过安全的认证通信进行注册；

（3）通信方可随时更换密钥，用户可能由于多次使用同一个密钥或密钥已经泄露而希望更换密钥；

（4）通信方也有权限访问该目录，为达到该目的，需要搭建从管理员到通信方的安全认证通信通路。

以上密钥管理途径存在明显缺点：若攻击者获得目录管理员的私钥，则传递虚假的私钥后将轻易假冒任何通信方，从而窃取发送给该通信方的信息。除此之外，修改目录管理员保存的记录，也是攻击者达到此目的的常用方法。

2）公钥授权

与公开可访问的目录类似，公钥授权采用动态目录，但更为严格。通信方正确获取到目录管理员提供的公钥，而只有目录管理员知道与公钥相应的私钥。一种典型的方案如下。

（1）A 发送一条带有时间戳的信息给公钥管理员，以请求 B 的当前公钥。

（2）公钥管理员发送经 A 的私钥加密的信息到 A，A 利用公钥管理员的公钥解密，从而确信信息来自公钥管理员，这条信息包含：

①B 的公钥，用于对 A 发送给 B 的信息进行加密；

②原始请求，A 将其与最初的请求进行比较，以确保在被公钥管理员收到之前未被修改；

③原先的时间戳，保证不是来自发送管理员的旧信息。

（3）A 使用 B 的公钥加密包含 A 的身份标识符 $\mathrm{ID_a}$ 和临时交互号 N1 的信息，然后发送给 B。

（4）B 使用同样的方法从公钥管理员处得到 A 的公钥。

（5）B 用 A 的公钥对包含 A 的临时交互号 N1 和 B 产生的新的临时交互号 N2 的信息进行加密，并发送给 A。由于只有 B 能解释信息，因此能使 A 确信该信息来自 B。

（6）A 用 B 的公钥加密包含 N2 的信息给 B，这样 B 就可以知道该信息来自 A。

一般获得各自的公钥（前 4 步）后，就可以暂存公钥，第（5）步和第（6）步交互进行。用户需要周期性地请求公钥信息，以保证通信中使用的是当前的公钥。

3）公钥证书

用户需要向目录管理员请求获得欲通信方的公钥才可进行通信，由此可知，多个用户同时申请将增大目录管理员的负担，也将成为系统性能的瓶颈。因此，可以通过发送方和接收方使用自己的证书而非根据目录管理员的证书来交换密钥。证书包含公钥和公钥拥有者的标志，通信的数据块由可信的第三方（通常是证书管理员，如政府机构或金融机构）进行签名。通过某种安全的途径，用户将公钥递交给证书管理员，从而取得一个证书，之后由用户公开证书。在通信过程中，所有要取得该用户公钥的一方均可取得该证书，验证证书的有效性则可依据附着的可信签名来进行鉴别。将密钥传输给通信另一方可借由传递证书的渠道完成，取得证书的通信方能够根据证书检测到是否是由证书管理员生成的。

接收方使用证书管理员的公钥对证书解密，因此接收方可验证证书确实来自证书管理员。A 的身份标识符 IDa 和公钥 PU 向接收方提供了证书持有者（A）的名字和公钥，而时间戳验证证书的时效性。

在攻击者已知 A 的私钥的情况下，即使 A 产生新的公私钥并向公钥管理员申请新的证书，攻击者也可重发旧证书给 B，若 B 用旧公钥加密数据，则攻击者可以读取信息。接收方收到的时间戳与私钥的有效期相似，若一个证书超时，则证书会被认为失效，这有效地减小了私钥泄露所带来的影响。

X.509 证书标准是一个广为接受的方案，用来规范公钥证书的格式。X.509 证书在大部分网络安全应用中都有使用，包括 IP 安全、传输层安全（Transport Layer Secure，TLS）和安全/多用途网际邮件扩充协议（Secure/Multipurpose Internet Mail Extension，SMIME）等。

9.3　应用层安全

9.3.1　电子邮件安全

在所有的分布式环境中，电子邮件是最繁重的网络应用之一。无论用户双方使用何种操作系统和通信软件，用户都希望可直接或间接地给另一个用户发送电子邮件。

电子邮件消息在从一个站点到另一个远程站点的过程中往往要经过几十台机器，这些机器中的任何一台都可以阅读和记录该消息，以备将来可能之需，因此存在隐私问题。然而，许多人希望自己发送的电子邮件只有目标接收者才能阅读，其他人都无法阅读。随着对电子邮件的依赖性越来越严重，认证性和保密性服务需求也在日益增长。其中，PGP 加密技术和 S/MIME 技术是两种被广泛应用的技术。

1. PGP 加密技术

PGP（Pretty Good Privacy，优良保密协议）加密技术是一种建立在 RSA 公钥加密体系基础上的邮件加密技术，其实现过程使用了公共密钥或非对称文件的加密方法。

PGP 加密技术的创始人是 Phil Zimmermann，他结合了 RSA 公钥加密体系和传统加密体系各自的特点，具体表现为在数字签名与密钥认证管理体制上的巧妙设计，促使 PGP 软件包成为最受欢迎的公钥加密软件包之一。

RSA 算法的计算量极大，使得加密大量数据的耗时长，因此 PGP 不是采用 RSA 算法而是采用国际数据加密算法（International Data Encryption Algorithm，IDEA）的，IDEA 相比 RSA 算法的加解密耗时短得多。PGP 随机生成一个密钥，运用 IDEA 对信息进行加密，然后用 RSA 算法对该密钥进行加密，而接收方则相反，运用 RSA 算法对密钥进行解密，之后再对信息采用 IEDA 算法进行解密，得出原文。

PGP 软件开源，PGP 消息的结构如图 9-6 所示，其中包括电子邮件消息如何被签署和加密并传输给接收方的过程。

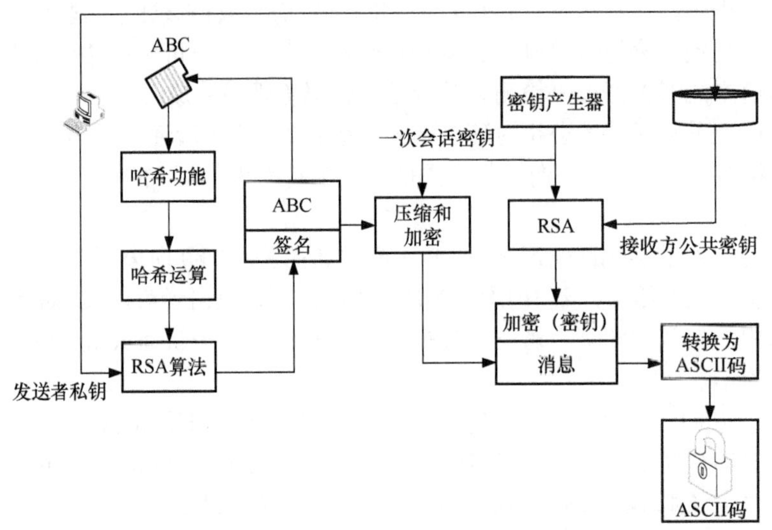

图 9-6　PGP 消息的结构

PGP 将用户消息输入哈希功能模块中，并使用发送者的私钥对哈希值进行加密，其用于产生数字签名，数字签名被添加到消息中，签名后的消息被压缩，并使用对称密钥进行加密，会话密钥由随机数发生器产生。一次会话密钥需要传输到接收方且只有接收方才能打开，这是利用接收方公共密钥加密会话密钥完成的。加密后的会话密钥附在加密消息中，结果转换为 ASCII 码，以便用电子邮件传输。

抽取消息的过程如图 9-7 所示，抽取消息的过程是相反的，外来的消息由 ASCII 码转换为二进制数的形式，并将加密后的会话密钥从消息中抽取出来。消息包含加密后的会话密钥、识别指定消息接收者的信息，因此允许多个识别码，每个识别码有不同的公钥-私钥对，加密后的会话密钥字段中的识别码是用于私钥的索引，接收者的私钥用于会话密钥的脱密，会话密钥则用于消息的脱密。

接着抽取消息数字签名，数字签名字段包含识别码，用来指出发送消息的用户是谁，该识别码用于查询发送者的公共密钥，公共密钥又用于数字签名的脱密，并抽取哈希值。然后消息传输到哈希功能模块，对两个哈希值进行比较，如果它们相同，那么表明消息被成功接收到。

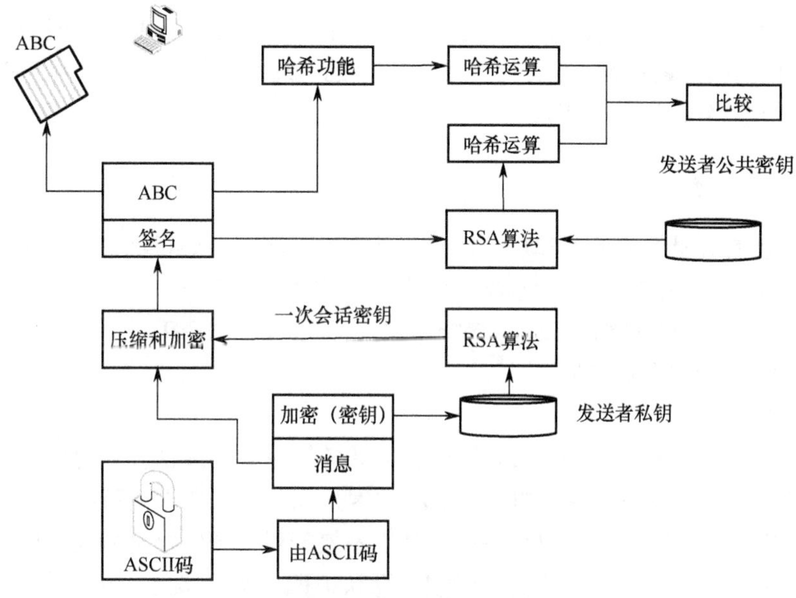

图 9-7　抽取消息的过程

由数字签名可以知道，电子邮件的安全性体现在：①产生消息的人是需要发送者的私钥的，这有效地阻止了伪造发送者；②只有知道接收者私钥的人才能成功地将消息脱密，这有效地防止了窃密者脱密。这种方法的强度取决于私钥的保护级别。

PGP 的问题主要体现在密钥分配和密钥管理上。密钥分配的主要问题是如何知道公共密钥的所有者及如何获得某人的公共密钥。一方面，公共密钥的分配及确认还没有一种被广泛采纳的方法。另一方面，大多数人并不认为他们的电子邮件要采用这样的安全级别。然而，PGP 可以解决窃听问题，还可以用于识别电子邮件的发送方和接收方。

2. S/MIME 技术

就一般功能而言，S/MIME 与 PGP 非常相似，都提供了签名和加密消息的能力。S/MIME 扩展了安全方面的功能，具体表现在可以把 MIME 实体（如数字签名和加密信息等）封装成安全对象。S/MIME 提供了认证、数据完整性、保密性和不可否认性，一方面非常灵活，支持大量的密码学算法，另一方面与 MIME 集成得很好，从而可以保护各种类型的邮件。此外，它定义了许多新的 MIME 头，如用来存放数字签名的 MIME 头等。S/MIME 有以下功能。

（1）封装数据：由任意类型的加密内容和所用密钥组成。

（2）签名数据：待签名的内容利用私钥加密，从而得到数字签名，然后，用 Base64 对内容和签名进行编码。由此可见，带有签名信息的数字消息具有特定需求的接收方，只有具有 S/MIME 能力的接收方能够处理。

（3）透明签名数据：仅数字签名采用了 Base64 编码，换言之，没有 S/MIME 功能的接收方无法对签名进行验证，但可以查看收到消息的内容。

（4）签名并封装数据：仅签名实体和封装实体能够嵌套，从而实现对签名后的数据或透明数据进行加密和对加密后的数据进行签名。

S/MIME 与 X.509 v3 采取了相同的公钥证书的方式，而 S/MIME 的密钥管理模式是严格的 X.509 证书层次结构和 PGP 的基于 Web 信任的一种混合方式。S/MIME 并没有一个严格的、从单个根开始的证书层次结构，相反，用户可以有多个信任锚。只要一个证书能够被回溯到当前用户所相信的某个信任锚，它就被认为是有效的。通常，能被用于传输 MIME 数据的运输机制都能使用 S/MIME，如 HTTP。

9.3.2 Web 安全

由于 Web 拥有大量的服务器和用户，因此其成为黑客的主要目标，可以说，Web 是如今大多数窃密者的主要工作领域，因此 Web 安全至关重要。

Web 上运行着不同的通信协议，针对不同的运行方式和加密手段，黑客通过不同的窃密手段，从而造成不同程度的威胁。

1）针对 HTTP 的攻击

（1）基于头部的攻击。由于头部的简单且无效的指令或回应都会被忽略，因此基于头部的攻击不是很常见。一种基于头部的攻击是根据客户端和服务器端的可执行能力进行攻击；另一种基于头部的攻击是使用 HTTP 协议来获取不属于任何超链接文档集合的文件，例如，某些包含 Web 密码的文件可能由于配置错误而默认被留在服务器上，可通过统一资源定位符（Uniform Resource Locator，URL）被定位，攻击者可能使用公共域攻击软件，从而有效地获得用户和密码。

（2）基于验证的攻击。这是 HTTP 攻击中最常见的类型，由于其用户名和密码采用明文发送，因此从网络安全的角度来讲，HTTP 验证并不很安全。此外，密码能被猜出来，就像任何基于网络的注册机制一样。另一种攻击是电子欺骗（可以是 DNS 欺骗等），用户可能被诱骗进某个伪装网站，从而不知不觉地暴露账户信息和个人信息（包含超链接的电子邮件信息），这是一种常见的使用户登录虚假网站的方法。

（3）基于流量的攻击。Web 服务器易受到几种基于流量的攻击。攻击者对服务器制造数量有巨大的请求，当达到 Web 服务器的极限时，其将拒绝连接，不断打开多重连接并保持它们的激活状态从而达到服务器的极限，这是很容易办到的，将导致网站宕机，这种攻击也称为拒绝服务（DoS）攻击。这种攻击的副作用会导致 Web 服务器的路由器因流量过载而使路由网络几近中断。

（4）数据包嗅探。HTTP 协议是一种明文协议，易于遭受嗅探，被嗅探的流量可以分辨某人所访问的网站和所浏览的网页。

2）针对超文本标记语言的攻击

Web 服务器传输的文件用超文本标记语言（Hyper Text Markup Language，HTML）作为主语言，HTML 文档由浏览器翻译，由于文档由浏览器来处理，因此服务器产生的文档可能存在安全风险。

（1）基于头部的攻击。对 HTML 头部的大多数攻击涉及三个标签：image、applet 和 hyperlink。image 标签可能导致 Web 服务器能记录那些包含指向此加载图像的链接的站点（可能是其他站点）。这一信息使 Web 服务器能够追踪用户所访问的地方，被称为 Web bug 或 clear gif。applet 标签能使用户的浏览器下载 Web 服务器上的代码，applet 也能够给 Web 服务器返回数据。例如，攻击者可通过运行 Java applet 来读取不应该被访问的本地文件和数据。hyperlink 标签的超链接功能可能会使用户转入欺骗性网站，超链接可能指向其他网站或 HTML 文档，也可能指向包含恶意代码的其他类型的文档，或者文档本身就是恶意的。

（2）基于协议的攻击。一种基于协议的攻击是 HTML 代码设计者将修改后的信息嵌入 HTML 文档，另一种基于协议的攻击是以注释的形式或以固定值传递到服务器端运行。攻击者通过修改网页信息来给 Web 服务器发送/上传虚假信息，从而达到目的。如攻击者修改嵌入 HTML 文档中的商品价格，以某种方式成功上传订单，从而以极低的价格购买商品。

（3）基于流量的攻击。如流量嗅探，类似于 HTTP。

3）服务器端攻击

（1）基于头部的攻击。运行在服务端的公共网关接口（Common Gateway Interface，CGI）脚本不仅从网络接收参数，而且提供到应用程序的网络访问，这可能带来缓冲溢出的隐患；另一种常见的漏洞是当攻击者通过 CGI 脚本访问没有打算被访问的文件或程序时出现的。当 CGI 脚本存在错误且没有被限制时，漏洞也会暴露出来。在使用 CGI 脚本时，头部问题还与应用程序有关，这使得减小风险变得更加复杂。

（2）基于验证的攻击。主要的验证漏洞存在于对另一个应用程序提供验证访问的 CGI 脚本的过程中。CGI 脚本能够提供对应用程序验证方法的访问，但并没有被设计用来接受基于网络的验证。另一种验证漏洞是客户没有办法去验证 Web 服务器或获知服务器端的可执行程序是否正在被使用，因此，来自服务器端的可执行程序可能被用来收集关于用户的数据，CGI 脚本也可能潜在获取用户不应当发布的信息，如信用卡信息等。

4）客户端攻击

（1）基于验证的攻击。大多数客户端可执行程序没有被验证，这可能导致恶意代码的植入。通过 Web 下载的可执行文件是最大的客户端威胁，这些文件可能包含恶意代码。恶意代码能植入到其他应用程序，其通过恶意代码来执行要做的事情。

（2）基于流量的攻击。除嗅探漏洞外，与客户端可执行程序相关的基于流量的漏洞是不多的，尤其是在客户端下载量较少的情况下。但在客户端可执行程序产生巨大流量时，会导致网络问题的出现，如提供实时的股票市场信息或实时的气候数据的插件和网站，客户端插件将产生巨大的流量。

对于网络威胁的对策，Web 服务器和浏览器有不同的设置来应对安全性的问题。Web 服务器可采用加密的远程访问、安全外壳（Secure Shell，SSH）协议等方法，这里简单介绍保护用户的对策。对于客户端而言，一种有效的方法是使用 Web 过滤器以阻止用户进入不适宜的网站，Web 过滤器能够使用户远离有恶意代码安全陷阱的站点。一般有两类 Web 过滤器：URL 过滤器和内容过滤器。

（1）URL 过滤器

URL 过滤控制用户可访问的网址，其判断依据是最终的目的地址或被请求的网址。URL 过滤有三种主要的方法：客户端方法、代理服务器方法和网络方法，并且每种方法都部署一个禁止访问站点的黑名单或一个仅由能被访问站点组成的白名单。基于黑名单的过滤器的最大问题是保持名单更新，这是非常困难且劳动强度很大的。图 9-8 所示为客户端网址过滤器的简单模型。

（2）内容过滤器

内容过滤进一步地采纳了过滤的思想，并试图检验 HTTP 的载荷。采用内容过滤的通常是网络设备而不是客户端应用程序，有些 URL 过滤器也执行内容过滤过程。有两种主要类型的内容过滤器：入站内容过滤器和出站内容过滤器。二者的唯一不同之处是它们所寻找的内容的类型。

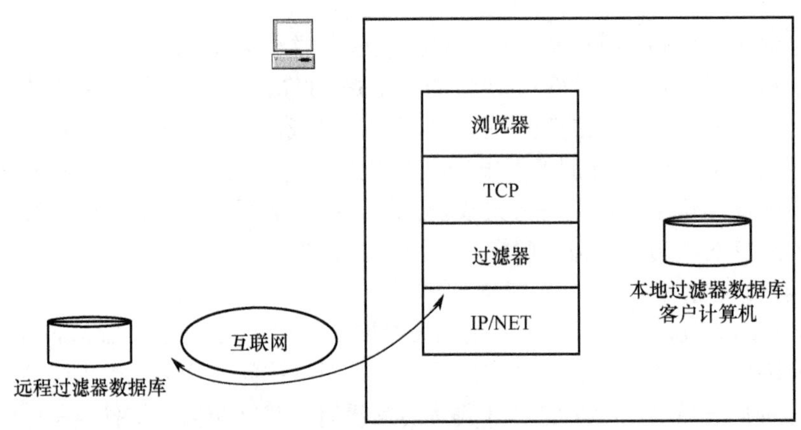

图 9-8　客户端网址过滤器的简单模型

图 9-9 所示为入站内容过滤器与代理服务器工作图，浏览器通过代理服务器来请求文档，代理服务器下载文档并检查它的恶意代码。如果文档是干净的，那么会被传递到浏览器。如果文档不是干净的，那么代理服务器或者发送一个空文档，或者发送一个重定向，指出文档有问题。然而，如果 URL 使用另一种方法（如 FTP）来传递文件，那么 Web 过滤器将不能阻止恶意代码。

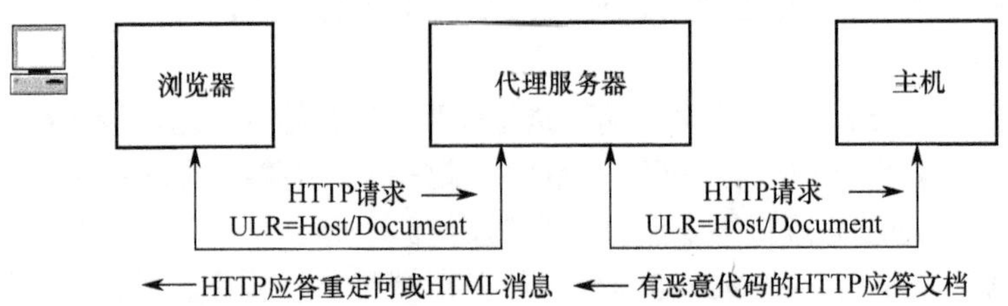

图 9-9　入站内容过滤器与代理服务器工作图

出站内容过滤器检查 HTTP 内容是否为那些不应当离开机构的信息。出站内容过滤保护了隐私，它经常使用禁止内容黑名单，当然也可以使用表达式来过滤内容。出站内容过滤器的执行方式与代理服务器相同。

9.4　防火墙及入侵检测

在计算机网络中，当通信流量进入或离开网络时，要执行安全检查、被记录、丢弃和/或转发，诸如此类的安全管理对网络的管控至关重要，一般由防火墙、IDS 和入侵防止系统（IPS）负责管理。

9.4.1　防火墙

防火墙作为软/硬件运行设备，可以限制未授权的用户进入内部网络，允许一些数据分组通过而阻止另一些数据分组通过。防火墙可以称为包过滤器，也可以称为流量的“门卫”，创建防火墙主要基于以下三个目标。

（1）内/外部沟通的所有流量都需要通过防火墙。防火墙是内部网和外部网其余部分之间的边界，设置防火墙的流量控制，能保证网络的安全访问。

（2）仅允许被批准的流量（由本地安全策略定义）通过。通过防火墙控制授权流量的访问，从而保护机构网络。

（3）防火墙自身免于渗透。防火墙自身应有足够的健壮性、稳定性，如果设计或安装得不适当，那么会危及安全，因为它仅提供了一种安全的假象。

防火墙一般分为三类：传统的分组过滤器（Traditional Packet Filter）、状态过滤器（State Filter）和应用程序级网关（Application Level Gateway）。

（1）传统的分组过滤器。分组过滤条件由分组包头源/目的地址、端口号、协议类型等确定，也就是说，只有满足过滤条件的数据包才能接收路由并转发到相应端口，否则丢弃，该功能作用在协议族的传输层和网络层。

（2）状态过滤器。能够直接处理来自分组的数据，再根据前后分组的数据进行统筹考虑，之后决定是否允许该数据流量通过。

（3）应用程序级网关。实际工作中由专门工作站负责，其应用在应用层上，以监视和控制应用层通信，该功能由应用服务上特定的代理程序负责完成。

即使防火墙配置得非常完美，网络中也会存在大量的安全问题。例如，防火墙外面的入侵者可以在数据包中填入假的源地址作为一个被信任的地址，从而绕过防火墙的检查机制；又例如，内部人员可能通过将保密文档偷偷加密，或转换为图片格式转运出去，这样可以绕过任何电子邮件过滤器。

防火墙的另一个缺点是它提供单道防线来阻挡攻击，一旦被攻破，就全盘皆输。因此，通常采用多层防火墙来防范攻击。

另外，还存在许多其他类型的攻击是防火墙无法处理的。防火墙的基本思想是阻止入侵者进入，或者避免保密数据被转运出去。然而，卑劣的攻击者可能只是单纯地想把目标站点搞瘫痪，他们通过向目标服务器及其端口发送大量合法的包，直至目标机器不堪重负而崩溃。拒绝服务（Denial of Service，DoS）攻击及其变种分布式拒绝服务（Distributed Denial of Service，DDoS）攻击均属于此种攻击方式。

9.4.2　入侵检测

1. IDS

IDS 是对系统资源的非授权使用能够做出及时的判断、记录和报警的硬件或软件系统，即通过观察网络流量来进行入侵检测的智能软件程序。入侵者可分为两类：外部入侵者和内部入侵者。外部入侵者一般指来自局域网外的未被许可或授权的用户，内部入侵者一般指假扮其他有权访问的入侵者，内部入侵者难以发现且更具危险性。

通过进行入侵检测，能够鉴别出系统中运行的正常活动，并检测出系统存在的不安全或不遵守安全性规则的活动，系统管理员能借此参考，从而对系统重新进行安排管理或对所受到的攻击做出相应的应对措施。

根据入侵检测的信息来源的不同，可以将入侵检测系统简单分为以下两类。

（1）基于主机的入侵检测系统。其对关键计算机的服务器进行重点保护。此类系统能够解读主机的记录在案的审计或日志记录，找出可能的不正常和不允许活动的证据，进而判断系统是否被入侵，判断是否启动相应的应急响应程序，避免情况进一步恶化。

（2）基于网络的入侵检测系统。其能对网络的关键路径进行实时可靠的监测，观察网络流量模式，监视网络上的所有流量分组来采集数据，从而进一步对有风险的、可疑的现象进行分析。

总体而言，IDS 的防线宽广，对不同的网络攻击（包括网络映射、端口扫描、DoS 带宽洪泛攻击、蠕虫和病毒、操作系统脆弱性攻击和应用程序脆弱性攻击）的监测面广。IDS 可能是专用的，如 Cisco、Check Point 的 IDS 系统，也可能是公共域系统，如极为流行的 Snort IDS。IDS 种类繁多，简单而言，其可分为基于特征的系统和基于异常的系统，具体如下。

（1）基于特征的系统。此类 IDS 对特征进行管理，一般拥有一个保存着丰富攻击特征的数据库，每个特征都是一个规则集，与入侵活动相关联。一个机构的网络管理员能够定制这些特征或将其加进数据库中。

基于特征的 IDS 嗅探每个分组，并与数据库中的特征进行比较，如果匹配，那么 IDS 产生告警，或者单纯记录下来以备将来检查，或者通过邮件发给网络管理员或直接发给网络管理系统。

然而，基于特征的 IDS 存在如下缺点：首先，对未被记录的新攻击缺乏判断能力；其次，特征匹配并不代表就是一个攻击，可能进行误判而导致虚假报警；最后，每个分组需与范围广泛的特征集相比较，IDS 可能过载并因此难以检测出其他恶意分组。

（2）基于异常的系统。基于异常的 IDS 通过对运行的流量进行观察，从而生成一个流量概况文件。寻找统计上不寻常的分组流，从而判断是否属于异常的流量，如 ICMP 分组过度的百分比、端口扫描和 Ping 扫描导致的请求指数增长。相对于基于特征的系统，基于异常的系统不依赖于攻击的历史知识，但区分正常和异常流量是极具挑战性的。因此，目前大多数部署的 IDS 主要是基于特征的，少数 IDS 二者兼具。

Snort 是一个开源的 IDS，能够运行在多种操作系统平台上，通过 Snort 传感器能轻松嗅探大流量流。Snort 以有众多的用户和安全专家在维护它的特征数据库而闻名。当一个新攻击出现时，Snort 能很快应对并发布一个攻击特征，然后被分布在全世界的数以万计的 Snort 部署者下载。而且，Snort 特征的语法方便管理，网络管理员能够根据机构的需求，通过修改现有的特征或创建全新的特征来裁剪某个特征。

2. 入侵防止系统（IPS）

IDS 一般可与入侵防止系统（Intrusion Prevention System，IPS）进行配合，IPS 能滤除可疑流量，IDS 有一个由规则引擎实现的网络接口来嗅探流量，与 IPS 的主要区别是：IPS 一般有两个网络接口，通常配置成类似透明的防火墙，IPS 也使用规则引擎，从而阻塞与规则集匹配的流量。一个规则引擎有三种可能结果，具体如下。

（1）正确判断。规则引擎正确地识别数据包或数据流量为攻击流量。

（2）误判。规则引擎识别正常流量为攻击流量，产生误判。误判将导致大量日志空间被占用，产生大量日志文件，并造成资源浪费。误判还可能导致设备阻止正常流量，这是 IPS 并未被许多机构部署的原因之一。

（3）漏判。设备没有检测到攻击而产生漏判。

通常 IDS 与 IPS 设备制造商在积极减少误判和漏判的数量，但二者之间有一个平衡的问题，需要折中考虑。

习　题　9

9.1　什么是对称加密和非对称加密？比较两种加密方式的优点和缺点。

9.2　混合加密的原理是什么？举例说明混合加密的应用场景。

9.3　如何看待密钥的分配对整个加密系统的影响？试阐述对称密钥分配的几种方案并比较其优点和缺点。

9.4　用于保障电子邮件传输过程安全的两种方式是什么？有哪些异同点？

9.5　请列举典型 Web 攻击方式并阐述可以采取的相应对策。如何提高 Web 客户机的安全性？

9.6　防火墙的主要功能是什么？是如何实现的？防火墙、入侵检测及入侵防护如何协同工作？

缩 略 词

ABM	Asynchronous Balanced Mode	异步平衡模式
ADCCP	Advanced Data Communication Control Protocol	高级数据通信控制协议
ADSL	Asymmetric Digital Subscriber Line	非对称数字用户线
ANSI	American National Standard Institute	美国国家标准学会
AODV	Ad Hoc On-Demand Distance Vector Routing	自组网按需距离矢量路由
ARM	Asynchronous Response Mode	异步响应模式
ARP	Address Resolution Protocol	地址解析协议
ARQ	Automatic Retransmission Request	主动请求发端重发
ATM	Asynchronous Transfer Mode	异步转移模式
B-F	Bellman-Ford	贝尔曼·福特
CCITT	Consultative Committee of International Telegraph and Telephone	国际电报电话咨询委员会
CDMA	Code Division Multiple Access	码分多址
CGSR	Clusterhead Gateway Switch Routing	簇头网关交换路由
CLP	Cell Loss Priority	信元丢失优先级
CRC	Cyclic Redundancy Check	循环冗余检验
CRP	Collision Resolution Period	冲突分解期
CSMA	Carrier Sense Multiple Access	载波侦听多点接入
CSMA/CD	Carrier Sense Multiple Access/Collision Detection	载波侦听多点接入/碰撞检测
CSMA/CA	Carrier Sense Multiple Access/Collision Avoidance	载波侦听多点接入/碰撞避免
CTS	Clear To Send	清除发送
DARPA	Defense Advanced Research Project Agency	（美国）国防高级研究计划局
DCF	Distribution Coordination Function	分布式协调功能
DECT	Digital Enhanced Cordless Telecommunication	数字增强无线通信
DIFS	Distribution(Coordination Function) Inter Frame Space	分布式协调功能中的帧间间隔
DISC	DISConnect	中断连接
DLC	Data Link Control	数据链路控制
DNS	Domain Name Service	域名服务
DREAM	Distance Routing Effect Algorithm for Mobility	移动距离路由效应算法
DSDV	Destination-Sequenced Distance-Vector Routing	序列目的节点距离矢量路由
DSL	Digital Subscriber Line	数字用户线
DSR	Dynamic Source Routing	动态源路由
FCFS	First Come First Service	先到先服务
FDDI	Fiber Distributed Data Interface	光纤分布式数据接口
FDM	Frequency Division Multiplexing	频分复用
FDMA	Frequency Division Multiple Access	频分多址
FSR	Fisheye State Routing	鱼眼状态路由
FSLS	Fuzzy Sighted Link State	模糊链路状态

FTP	File Transfer Protocol	文件传输协议
GFC	Generic Flow Control	流量控制比特
GPRS	General Packet Radio Service	通用分组无线服务
GPSR	Greedy Perimeter Stateless Routing	贪婪的周边无状态路由
GSM	Global System for Mobile communication	全球移动通信系统
HDSL	High-speed Digital Subscriber Line	高速数字用户线
HDLC	High-level Data Link Control	高级数据链路控制
HEC	Header Error Control	信元头差错控制
HSR	Hierarchical State Routing	分层状态路由
HTTP	Hyper Text Transfer Protocol	超文本传输协议
ICMP	Internet Control Message Protocol	互联网控制信息协议
IFS	Inter Frame Space	帧间间隔
IMT-2000	International Mobile Telecommunications in the year 2000	国际移动电话系统—2000
ISDN	Integrated Service Digital Network	综合业务数字网
IS-IS	Intermediate System-to-Intermediate System	中间件协议
ISO	International Standardization Organization	国际标准化组织
IP	Internet Protocol	互联网协议
LAN	Local Area Network	局域网
LANMAR	Landmark Ad hoc Routing	路标自组织路由
LAR	Location Aided Routing	位置辅助路由
LAPB	Link Access Protocol Balanced	平衡型链路接入协议
LLC	Logical Link Control	链路逻辑控制
LMDS	Local Multipoint Distribution System	区域多点分配系统
MAC	Medium Access Control	多址接入控制
MANET	Mobile Ad hoc Network	移动自组织网络
MST	Minimum-weight Spanning Tree	最小重量生成树
NAV	Network Allocation Vector	网络分配矢量
NRM	Normal Response Mode	正常响应模式
NNI	Network Node Interface	网络节点接口
NNTP	Network News Transfer Protocol	网络新闻传输协议
OSI	Open Systems Interconnection	开放系统互连
OSPF	Open Shortest Path First	开放最短路径优先
PARIS	Packetized Automatic Routing Integrated System	分组自适应路由集成系统
PCF	Point Coordination Function	点协调功能
PIFS	Point(Coordination Function) Inter Frame Space	点协调功能中的帧间间隔
PRNET	Packer Radio Network	分组无线电网络
PPP	Point to Point Protocol	点对点协议
PSTN	Public Switched Telephone Network	公用电话交换网
PT	Payload Type	负荷类型
QPSK	Quadrature Phase Shift Keying	正交相移键控
RARP	Reverse Address Resolution Protocol	反向地址转换协议
REJ	Reject	拒绝接收
REQALL	Request for Allocation	分配请求

RFNM	Ready For Next Message	已准备接收下一条信息
RIP	Routing Information Protocol	路由信息协议
RNR	Receive Not Ready	接收未准备好
RR	Receive Ready	准备接收
RTS	Request To Send	请求发送帧
SABM	Set Asynchronous Balanced Mode	置异步平衡模式
SDMA	Spatial Division Multiple Access	空分多址
SDH	Synchronous Digital Hierarchy	同步数字体系
SIFS	Short Inter Frame Space	短帧帧间间隔
SLIP	Serial Line Internet Protocol	串行线路网络协议
SMTP	Simple Mail Transfer Protocol	简单邮件传输协议
SNMP	Simple Network Management Protocol	简单网络管理协议
SARM	Set Asynchronous Response Mode	置异步响应模式
SONET	Synchronous Optical Network	同步光纤网络
SREJ	Selective Rejected	选择拒绝
SSR	Signal Stability Routing protocol	信号稳定路由协议
TCP	Transmission Control Protocol	传输控制协议
TDM	Time Division Multiplexing	时分复用
TDMA	Time Division Multiple Acccss	时分多址
TORA	Temporally Ordered Routing Algorithm	时序路由算法
UA	Unnumbered Acknowledgment	无编号帧
UDP	User Datagram Protocol	用户数据报协议
UNI	User Network Interface	用户网络接口
VCI	Virtual Channel Identifier	虚信道标识
VDSL	Very high speed Digital Subscriber Line	甚高速数字用户线
VRP	Virtual Route Pacing	虚拟路由调度
VPI	Virtual Path Identifier	虚通道标识
WAN	Wide Area Network	广域网
WDM	Wavelength Division Multiplexing	波分复用
WRP	Wireless Routing Protocol	无线路由协议

参 考 文 献

[1] Bertsekas D, Gallager R. Data Network[M]. 2nd ed. Upper Saddle River: Prentice-Hall International, Inc, 1992.

[2] 李建东，郗敏，李红艳. 通信网络基础[M]. 2 版. 北京：高等教育出版社，2011.

[3] 周炯槃. 通信网理论基础[M]. 北京：人民邮电出版社，1991.

[4] 谢希仁. 计算机网络[M]. 5 版. 北京：电子工业出版社，2008.

[5] Mischa Schwartz. 宽带网络性能分析[M]. 北京：清华大学出版社，1998.

[6] 陈传裘. 排队论[M]. 北京：北京邮电大学出版社，1994.

[7] 谢金星. 网络优化[M]. 2 版. 北京：清华大学出版社，2009.

[8] 毛用才，胡奇英. 随机过程[M]. 西安：西安电子科技大学出版社，1998.

[9] Gupta A, Jha R K. A Survey of 5G Network: Architecture and Emerging Technologies[J]. IEEE Access, 2015, 3:1206-1232.

[10] Kreutz D, Fernando M. V, Paulo Esteves Veríssimo, et al. Software-Defined Networking: A Comprehensive Survey[J]. Proceedings of the IEEE, 2015, 103(1):74-76.

[11] Fang D, Qian Y, Hu R Q. Security for 5G Mobile Wireless Networks[J]. IEEE Access, 2017, 6: 4850-4874.

[12] 樊昌信，曹丽娜. 通信原理[M]. 7 版. 北京：国防工业出版社，2012.

[13] 李建东，郭梯云，邬国扬. 移动通信[M]. 4 版. 西安：西安电子科技大学出版社，2006.

[14] 王承恕. 通信网基础[M]. 北京：人民邮电出版社，1999.

[15] 石文孝. 通信网理论与应用[M]. 北京：电子工业出版社，2008.

反侵权盗版声明